Windows to Our Children

A Gestalt Therapy Approach to Children and Adolescents

开启孩子心灵的窗户

儿童和青少年心理咨询

［美］维奥莉特·奥克兰德（Violet Oaklander） 著

李园元　刘冠宇　译

中国轻工业出版社

图书在版编目（CIP）数据

开启孩子心灵的窗户：儿童和青少年心理咨询 / （美）维奥莉特·奥克兰德（Violet Oaklander）著；李园元，刘冠宇译. -- 北京：中国轻工业出版社，2025.2. -- ISBN 978-7-5184-5303-0

Ⅰ. B844

中国国家版本馆CIP数据核字第2025SQ0440号

版权声明

Windows to Our Children: A Gestalt Therapy Approach to Children and Adolescents
Copyright © Violet Oaklander, Ph. D.
Copyright © Gestalt Journal Press 2015
This book was first published by Real People Press in 1978, and reprinted by Gestalt Journal Press in 1988

保留所有权利。非经中国轻工业出版社"万千心理"书面授权，任何人不得以任何方式（包括但不限于电子、机械、手工或其他尚未被发明或应用的技术手段）复印、拍照、扫描、录音、朗读、存储、发表本书中任何部分或本书全部内容（包括但不限于光盘、音频、视频等）。中国轻工业出版社"万千心理"未授权任何机构提供源自本书内容的电子文件阅览、收听或下载服务。如有此类非法行为，查实必究。

责任编辑：林思语　　　责任终审：吴　红
策划编辑：林思语　　　责任校对：刘志颖　　　责任监印：吴维斌

出版发行：中国轻工业出版社（北京鲁谷东街5号，邮编：100040）
印　　刷：三河市鑫金马印装有限公司
经　　销：各地新华书店
版　　次：2025年2月第1版第1次印刷
开　　本：710×1000　1/16　印张：26.25
字　　数：400千字
书　　号：ISBN 978-7-5184-5303-0　定价：108.00元
读者热线：010-65181109
发行电话：010-85119832　　010-85119912
网　　址：http://www.chlip.com.cn　http://www.wqedu.com
电子信箱：1012305542@qq.com
版权所有　侵权必究
如发现图书残缺请拨打读者热线联系调换
232373Y2X101ZYW

谨以此书纪念我的儿子——迈克尔

译者序 1

历久弥新的游戏

第一次和维奥莉特·奥克兰德（Violet Oaklander）老师见面是在 2018 年 10 月，我去美国菲尼克斯参加游戏治疗大会，有一场会议正是她与加里·L. 兰德雷思（Garry L. Landreth）对话聊游戏治疗的历史与发展，那个时候奥克兰德老师已 91 岁高龄，但精神依旧很饱满。会议结束后，我有幸和两位老师简短交流并拍了合照。3 年后从美国游戏治疗的同行口中得知奥克兰德老师于 2021 年 9 月离世，享年 94 岁。

2022 年 5 月，我邀请了格式塔儿童治疗领域推动者中公认的佼佼者费莉西亚·卡罗尔（Felicia Carroll）和瓦伦丁·奥罗斯科（Valente Orozco）两位老师在 CNPT* 游戏治疗培训中心开设格式塔游戏治疗的系统课程，他们是奥克兰德的学生，跟随她学习了 20 多年。有 30 多名专业的咨询师加入课程，在两位老师的强烈推荐下，我们组织了《开启孩子心灵的窗户：儿童和青少年心理治疗》（Windows to Our Children: A Gestalt Therapy Approach to Children and Adolescents）这本书的读书会，我将该书推荐给了中国轻工业出版社"万千心理"，最终有了这本中文译著。

在我看来，这并不是一本格式塔学派的儿童和青少年游戏治疗的书。书中的工作思路和游戏方法，对于和儿童接触的心理工作者来说都很有启发。

---

* CNPT 是 "China Play Therapy" 的缩写，意思是 "中国游戏治疗"。

这本书从第一版出版到现在已经有近 50 年的时间了，但书中的游戏并没有过时，我似乎可以看到种子在 40 多年前种下，现在已经结了果实。发展过程中，有很多新的营养元素融入其中——神经科学、场域理论、有机功能、哲学、艺术——让儿童和青少年游戏治疗这棵大树变得更加有生命力。我近两年的工作都融入了书中的游戏和工作方式。

奥克兰德老师提供了各种游戏治疗过程的要素。例如，体验接触功能和与儿童进行接触的过程可以用感官/身体活动；加强儿童的自我支持和自我意识可以用沙盘、绘画、游戏；理解情绪和情绪表达可以用故事书、音乐、角色扮演、黏土；培养自我接纳、自我滋养的能力可以用玩偶、绘画；鼓励孩子尝试新的方法来满足需要或达成愿望可以用角色扮演、创造性戏剧。通过探索这些部分，和孩子共同创造新的体验，从而促进他们的整合性成长。

奥克兰德老师通过这本书，也讲述了我们和儿童工作的四大基石。

第一是关系，一种真实关系，这种关系超越了咨询师和来访者的身份，作为真实的人在场去支持另外一个真实的人。我们要通过反思"我不是咨询师，我是谁？"来进一步和儿童建立关系，一个大人和一个小孩即将开启旅程，微妙的关系将人和人更本质地连接在一起。

第二是从有机体的范式看待和对待孩子。若把孩子看成一台机器，我们会说"修理"他。但孩子是一个鲜活的生命，对于一个有机体来说，我们思考的是如何提供支持，如何恢复他本来的功能，如何提高他内部的能量。在游戏室里，咨询师提供各种资源和经验，让能量流动起来，让一切变得好玩，让孩子自己去解决问题，让他获得自我的满足，让他做出符合自己内在的选择。

第三是通过现象学的方式理解孩子。有时，一张图片或一种表达方式胜过你的千言万语。游戏室里精心选择的每种玩具，在孩子的手中和口中不停地变化着，或许当你捕捉到某一瞬间，你就能明白孩子内在完全的心意。我相信你会惊艳于孩子无意识的完整呈现，这种深度的交流会更好地促进对孩子的理解和共情。

第四是将支持性背景融入与孩子的工作。儿童和青少年的发展并不是孤

立的，他们是在环境中成长的，孩子的父母、家族、社区、学校、医疗机构都是非常重要的支持性元素，需要考虑将这些资源以更适合的方式加入孩子的支持系统中。有了这些更广泛的资源，孩子才可以在走出咨询室之后更好地发挥其独一无二的能量。

在我眼中，游戏治疗师的工作是一种创造性艺术，我很高兴现在有更多的咨询师愿意加入这支队伍。我希望我们可以一起带着下面的问题去阅读本书：我们自己是怎么长大的？我们是在什么样的环境中长大的？我们正在经历着什么？对于我们遇到的那些羽翼未丰的孩子，你看到了什么？他们和你有什么关系？我们是某个整体，还是某个部分？部分和整体如何起作用？我们可以如何更好地建立联结，去提供他们所需要的帮助？

当我们阅读完本书之后，再把吸收的内容用孩子愿意接受的方式反馈给我们面前的孩童。愿每个孩子所遇皆是良人，所得归于欢喜。

刘冠宇
2024 年 10 月

译 者 序 2

你相信吗？有一种玩具，可以随身携带，可以千变万化，可以随时拿出来玩，可以是驱散孤独的伙伴，可以是对抗恐惧的武器，可以是通往你内心的窗户……

在阅读《开启孩子心灵的窗户》之前，我一直以为自己小时候是个无聊的孩子。小时候因为经常搬家，我没什么玩伴，我的童年也因为孤独而变得漫长无比。我总是一个人对着窗外随风摇曳的大树说话，它点头就是赞同，摇头就是不赞同；晚上睡不着觉，我会抚摩着墙纸的纹路，想象这是巨大迷宫里的小道，我在里面穿行；或是看着天花板上的小缝，幻想上面住着其乐融融的小老鼠一家；我会把罐子里的太妃糖全部拆开搓成小球，于是得到一罐仙丹；最令我引以为傲的是，当我用吃完的糖果纸小心翼翼地包好纸团，"分享"给妈妈时，她每次都会上当。

我从未与其他人讲过这些幻想或小把戏，我猜大概没多少人像我这样无聊，更不会有人希望自己家的天花板上住着小老鼠。而在阅读这本书的过程中，我惊喜地发现我不是孤独一人，原来，这种幻想是每个孩子本身就具备的一种智慧，只是很多人长大之后逐渐将其忘却了。更惊喜的是，这些幻想和创造力还可以在专业的设置下用来进行心理疗愈。

本书的第一章讲的是维奥莉特·奥克兰德博士对幻想技术的运用。这些幻想在良好的设置和关系下，往往能够帮助孩子进行自我觉察。而后介绍的诸多活动和技术几乎都需要孩子运用幻想、想象、感官、觉察或创作的能力。通过书中分享的大量案例，我们可以看到维奥莉特是如何与孩子建立接触、如何引导孩子调动他们本身就具备的这些能力来获得觉察和疗愈的，哪怕他们是特殊儿童，或大多数人眼中的问题儿童。

你还会发现，书中活动所用的材料都很简单且易得，但和儿童工作的过程却是相当复杂的。这本书最为可贵的是，它不仅仅是一本丰富、专业、实用的儿童和青少年格式塔治疗指导手册。维奥莉特说："我不修理孩子。"在工作中，她始终与自己的童年经验相连接，以在场、真诚、尊重的态度与每一个孩子接触，注重儿童自身的经验和能力，从而促进他们觉察自我或寻找新的自我。作者自身的专业学习、丰富的人生体验和工作经验，以及对待孩子关爱、真诚、尊重的态度，这些都有助于我们理解如何更好地与儿童工作，它们共同构成了这本书的宝藏。

我想，作为儿童工作者，我们并不是带着大人的傲慢站在孩子的心窗之外去窥探和揣测孩子。我们可以有自己的猜想，但这些猜想不是为了验证什么，而是用来帮助和引导孩子运用他们与生俱来的智慧，找到通向他们"自我"的心灵之窗。

虽然我从未见过本书的作者维奥莉特，也没观看过她与孩子工作的视频，但在翻译本书的过程中，我自己的童年经验和想象力，引导着我与她相遇。她与孩子工作的一幕幕自然而然地在我脑海中放映，带着阵阵暖流流淌而过。

本书的第三、四、八和十三章由刘冠宇老师翻译，序言和其余章节的翻译工作由我完成。我非常荣幸能够参与本书的翻译工作，也希望这本书能够帮助更多人找到自己的心灵之窗。

李园元

2024 年 10 月

2015 年版序言

今年是《开启孩子心灵的窗户》由真人出版社（Real People Press）出版的第 35 周年。这本书首次出版于 1978 年，当时只有两三本讲儿童心理治疗过程的英文书。

1971 年，本书作者维奥莉特·奥克兰德获得了特殊教育硕士学位。在那期间，她阅读了当时不可多得的儿童心理治疗图书，被深深地吸引了，印象最为深刻的是弗吉尼娅·阿克斯莱（Virginia Axline）的《阿德找阿德》（*Dibs in Search of Self*）和克拉克·穆斯塔卡斯（Clark Moustakas）的著作。但她发现，这些书并没有讲解儿童心理治疗具体做了什么。同时，她在寻找一种有效的方法，能够更快地缓解儿童的心理症状。因为当时维奥莉特正与临时军人家庭和低收入家庭的儿童工作，这些家庭无法负担漫长的精神分析治疗的费用。

1973 年，维奥莉特汲取了自己作为夏令营辅导员、教师、特殊教育教师的经验，结合格式塔治疗的经验，以及与自己孩子相处的点滴，撰写了一篇详尽的论文，阐述了如何与儿童工作。当时，她正在攻读心理咨询硕士学位，并在查普曼学院（Chapman College）授课。这篇论文最终成了《开启孩子心灵的窗户》一书的雏形。

然而，维奥莉特在洛杉矶格式塔治疗学会（Gestalt Therapy Institute of Los Angeles）的工作坊中，一直被问及"你是怎么与孩子工作的"，加之治疗师和咨询师反复请维奥莉特提供更多的书面材料，促使她着手撰写这本书。

《开启孩子心灵的窗户》阐述了一种针对儿童和青少年的格式塔疗法。简要概述维奥莉特所依据的格式塔治疗理论并非易事。在本版末尾的访谈中，维奥莉特提及她在其他文章中更详细地阐述了此工作理论。欲寻找相关资料，可参考维奥莉特在《格式塔期刊》（*The Gestalt Journal*）第 5 卷第 1 期发表的文章。本质上，格式塔疗法的工作是通过体验式工作和关注接触功能，包括视觉、听觉、嗅觉、味觉、触觉、运动和感知，来增强对现象场域（phenomenological field）的意识，这一切都在一种真实、诚实、清晰且尊重的"我－你（I-Thou）①"关系背景下进行。

要将格式塔治疗理论应用于儿童和青少年工作，可以采取一种创造性和体验式的方法，以觉察来加强孩子的自我感（sense of self），以临在（presence）连接中断的接触。维奥莉特说："我不修理孩子。"这句话体现了她对真实方法的坚持，对儿童经验的尊重和重视。维奥莉特的方法为自我发现（self-discovery）开辟了空间。她的工具有助于孩子找到初显的自我（emergent self）和独特的成长道路，并有效地将这些特质融入生活。细细品读这些章节，你会发现维奥莉特所描述的治疗环境是如此丰富、鲜活，她提供了大量的材料来促进体验式工作，包括各种各样的媒介，如布偶、颜料、彩色蜡笔、纸张、黏土、乐器、游戏、图书、文字、巴塔卡（batakas）②、沙盘、水、玩具和娃娃。

神经生物学家丹尼尔·西格尔（Daniel Siegel）等人在其近期著作中强调了正念与依恋的结合对于人类幸福的重要性。而在此之前，本书就提及了这个部分。本书中的活动为深化个体感官觉察的发展提供了确切的过程。并且，这些活动是在关系工作的背景中进行的。这些活动借助于觉察和接触功能的运用，来推进个体的成长与变化。阅读维奥莉特在书中分享的故事，你会看见，她与孩子在一起时，在孩子的过程（process）中总是喜悦、愉快的。

《开启孩子心灵的窗户》首版问世后，维奥莉特就陆续收到书迷来信，其中有咨询师、治疗师和教师，他们把这本书应用到了自己的工作中。虽然未

---

① 表达了一种直接、真诚的一对一的人际关系，格式塔疗法创始人弗里茨·皮尔斯（Fritz Perls）对此大力提倡，将之纳入治疗过程。——译者注

② 一种带木柄的泡沫球棒，有助于释放能量，宣泄情绪，常用于愤怒管理和身体导向的活动。——译者注

曾进行图书巡回宣传，维奥莉特却收到众多讲座邀请，请她分享自己的工作，并开展培训传授她的方法，这便是现在的"奥克兰德模式（The Oaklander Model）"。她的足迹遍布全美，她还远赴爱尔兰、德国、以色列、澳大利亚、加拿大、墨西哥、巴西、南非、意大利和西班牙。多年来，维奥莉特每个月都会到远方的城市开展一两次教学。

1982年，维奥莉特首次基于《开启孩子心灵的窗户》中的材料，开启了为期两周的年度夏季住宿培训项目。26年来，这些培训吸引了世界各地的治疗师和咨询师前来学习，他们来自美国、加拿大、墨西哥、芬兰、瑞典、挪威、土耳其、爱尔兰、苏格兰、英格兰、比利时、德国、瑞士、捷克、南斯拉夫、意大利、沙特阿拉伯、以色列、约旦、南非、巴西、阿根廷、萨尔瓦多、危地马拉、新西兰、澳大利亚、中国、日本、韩国、智利和塞浦路斯。每次培训有20多名学员，丰富了学员与儿童和青少年工作的工具，也让学员在团体中建立了深厚的联结，并重新与自己的童年经验相连接。

随着这本书被维奥莉特周围的人知晓，《开启孩子心灵的窗户》为全球成千上万的治疗师和咨询师解答了"如何与孩子工作"的难题。自首次出版以来，《开启孩子心灵的窗户》已经被翻译成13种其他语言：德语、葡萄牙语、希伯来语、克罗地亚语、塞尔维亚–克罗地亚语、韩语、日语、西班牙语、俄语、汉语、捷克语、意大利语和立陶宛语，还将以法语和格鲁吉亚语出版。英语版在美国、加拿大、新西兰、澳大利亚、英国和南非被广泛作为教材使用。维奥莉特的第二本书《隐藏的宝藏：通向孩子内在自我的地图》（*Hidden Treasure: A Map to the Child's Inner Self*）已被翻译为德语、俄语、立陶宛语、捷克语、韩语和西班牙语。

2003年维奥莉特·所罗门·奥克兰德基金会（Violet Solomon Oaklander Foundation，VSOF）成立，旨在继续维奥莉特的工作。如今，VSOF的培训师在立陶宛、吉尔吉斯斯坦、俄罗斯、巴西、法国和意大利传授维奥莉特的工作方法。该基金会持续收到来自世界各地的培训请求。

维奥莉特的工作效率十分惊人。她对儿童心理治疗的深入研究彰显了她对该领域的贡献。除了在世界各地开展教学，维奥莉特还笔耕不辍，为图书撰写章节、为学术期刊贡献文章，为音频磁带创作脚本。

如今，讲解心理治疗中具体如何与孩子工作的书多了起来。其中几本以维奥莉特的模型为基础，例如2006年出版的《格式塔游戏治疗手册》（Handbook of Gestalt Play Therapy），作者是林达·布洛姆（Rinda Blom）。还有一些文集，如查尔斯·谢弗（Charles Schaefer）的《游戏治疗基础》（Foundations of Play Therapy），书中收录了由维奥莉特撰写的章节。

维奥莉特获得了美国游戏治疗学会（Association for Play Therapy）的认可，在2009年的心理治疗发展大会（The Evolution of Psychotherapy Conference）上被评选为"最先进（State of the Art）"的培训师之一。2012年春，赖斯－戴维儿童研究所（Reiss-David Child Study Center and Institute）授予维奥莉特第八届埃德娜·赖斯－索菲·格林伯格（Edna Reiss-Sophie Greenberg）主席职位。她是心理治疗网系列视频"儿童治疗专家系列（Child Therapy with the Experts Series）"的特约治疗师之一。

维奥莉特是儿童心理治疗领域的资深治疗师、培训师。这是一本历久弥新的书，我诚挚邀请你向前做出新的探索。

克里斯蒂安·埃尔斯布里（Christiane Elsbree）

2012年11月26日

前　　言

阅读这本书的原稿时，我以为："每个人，每个与儿童工作的人，都一定会喜欢这本书。"

当时我没注意到，我所想到的"每个人"，其实遗漏了某种人。

本书在排版过程中是以大声朗读的方式校稿的。有一回，7岁的萨默进来了，她开始用蜡笔画画，没有抱怨，没有烦躁不安，没有问妈妈什么时候才能回家。她出奇地安静，聆听着这本书被大声朗读出来。后来她说，她喜欢听这本书。

书中的大量篇幅记录了在维奥莉特·奥克兰德所创造的真诚环境里，孩子们对于自我的表达。对于孩子的心声，有谁能比另一个孩子更感兴趣呢？然而，我先前思考谁会对这本书感兴趣时，只想到了治疗师、教师、父母这样的成年人。而本书所涉及的对象（孩子），却被我遗忘了。维奥莉特指出，这是导致孩子陷入诸多困境的主要原因。我们成年人常常将孩子排除在信息和表达之外，致使他们陷入困惑之中。

那么，请先暂停一会儿，回忆一下你自己的童年，那时你是多么努力地去理解大人的世界……

维奥莉特对自己的童年记忆犹新，这是帮助她认识和理解儿童的重要部分。她虽持有所有的官方认证资质，但与孩子相处的经历及自身童年的回忆，才是她更重要的资历。正是这些，赋予了她对"孩子如何迷失自我"这一问题的独到理解。

一些成年人从来没有找到自我。对于他们而言，本书可以是他们自我发现的起点，以此重新找回他们遗留在童年的部分自我。

维奥莉特指出，她使用的技术都不是她原创的。但是她使用这些技术的过程是高度原创且具有创造性的，是灵活、有活力的格式塔方法："我跟随我的观察与直觉的指引，可以随时自由改变方向。"在她陪伴孩子探索自身经验的过程中，她会投入自己的全部感官。她以平和的心态面对自己的错误，顺带提出这些错误，她说："我相信，如果你怀有善意，避免在治疗中做诠释或评判，你是不可能犯错的。"（我们大多数人都怀有善意，但我们很难不做评判，甚至很难觉察自己正在做诠释。）

维奥莉特以一种简单、直接的方式与孩子对话——我们大多数人都喜欢这种方式，但即使在密友或伴侣之间，也不常体验到这种对话方式。

"我做了一堆解释……最后我坦诚道：'黛比，其实我也不太确定。'"

"我们讨论了一会儿她的孤独感，然后我和她讲了一下我自己的孤独感。"

本书可以作为一扇窗户，透过它可看见你内在的小孩，也看见你所陪伴的孩子。

巴里·史蒂文斯（Barry Stevens）
1978 年 6 月

格式塔期刊版序言

黛比（9岁）："你是怎么让别人感觉好一些的？"

我："你指的是什么？"（显然，我没反应过来。）

黛比："嗯——就是人们来见你，然后就感觉好了一些。你是怎么做到的？这难不难？"

我："听起来你可能感觉好一些了。"

黛比：（使劲点头）"是的！我感觉好一些了。这是怎么回事呢？"

我做了一堆解释，告诉她我如何让人们诉说自己的感受，如何与她进行工作。最后我坦诚道："黛比，其实我也不太确定。"

* * *

上面那段话是我在10年前写的。自那时起，我就开始花大量时间来尝试回答黛比的问题。说实话，现在我不能说我不知道是什么让人们感觉好一些了，因为我比那时有了更确切的答案。依据正确的经验，我对于和儿童工作的治疗过程以及个体如何以自己的方式促进健康生活和成长，有了更清晰的理解。

过去10年，我接触了数百个儿童和家庭，以及数千名来自世界各地的儿童工作者。这些人都是我的老师，帮助我寻找更确切的答案来回答黛比的问题。这本书走得比我更远。通过数以千计的来信，其中不乏那些最为真挚的信件，我知道这本书已经实现了我曾经期待的目标。

我很荣幸能够找到有效的方法来帮助孩子们度过生命中的困难阶段。过去的10年里，这个世界对儿童并不友善。令人鼓舞的是，儿童的需求得到了越来越多的关注。我撰写此书，旨在与了解这些需求，并寻求帮助孩子茁壮成长之道的你们分享我的经验，即使这些孩子经历了创伤。

10年是段漫长的时光。但当我再次翻阅这本书时，仍然能感受到与这些文字的共鸣。不过，我强烈地意识到每一页我都想补充更多内容。这些年来，更多的孩子让我得到了成长并获得了与他们之间不可思议的经验；我对书中描述的许多技术进行了扩展，并添加了一些精彩的新技术。我对新的概念感到兴奋，也对旧的概念做了梳理。我发掘了许多新资源，为我和我的学员在工作上提供了更多帮助。这一切都在意料之中。我欣喜于随着年岁增长，自己仍在不断拓展认知边界。或许有一天，我会将这些新知融入新书，与读者共享。眼下，我期盼这本经典之作能继续传播，激发更多灵感。

维奥莉特·奥克兰德
美国加利福尼亚州圣巴巴拉市

目　　录

第一章　幻想技术　/ 001

第二章　绘画与幻想　/ 021

　　　你的世界，以颜色、形状和线条呈现　/ 021

　　　家庭图画　/ 026

　　　玫瑰花丛　/ 034

　　　涂鸦　/ 039

　　　愤怒绘画　/ 045

　　　我的一周、我的一天、我的一生　/ 047

　　　随意曲线活动　/ 047

　　　色彩、曲线、线条与形状　/ 048

　　　团体绘画　/ 048

　　　自由绘画　/ 050

　　　彩绘　/ 051

　　　手指画　/ 053

　　　脚画　/ 054

第三章　我的工作模型　/ 057

　　　更多关于幻想和绘画活动的建议　/ 067

第四章　手工制作　/ 071

　　　黏土　/ 071

其他使用黏土的活动　/ 080

塑型黏土　/ 081

生面团　/ 082

水　/ 083

雕塑与建筑　/ 083

木材和工具　/ 085

拼贴画　/ 086

图片　/ 089

塔罗牌　/ 089

第五章　讲故事、诗歌与布偶　/ 091

讲故事　/ 091

图书　/ 098

写作　/ 102

诗歌　/ 106

布偶　/ 114

布偶戏　/ 116

第六章　感官体验　/ 121

触觉　/ 122

视觉　/ 123

听觉　/ 126

音乐　/ 127

味觉　/ 131

嗅觉　/ 132

直觉　/ 132

情绪　/ 134

放松　/ 136

正念　/ 138

身体动作　/ 139

第七章　演示　/ 149

创造性戏剧　/ 149

梦　/ 158

空椅子技术　/ 164

极性　/ 171

第八章　游戏治疗　/ 173

沙盘　/ 179

游戏　/ 185

作为治疗技术的投射测试　/ 188

第九章　治疗过程　/ 193

来治疗的孩子　/ 193

初次会面　/ 197

我的治疗室　/ 203

治疗过程　/ 204

阻抗　/ 207

结束　/ 210

第十章　特殊行为问题　/ 215

攻击性　/ 216

愤怒　/ 218

多动儿童　/ 230

退缩的儿童　/ 238

恐惧　/ 246

特定的压力情境或创伤经历　/ 255

身体症状　/ 260

没安全感、执着、过度讨好　/ 268

独来独往的孩子　/ 272

孤独感　/ 275

现实感不稳定的孩子　／278

孤独症　／281

愧疚感　／284

自尊、自我概念、自我形象　／287

第十一章　其他考虑　／293

团体　／293

青少年　／299

成年人　／306

老年人　／307

兄弟姐妹　／308

非常年幼的孩子　／309

家庭　／311

学校、教师和培训　／318

性别歧视　／323

第十二章　采访奥克兰德　／325

第十三章　个人备忘录　／385

参考文献　／391

第一章

幻想技术

"一会儿请大家闭上眼睛,我会带着你进入一段幻想之旅。旅程结束的时候,再请你睁开眼睛,把那一刻的内容画下来。现在,我想邀请你尽可能找一个舒服的姿势,闭上眼睛,进入'你的内在空间'。闭上眼睛的时候,你发现自己身处这个空间,这就是'你的内在空间'。无论你在这里,还是在其他地方,这个空间都在你的内在,只不过你平常不太注意。闭着眼睛,你就能感受到那个空间了——你能感受到身处其中,你能感受到周围的空气。这地方真好,这就是你的地方,这就是你的内在空间。觉察一下你的身体,看看有没有哪里感到紧绷。不用急着去放松。关注就好。感受你的身体,从头顶开始,慢慢往下,一直到脚趾,保持觉察。你是怎样呼吸的?是深深的呼吸,还是轻快的呼吸?现在,请你做两组深深的呼吸。呼气时发出声音,'哈——'。好,现在我要给你讲个小故事,带你踏上幻想之旅。试试看,你能跟上的。听着我的故事去想象,觉察你的感受。看看你喜欢这段小小的旅程,还是不喜欢。如果遇到不喜欢的事情,也不用勉强自己。只要听着我的声音,你愿意的话,就跟着我,我们一起看看会发生什么。

"想象你在林间散步。周围树木环绕,鸟儿歌唱。阳光透过枝叶,洒下一片阴凉。走过这片树林,感觉非常舒适。路边有小花,小野花。你沿着这条路走啊走,路旁有石头,时不时地,你会看到一只小动物窜出来,可能是只小兔子。你接着往前走,很快,你发现这条路越来越陡,你在往坡上走。原来,你正在爬山。当你爬到山顶后,你坐在一块大石头上歇息。你环顾四周,阳光明媚，鸟儿飞来飞去。路对面，隔着一条山谷，是另一座山。你能看见那座山上有个山洞，你真希望你能到那座山上去。你注意到小鸟飞过去了，很轻松，你希望自己也是只鸟。要知道，这是幻想世界，一切皆有可能。突然，你发现自己已经变成了一只鸟！你扇了扇翅膀，果真能飞。于是你腾空而起，轻松地向那边飞去。（暂停，给飞翔留出时间。）

"到了那座山，你落在岩石上，瞬间变回自己。你翻过岩石，寻找山洞的入口，然后，你看到一扇小门。你蹲下身来，打开门，进入山洞。山洞里面很宽敞，足以起身。你四处查看洞穴岩壁，突然，你发现一条通道，这是一条走廊。你沿着走廊往前走，看见了一排排的门，每扇门上都写着一个名字。恍惚间，你来到一扇门前，门上写着你的名字，你站在门前，想了想。你知道，你很快就会把它打开，走到门的另一边。你知道，这是你的空间。可能是你记得的地方，你现在了解的地方，可能是你梦中的地方，甚至可能是一个你不喜欢的地方，或是你未曾见过的地方。可能是室内，也可能是室外。你得开门才知道。但是，不管是什么地方，那都是属于你的空间。

"于是，你转动门把手，走了进去。看看这个属于你的空间！你会惊讶吗？好好看一看。如果你什么都没看见，现在就去创造吧。看看这是个什么空间，在什么地方，在室内还是室外。这里有没有人，是你认识的人，还是不认识的人？这里有动物吗？或者什么人都没有？你在这里感觉如何。觉察一下你的感受。你感觉好，还是不太好？在你的空间里到处走一走，看一看。（暂停。）

"等你准备好，就睁开眼睛，你会发现自己回到了现在的房间。当你睁开眼睛后，我想邀请你拿一些纸和蜡笔，或毛笔、彩色粉笔，把你的空间画出来。画画的时候请不要说话。如果你必须要说点什么，请悄悄地说。如果你没有拿到合适颜色的笔，请安静地过来，挑选你需要的颜色，或者向别人借。尽你所能把你的空间画出来。你如果愿意，可以用色彩、形状和线条来画出你对那个空间的感受。想清楚你是否要把自己画进去，画在什么位置，如何呈现——用形状、色彩或符号来表示。并不是说，我只能通过你的画来了解你的空间；你可以向我解释一下。相信你打开那扇门时所看到的一切，即使你并不喜欢。你有10分钟左右的时间画画，准备好就可以开始了。"

这种幻想活动需要以幻想式语调来引导。借助于缓和的语速和多次停顿，为孩子提供机会去"做"我让他们做的事。通常，在说引导语的时候，我也会闭着眼睛，亲自去体验这趟幻想之旅。我会把这种"幻想－绘画"技术应用在儿童的个体治疗和团体中，也会用在从 7 岁到成年的各年龄段的个体身上。下面结合几个例子来呈现儿童的"内在空间"，以及我与他们工作的方法。*

13 岁的琳达画了一间卧室，里面有一张床、一张桌子、一把椅子和三只站在地板上的狗，墙上还挂着一张一只狗的照片（见图 1-1）。琳达的画很简洁，也有许多空白。琳达描述了她的画。因为这是团体工作，所以其他孩子问了她一些问题，比如"那是干什么用的？"。琳达回答了他们的问题。

图 1-1 琳达的画

我请琳达在画中选一个她愿意扮演的东西。她选择了墙上照片里的那只狗。我请她作为那张狗狗照片，讲一讲她是什么样子的、她在做什么。她是这样描述自己的："我是挂在墙上的一张照片。"我问她挂在墙上是什么感觉。

琳达：我感觉——很孤独。我不喜欢看着地上那些狗狗玩耍。

我：和地上的狗狗说说，告诉他们你的这种感受。

---

* 此处的儿童画作是他们的原画。为了更清晰地复制，用毛笔或蜡笔突出了一些重要特征。

琳达：我不想挂在这里看着你们玩。我想从墙上下来，到地上和你们一起玩。

我：琳达姑娘，你是否有过和照片里的狗狗类似的感受呢？

琳达：没错！那只狗狗真的就是我。我总是被孤立在外。

我：现在，在这个团体里，你是否也有那种感受呢？

琳达：是的，我在这里也有那种感受。但现在可能没那么强烈了。

我：现在，你在这里做了什么，让那种感受不那么强烈了？

琳达：（若有所思地说）嗯，我正在做的事。我不像墙上的那只狗那样，只是坐在这里什么也没干，只是看着。

我请琳达在画上写一句总结。她写道："我想从墙壁上下来，加入他们。"

我常常请孩子告诉我一句话，并把它写在他们的画上。这句话通常能简要概括他们当下的生活。我的目的是给琳达一个通道，帮助她更多地觉察和承认自己在生活中的位置。更多的觉察有助于改变。通过这幅画，琳达不仅表达了她的孤独感和隔离感，还允许自己去体验不同的经验，即"加入他们"。此外，我想她终于明白她能为自己的生活负责，也能为自己的孤独感做点什么了。

8岁的汤米画了圣婴耶稣、圣母玛利亚和带着礼物的智者（见图1-2）。（当时快到圣诞节了。）

图1-2 汤米的画

在他介绍了自己的画之后，我请他躺在枕头上，扮演那个婴儿。他咯咯笑了一阵，然后照做了。我邀请其他孩子当智者，我当妈妈。我们一起表演这个小场景：带来礼物并讨论这个美好的婴儿。我表演得很投入，这为其他孩子提供了一个可学习的良好榜样。汤米变得很安静。当他躺在枕头上时，从他放松的身体和宁静的笑容可以看出，他全然享受着这个时刻。我问他当婴儿的感受如何，他说他非常喜欢这种感觉，因为他得到了这么多关注。

我：你非常喜欢获得关注的感觉。

汤米：是的！

我：你希望得到比平时更多的关注。

汤米：没错！

汤米请我在他的画上写下他的总结——"我喜欢成为关注的中心，我也喜欢收到礼物，这给我带来了快乐"。

在之前的几节治疗中，因为汤米有一些破坏行为，所以他必须选择是留在团体中，还是到另一个房间去等待。

他通常选择去另一个房间，因为他觉得"无法控制自己"。在这一节治疗剩下的时间里，汤米参与着活动，倾听着其他孩子说话，没有搞任何破坏。他保持着平静和放松（汤米曾被诊断为"多动症"）。对于其他成员的画，他能够提出敏锐且有感知力的问题和评论。汤米以前总是通过打扰别人来获得关注。因此，他在这一节工作中获得的体验对他来说非常重要。自此之后，他的破坏行为显著减少，通过在我们的团体中展现他美好的智慧，汤米为自己赢得了关注。

12岁的杰夫，在我与他的一次个体治疗中画了一幅画。画中有一个城堡，唐老鸭和米老鼠正从城堡的窗户往外看（见图1-3）。杰夫称这个地方为迪士尼乐园。他向我描述这幅画，告诉我他多么喜欢迪士尼乐园。我请他以一句话来总结他的这个空间，以及他对这个空间的感受，这样我可以将这句话写在画上。他说:"我的空间是迪士尼乐园,因为我在这里玩得很开心,我喜欢这些卡通人物。这里的一切都让人快乐。"我的注意力集中在他的用语上——"开心"和"这里的一切都让人快乐"。

图 1-3 杰夫的画

我们针对迪士尼乐园以及里面的卡通人物做了一些讨论。然后我请他和我讲讲他的生活中不那么好玩的部分。这一次,他不再像先前那样抗拒谈论生活的不愉快,反而很容易就能说出来了。

13 岁的丽萨画了沙漠的景象,这是她绘画和沙盘工作的典型主题。丽萨生活在寄养家庭,被法院列为"有犯罪倾向的青少年"。她在学校非常有破坏性,没有朋友,和寄养家庭的其他孩子也相处不好。她自认为自己的言谈举止和衣着都很"强韧",没有任何东西能够困扰她。在这节工作中,她画了她的沙漠,一条蛇和一个洞(见图 1-4)。在丽萨描述了她的画之后,我请她扮演这条蛇,假装这条蛇是个手偶,赋予它声音,来描述她作为一条蛇是怎样存在的。

图 1-4　丽萨的画

丽萨：我是一条蛇，我又长又黑，我住在这片沙漠中，我去寻找食物，然后回到我的洞里。

我：这是你所有的活动吗？你都玩些什么呢？

丽萨：没有什么玩的，这里没人和我一起玩。

我：这让你感觉如何？

丽萨：非常孤独。

我：丽萨，你会觉得自己像那条蛇吗？

丽萨：是的，我很孤独。

然后，丽萨不那么强势了，她哭了起来。我们讨论了一会儿她的孤独感，然后我和她讲了一下我自己的孤独感。

14岁的男孩吉恩画了一个名为"人（The People）"的摇滚乐队（见图 1-5）。他说："这是我暂时有点放弃的梦想。"几周的治疗以来，这是他第一次能够承认，或愿意承认，自己有感兴趣的东西。他的用词"暂时""有点"让我知道了他的内在有些东西打开了，总算让他在今后的生活中有了做些什么的可能性。在我们之前的工作中，他总是很绝望，而现在，我们开始探索他的希望了。

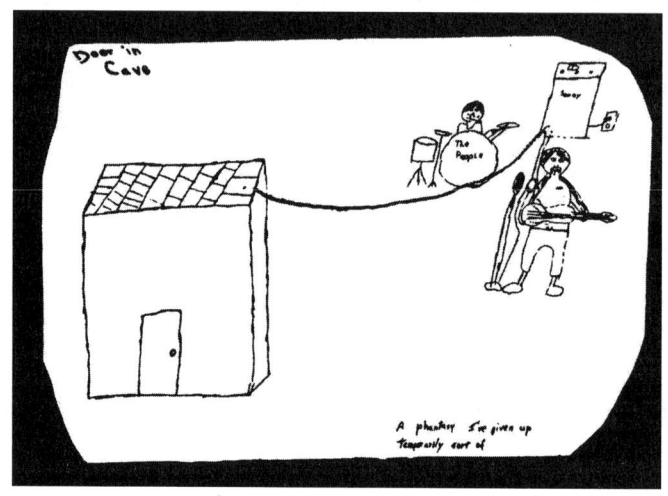

图 1-5 吉恩的画

孩子通常会画出与他们当下感受相反的地方，他们幻想的地方常常出现城堡、公主、骑士和美丽的山庄。幻想技术帮助孩子讲述这些图画所代表的感受，从而能够表达自己与之相反的感受。有时我会请孩子"画出你童年记忆中很棒的一个地方，或画一个你知道的好地方。可以是真实的，也可以是想象的"。同"洞穴幻想练习"一样，也就是我前面讲到的第一个幻想活动，我会请孩子闭上眼睛，进入他们的空间。

一个 13 岁的男孩画了一个他 7 岁时的场景。我把他的描述写在了他的画上："这是我 7 岁的时候，我们住在俄亥俄州。我的爸爸刚从越南回来，我很高兴。可是后来他开始对我提要求，让我向他报告我做的每一件事。爸爸不在的时候，妈妈什么都让我做。他让我很烦恼。我的弟弟们正在爬树。我希望他们掉下来摔断胳膊。我喜欢俄亥俄州。"然后，他轻声说，他想要获得自由——"哪怕只是做一些小事的自由"。这个男孩常常坐不住，其他人认为他有多动的问题。他确实无法在一个地方坐太久，在团体工作中常常动来动去。但当他说完这些后，就躺下来睡着了。在后来的团体工作中，我们看了他的画作和陈述——我如实记录了他口述的内容——并探讨了他的一些矛盾情感，以及他在记忆中的俄亥俄州与现今生活之间来回穿梭的心境。

本书中的大部分内容都涉及对幻想技术的运用。对于那些不相信幻想对儿童的成长和发展有巨大价值的人，我非常推荐辛格（Singer）所著的《儿童虚构的世界》(*The Child's World of Make-Believe*)*。这本书非常全面地讨论了儿童和他们的幻想。辛格和其他学者开展了大量研究，统计数据表明，有想象力的孩子智商更高，能够更好地应对困难。培养儿童的想象力有助于提高他们克服困难的能力和学习的能力。

借助于幻想，我们能和孩子一起开心地游戏，从而探究孩子的过程。通常来说，孩子的幻想过程（在幻想世界中处理事物和动作的方式）与其生活过程是类似的。借助于幻想，我们能够看见孩子的内在世界，发现他们隐藏或回避的东西，也可以从孩子的角度了解在他们的生活中发生了什么。因此，我们鼓励大家运用幻想技术，并将其作为一种治疗工具。

当我思考幻想对于孩子的重要性时，我想起了自己的经历。有一段时期，幻想帮了我大忙。我 5 岁的时候被严重烧伤，不得不在医院住了好几个月。那时还没有青霉素，因为害怕感染，医生不让我玩玩具。（我现在才知道，当时没人告诉我原因。）而且，医院允许探视的时间非常短，我只能躺在床上度过漫长的时光，没人聊天，也没有玩具可以玩。我靠着潜入自己的幻想世界，挺过了这段痛苦的日子。躺在病床上，我给自己讲了好多好多故事，常常投入故事的情节中。

一些父母问我如何辨别幻想和谎言。还有一些父母担心自己的孩子迷失在幻想世界里。撒谎是孩子内心不适的一种表现，这是一种行为模式而非幻想，尽管有时这两者会混淆。儿童撒谎是因为他们害怕坚持自我，不敢直面现实。他们常常深陷恐惧、自我怀疑、自卑或内疚之中，无法应对周围的真实世界，因此采取防御性行为，表现出与内心真实感受相反的态度。

很多时候，孩子撒谎是被父母逼出来的。父母可能过于严厉或反复无常，对孩子的期望过高，超过了孩子的能力范围，或无法接受孩子真实的样子。

---

* 本书提及的所有书和其他资源都列在本书末尾的参考文献中，按照标题字母顺序列出。

于是，孩子被迫以撒谎作为自我保护的手段。

孩子撒谎的时候，往往是相信自己所说的内容的。孩子围绕他可接受的行为编织了一场幻想。于是，幻想成了一种途径，用来表达孩子难以承认的现实。

当儿童借助于幻想表达感受时，我会非常认真地对待这个儿童的幻想。因为其他人往往不会倾听、理解或接受这个孩子的感受，孩子自己也是，他自己没有接受自己。因此，他必须诉诸幻想，随后形成了谎言。因此，再次强调，我们必须关注孩子的感受，而非其行为。这样才能认识、倾听、理解和接纳孩子。孩子的感受是他非常核心的部分。借助于向孩子反映他的感受，孩子也会开始认识和接纳自己。只有这样，我们才能现实地看待撒谎这一行为：撒谎是儿童为了生存所采取的手段。

儿童创造幻想世界，是因为发现真实世界难以生存。当我和这样的孩子工作时，我可能会鼓励他告诉我（甚至详细阐述）他幻想的画面和想法，这样我就能理解孩子的内在世界了。

儿童的许多幻想并不会真正发生。尽管如此，这些幻想对孩子来说却异常真实，常常深藏心底，导致他们有时表现出令人费解的行为。这些想象中的真实幻想，常常会激起孩子的恐惧和焦虑，因此需要被引导出来，以便得到妥善处理并最终化解。

幻想材料的种类繁多，儿童想象游戏就是幻想的一种形式。对于年龄更大的孩子，幻想形式可以演变为即兴戏剧。还有一种幻想形式是讲故事，有各种方式：口述故事，写作故事，借助于布偶、法兰绒板来讲故事或演出故事。诗歌是一种幻想，也是一种意象和象征手法。有的幻想时间很长，有人引导，有的幻想时间很短，是开放式的。引导式幻想通常需要闭着眼睛进行，不过也有可以睁开眼睛进行的幻想。有时，我们会借助于绘画或黏土来表达幻想。

有的孩子拒绝闭眼。有的孩子闭上眼睛后会因为失去控制感而感到恐惧。如果他们坚决反对闭眼，我一般会说："试试嘛，如果需要，你可以随时偷看一下。"一般在尝试了几次之后，孩子发现没有什么可怕的事情发生，就能够闭上眼睛了。当我引导孩子幻想的时候，让他们趴着做也很有用。

有的孩子在指导下就是无法进入幻想世界，有的是因为不愿意，有的是因为紧张和拘谨，还有的是因为一开始就觉得这个活动很傻。

对于这些难以"进入"幻想的孩子来说，可以先睁着眼睛进行活动。

在理查德·德·米尔（Richard de Mille）所著的《把你妈妈挂在天花板上》(*Put Your Mother on the Ceiling*) 一书中，提到了一些很棒的幻想活动。这些活动非常吸引人，需要睁开眼睛做。举个例子。

这个游戏叫作"动物"。我们会从一只小老鼠开始，看看我们能做些什么。想象一下，房间的某个地方有一只小老鼠。你想把他放在哪里？

好的，让他坐起来向你招手。

把他变成绿色。

再次改变他的颜色。

再次改变他的颜色。

让他倒立。

让他跑到墙边。

让他顺着墙往上跑。

让他倒挂在天花板上。

让他向右转，把他放在天花板的角落。

把另一只老鼠放在天花板的另一个角落。

再在天花板的另外两个角落各放一只老鼠。

在地板的四个角落各放一只老鼠。

他们全都就位了吗？

把他们都变成黄色。

让他们一起说"你好"。

让他们一起问候"你好吗？"。

让他们承诺待在自己的角落，观看接下来的游戏。

（摘自《把你妈妈挂在天花板上》第 56—58 页）

在一个十一、二岁儿童的团体里做了这个活动之后,一名女孩说:"我一进这个房间就会检查我的老鼠都在不在。"

还有一种有助于开启幻想的技术:请孩子闭上眼睛,想象自己站在他们的客厅里(或任何房间里)。请他们环顾这个房间。如果他们能够做到,我就会告诉他们,幻想活动对他们来说不会有什么困难。本书后文提到的"涂鸦(scribble)技术"是另一种有效的方法,可以帮助孩子放松自我,从而进入幻想活动。

在孩子体验了一些睁开眼睛的幻想之后,我会进一步带孩子做一些闭着眼睛的幻想活动和冥想练习,就像前文写到的"山洞幻想"那样。引导式幻想活动可以非常简短。我的同事阿里尔·马莱克(Ariel Malek)自创了一些幻想活动,她有一系列很棒的简短的引导式幻想活动,经她同意后,我在此引用一个我用过的活动。

假装你发现自己背上生出了某种奇怪的感觉。突然,你发现自己正在长出翅膀!你背上的翅膀给你带来了怎样的感觉?……试着动一动你的翅膀,感受一下是什么感觉……现在照照镜子,拍拍你的翅膀……现在,想象你背着这对新翅膀爬上了一座山。当你到达山顶时,你展开了你的新翅膀,展翅翱翔……你飞翔的时候能看见什么?在空中翱翔的感觉如何?你看见了其他动物或人吗?现在想象一下,你要着陆了。当你着陆时,你的翅膀就会消失,你会返回这个房间。

图 1-6 约翰的画

6 岁的约翰画的是,他笔直地向一块黑色的岩石冲去(见图 1-6)。他说:"我在幻想里制造了一些东西——一个太阳和一块岩石。我带着防撞头盔。然后，我的头维持这个姿势，这样我的头就可以撞向岩石。我会感到反胃。去吧，超人！"

我：你希望自己会飞吗？
约翰：哦，不不不。
我：你是不是感觉自己在生活里常常搞砸事情？
约翰：是的！
约翰的妹妹（也在这个房间里）：他总是惹麻烦。
约翰：是的。
我：和我讲讲你是怎么惹麻烦的。
（约翰开始和我详细讲述他惹的麻烦。）

6岁的吉尔描述了自己的画（见图1-7）："画里我是个丑丑的人。我正在爬山。我的脚像小鸟的脚。我正准备起飞。在我的梦里，我希望自己是只巨鸟，我可以带着整个学校去旅行。我们学校有150个孩子。我的名字叫吉尔。起风的时候，风吹起了我的羽毛。"

图1-7 吉尔的画

我：吉尔，你觉得自己是个丑丑的人吗？

吉尔：是的！有的男生不喜欢我，因为他们觉得我很丑。这让我很难过。

我：你有时候会不会希望自己能为学校里的所有人做些了不起的事情，这样所有的孩子都会喜欢你？

吉尔：是的，就像我的故事里希望的那样。

然后我们讨论了吉尔被学校的小朋友排挤和拒绝的感受。她没有朋友，而在此之前，她从不承认这个事实。

8岁的辛迪描述了她的画："我从山上起飞，我看见了花朵和绿油油的草地，我的翅膀是银色的。我的名字叫辛迪。我希望我是一个好女巫，这样我就可以飞回家，而不用走路回家了。"

我：和我讲讲女巫。

辛迪：嗯，有的女巫好，有的女巫坏。坏女巫做坏事。好女巫很好。当然，女巫都会骑着扫把飞。

我：你当过坏女巫吗？

辛迪：嗯，我妈妈觉得我是！

我：你的生活总是充满花朵和美好的事物吗？

辛迪：不是！只是有时候。

然后我和辛迪就她母亲认为她很坏这件事进行了讨论。

12岁的卡伦画了一只美丽的蝴蝶。她描述道："我有一对漂亮的翅膀。我和鸟儿一起飞过了河流山川，飞到了一个全新的绿色星球。"她在画里远一点的地方画了一个绿色的小圆圈，并用黄色描边，以表示这个星球散发着能量。

我：和我讲讲你的新星球。

卡伦：那是个美丽的地方。一切都是新的、绿色的。那里没有坏人。

我：你的生活中有坏人吗？

卡伦：这个世界好像到处都是坏人。

卡伦的生活的确如此。我们继续对比现实世界和她的新星球，在这个过程中卡伦表达了很多感受。

《把它变奇怪》(*Making It Strange*)是为幻想活动提供灵感的绝佳资源。这是一套系列图书，包含四册平装书。该书是为创意写作练习设计的。这些书中的幻想点子非常棒。我并没有将其用于创意写作，而是应用到了幻想工作中。其中，我最喜欢的一个主题是"反击"（见图1-8）。

图 1-8 风暴里的小船

写一个在大风暴中航行的小船的故事。狂风骇浪撞击着这只小船。试着想象一下，你就是这条船，你会有怎样的感受？在你的故事中使用比喻的修辞手法，来讲述在大风暴中作为一只小船的感受。

狂风呼啸着、哀号着，试图击沉这只小船。小船奋力反击。想想动物世界里一些类似小船与暴风争斗的场景，将其写在这里。

请说说为什么动物之间的争斗和小船与暴风之间的争斗类似。

想象你是那只小船。描述你身体的各个部位是如何应对风暴的。

你身体的各个部位怎么让你知道自己是赢了还是输了？

突然，狂风对小船发起了最后一次攻击；随后风势减弱。小船胜利了！在你的现实生活中，有哪些经历类似于风势减弱、小船获胜？

想象你是这只刚刚战胜风暴的小船。面对这场风暴，你有何感受？

想象一下，你是那场连一只小船都无法吞没的风暴。面对那只小船，你又有何感受？（摘自《把它变奇怪》第四册第37—43页）

对于这个幻想活动，运用的方式有很多，对我来说最有效的是（在进行了冥想呼吸练习之后）请孩子闭着眼睛想象自己是大风暴中的一只小船。我对狂风骇浪以及小船的挣扎稍加描述。接着请孩子来当小船，觉察身为小船的感受，在那个当下发生了什么，接下来会发生什么。然后我会请孩子画出自己作为小船在风暴中的画面。由此，总能涌现出大量材料，揭示孩子在他的世界中所处的位置，以及他如何应对外界力量。

另一个练习是关于蜘蛛的。书中有一整页蛛网的照片，配有文字说明：一只蜘蛛试图在风雨天织网。在一个儿童团体中，我以此开头，让孩子们进行故事接龙。我为故事起头："从前有一只蜘蛛，它试着在一个风雨交加的日子织网，然后……"接下来，每个孩子轮流为故事添加一些内容。当故事结束后，我请孩子画出他们对于这只蜘蛛织网的想法。

我把一名9岁男孩对我说的内容写在了他的图画背面（见图1-9）："我的名字叫欧文。我有一张网，雨水把网打出了很多洞洞，也让网有了各种颜色。因为人们在网上和屋子上放了些粉笔，网变成了蓝色，篱笆则变成了各种颜色。我觉得那些人很好，因为他们让我的网有了丰富的色彩。"在我们就这幅画工作的过程中，他告诉我们，最近他感到非常开心，他过得很顺利。

图 1-9　欧文的画

另一名 11 岁女孩的情况则完全不同,她说道:"我感觉很生气。因为这阴暗潮湿的天气,我都无法编织我的网了。我觉得自己的目标好像就是无法实现,感觉一败涂地。不管我多努力,都编不好我的网。不过我下了决心,我不会放弃的。"她欣然承认了自己的失败感,并在团体中向我们诉说了这种感觉。每个孩子的图画和故事都各有不同,都流露着孩子的真情实感,相当感人。有的故事很幽默,比如一名 10 岁的孩子说:"如果雨一会儿还不停,我就要收网回家了。"

在另一个团体中,我请孩子们闭着眼睛,想象自己是一只蜘蛛,然后大声分享他们作为蜘蛛在雨里织网的体验。

"我是一只蜘蛛,我居无定所,喜欢到处溜达。我有许多朋友,但我今天想一个人待着,不想见任何人。"

"我是一只蜘蛛,我喜欢爬到花朵上面去。我喜欢看花朵和鸟儿。这场雨让我觉得有点糟糕。"

"我是只咬了一个男孩的黑寡妇蜘蛛。"

"我在散步,然后试着爬上一朵花。但是还没爬到顶,我就掉下来了。"

在"飘走的气球"(《把它变奇怪》第三册第 38 页)练习中,一名女孩画了一个飘浮在城市上空的气球,说道:"我喜欢气球远走高飞,很好玩。"她补充说:"我妈妈总是挑剔我,但我不想像个气球一样被放走。"另一名女孩画了一幅类似的画,说道:"我离家很远,但我觉得没关系。"

幻想的材料非常多。本书的参考文献中收录了众多图书,从中可寻觅丰富的幻想素材。随着人们对人本教育、学校的价值观教育,以及对大脑右半球的激发产生新的兴趣,与这些主题相关的书大量涌现,其中不乏许多精彩绝伦的创意。《走向人本教育》(Toward Humanistic Education)一书,便展示了几则特别适合青少年的优秀幻想故事。

其中有一个我很喜欢的幻想活动:"你已经走了很久很久。你非常非常累。你躺下来休息,然后睡着了。当你醒来时,发现自己被困住了。你是怎么被困住的?你被困在了哪里?你要做什么?"赫伯特·奥托(Herbert Otto)博士在他的书《幻想邂逅游戏》(Fantasy Encounter Games)中提供了许多类似的幻想活动,可以加以改编,在与各个年龄段的人的工作中加以运用。

我曾让孩子想象自己是一只动物,并根据他们的年龄,模仿该动物的动作和声音。我要求每个孩子作为这只动物,讲述这个动物的故事,或许还能讲一个关于自己的小故事。

我有一把非常大的钥匙,有时我会在幻想游戏中使用它,假装用来给孩子上发条,从而让孩子做各种各样的事,孩子也可以对我上发条。同样,魔法棒也很有用。

许多美术技术同样适用于引导幻想活动。拉绳画和蝴蝶画能呈现出有趣的墨迹形状。我曾邀请孩子们为他们的这些画作起名,告诉我他们在画中看到了什么,并且就他们看见的形状或物体编一个故事。在介绍学龄前儿童活动的书中,我们可以找到绘制这种图画的各种好点子。遗憾的是,我们很多人过了学龄阶段就不再做这些创造性活动了。

我用过的一个最成功的美术幻想活动,是用汽车油漆创作滴画。这种油漆可以在汽车用品商店和油漆店找到。作画方法如下:首先,必须选择一个耐脏的场地。最好先用报纸把场地铺好。将几勺白色油漆滴在一个约 13 厘

米 ×18 厘米或更大的木纤维板上，从而涂上一层白色的油漆。然后，孩子在这层白油漆的表面滴一点其他颜色的油漆，移动板子，让油漆流动，形成自然的图形。然后使用另一种颜色的油漆，以此类推。汽车油漆的好处是干得非常快，一下就变得黏稠，不像水性颜料那样会混色。并且，汽车油漆干透之后颜色鲜艳亮丽且纯净。

我们把画立起来，后退一步欣赏这些画。孩子会给自己美妙的作品起名，他们能够根据自己的画作轻易讲出与之相关的奇妙幻想故事。其中有一幅画看起来像色彩鲜艳的洞穴。我请创作这幅画的孩子走进她的洞穴，告诉我们她看见了什么，里面是什么样的，发生了什么。这个活动的效果很令人满意，即使是那些多动或"失控"的孩子也能顺利进行这个活动。大多数孩子之前从来没创作过如此美丽的作品，也从未有过如此满意的体验。

第二章

绘画与幻想

你的世界,以颜色、形状和线条呈现

在其他时候,我会让孩子只用形状、线条、曲线和颜色在纸上创造一个属于自己的世界,但不要画出任何现实的事物。我可能会这样引导:"闭上眼睛,进入你的空间。看看自己的世界——你的世界是什么样的?你会如何仅用曲线、线条和形状在纸上呈现你的世界?想想你的世界有什么颜色?每样东西在你的纸上占据多少空间?你会把自己放在图画中的什么位置?"

13岁的苏珊只在半张纸上画了画,另外半张纸是空白的。她用了各种颜色的蜡笔,以深色的图案做点缀。她的图画里包含了像阳光一样的圆形图案,非常动人。她用毡头笔在光线的中心重重地画了一个黑色和红色的三角形(见图2-1)。在团体中,苏珊描述了她的图画,她说她在图案的正中心,这幅画代表着她的担心、失望、她觉得有趣的事和快乐的感受。她的担心和失望是深色的。

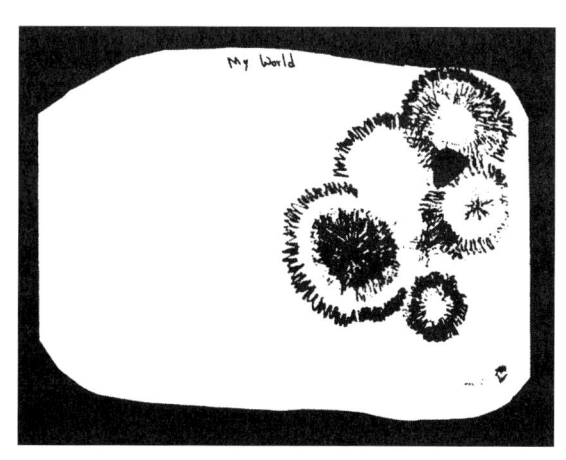

图 2-1 苏珊的画

其他孩子：你能和我们讲讲这些失望是什么吗？

苏珊：不，我现在不想说。不过我知道那些是什么事情。

其他孩子：你是对我们中的哪个人失望吗？

苏珊：嗯……是的。

（于是苏珊讲起了团体中的一个男孩给她带来的烦恼，那个男孩说了一些话对苏珊造成了困扰，她一直放在心上。苏珊和男孩就此讨论了一会儿，然后这件事似乎就结束了。）

我：你愿不愿意对画里的红黑色三角形，也就是你自己，赋予一个声音，来和你的其他部分对话？

苏珊：当然可以。我是苏珊，我在你们的中间。有时，我被担心和失望包围，感觉很糟糕。有时，我被有趣和快乐包围，感觉很好。

我：你能对你的担心和失望说些什么吗？

苏珊：我不喜欢你们在我周围。我不想谈论你们。我希望你们永远都不要出现。但是有时候你们就在那里，而我无法阻止你们的到来。不过，只要我不想，我就不必谈论你们！

我：苏珊，我知道担心和失望让你感觉很糟糕。如果你不想谈论它们，也没有关系。我很高兴你和吉米讨论了你对他的失望。这件事是你画中的哪个部分？

苏珊：这里。（她在画中的一个圆圈上打了一个黑色的大叉。现在少了一个担心。）

我：你现在愿意扮演另一个担心或失望，来赋予它声音吗？

苏珊：不愿意。

我：好的。对于有趣的事情和快乐的感受，你可以说些什么呢？

苏珊：我非常喜欢你们。我喜欢好的感受，喜欢有趣。

（"好的感受"和"有趣"对于苏珊来说是新的经验。）

我：我在你的世界里看见了很多这样的部分。

苏珊：是呀！我以前总是感觉很痛苦。但现在我有很多乐趣，感觉很好。

我：你愿意说一些让你快乐的事物和感受吗？

（苏珊轻松地讲述了一些她喜欢做的事情，以及对这些事情的感受。）

我：（指着她的画）在你快乐的世界里，有没有什么人在这里呢？

苏珊：当然。这是我最好的朋友，这是我今年非常喜欢的一位老师。这是不再经常吼我的妈妈，这是像我一样非常努力去解决问题的爸爸（酒精成瘾）。这是不那么调皮的妹妹（这时她向妹妹眨了眨眼睛，她的妹妹也在团体里）。这是整个团体，这是你！

我：你可以和我们讲讲纸上那片空白的部分吗？（她的画全都挤在一边。）

苏珊：那是留给我未来的生活的。我不知道那会是什么样的。所以我不在那边画任何东西。

我：那个空间很大，可以容纳各种各样的事物。

苏珊：是的！

这件事令我大为震撼，这是个很好的示例，说明了作为治疗师不做诠释的重要性。当我观察到苏珊的画都挤在纸的一边，留下了大片空白时，我可能会想："啊哈——这个孩子显然受到了限制和约束。她害怕，封闭自己，或者在某些方面失去了平衡。"这种诠释或其他诠释可能是对的。或许苏珊在创造自己的世界时，确实感受到封闭和限制。也许她觉得她的世界是拥挤的、受限的、封闭的。我无法确定这些是不是真的；但我知道，当苏珊想象了她的世界，把它画了出来，然后与我们分享，向我们详细描述她的画时，她便能看见这一大片白色的区域，也能够了解，她的生活可能还会有更多可能性。从她的话语、声音和表情中，我感受到了她流露出的积极和希望，这是一种开放，是一种对生活的触碰。

与苏珊的工作中还有一点值得注意：回顾这个过程，我发现或许我可以对苏珊的"三角形"自我多做一点工作，对她的自我和对自我的体验进行更深入的探索。或许我可以说："请你作为三角形的那个部分，描述一下自己。"我想请她作为三角形的黑色描边。"作为那个描边，你做了什么。"也许她会说她是怎么在自己的世界里进行自我保护的（这只是一种诠释）。我会请她扮演自我的核心。在我看来，这个核心的部分是如此活力四射。我还可能探索三角形的几个顶点。现在回想起来,不知道这样做效果会如何。可能如果我这样做,苏珊的自我感觉会得到加强。

9岁的汤米画了许多山丘般的曲线,有一个巨大的微笑着的太阳从山丘后面升起(见图2-2)。他告诉我们,他是一个小点,在最下面的那座黑色山丘的后面。有些山丘色彩鲜艳,有些山丘色彩暗沉。他使用毡头笔、彩色粉笔、蜡笔和彩色铅笔画出了不同的质地。他说:"我在山脚下,我必须爬上去。这并不容易。有些山丘很容易爬,有些则很难。我还可以在一些山上休息和玩耍。我正尝试爬到太阳所在的山顶。这需要很长时间。"

我请他作为太阳,和那个小点对话。

图 2-2 汤米的画

(作为太阳的)汤米:我看见你在下面。你还有很长的路要走。你能做到的。我一直都在这里。

(作为小点的)汤米:我在努力了。我感觉这条路好漫长。我看见你在那里,你为我带来了温暖。我会继续加油的。

这种表达方式蕴含着许多疗效因子。这幅画本身就是汤米内在世界的表达。在就这幅画工作时，我可能会请他详细介绍他的每一座小山，作为山后面的一个小点，他会有何感受，以及作为太阳有什么感受。儿童所表达的深刻感受和洞察总是令我触动万分。虽然与汤米的这段工作已经过去了5年，但当我把这个过程写下来时，我的内心仍是那样震颤，仿佛这是第一次倾听汤米的内在智慧。

在那节工作3个月之后，汤米所在的这个团体做了一次黏土活动。我指导孩子们创造一些抽象的作品，来代表他们当前的世界，并创作一个象征符号代表他们自己，以放入这个世界中。汤米创作了一个三角形的黏土，在三角形的顶部放了一个小球。他介绍了他的黏土世界，并讲述了制作黏土过程中的感受，最后他说道："顶端的这个小球就是我。"有个孩子马上就想起了他之前画的内在世界，并提醒了他。汤米神采奕奕地说："哇！看来我并没有花太长时间就登顶了嘛！"我对此印象深刻，因为汤米的这番话道出了他关于自我价值的良好感受越来越多。正是汤米在先前的"山洞幻想"活动中画了关于得到关注的圣诞场景。

在一次和14岁男孩吉姆的个人工作中，我请他闭上眼睛想象，以颜色、线条和形状来构建他的世界。然后我请他将他刚才的想象画下来："不要画任何具象的东西，看看你的世界有什么形状、什么线条，是什么颜色的。你会用深色还是浅色？你的世界是什么样子的？"他画了一个巨大的蓝色方框，在方框中重重地画上了各种颜色的线条。

吉姆：我的画里有个大方框，里面有许多彩色曲线。我不知道这幅画代表什么意思。我是随便画的。

我：没关系。我想请你作为这个深蓝色的方框，和方框里面的内容对话。

吉姆：我是个包围你们的大方框，我要把你们关在里面。

我：现在让这些线条回应方框——这些线条是怎样的？线条对方框说了什么？

吉姆：啊，我们是一些浅色的曲线。我们非常快乐，我们喜欢跑来跑去，但我们无法越过你，因为你不允许。

我：这些粗粗的线条是什么？在你的生活中这可能代表了什么？你的生活中是否有什么会限制你，不允许你做自己想做的事情？

吉姆：嗯，是的，我的父母不允许。爸爸不允许我做很多事。（然后他开始指着图中方框以外的区域，讲了讲他想要做的事情。）爸爸不让我去这些有点可怕的地方。

我：想象你爸爸正坐在这里，告诉他你刚才说的这些。假装他是这个枕头。

吉姆：嗯，我很高兴你没有让我出去。我有点害怕。（他仍然作为方框里的线条说话。他的表情也非常惊喜。）

我：现在作为方框外的东西，介绍一下自己。

吉姆：（在方框外画了一些线条。）我是一串在深色边框外面的线条。吉姆认为他想做我这样的事，但他非常害怕。我是学校的孩子希望他做的一些事，但他爸爸不会允许的，这很好。因为这些事可能会让他受伤或陷入麻烦。（然后吉姆惊讶地看着我，补充道）我想我很高兴自己有这个界限。在界限里面的线条很开心！我喜欢这个界限。

家庭图画

有个很有效果的活动，就是让孩子以符号或动物的形式，画出他们的家庭成员。

闭上眼睛，进入你的空间。现在想想你家里的每个成员。如果你要在一张纸上，画下他们让你想到的某个东西，而非真实的人，他们会是什么样子的？比如你家里有人让你想起了蝴蝶，因为他们总在周围飞来飞去，你会把他们画成蝴蝶吗？或者有的家人让你想起了圆圈，因为他们总是围绕在你身边。从你最先想到的东西开始画。如果你不知道画什么，就闭上眼睛，回到你的空间。你可以使用一些颜色、形状、物体、动物和其他任何你能想到的东西来代表你的家人。

一个11岁的男孩画了各种符号来代表家人（见图2-3）。他是这样说的（括号里是我的注解）：

"我在笼子里，被卡在中间（在一个方形结构中有一只绿色的海星）。我哥哥（16岁）认为自己是第一名（一个紫色的圆圈，中间有一个大大的数字1）。我的姐姐（12岁）（一个蓝色的圆圈，中间有一颗红色的心，红心周围伸出一圈爪子）认为她很厉害——因为她愚弄了所有人，除了我。我妈妈很好（一朵花）。我用脑子来代表爸爸，因为他认为自己什么都知道。唐娜（8岁）很好：她不会给我起外号（一只蓝色和粉色的蝴蝶）。我弟弟（10岁）爱打我的小报告。他干了坏事，但因为他总是微笑，别人不了解情况，所以他能侥幸逃脱惩罚（一张简单、微笑的脸）。我和妈妈最亲近。每个人都来教我该怎么做，挑剔我，打我的小报告。我很为难。"

图2-3　11岁男孩的画

一名15岁的女孩介绍了她的画（见图2-4）：

"我和妈妈更亲近一些（被一支箭穿过的心）；她有时太好了。她太容易妥协了。我觉得她最喜欢我。她带我去购物，给我买东西。我不知道其他孩子感觉如何（弟弟11岁，妹妹13岁）。我弟弟是个保龄球，因为他最近总是谈论保龄球。我妹妹是糖果，她周围有一圈口香糖。因为她吃太多糖了。我爸爸是个灯泡，因为他总有好多点子。我是波浪，因为我爱游泳。我爸爸会听我说话，但我们总是吵架——他好像从来都不明白我真正想表达什么。"

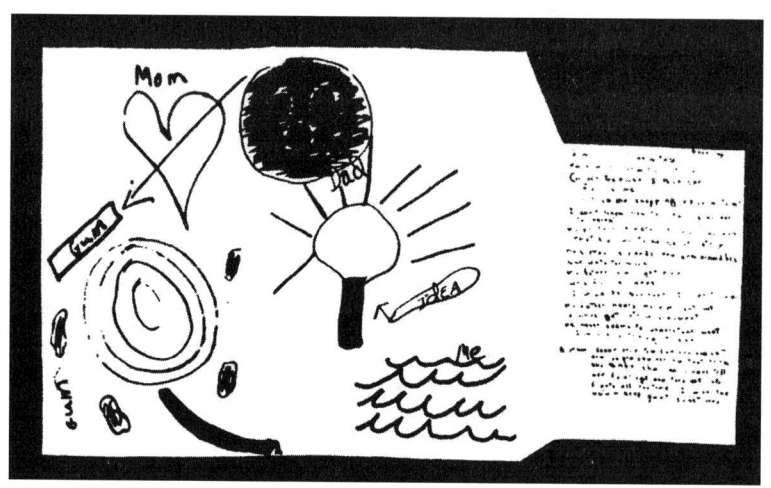

图2-4　15岁女孩的画

这个女孩的画作是在一节家庭治疗中完成的，整个家庭都参与了这次绘画活动，并以前所未有的方式分享了自己的想法。

这个女孩11岁的弟弟对她的最后一句话回应道："是的，有一回我姐姐把她的感受告诉了爸爸，爸爸因此表扬了她。于是她就以为她的什么感受都可以说，结果他们总是吵架。我有时希望她能安静点。"

这个弟弟一直不喜欢与人起冲突，他是这样介绍自己的画的：

"我是只大黄蜂，停落在我最喜欢的花朵上。我的姐姐们都是蝴蝶。我父母是鸟。一切都在活动——我喜欢那些活动的东西。一切都是快乐的、明亮的，各自飞着。（他的图画中有许多五彩斑斓的流动的线条。）太阳像爸爸一样抽着烟斗。太阳说：'我喜欢你的家庭！'现在爸爸不喝酒了，情况很好。我们相处得更融洽了。这周我们兄弟姐妹一次架都没吵过。4个月前我就不再偷东西了，我觉得这样做根本不值得。我还是会陷入麻烦，但那都是小事。我喜欢维持和平，希望一切平安。我不喜欢争吵。"

在这个活动过程中，对已完成的图画进行工作时，我常常变换我的指导语。比如，当孩子做了一般描述，如果描述中遗漏了某个家庭成员，我会请孩子对每个成员都做一些叙述；或者请孩子对图中的每个人讲一些话，或者让图中的每个人都对孩子说几句话；我还可能会更具体地说明我希望孩子说的内容："对每个人都说说对方让你喜欢和不喜欢的地方，或者让每个人对你说说他们喜欢你和不喜欢你的地方。"我还可能让孩子作为图中任意的两个象征物进行对话。这个活动会带出很多材料，有时甚至令我难以招架。比起家庭治疗中直接和家人对话，或在个人治疗中直接告诉我，通过图画来进行对话则容易得多，也安全得多。这个活动（或本书中其他的活动）可以每个月进行一次，因为每次都会产生新的感受，带来新的材料。再回去看看之前的图画，和孩子谈谈哪些情况仍然存在，哪些已经发生了变化，这也非常有趣。

一名13岁的女孩说（见图2-5）：

"爸爸最好啦，我最喜欢他。我和爸爸（黄色的圆形，中间有颗爱心）之间有联结。我是圆形（她是圆形，和她爸爸之间有一条线连接着），像爸爸一样，也因为我觉得自己很胖。妈妈超级甜美（一朵粉色的花）。我弟弟在正中间。他努力和大家和睦相处。妈妈离我姐姐更近，她们是联结着的。我姐姐是一堵砖墙（一堵砖墙的图案），因为我无法靠近她。我用蓝色来画这堵墙，因为这是她最喜欢的颜色，我想对她好一点。

我希望我们能亲近（closer①）一点。"

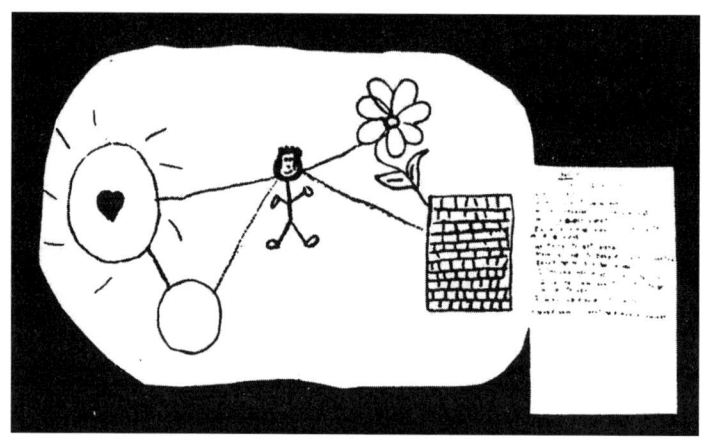

图 2-5　13 岁女孩的画

在家庭治疗中，我们的工作通常会从图画转移到个人身上。我请这个女孩直接告诉她的姐姐，她想更亲近一点的愿望。她的姐姐回答说："我们没什么相似点。"不过，这开了个头。在之后的一次家庭治疗中，这个家庭画了相似的画，这次，妹妹在墙上画了一个洞，她说："我开始能够穿过这堵墙了。"

一名 11 岁的女孩在纸张的角落画了不同的色团来代表她的家人。每种颜色对她来说都代表不同的意义，比如她最喜欢的颜色、代表悲伤的颜色等。这是她自己的方式，我在与其他儿童工作时也使用过这种方式。还有些孩子不使用颜色，而使用形状来表达，比如正方形、圆形等。

虽然大多数儿童不理解"符号"一词，但是，他们有惊人的能力可以理解和运用这个词的意义。如果我在指导语中说到"符号"这个词，随后便会提供几个例子来解释我的意思。

我还会请孩子以符号的形式画出他们理想中的家庭。一个 13 岁的女孩仅仅使用了几组圆圈、三角形、点和星星来代表她的家庭。"我爸爸是一个橙色

---

① closer 在英文中有"更亲近"的意思，也有"更相似"的意思。这里妹妹想表达对姐姐亲近的愿望，后文姐姐却以"相似"的意思来回应。——译者注

的三角形。虽然他不和我们住在一起，但我和他最亲近。我喜欢和他一起做事。自从他不和我妈妈住在一起后，他变得更好了。我经常和姐姐还有妈妈吵架。总是吵个不停。我们总想压过对方——我们彼此相互干预得太多了。有时我真想离开。这朵花代表我理想的家庭。我是中间橙色的点。"当她解释图片中的形状时，所有的信息都得到了表达。她一边解释图片中的形状，一边指着它们讲述。这一切信息都以一种平淡的方式呈现出来——"事实就是如此"。

8岁以下更年幼的孩子，在按照指导语画家人时，往往会画具体的人（尽管他们有时会同意画动物）。请孩子画她的家庭是一种传统的诊断技术，当然，借助于这种绘画技术，我们能够获得许多关于孩子的信息。利用这些信息与孩子建立联结和工作，使得这项活动更具有意义，并发挥出更好的效果。

一名7岁的女孩在我的邀请下画她的家人，她一而再，再而三地认为自己"画错了"。她把妈妈画得比爸爸高，说道："啊，我画错了。我妈妈应该比爸爸矮。"然后她在画的人物上方写上名称，她在爸爸上方写了"妈妈"。接着她又划掉了"妈妈"两个字，说："啊，这是爸爸。"她先把爸爸的胳膊都画在他的背后。然后她重新画了一只胳膊，让爸爸的手臂向妈妈的手臂伸去（妈妈的手臂在背后），说道："我应该让爸爸抱着妈妈的手臂。应当是这个样子的。"这时，我已经明显觉察到她对父亲产生了许多感受，所以在后面的几节治疗中，我重点对此进行了工作，帮助她将这些感受表达出来。然后，她在远处画了一个7个月大的男婴，不像她和爸爸、妈妈那样彼此挨在一起。这个婴儿独自在一旁，有一张圆圆的嘴巴，好像是张开的。女孩和母亲都在微笑，而父亲则相当严肃。我问："那个婴儿是在哭吗？"劳拉回答："是的。"

我：婴儿为什么哭呢？

劳拉：因为他没有和我牵手。

（然后她画了一所房子把整个家庭围了起来，包括那个婴儿。）

我：婴儿在房子里面，你觉得你开心吗？

劳拉：啊，开心。我非常喜欢这个婴儿，他喜欢我。

我：那个婴儿不在房子里时，你会感到开心吗？（当我写下这个问题时觉得它好像有点奇怪，但是当时劳拉似乎理解了我的意思。）

劳拉：有时候我真希望他没有出生！

然后她开始和我说，她的母亲是怎么让她抱着这个婴儿的，还让她照顾他，而这个小婴儿却是个烦人精。劳拉越来越开放地讨论了自己的感受，也越来越接受她对于小婴儿有积极和消极的感受都是没问题的。

一个5岁的男孩也有类似的情况。我请他来扮演他画里面的小婴儿。

吉米：呜哇——呜哇——！

我：现在是什么时候？

吉米：现在是晚上。我睡不着。

我：是啊，这肯定让你很生气。

吉米：是的，我睡不着，我很累。

我：你妈妈了解你的情况吗？

吉米：不，我妈妈不了解。

然后吉米开始表达对妈妈的愤怒。他认为妈妈没有意识到这个婴儿对他的生活造成了多大的困扰。吉米的母亲和我说过："啊，他可喜欢这个宝宝了。根本不存在嫉妒。"吉米确实喜欢这个婴儿，但是这个婴儿也占据了他妈妈的时间，夜里还会把他吵醒，这让他很生气。或许是做不到，或许是不愿意，他无法直接向母亲表达他的感受。于是，他以另一种方式来表达：尿床，在学校捣蛋。我请他对图画里的妈妈和婴儿说话。在他表达了这些感受之后，他告诉我他有多自豪，因为他要教这个宝宝很多东西，毕竟他是宝宝的大哥哥呀！

一名有纵火史的8岁男孩兰斯画了他的家庭，他把妈妈、爸爸和妹妹画在了一起，但把自己画在了纸的另一边（见图2-6）。

图 2-6　兰斯的画

从这幅画中，我大概能够推断出发生了什么。但即使我是对的，把这些推断写进报告，对这个孩子来说也毫无帮助。然而，若我能引导孩子表达他对所发生事情的感受，我们便在解决问题的道路上迈出了一步。兰斯介绍了他的画，给我讲了讲每个人都是谁。我请他向我具体介绍一下每个人，比如他们每天做了什么，他们喜欢做什么。然后我问道："在这幅画中，你似乎距离你的其他家人很远。"

他回答："嗯，那边没有地方画我了。"

我说："哦，我还在想这会不会是你对家人的感受——有时候感觉离他们好远。"

"嗯，是的，我有时有这种感觉。我觉得他们更关心我的妹妹。他们总是对我大喊大叫，所以我干什么都无所谓。"

于是，我们对兰斯的感受进行了大量讨论。后来，当我和他的整个家庭工作时，（在兰斯的允许下）我将此提了出来，这是他们第一次了解兰斯的这些感受。之前，在家人面前，兰斯无法表达自己的感受。事实上，他甚至可能还没有觉察到自己的感受。我们常常听见大人说："我需要整理一下我的情绪。"孩子也是一样的，也会陷入迷茫和困惑。

玫瑰花丛

在《觉察：探索、实验、经验》(*Awareness: Exploring, Experimmenting, Experiencing*) 一书中，有些很棒的幻想活动，可以和绘画活动结合使用。其中，我常使用的便是玫瑰丛幻想。我会请孩子闭上眼睛，进入自己的空间，想象自己是一株玫瑰。当我和孩子做这个活动时，我会做出很多提示，给出许多建议及选择。我发现一些孩子，尤其是那些防御很强、小心翼翼的孩子，他们需要这些建议来打开他们的创造性联想，他们会选择最适合自己的那条建议，或者意识到自己还可以有其他选择。

我可能会这样引导：

"你是怎样的一株玫瑰呢？是小小的，大大的，胖胖的，还是高高的？你有没有开出花朵？如果有，是什么样的花朵？（这些花不必非得是玫瑰花。）你的花朵是什么颜色的？你有很多花，还是只有几朵？这些花开放了吗，还是含苞待放？你有叶子吗？是什么样的叶子？你的茎和枝是什么样的？你的根是什么样的？……你也可能没有根。如果你有根，它们是又长又直的吗？是弯曲的吗？根扎得深吗？你有刺吗？你在什么地方？在院子里，公园里，沙漠中，城市里，乡村里，还是在海洋的中间？你是种在花盆里的，还是长在大地上的，或者是从水泥中长出来的？甚至长在某个地方的内部？你的周围有什么？有其他花朵，还是只有你自己？周围有树吗？有动物吗？有人吗？有小鸟吗？你长得像不像一株玫瑰，还是像其他什么？有什么东西把你围起来吗，比如篱笆？如果有，那个东西是什么样的？或者你就是在一个开放的地方？作为一株玫瑰是什么感觉？你是如何生存的？有人照顾你吗？现在你那里的天气怎么样？"

然后我会请孩子在准备好之后睁开眼睛，将自己的这株玫瑰画下来。我通常会补充说："不用担心画得好不好，你可以向我讲述你的画。"之后，孩子和我讲述他们的画时，我会将这些描述记录下来。我会请孩子用现在时的时态来描述这株玫瑰,就好像他们自己就是这株玫瑰。我有时会提问,比如"是谁在照顾你?"。在孩子讲述完之后,我会将他们讲述的话念出来,然后问孩子,他们作为一株玫瑰所讲述的内容和他们自己的真实生活是否有相似之处。

10 岁的卡罗尔介绍了她的这株玫瑰(见图 2-7):

"我刚刚开放。我有各种颜色,因为我有魔力。我的根有的长,有的短,缠绕在一起。因为我有魔力,所以我不需要任何人的帮助。如果我口渴了,我就能让天下雨,如果水太多了,我就能让太阳出来。我的叶子上有各种颜色的花苞。我生长在一个特别的地方,那里绿草如茵,阳光明媚。这里只有我自己;青草、太阳、空气、风、天空都是我的朋友。今天的天空是蓝色的,是个大晴天。我没有伤人的刺。我永远都不会死。"

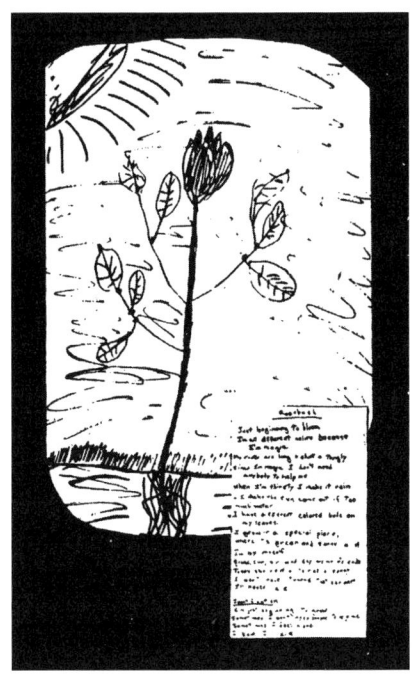

图 2-7　卡罗尔的画

当我把每句陈述再次读给卡罗尔听时,她说:"我刚刚开始成长。有时我不需要任何人帮助。有时我感到孤独。我知道我会死的。"对我来说,卡罗尔作为玫瑰所说的内容非常有意义,让我对她有了更多了解。于是,我们谈论了对她而言最重要的事情。

如果我觉得有必要,可能会温柔地引导她讨论一些其他方面的内容,比如她对于拥有魔法或希望自己有魔法的感受。也许她根本不想讨论这些内容,这也没关系,因为她非常乐意去讨论那些她想说的事情。

9岁的大卫说(见图 2-8):

"我是一株玫瑰,我很小,但作为玫瑰来说足够大了。人们把我照顾得很好,给我浇了很多水。我没有刺,因为我不喜欢欺负别人,除非他们像我哥哥一样伤害我。我有一朵玫瑰花掉了下来。我的根小小的,但它们支撑着我。我的周围没有其他植物,因为人们把其他植物种在了别的地方。周围有高高的篱笆围着我,这样我的哥哥就接近不了我。我不会让我哥哥靠近我的玫瑰花朵!枝条长成了我名字的形状,像这样生长着。有些玫瑰花是心形的,其中有一朵玫瑰被一支箭穿过。我喜欢当一株玫瑰。雪不会落在我身上。我的灌木上长了很多叶子,但我的花朵上没有叶子。"

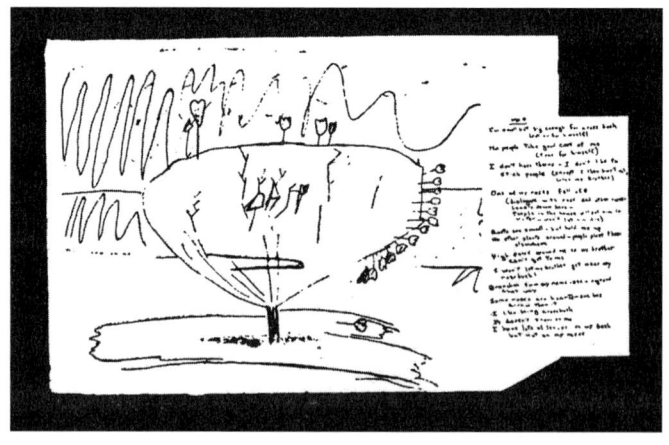

图 2-8　大卫的画

大卫讲的许多内容都有他现实生活的影子。他对哥哥有许多愤怒的情绪，这在和我的工作中表现了出来。他对父母也有很多抱怨，而现在作为一株玫瑰，他能够感受到"人们（他的父母）把我照顾得很好"。我请他让掉下来的那朵玫瑰花和这株玫瑰对话。作为掉下来的玫瑰花，他说："我在地上很孤独，但屋子里的人会把我放在水里，他们不会让我死的。"他曾多次表达过被"扔掉"、被遗弃、被忽视的感受。然而，如今他获得了对自己全新的感受：他的父母确实爱他、关心他。

8岁的吉娜说（见图2-9）：

"我长出了红色的玫瑰花朵，我没有刺，没有叶子，也没有根。土地帮助着我。我长在迪士尼乐园里，因为我喜欢快乐。我被保护着——这不像我的真实生活。园丁把我照顾得很好，每天都给我浇水。这是个大晴天。我很漂亮。有时我又很孤独。我今晚准备去看我爸爸。我小小的，但枝繁叶茂。我希望我是小小的——因为现实中我太高了。这里从来不会下雨。我不喜欢下雨。有时候会下雪——我想念下雪的日子。我能看见人们。我的周围有草地。如果我没有根，我生长起来会方便些，因为这样当他们想要移植我时，就会更容易些。我一直都有花苞。"

图2-9 吉娜的画

有的孩子就像吉娜一样，很容易认同这株玫瑰。吉娜是个被收养的孩子，并且她的父母分开了。父母的分离让她对自己的处境产生了许多情绪困扰，她非常焦虑，不知道会发生什么。她作为玫瑰所产生的认同，使得我们较为容易着手处理她的焦虑。

10岁的谢丽尔5岁时就被她的母亲抛弃了，这些年她一直生活在几个寄养家庭里。因为法律限制，她直到最近才被永久收养。她是个聪明伶俐、招人喜爱的孩子，因为梦游和严重的噩梦，一直在接受治疗。她讲述了她的玫瑰（见图2-10）：

"我很大。我有五颜六色的花朵。我的枝条不是笔直的，而是歪斜的、弯曲的。我在柔软的泥土里，我有长长的根，深深地扎在地下。我有好多朋友，鸟儿停在篱笆上和我聊天。有个黑色的大篱笆围着我，这样人们就不会踩踏我或把我的花朵摘走。我住在一个院子里，我只是一株普通的玫瑰，长着绿色的叶子。"

图2-10　谢丽尔的画

我问：是谁在照顾你呢？

谢丽尔：大自然照顾着我，阳光、雨露和土地。

我：谁住在那所房子里？

谢丽尔：一些人。

我：你喜欢他们吗？

谢丽尔：我从来没见过他们。他们总是会出门。只有我自己。

通过这个活动，我们能够开放地处理谢丽尔内心深处的一些议题。其中一个议题涉及保护她的"黑色大篱笆"。她说到她需要保护以免于被伤害。她很疏离，因此常被其他孩子称作"势利鬼"。我们讨论了她与玫瑰周围的人的关系，以及她与照顾者的关系。这也引发了她对母亲的感受，以及对于收养议题的感受。虽然谢丽尔一直都深受其扰，但直到现在她才开始谈论这些感受。她的玫瑰图画以及其他类似的活动，帮助她释放了内在的一些感受。她对自己的感受确实就像她描述的玫瑰花一样，但她从未向任何人提起这种感受。这节治疗结束时她说："哦，对了，还有件事。画上再加句话：'我是一株以色彩闻名的灌木。'"

涂鸦

在《儿童艺术治疗》（Art as Therapy with Children）一书中，伊迪丝·克莱默（Edith Kramer）讲述了与青春期前期的儿童工作时，涂鸦技术的应用（与误用）。我发现涂鸦这一技术没什么威胁性，有助于孩子表达他们内在的自我。这一技术原版的步骤是：首先，让孩子调动整个身体，在空气中，用有节奏的动作来作画。然后，请孩子闭上眼睛，在一张大纸上画出这些动作。我很喜欢涂鸦技术的理念，让孩子先假装面前有张巨大的纸，这张纸有他们双臂伸展开那么宽，举起手臂那么高。我会请孩子想象，自己两只手正拿着蜡笔，在这张想象的纸上涂鸦，确保这张纸的每个角落和每块区域都被涂到。这种身体活动似乎能让孩子变得放松自在，如此一来，在真正的纸上涂鸦时就不那么拘束了。

接着，我邀请孩子在真正的纸上绘画，有时是闭着眼睛的，有时则睁着眼睛。下一步是从各个角度观察涂鸦的线条，找到这些线条构成的有意义的图案，然后把这个图案补充完整，如有需要可以擦掉一些线条。有的孩子会找到好几个小的图案，还有孩子则会找到大幅的整体场景，用线条勾勒并上色。讨论孩子看到的图案，有时扮演那些图案，这样的活动很有趣，就好像观察云朵像什么，然后扮演那片云朵像的角色。孩子向我讲述他们图画的故事。有时候，如果孩子只找到一个小小的图案，我会请她创造一个自己的场景，来将这个小小的图案包含在内。

8岁的梅林达画了一个女孩的大脑袋（见图2-11）。我请她扮演这个女孩，讲讲自己。她讲了个小故事。在她讲的时候，我把故事记录了下来。

图 2-11　梅林达的画

"我是个头发乱糟糟的女孩，刚刚睡醒。我叫梅林达。这种乱糟糟的感觉就像只毛茸茸的狗狗。我不是很漂亮。如果我梳一梳头或许能够漂亮点。我的头发有各种颜色。因为我的头发很长，去泳池游泳的时候没有戴泳帽，所以我的头发变成了各种颜色。我的朋友遇到过这种事——她的头发变绿了。我希望我有长发，我要留长发。我喜欢长发。"

借助于梅林达的故事，我们很顺利地进入了关于她的自我形象的讨论，引发了她对自己外貌的感受和对自己的看法。

8 岁的辛迪在她的涂鸦中发现了很多帽子（见图 2-12）。这是她的故事：

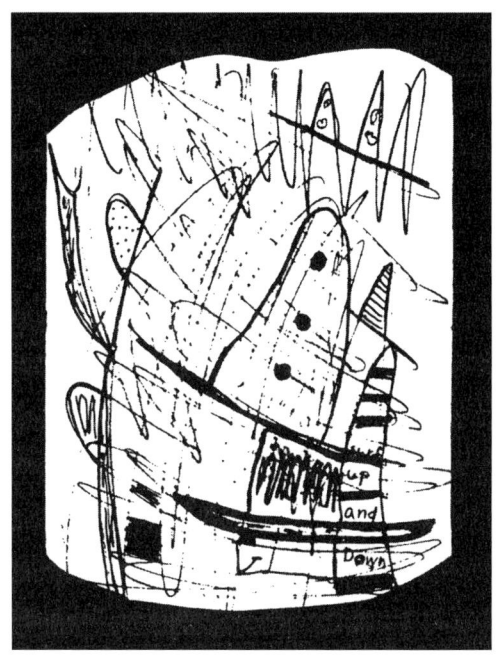

图 2-12　辛迪的画

"帽子的故事。这些是有问题的帽子。一顶帽子的问题是他身上有扣子。另一顶帽子的问题是他在洗的时候被弄脏了，没有人想戴他。还有一顶帽子有问题，因为他长满了圆点。还有一顶双头帽有问题，是因为帽子上有破洞，被打了补丁，没有人愿意戴这顶帽子。有一顶帽子是快乐的，因为他很漂亮，是紫色的，有人戴着他。有一顶帽子很悲伤，因为他长满了条纹，没有人愿意买他。那顶紫色的帽子有魔法，戴着他你就听不见喊叫声了。我现在就戴着他。"

值得注意的是，辛迪画的所有帽子的性别都是男性。我当时没有向她提出这一点，虽然现在我写这本书时真希望知道她会对此做出什么解释。不过，我邀请了她想象自己戴着这顶神奇的紫色帽子，和我进一步讲讲她听不见的那些喊叫声。

11岁的卡罗尔的涂鸦是一只水里的大鸭子（见图2-13）。她的故事是这样的：

图2-13 卡罗尔的画

"我是一只小鸭子。我有翅膀，但不会飞。刚出生的时候，我全身都湿答答的，不过后来我长了羽毛，现在我毛茸茸的。我住在水里，与我妈妈形影不离。我们生活在公园里，这里有个湖。人们来游玩时，偶尔会给我们投喂面包屑。我的脚有助于我游泳。因为我的脚趾之间长了脚蹼。"

我请卡罗尔将自己和这只小鸭子做比较。她说道：

"虽然我从出生到现在发生了很多改变，但我还是需要妈妈。我还没有大到能够完全独立。"

卡罗尔经常被独自一人丢下。

一个8岁的男孩在他的涂鸦中描出了一个直直坐在画中央的男孩（见图

2-14）。

图 2-14　8 岁男孩的画

他画中男孩的嘴里伸出一个对话气泡，里面写了九个"哈！"。我请他扮演这个男孩，讲讲他在笑什么。他说道：

"我在笑是因为这幅涂鸦保护了我不被别人抓到，就像一个篱笆把我围了起来。我能看见别人，但是这些人抓不住我。"

读者应该可以猜到后面我们做了哪些工作。

13 岁的格雷格很难在自己的涂鸦中找出图案。他看着他的第一幅涂鸦，把画转来转去，最后他说，里面没有图案。我说："好吧，再给你一张纸，你再画画试试。"然后，他又画了一张涂鸦，仔细观察之后，还是找不出图案。于是，我请他再画一次，这一次，他找到一张小小的脸。他涂了第四张涂鸦，这次画出了几条鱼，一条鱼被钩住了，一只章鱼被箭穿过，一条鱼游动着（见图 2-15）。他说道："我是一条紫黄相间的鱼。每条鱼都被钓走了，只有

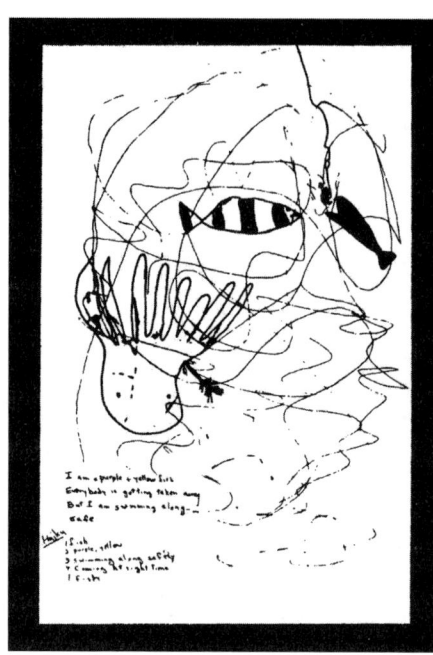

图 2-15 格雷格的画

我安全地游动着。"我请他根据他的图画写了一首简单的类似俳句①的诗歌：

鱼儿
黄紫相间
安全独游
来得正是时候
鱼儿

格雷格非常想再画一幅涂鸦。他又画了鱼，说道："一只大怪物试图抓住这条鱼。这条鱼的朋友是一种戴着帽子的动物，朋友为了拯救这条鱼，正用绳子拉着鱼。我就是这条被拯救的鱼。"我问他，他说的这些是否和他自己的生活有关，他说在第一幅图画中，"我成功躲避了麻烦"。接着他说在第二幅中："我想我被拯救了，所以没有陷入麻烦，但我不知道这是怎么做到的。"格雷格遭受着一些身心躯体症状（包括尿床），而这个活动为我提供了一个很好的机会，针对他利用这些症状保护自己来进行进一步工作。格雷格很随和，也很安静，从不表现出愤怒，也不承认生活中的差错。他问我，为什么他在第一幅涂鸦中看不到任何图案，我启发他说，或许因为他现在才开始"放开"他的眼睛（赋予他的眼睛自由）。他同意我的说法，接着立刻拿出他的第一幅涂鸦，描画出一只抓着墙的手。他说，这个人尝试翻过一堵墙，但他没有抓好，所以遇到了麻烦。格雷格看了看我，然后说："或许这就是试图控制事物的我。"

---

① 俳句，源自中国古代绝句，是日本的一种短诗。后来传到美国，出现用英语写的俳句（Haiku）。俳句讲究韵脚。但是也有宽松式的散俳，可以不押韵，字数和句数也不限。——译者注

愤怒绘画

在我们活动的过程中，偶尔会有孩子表达出强烈的愤怒。那么我会利用这个机会来向孩子展示，把情绪画下来是多么有效的缓解情绪的方式。一个11岁的男孩讲到他弟弟时变得非常愤怒。我请他画出他此刻的情绪。他抓起一支粗粗的黑色的蜡笔，在纸上拼命地涂呀，涂呀，涂呀……当他涂遍了整张纸，就变得放松和冷静了。

一个13岁的女孩用红色和橙色的蜡笔做了同样的活动，她把她的画命名为"燃烧的愤怒"（见图2-16）。然而，她完成后，并没有太放松。我注意到她的涂鸦线条并不像上述男孩那样连贯，而是分离的、分隔的。每一块涂鸦都被封闭在锯齿状的外框内。我请她作为其中一块愤怒的红色涂鸦，她说道："我是一种非常生气、非常愤怒的情绪，我被关在里面。"她说虽然她能够感受到自己强烈的愤怒，但她其实不知道该如何表达这种愤怒。然后我们讨论了她当前采取的情绪应对方式，以及释放这些情绪的恰当方式。

图2-16 "燃烧的愤怒"

我请另一个13岁女孩画了一张她的情绪图画。在她的画中，有一些浅浅的、明亮的颜色，被一圈粗粗的黑边包围着（见图2-17）。我请她讲讲她的画，她说道："愤怒围绕着我，挤压着我的好情绪，导致我的好情绪无法释放。"她的话准确地描述了她的行为。

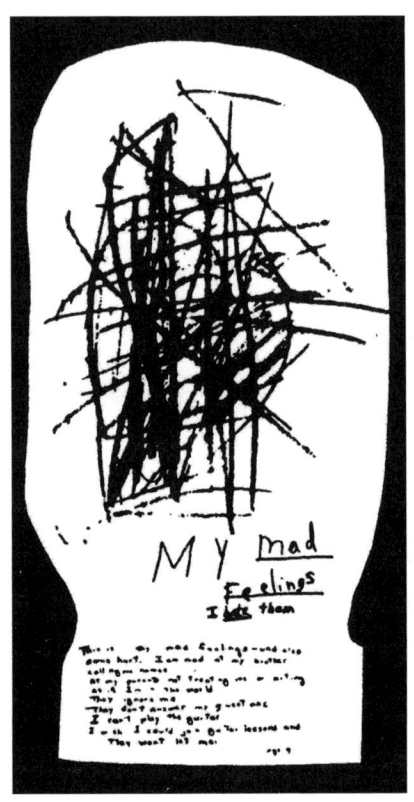

图 2-17　13 岁女孩的情绪图画

她身边的人很少看见她的积极情绪，只能看见她的抑郁和闷闷不乐。这幅画提供了一个开端，帮助这个女孩讨论自己的愤怒，讨论那些引发她愤怒的事情，并帮助她找到一些方法来表达她的愤怒情绪。这样，她的积极情绪才能得以浮现。对于这些议题，我们可以在治疗过程中使用绘画、黏土和巴塔卡来处理，但是她也需要学会在治疗之外照顾自己的方法。她需要学会通过言说，引导怨恨转向引发怨恨的源头。然而，有一些孩子因为一直被否定，而无法直接且真诚地面对自己的感受。除非，这些感受能够得到成年人的喜欢。对于这个案例，我能够邀请孩子的家庭做一些联合治疗。我先前给这个孩子进行家庭治疗时，她坐在角落生闷气。现在，她能坚持自己的立场，发挥自己的优点，还能够自我支持。

我的一周、我的一天、我的一生

借助于孩子画出自己的一周、一天或一生的活动,我可以大致了解孩子的生活。这样一幅画为我们提供了探讨孩子生活的入口。一个女孩画了她的一天,她的画内容丰富,其中有一个代表"学校"的大方框,上面写着大大的"恶心"。她还画了一个被一支箭穿过的爱心,上面写着一个大大的首字母——她喜欢的男孩的名字首字母。她对学校的情绪和对这个男孩的渴望消耗了她大量精力。有些孩子的画非常简单,因为那就是他们对生活的感受。有时,即使没有明确指示,孩子们也会画出他们理想中的一天或一周,这样的画作让我有许多可解读的。

随意曲线活动

随意曲线(squiggle)活动是指在一张纸上随意画一笔,通常用黑笔画,接着请孩子就这一笔来补全图画。然后孩子可以就这幅画讲一个故事,也可以来扮演这幅画,还可以和这幅画对话,等等。

在涂色书中,可以找到随意曲线活动的改良版。有本书叫《无彩之书》(*The Non-Coloring Book*),还有本书叫《未上色之书》(*The Un-Coloring Book*)。这两本书里收录了各种涂鸦,让读者就这些涂鸦来补全图画,而不仅是就随意的一笔来补全图画。这种方式比随意曲线活动更具启发性。

在《涂鸦与梦境:儿童精神病学中的治疗性咨询》(*Therapeutic Consultation in Child Psychiatry*)一书中,D. W. 温尼科特(D. W. Winnicott)讲述了一种与儿童接触的技术,他称之为"涂鸦游戏(Squiggle Game)"。治疗师和孩子坐在桌前,他们有两支铅笔和几张白纸。治疗师闭上眼,在纸上随意画一笔,接着请孩子把这个涂鸦补全,画成某个东西。然后再由孩子画随意的线条,由治疗师来完成图画。在这个过程中,治疗师和孩子可以对绘画以及他们想起的其他材料展开讨论。根据温尼科特的案例研究,我们可以看到,以独特的方式应用旧的技术,有助于促进沟通效果。

色彩、曲线、线条与形状

我喜欢鼓励年龄更大的儿童、青少年和成人通过颜色、曲线、线条和形状来画出他们的感受和反应。我请他们尽可能不画现实事物，并鼓励他们对情绪进行深度表达。我有一种好方法，即邀请一个人或一个团体，花 5 分钟时间，观察一个我认为非常美丽的事物，然后仅用颜色、线条和形状画出由此唤起的感受。我可能使用的事物有一朵花、一片叶子、一株植物、一个贝壳，如果条件允许，还可以是日落或一幅画。其实，任何事物都会带来某种感觉，比如厨具、玩具或家居用品。还有些时候，我可能会请他们听一段优美的音乐。

有时，人们需要某种训练来允许自己放松，从而信任自己的感受，并将这些感受表达出来。我可能会这样邀请孩子："在你选定的时间，每天画一幅表达你感受的画。下次来见我时，把这些画都带来，我们一起看看。"我可能会先和孩子一起练习这个活动："闭上眼睛，觉察你的感受，你的身体感觉如何。你的情绪是变化的。你的身体感受是变化的。看看你现在感受如何。然后用颜色、线条和形状将你此刻的感受画在纸上。"我常常会自己做示范，来帮助孩子理解这个活动怎么做。

团体绘画

有时我会与一个家庭、两个孩子，或只与一个孩子，在一张纸上共同完成一幅图画。"在纸上画一些线条、圆圈、其他形状和颜色。觉察画画时你的感受如何。"有时画纸上会呈现出对空间的争夺，观察空间问题如何得到解决是件有趣的事。一方是否为另一方让出空间？或双方达成协议？还是一方侵入另一方的空间？年纪较大的孩子，在指导下能够安静地进行这个活动，而年幼的孩子需要交流。我会观察活动中发生了什么，活动结束后，我们再讨论对于活动的体验。我可能会问："被人挤出自己的空间，你感觉怎么样？在生活中，你是否有过这种感受？在家里是否有过这种感受？"在具体的活动中，儿童的过程往往能反映出她在生活中的过程。

我曾在一个大的儿童团体中邀请孩子们一起画画。这个活动可以以好几种方式开展，最常见的一种是轮流绘画。在 8 个孩子组成的团体中，我会给每个孩子一张纸，让他们各自作画。然后我发出一个信号，让所有人停笔，并把手中的纸传给旁边的孩子，然后在画上添加一些内容。等所有的画都轮过一遍，就对这 8 幅画进行观察和讨论。孩子们很喜欢这个活动。孩子们开心地谈论自己对图画的看法，并分享在团体画作上添加自己的笔触时的感受。

团体绘画的另一个技术只要用一张纸。轮到某个孩子画画时，其他孩子必须在一旁等待。类似团体故事接龙，轮到的孩子要介绍自己正在画什么，其他孩子则在一旁观看和倾听。有时我会就某个特定的主题来画出开头，或者画一条线、一个形状或各种色彩的斑点，然后就这幅画讲个故事。下一个人要接着我的故事继续讲，同时对我的画做一些补充，以此类推。同样，这个活动的乐趣在于每个孩子的过程。

比如，我开头说："从前，有一个小小的、红色的圆形，住在一个大大的空间里。一天……"

下一个孩子接着说："一天一个紫色的方形跑过来，对着那个圆形说：'你愿意和我一起玩吗？'圆形说：'好呀。'于是他们开始玩耍。"

再下一个孩子说："后来，一个大大的黑色三角形跑过来，开始推搡圆形和方形。"（从三角形画出一些黑色的线条，朝向圆形和方形，以表示三角形在推他们。）

以此类推……

图画完成后，我可能会问那个画圆形的孩子，他的圆形被推搡的时候是什么感受。过一会儿，我可能会问他，在生活中有没有推过别人。就算这样具体的材料并没有在团体绘画中呈现出来也没关系。重要的是在这个活动的过程中发生了什么，比如团体合作（或缺乏合作），某个孩子有耐心或者不耐烦，等等。在这个活动中，乐趣发挥了重要作用，不容小觑。因为许多有情绪困扰的孩子需要更快乐的体验,来维持他们对生活的热情。

自由绘画

孩子通常更愿意自己决定画什么,而不是听别人的。这不怎么影响治疗过程;重要的是孩子最关心的是什么。

9岁的艾伦画了一只巨大的绿色恐龙吃着树顶上的叶子。刚开始,与恐龙对话对他来说是比较容易的方式。后来,他作为恐龙谈论了他强大的力量和重要性,这与他生活中的无助感形成了对比。

8岁的菲利普画了一幢房子,旁边停着一辆公交车。他讲述了一个非常详尽的故事,关于那辆公交车带他去了哪里。

5岁的托德画了一株长在树旁的大花(见图2-18)。

图2-18 托德的画

我请他让树和花对话。他说:"嗨,树和花。我想和它们对话。嗨,树和花。我喜欢你们。你们长得又高又大。你们说,我有一天会不会也长得又高又大呢?"我把他说的话写在了他的画上。在他说完之后,我把这些话念给他听。我们讨论了他对成长的感受,后来他请我在画中补写"会的",作为他对问题的回答。

5岁的卡尔画了一些形状。他看着他的画，说道："这是一个婴儿游泳池，旁边这个是爸爸妈妈和大人用的泳池。我要去大泳池，因为我很大。"这引发了我们的讨论——在他是婴儿的时候，他是什么样的。"我和我的爸爸妈妈住在一起。"（他现在住在一个寄养家庭里。）在后面的一次治疗中，他讲到了另一幅画："这是一个巨大的泳池，一个巨人在里面游泳。结束。"他很高兴能作为这个巨人。随后他还讲了另一幅画："这是没有眼睛的土豆虫。这是螃蟹。这是金刚。这是黑寡妇。他会去抓人，不过婴儿会咬他。他不想被怪物杀死。"通过自己的过程，卡尔开始接纳并体验自己的愤怒情绪，逐渐重拾内心的力量。

彩绘

彩绘有其特殊的疗愈价值。当颜料流动时，情绪也往往随之流动。儿童喜欢彩绘，尤其是那些已经从幼儿园毕业的孩子。因为在幼儿园之后，除了使用小小的罐装水彩颜料，就很少有机会再画彩绘了。孩子喜欢颜料流动和鲜艳的特性，喜欢彩绘带来的体验。我通常会建议他们随意作画，然后看看他们会画些什么。

7岁的南希画了一片天空，空中飘着几朵云，有一架大大的飞机在空中飞行。等她画完后，我们讨论了她的画，也讨论了飞行的主题。她拿起一支笔，在飞机的一扇窗上点了一个点。

> 她说："这是我的妈妈。"
> 我请她多讲讲这个部分——她的妈妈要去哪里。
> "我妈妈在飞机上。她要去某个地方。我不知道那个地方。"
> 我请她对飞机上的妈妈说点什么。
> "我不想你离开，不想你丢下我。"
> 我问她是否和妈妈说过这些。（她和妈妈住在一起，两人相依为命。）

于是，原本隐藏起来的被抛弃的恐惧涌了出来。"不，我没和妈妈说过。我说过一次，她说这种想法很傻。"

父母离婚、搬家到远方、与父亲和其他亲人的分离，种种因素引发了南希的恐惧，导致了她对妈妈的哀求和依赖。让她把这些话说出来，并允许她认真地对待自己的情绪，这对南希产生了巨大的影响。我花了几节治疗，帮助她聚焦于这些情绪，比如讲故事、邀请她把被抛弃的情境画出来或表演出来，经历这个情境的玩具娃娃会有什么感受，她可能会做些什么，等等。

颜料的色调、色彩和流动性使得彩绘能够很好地表达感受。我会邀请孩子画一幅彩绘来表达自己当前的感受，或者他难过或开心时的感受。相比于其他艺术形式，儿童似乎更容易用彩绘来表达自己的感受。而当儿童使用蜡笔或毡头笔作画时，他的画风往往更为形象且具象。

我让 9 岁的坎迪画出她快乐和悲伤时的感受（见图 2-19）。

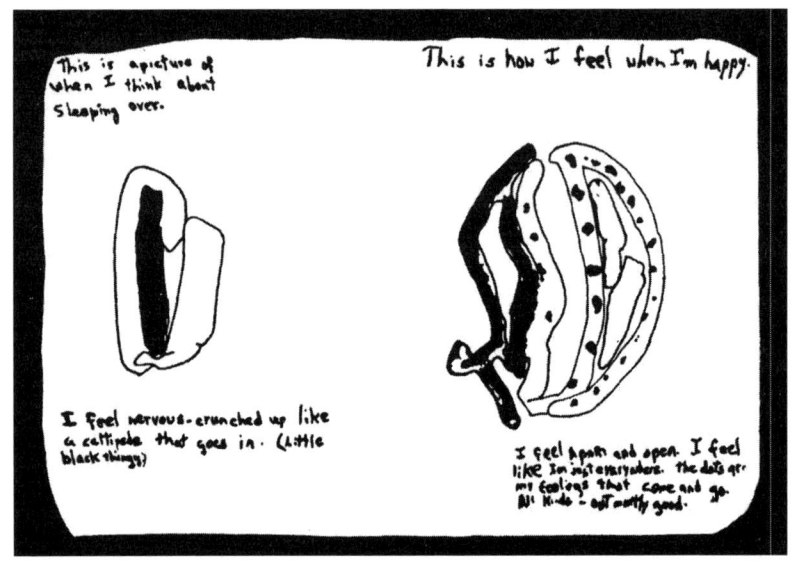

图 2-19　坎迪的画

在纸的一边，她画了一个抽象的图形，随后她说："我觉得自己是分散和舒展的，就好像分散在了各个地方。这些小点是我各种各样的感受，这些感受出现又消失，但大多是好的。"她介绍了画纸另一边的线条和颜色："我感到紧张，就像一只黑色的小虫子蜷成一团，像一只蜈蚣，爬了进去。这张图表达的是我在别人家过夜的感受。"

一名 13 岁的男孩画了一幅非常大的画，描绘了他尿床时的感受。画中有大块的蓝色、黑色和灰色。在这个活动之前，我问过他尿床的感受，那时他只是耸耸肩说："我不知道。"

年幼的孩子喜欢在没有指导的情况下自由作画。他们非常专注地涂抹和混合颜料。然后他们会描述在自己的画中看见的内容，仿佛在讲一个奇幻的故事。6 岁的约翰介绍了他的画："这是一台机器，有些东西从机器里冒出来。有一些管子连着机器，油从管子里流出来。油流到了那边。这是很烫的油，你可不能碰它。"我请他扮演那台机器，给我讲讲他的油。他激动地讲了起来。我说："你听起来像是一台生气的机器。"他说："对，谁要是惹我，我就把我的'油'全吐到他身上。"然后他真的站起来，半蹲着在房间里走来走去，手臂向外弯曲，皱着眉头，一边吐口水一边愤怒地大喊："我要收拾你！小心点！"最后他坐到我旁边的地板上，我们聊了聊他的愤怒情绪。

在和另一名 6 岁男孩的工作中，我也有过类似的经验。这个孩子主要用黑色的颜料涂色。画的边上有一个亮丽的彩色小圆环。他（指着彩色圆环）说："这是油和水。有些泥土进来了。有些海水也流进来。"我请他让油和海水进行对话。他扮演油说："别靠近我。我会弄脏你。你会变得很脏。"后来我问他，画里的油或水，是否有点像他的某些感受，他说："油就是我生气的时候！我生气的时候别靠近我！"这个男孩全身都是他自己抓破和抠破的伤口——这是他（目前为止）处理愤怒的唯一方式。我们进行了多次治疗，使用绘画和其他媒介，帮助他用非自伤的方式表达愤怒。

手指画

手指画和黏土在触觉与动觉特性上颇为相似。可惜的是，画手指画这种活动通常只给幼儿园的小朋友玩。其实画手指画有很多优点。画手指画让人感觉舒缓，流动。画手指画的人可以尝试画各种图形和图案，还能快速将其抹除。画手指画不会让人感到受挫，也不需要太多技巧。当你认为自己画好之后，可以讲讲这幅画的故事，或者聊聊这幅画唤起的回忆。我把粉状颜料加入少量的洗衣膏中，自制手指画的颜料。你试过用凡士林、冷霜或巧克力布丁来画手指画吗？

10岁的菲利普常常在我们的工作中画手指画。他是个焦躁不安的孩子，在学校坐不住。他经常打其他孩子，和所有人吵架，动作协调方面也存在很大困难。然而，每当他玩手指画时，他就变得专注，看起来平静而满足，呼吸也不那么急促了。尽管在多次手指绘画过程中，他并未完成任何作品，但他开始和我讲述他的生活，表达他对自己的负面感受，以及对父母和教师的愤怒情绪。

终于有一天，菲利普完成了一幅手指画作品。他似乎已经准备好，决心要留下自己的印记。这幅画是一张小丑的脸。我请他给我讲讲关于这个小丑的故事。"我的小丑给人们带来欢乐。他在每个人面前都表现得很滑稽。但内心深处，他是个非常悲伤的小丑。他不得不画上这样的脸，穿上滑稽的服装来逗笑大家。否则人们可能会哭泣，因为如果小丑展示了真实的自己，每个人都会为他感到非常难过。"这是第一次，菲利普能够说出他所感受到的绝望。

脚画

脚画？没错，脚画！脚丫子是非常敏感的，大多数时候脚都被关在鞋子里，什么也感觉不到。琳恩·佩尔辛格（Lynn Pelsinger）是一位婚姻、家庭、儿童咨询师兼特殊教育教师，她在公立学校带着一群特殊班级的孩子用脚画画。她会让孩子脱掉鞋袜（可惜学校不怎么鼓励这种行为），然后让孩子描述脚自由了是什么感觉。她告诉孩子要用脚来画画。把这个想法传达给孩子后，她让孩子描述，在他们的想象中，可以如何用脚画画。接着，她把肉类包装纸①铺在地上,放好装有颜料的小托盘。她指导孩子试试自己的脚能蘸取多少颜料,并感受当颜料滴落下来时会发生什么。给孩子一点时间去试验,然后开始使用脚的各个部位作画,在纸上行走来留下各种脚印,用不同的脚趾作画,用脚跟、脚的两侧,两只脚都试试,看看有什么不同。

有时,佩尔辛格会继续引导孩子觉察脚的感受;还有些时候,孩子可以在没有指导的情况下自由试验。旁边可以放一桶水用来洗脚,再放一些擦脚用的毛巾。

这个活动结束后,他们会坐在一起讨论这次活动的体验。他们刚刚所体验的,正是他们年轻的生命中最为放松、愉悦的一次感官体验。佩尔辛格表示,在她所有的经验中,这项活动从未失控(或失足)过。孩子们感到平静而愉快,他们明白自己在学校环境中参与了一项特别且享有特权的活动。

脚画的玩法多样。儿童可以个人创作、和团体一起画,甚至可以轮流画。团体互动的过程对活动后的讨论很有帮助。佩尔辛格提到一些她对孩子的脚和鞋子的观察。当她第一次介绍脚画,倾听孩子分享自己的脚和鞋袜以及走路和跑步的感受时,她就开始观察孩子走路的方式。那些穿着破袜子的孩子,走路就像踩着碎玻璃;鞋袜不合脚的孩子,会发牢骚、脾气不好——换成你,难道不会吗?她注意到,雨后这些孩子会特意在上学路上弄湿双脚,因为他们知道,她会允许他们脱掉鞋子。

当孩子们完成了脚画,把脚洗干净后,佩尔辛格会用毛巾帮他们把脚擦干,并鼓励孩子们为彼此擦脚。以这种方式按摩脚部既愉快又舒服,孩子们非常喜欢。(她发现,雨后孩子们也渴望她用毛巾帮他们擦干头发,揉搓头皮。)

---

① 肉类包装纸有一面是防油膜,不易渗透。——译者注

第三章

我的工作模型

借助于绘画和涂色来帮助孩子表达感受的技术数不胜数。在治疗中,无论孩子和我选择做什么活动,我的基本目标都是一致的,即帮助孩子觉察自我,觉察自己在世界中的存在。每个治疗师都会找到自己的风格,在自己主导治疗与跟随孩子的引导之间取得微妙的平衡。希望我在这里提供的建议,能向你展示无尽的可能性,并帮助你激发自己的创造性,而不是机械地遵循这些技术。与孩子工作的过程是温柔、流动的,是一种有机的活动。每一节治疗,治疗师内在的体验与孩子内在的体验都是温柔融合的过程。

根据不同的目标和不同的层次,绘画技术的应用方式是多种多样的。在完全没有治疗师介入的情况下,绘画活动就是一种强有力的自我表达,有助于建立个体的自我身份认同,并提供了一种表达感受的方式。以此为出发点,治疗过程可能会这样展开。

1. 让孩子分享绘画体验——她进行绘画活动时的感受;她是如何处理和持续进行这个活动的;她的创作过程。这是一种自我分享。
2. 让孩子分享她的画作,用孩子自己的方式描述这幅画。这是更进一步的自我分享。
3. 在更深的层次上,让孩子详细描述画中的各个部分;让某些部分更清晰、更凸显;对形状、形式、颜色、代表物、物体、人物进行描述,来促进孩子更深层次的自我发现。

4. 让孩子像描述自己一样描述这幅画，使用"我"的称呼来描述："我是这幅画；我全身都是红色的线条，我的中间有一个蓝色的方形。"

5. 挑选画中特定的事物，让孩子认同该事物："作为那个蓝色的方形，进一步描述你自己——你的样子，你的功能，等等。"

6. 如有必要，可以问孩子一些问题以推动这个过程，比如："你是做什么的？""谁会使用你？""你最亲近的人是谁？"这些问题的提出基于你能够与孩子一起"进入"画作，并打开自己，接受存在、功能和建立联系的各种可能的方式。

7. 借助于强调和夸大画面的一个部分或几个部分，让孩子更加专注，来加强她的觉察。鼓励孩子尽可能深入地探索某个特定的部分，特别是在你或孩子内在充满（或极度缺乏）能量或兴奋感时。提问通常很有帮助，比如"她要去哪里？""这个圆圈在想什么？""她打算做什么？""然后会发生什么？"，等等。如果孩子说"我不知道"，请你不要放弃；将注意力转移到图画的另一个部分，问另一个问题，说出你的答案，然后询问孩子是否同意。

8. 让孩子作为画中的两个部分、两个接触点或对立点（比如道路和汽车，围绕方形的线，或快乐的一面和悲伤的一面）来进行对话。

9. 鼓励孩子关注颜色。在孩子闭眼时，我常这样提供绘画建议："想想你要用什么颜色。鲜艳的颜色对你来说意味着什么？灰暗的颜色呢？你会用鲜艳的颜色还是灰暗的颜色，用浅色还是深色？"有一个孩子用深色来画她的烦恼，用明亮的浅色来画带给她快乐的事物，甚至在用不同颜色时，她使用蜡笔的力度也不同。我可能会说"这个看起来比那些更暗"，以鼓励她表达，或者说"看起来你在这里画得很用力"。我希望孩子即使不愿意谈论，也能尽量觉察自己所做的事情。

10. 留意孩子的声音、身体姿势、表情和身体语言、呼吸、沉默所提供的线索。沉默可能意味着正在检查、思考、回忆、压抑、焦虑、恐惧，或者觉察到了某件事。利用这些线索来促进治疗工作的流畅进行。以下有一个案例，说明了观察肢体线索如何成为厘清困境最关键的一个因素。

5岁的辛迪因睡眠问题被带来治疗。第一次见面时，我请她画出自己的家庭，她欣然画出她自己、妹妹和妈妈。我了解到她的父母离婚了，而且她会定期去看望父亲。

于是我又给了她一张纸，说道："我知道你爸爸不和你住在一起，但他仍然是你的家人，你能把他画在这张纸上吗？"

一丝惊恐从她脸上一闪而过。不过我捕捉到了她短暂的表情，温和地问道："我让你画爸爸的时候，你在害怕什么？"

她非常非常小声地回答说："嗯，吉尔也住在那里。"

于是我说："哦，这样啊。那把你爸爸和吉尔都画在这张纸上怎么样？"

她开心地笑了，然后开始画画（好像需要我的许可似的）。她喜欢吉尔（这点在她与家庭图画的对话中得到了证实），但她的妈妈不喜欢吉尔。这个5岁的孩子一直觉得自己要为妈妈的情绪负责，因此她不敢把吉尔画在第一幅画中。

我说："我猜你妈妈不太喜欢吉尔。"她点了点头，羞怯且会意地看了看我。

在得到辛迪的同意后，我邀请等候室的妈妈加入我们的工作。我想告诉她，由于她对吉尔的消极感受，导致辛迪感到自己无权享受对吉尔的积极感受。因此，她需要帮助辛迪明白，每个人都能够拥有自己的感受，虽然她不喜欢吉尔，但是辛迪可以喜欢吉尔。有了这种新的认识，辛迪的妈妈不再把自己的情感强加给女儿，我和辛迪的工作也就结束了。正是这样一个细微的身体线索，使得治疗得以快速地完成。

11. 借助于认同，我们可以帮助孩子"承认"他们作为图画或图画的某个部分所讲述的内容。我会问："你有过那种感受吗？""你那样做过吗？""那种情况和你的生活一致吗？""你作为一株玫瑰所说的情况，是否也符合你作为人的身份？"，等等。这类问题的表述方式有很多。我在提问时会小心翼翼、非常温柔。

不过，孩子并不是非得"认同"这些内容。有时，孩子会退缩，而且认同会让他们非常害怕。有时，他们还没准备好。有时，只要他们借助于绘画把某些东西表达出来，似乎就已经足够了，即使他们自己不去接受什么。孩子能感觉到我听到了他们想说的话。他们以自己的方式表达了当下需要或想要表达的内容。

12. 把画放在一边，对于孩子画作中所呈现的生活状况和未完成事件（unfinished business）进行工作。有时候，借助于"这与你的生活情况符合吗？"这样的问题，可以直接促进这个过程；有时候，孩子会自发联想到生活中的某些事情；还有些时候，孩子会突然变得非常沉默，或者脸上闪过某种表情。我可能会问："刚刚发生了什么？"孩子通常会开始谈论现在或过去的事件，这些事件多少会与其当前的生活状况有所关联。(有时候孩子只是回答："没什么。")

13. 观察图片中缺失的部分或空白区域，并加以关注。

14. 跟随孩子图画中重点的流动（foreground flow），或留意我自己的关注重点，即那些我觉得有趣、刺激、有能量的部分。有时我会关注图画本身呈现的内容，有时则关注其相反的部分。比如在洞穴幻想那个活动中，画迪士尼乐园的男孩强调了乐园的快乐和乐趣。我则选择了他所强调的反面，说道："我猜你自己的生活里并没有那么多快乐和乐趣。"

我通常会先从孩子觉得轻松或舒服的事情开始工作，然后再深入那些更为艰难、不舒服的部分。我发现，如果我们先和孩子讨论一些轻松的事物，他们就更容易敞开心扉去谈论那些更艰难的事物。比如，在一个绘画活动中，我让孩子在纸的一边画悲伤的感受，另一边画快乐的感受。孩子往往只在分享了更为安全的快乐感受之后，才能分享悲伤的感受。不过，并不能一概而论。有时候，那些憋了一肚子火的孩子得先把愤怒发泄出来，然后才能感受到愉快。

我可能会选择处理我感到重要的事情。比如当我跟孩子在一起时，我可能会感到某种悲伤或不适。或者，孩子说话时的身体姿势会引起我的注意，于是我将工作聚焦于那个部分。

与心理失调的孩子工作时，我知道这种失调是孩子的自然平衡和流动遇到了某些功能障碍。进行治疗就像回到过去，去定位并修复那个出差错的功能。

儿童的正常发展和成长是我的工作模型的核心部分。婴儿与感官有着丰富的联系：婴儿对于觉察到的新气味、声音、光线、颜色、面孔、味道和触感，会感到非常喜悦。她陶醉于自己的感官，并借助于它们茁壮成长。很快，婴儿开始意识到自己的身体，并学会了触摸、伸手、抓取、扔。婴儿踢着腿，挥动双臂，扭动身体，逐渐能够控制身体动作。随着婴儿的感官和身体意识达到新的水平，她的感受也得到发展。婴儿对自己的情绪毫不掩饰，尽情表达。如果婴儿生气了，我们是能看出来的；如果她很开心，我们也看得出来；当她受伤了、受惊了、情绪平静或高兴，我们也都会知道。婴儿发现，那些她听过并去模仿的声音是有意义的。于是她可以开始用语言与他人交流，表达自己的需求：先是用声音表达，然后用单词，再用句子。随着智力的发展，婴儿开始表达好奇心、思想和观点。与此同时，她的感官和身体感受也不断向更为复杂的水平发展。这时的婴儿还没有自尊的问题，她就是她。她在任何意义上都是一个存在的生命。

感官、身体、情绪和智力得以健康、连续地发展，这是儿童自我感的基石。坚定的自我感有助于个体与周围的环境和人建立良好的联系。

孩子很快就会发现生活并不完美，我们生活在一个非常混乱的世界，充满矛盾与对立。而且，养育孩子的父母也有自己的个人困难需要处理。于是孩子学会应对和补偿。很多孩子在生活、成长和学习方面做得相当不错。但也有不少孩子做不到。

我发现，那些被特别指出需要帮助的孩子有一个共同点：他们的接触功能（contact functions）有些受损。接触的工具包括观看、言说、触碰、聆听、移动、闻气味和尝味道。有接触困难的孩子在与成年人、其他孩子或一般环境互动时，无法很好地使用他们的接触功能。我们如何使用自己的接触功能，反映着我们所感受到的力量强弱。强大的自我感有助于良好接触，因此几乎我治疗的每个孩子都觉得自己不好，即使她可能尽最大努力隐藏这个事实。儿童不会把他们的问题归咎于父母或外部世界。他们把自己想象得很糟糕，想象自己做错了事，不够漂亮或不够聪明。然而，某种程度上，孩子具备非常强烈的生存意志，以渡过难关。他们还保留着一些未经压抑的原始自然的婴儿特质。

儿童会使用某种方式保护自己。有的孩子利用退缩来免受伤害；有的孩子则编织幻想来自娱自乐，好让生活变得更容易、更能够忍受；有的孩子则屏蔽所有痛苦，像无事发生一样只管玩耍 – 工作 – 学习（因为这三者是相互关联的）。还有一些孩子以某种方式出击来保护自己；这些孩子往往得到最多关注，而关注通常会强化成年人最讨厌的那些行为。

孩子会尽其所能去克服困难以求生存。成长是儿童的本能。在自然功能缺失且受到干扰的情况下，儿童会采用一些看似能帮助他们渡过难关的行为。比如，表现出攻击性、敌意、愤怒或多动；退缩到自己创造的世界里；尽可能不说话，甚至完全不说话；害怕所有人、事物，或者害怕影响他们生活的特定事物，以及与之有关系的人；变得过度讨好或"懂事"；黏着大人，以致引人厌烦；尿床、把大便拉在裤子里，患上哮喘、过敏、抽动症、肚子疼、头疼，发生意外。总之，孩子为了满足自己的需求，会做出各种各样的事情。

当儿童成长为青少年，这些行为可能会加剧或者转变为新的行为，比如：引诱、滥交，或过度饮酒、药物滥用。这些应对方式的背后，潜藏着他们未被满足的需求。正是这些无法满足的需求，导致了孩子自我感的丧失。

有时，孩子会吸收不属于自己的观点，或对他们来说并不恰当的想法。孩子在成长过程中往往会相信他人口中的自己，全盘接受关于自己的错误信息。例如，孩子会相信自己是愚蠢的，因为她的父亲在生气时，由于自己的挫败而说她愚蠢。孩子还可能会选择性地吸收一些潜在的非言语信息，这些信息"暗示"了她是笨拙的。比如当她掉落物品时，父母嘲笑她，或者在她努力尝试时，父母总是不耐烦。孩子往往会吸收别人对他们的定性和描述，并表现出来。因此，作为一名治疗师，我的工作是帮助孩子将自己与这些外界的评价和错误的自我概念相分离，并帮助她重新发现自我的存在。

所以，每当我与儿童、青少年或成年人工作时，我明白我们需要回溯、记忆、重获、更新并加强婴儿时期拥有，但现在似乎已失去的东西。随着孩子的感官觉醒，她开始重新了解自己的身体，能够认识、接受并表达那些被遗忘的感受。她明白了她可以做出选择，表达自己的愿望、需求、想法和观念。当她知道并接受了自己是谁，知道了她与治疗师是不同的，她便会与治疗师接触（contact），而治疗师也会感受到。不管她是3岁还是83岁，她都有能力做到这些。

我努力培养孩子的自我感，加强她的接触功能，并帮助她重新与自己的感官、身体、感受相联系，并运用智力。在我们的工作中，那些被用以错误地表达和成长的行为及症状，往往会逐渐消失，而在这个过程中孩子尚未完全意识到自己的行为正在发生改变。孩子的觉察被重新引导到健康的方向，能够专注于自己的接触功能、自己的整个有机体，从而形成更为适应的行为。

婴儿在体验中发展。觉察与体验紧密相连，这两者实际是一体两面。同样，儿童在治疗过程中感受着自己的感官、身体、情绪以及对智力的运用，于是重获了健康的生活态度。

所以，我会尽量在孩子最需要的领域提供各种经验。如果我可以，我会鼓励孩子觉察自己的体验过程。我请孩子说一句总结的话，好记录在她的画上，这句话便是她对觉察的陈述。对于"一朵玫瑰从灌木上掉落下来，快要枯萎了"或"一只熊在寻找亲生的熊妈妈"的故事，我回应道："你是否有过那种感觉？"或"那和你真实的生活情境相符吗？"这正是我在探求孩子清晰的觉察。这种觉察确实有助于改变。随着孩子觉察能力的发展，我们可以着手尝试可行的方案，试验一些新的存在方式，或者处理孩子隐藏的恐惧，这些恐惧阻碍了孩子做出新的选择，因而无法改善他们的生活。

本书记录了几件逸事，我说道："我不太清楚发生了什么。"我只知道，孩子和我一起经历了一些事情，然后他们感觉好多了——通常没有对理解或觉察做清晰的说明。在和一个孩子的工作中，我用黏土做了一个小婴儿，我告诉她这个婴儿是她，然后我假装给黏土婴儿洗澡。那个孩子感受到了快乐和满足，那天晚上她告诉妈妈她要开始洗澡了（她之前一直拒绝洗澡或淋浴）。

假如这个孩子对我说："我觉察到，现在我弟弟出生了，我很怀念被当作小婴儿的感觉，除非有人意识到这一点，否则我不会洗澡。"那么，我可能会"理解发生了什么"。然而，我只知道，我给了这个孩子满意且足够安全的体验，这让她能够轻松地向成长再迈出一小步。

如果你一直跟随我在书中的讨论，你可能会说："好吧，我愿意试试。那我接下来该做什么？"关键在于怎么做。我们如何建立孩子的自我感；加强孩子与他人接触的功能；促进她与自己的感官、身体、感受和心智建立联系。我们怎么帮助孩子去体验她的感官、身体、情感，以及对智力的运用呢？

这些问题的答案可能听起来非常简单，但我必须提醒你，这本书并不是一本"修理"手册。我回想起我在学校帮助孩子克服学习困难的工作。研究人员已经做了一些精细的工作，详细说明了这些孩子在感知方面遇到的问题。有的孩子难以区分图形和背景，无法从大段文字中找出特定的字母或单词。有些孩子有方向性视觉障碍，无法区分 b's 和 d's 或 "was" 和 "saw"。人们已经设计出了很多有趣的游戏和练习来帮助孩子纠正这些问题，提升孩子的弱项。于是，我们花了很多时间与孩子工作，帮助孩子从各色积木中挑出红色的，从三角形和圆形中挑出方形，来提高其图形背景识别能力。经过大量练习，孩子对这些活动已经非常熟练，但他们一般还是不会阅读。事情可没那么简单。

我建议提升感官功能，并不是说只要孩子能够区分软硬物品或高低音符，就会立刻产生更好的感受和改变行为。孩子是复杂的个体，并且很多事情是同时进行的。比如，给孩子画手指画的颜料，好让他们体验并加强触觉。颜料的流动和触感，以及手指画活动的纯粹乐趣，让孩子敞开心扉分享深层感受，这也使得孩子能够谈论生活中的一些问题，进而探索解决问题的方案。也可能什么都没有发生。孩子可能整节治疗都安静地画手指画。或者他可能觉得画手指画太幼稚，直接拒绝。对于孩子对活动的反应，治疗师必须与孩子保持高度调谐，从而识别出孩子在过程中的情绪起伏。并且，治疗师得跟孩子保持同步，才能知道在什么情况下需要说话，在什么情况下需要沉默。

在本书的其他章节中，我提供了许多示例，以讲解给孩子带来感官、身体、情感、智力和言语体验的技巧。这些点子旨在激发治疗师的想象力，来创造无穷的可能性。在和某个孩子工作时，选择用哪种技巧工作于我而言并不难。随着我对孩子的了解，一切都会顺利进行。孩子所选择的活动，往往就是孩子在表达自己的需求。有时，孩子对某项活动坚定地拒绝，就是在明确地表达自己的需求！

不得不说，有时候我对儿童治疗师的角色感到担忧。我的工作是否会导致孩子与自己的文化和期望相悖？或者我是否在抑制他们快乐的成长和自我决定，把问题掩盖起来，以帮助他们适应一种不人道的环境？我必须提醒自己，我的任务是帮助孩子感受到内在的强大，看见真实的世界。我想让他们明白，他们有权利选择自己生活的方式，选择如何应对和掌控自己的世界。我不能自以为是地替他们做这个选择。我只能尽我所能，给予他们力量，好让他们能够做出自己想要的选择，并了解哪些情况是他们无法决定的。我需要帮助孩子认识到，对于那些他们无法决定的事物，他们不必承担责任。随着他们茁壮成长，能够更清晰地看见自己与世界的关系，那时，他们或许能够做出决定，去改变社交结构中阻碍他们做出选择的因素。

任何儿童工作者，都需要具备这些基本条件：喜欢孩子；建立接纳和信任的关系；了解儿童是如何发展、成长和学习的；理解特定年龄段的关键议题。此外，还应熟悉那些对孩子造成影响的学习障碍，因为这些障碍不仅阻碍了孩子的学习，还常常引发情绪上的副作用。我认为儿童工作者应该做到直接而不冒犯，温柔但不过于委婉或被动。

我认为儿童工作者还需要了解家庭系统的运作，并意识到环境（家庭、学校、与儿童有关的其他机构）对儿童的影响。还应熟悉社会对于儿童的文化期待；坚信每个孩子都是独特而有价值的人，享有人权；应熟练使用好的基本咨询技术，如反映性倾听、沟通和解决问题的技术。我想，对儿童保持开放、诚实的态度至关重要。儿童工作者还需要具备幽默感，允许我们内在那个好玩的、富有表现力的小孩得以展现。

我想向那些不愿与儿童工作的治疗师发出号召，儿童需要盟友，我希望越来越多对人本和平等感兴趣的治疗师能够意识到，当他们拒绝与儿童工作时，会推动压迫孩子的分裂主义。儿童应该受到更好的对待。

本书所提供的方法是需要自我监控的。我相信，只要你心怀善意，避免诠释与评判，以尊重和关怀的态度接纳孩子，你就不会做错。这样，你可以与任何孩子建立联系，提供有效的帮助。在这些前提下，你不会失败。只有当孩子感到安全时，才会向你敞开心扉。

父母可以借助于本书中介绍的技术来了解孩子，同时帮孩子了解父母。教师尝试了一些技术后，都报告说效果甚佳。你可以浅浅尝试，也可以深入探索，这取决于你的受训和能力。

几乎在我教的每节课上，总有人会问到与儿童工作的禁忌，或者你不可以与孩子进行的事项。

除了那些显而易见的"不当事宜"，也就是与应当做的相反（例如：不评判孩子，等等），对于这个话题我没什么要多说的。我无法想出适用于所有孩子的通则。我不会说"不可以用手指画技术来与多动的孩子工作"，因为我是会用的，而且效果非常棒。可能有些多动的孩子确实对这个活动没反应。但一般来说，当一件事物对孩子不好时，孩子会告诉你的。儿童工作者必须与孩子的需求相调谐，尊重他的防御机制，温柔地靠近。

有人说："嗯——你不会跟只活在自己的幻想世界里的孩子使用幻想技术吧？"但其实我会使用幻想技术和这样的孩子工作。不管孩子在哪里，我会从孩子所在的位置开展工作。我想和这个孩子接触，也许我需要借助于幻想活动安全的特质来进行。总有一天，我会轻轻地把他拉回现实，如果他准备好了，他会跟着我的。但如果他没有准备好，他就不会。

我从不逼迫孩子说一些他绝对不想说的话。我也尽可能避免做出诠释，因此我会和孩子核对我的猜测和直觉是否正确。如果他不想回答，那也没关系。如果他需要安全地保护一些东西，我不会坚持让他"坦白"。

我也尽量不做自己觉得不舒服或不喜欢的事情。如果我真的不想下跳棋，我会提出一个更适合我的活动。

更多关于幻想和绘画活动的建议

接下来我会介绍许多以绘画和幻想为媒介，以带出儿童情绪的灵感、动力、方向与技巧。这也同样适用于涂色、黏土、写作、身体动作和其他活动。我不是要把所有活动都一一列举出来，而是将我与孩子们一起做过的、我自己做过的、在某处读到的、听说的、思考过的或计划使用的活动，归纳为一般性观点传达出来。这些观点如同想象力一样广泛。本书其他部分对其中一些观点进行了更详细的介绍。

给儿童提供各种材料让他们挑选——各种尺寸的纸张（报纸也行），毛笔、蜡笔、粉笔、彩色铅笔、粗毛笔、铅笔。儿童也喜欢小器具，比如可以用厨房计时器、秒表、煮蛋计时器；计算器，比如高尔夫球计数器、市场价格计数器、珠子，等等。你可以这样说：

"我们要花 1 分钟的时间观察这朵花。我会用秒表来计时，然后请你画画——不是画花，而是画你看花时的感受；或者当我说'时间到'时，你的感受。"

想象你的世界，用色彩、线条、形状和符号把它描绘出来。想象你希望的世界是什么样子的。

做一些呼吸练习。画出你现在的感受。

画出：你生气时的样子；你想成为什么样子；是什么让你生气；一个可怕的地方；某个可怕的东西；你上次哭的时候；一个让你快乐的地方；你此刻的感受。

画出你自己：现在的你（你认为的自己）；当你再大一点些的时候、当你年老的时候、当你年纪再小一些的时候（指定具体年龄或不指定），你希望自己看起来如何。

回到某个时刻或场景：你感觉最有活力的时刻；你记忆中的时刻；脑海中首先浮现的事物；一个家庭场景；你最喜欢的晚餐；童年的某个时刻；一

场梦。

画出：你渴望去的地方——一个理想之地；一个你最喜欢的地方或不喜欢的地方；一段你喜欢的时光或讨厌的时光；你能想到的最糟糕的事情。

观察……（花、叶子、贝壳、图画、任何东西）2分钟。画出你的感受。（设置计时器。同时播放一段音乐。）

画出：你现在的家庭；用动物、颜色、笔触来代表你的家人；你的每个家人都在做某件事情；你最喜欢或最不喜欢的你的某些部分；你的内在自我，你的外在自我；你如何看待自己；（你想象中）别人如何看待你；你希望他们如何看待你；你喜欢的人；你讨厌的人；你钦佩的人；你嫉妒的人；你的怪兽；你的恶魔。

画出：你如何获得关注；你如何从各种人那里得到你想要的；当你感到沮丧/悲伤/受伤/嫉妒/孤独等时，你是怎样的；你的孤独；一种孤独的感觉；当你现在或过去感到孤独时；一个想象中的动物；这里的某人/与你亲近的人/你自己/你周围的世界让你烦恼的事情；你的一天、你的一周、你现在的生活；你的过去、你的现在、你的未来。

画出：快乐、温柔、悲伤、愤怒、害怕等的线条。（绘画时发出声音，配合身体动作）用左手画或用右手画。

当你和某人工作时，请他连续画几张画，描绘他现在的感受；将这种感受夸大后是怎样的；图画中的某一部分是怎样的，等等。

画出你在描述的，或者难以描述的事物，用颜色、形状、线条来表达。

根据以下内容作画：一个故事、一个幻想、一首诗、一段音乐。

画出相反的感受：脆弱/坚强；快乐/悲伤；喜欢/不喜欢；好/坏；积极/消极；愤怒/平静；可靠/疯狂；庄重/傻里傻气；好的感受/坏的感受；当你开朗时/当你感到退缩时；爱/恨；喜悦/痛苦；信任/怀疑；分离/共同；开放/封闭；单独/不单独；勇敢/害怕；你最棒的部分/你最糟的部分；等等。

画出：当你还是儿童、青少年的样子，以及现在成年时的样子（个案是成年人，画出三个不同阶段的自己）；一个想象中的地方；你目前最迫切的问题；一种生理上的疼痛——你的头痛、背痛，疲倦感。

涂鸦：在乱画的线条中找出一张图画。随意曲线画——将随意画的曲线补全，画成一幅画。

幼儿园美术：线条画、蝴蝶画、手指画。车漆颜料（车漆干得快，还能滴出美丽的幻想画，适合在木纤维板上作画）。

你画一个孩子，请来访者来评论这幅画。

在团体中，两人一组，请他们画出彼此。和伙伴一起画点东西。共同确定一个主题：被嘲笑、被奚落、被挑剔、被捉弄等。

画一张你生命之路的地图：展示美好的地方、坎坷的地方、障碍。在地图上画出你曾经去过的地方和你想去的地方。画出特殊的情境和经历（比如尿床的感觉）。

一个团体（可以是家庭，或者角色扮演家庭的团体）一起选一个主题，然后一起完成一幅画（要与过程和互动相联系）。我现在在我的生命中所处的位置；我来自哪里；我曾经在哪里；我想要去哪里；是什么阻碍我到达那里（阻碍、障碍）；我需要什么才能到达那里。用"我曾经……但现在……"的句式。每个人轮流添加一些内容来完成这幅画。

画出：你昨天、今天、现在的感受，以及明天会有的感受。自私、愚蠢、疯狂、丑陋、刻薄；你渴望的东西；如何得到你想要的；一个秘密；独自一人；与他人相伴；严肃；傻里傻气。

画出夸张的你想象中的自己的样子。

让手在纸上自由移动，随心所欲画任何东西都可以。

治疗师随便说一个词，让来访者快速画出代表这个词的东西：爱、恨、美、焦虑、自由、慈善，等等。作为女人/男人/孩子/成人/男孩/女孩，你感觉如何。想象一下，如果你是异性，你会是什么感觉。

治疗师在一大张纸上画出孩子的轮廓；让这个孩子和自己的轮廓对话。请孩子用颜色、形状和线条描绘自己的身体形象。闭上眼睛，想象在自己面前的自己。

画出：一个代表自己的动物，并给它配上一个场景。用颜色、线条和形状画出妈妈或爸爸的形象。

回想自己很小的时候，画出一些让自己非常开心、兴奋、感觉良好的事物，比如你拥有的东西、你做过的事情、你认识的人，或者让你难过的事情等。想象自己正处于那个年纪，来完成这幅画。

画出你小时候希望发生的事情。

当孩子说话时突然想到某个事物，让她画出那个事物。比如身体上的疼痛、一次意外、一种感受等。

像苏斯（Seuss）博士在《如果我经营动物园》（*If I Ran the Zoo*）一书中描述的那样，画一个想象的动物：这个动物能做什么呢？在团体中，让两个动物相遇；画一两个动物，并用三个词来形容它们。接下来，作为那个动物，介绍一下自己。

画出你不喜欢我做的事情，我也画出我不喜欢你做的事情；画出让你担心的事情；画出三个愿望；让孩子告诉你画什么，然后你按照他的指示画出来。

摸摸自己的脸，然后画下来。

想象一下，今天你拥有一种力量，让你可以做任何你想做的事情。画出你会做什么。如果你有魔法，你想去哪里？

画一个你想要得到的礼物和想送出的礼物。谁会送你这个礼物？你会把这个礼物送给谁？

画出：那些你希望自己没做的事；让你感到愧疚的事，或是那种愧疚的感觉；你的力量；那些你需要放下的事物。

还有其他很多内容可以作为绘画的主题。很多幻想、故事、声音、动作和景象都适合用来画画。你还可以把诗歌和写作与这些相结合。

让孩子运用颜色、线条、形状、曲线，比如：轻柔的笔触、重重的笔触、或长或短的笔触；明亮、淡雅、厚重和暗淡的颜色；符号、火柴人。

让来访者迅速进行活动。如果你发现了他的某种模式，就让他尝试用和平时相反的方式去做。

第四章

手工制作

黏土

在与孩子工作时使用的所有材料中，黏土绝对是我的最爱。我常常和孩子一起玩黏土，这让我感到轻松愉快。黏土的柔韧性和可塑性使其可以满足各种治疗需求。思考黏土有哪些特性：它是脏乱的、黏糊糊的、柔软的，非常能够调动感官，各个年龄段的人都喜欢，所以黏土是一种很棒的材料。黏土有助于对最原始的内在过程进行处理。黏土提供了一种无与伦比的机会，让使用者与黏土之间产生一种流动。这使得使用者很容易与黏土合而为一。黏土可以带来触觉和动觉的体验。而这样的体验正是那些有感知运动障碍的儿童所需要的。黏土还让人更贴近自己的感受。或许是因为具有流动的特质，使得黏土与使用者之间产生了某种融合。黏土似乎常常能够穿透孩子的防御盔甲，穿过孩子内心的屏障。那些与自己情绪极度疏离，以及总是抑制表达的人，通常是因为与自己的感官断联了。黏土调动感官的特质常常能够帮助儿童在情绪和感官之间搭建桥梁。有攻击性的孩子可以对黏土拳打脚踢。愤怒的孩子可以使用各种方法借助于黏土来释放自己的怒气。

那些缺乏安全感、胆小的来访者可以借助于黏土找到掌控感和成就感。黏土这种材料可以被"擦掉"，因此使用起来也没有什么具体的规则。使用黏土很难犯"错"，所以那些需要加强自尊体验的孩子，在玩黏土的过程中能感受到一种特别的自我感。黏土是最有助于治疗师观察儿童过程的材料。治疗师可以观察儿童玩黏土的方式，来了解孩子到底发生了什么。可见，黏土为那些不用言语表达的孩子提供了一种表达方式；也为那些说很多话的人，包括被家长和教师指责话太多的孩子，提供了一种不依赖大量词语的表达方式。黏土培养了孩子对性和身体部位及其功能的好奇心，并让这些好奇心得到满足。黏土活动可以作为有趣的个体治疗活动，也是一种极具社交性的活动。在非指导性活动中，孩子们会进行很棒的对话。他们的交流常常达到了一个新的水平，能够互相分享想法、观点、情感和经历。

有些人因为黏土脏乱而不敢使用。其实，黏土是所有艺术材料中最干净的，仅次于水。因为黏土干燥后会变成细粉，所以手、衣服、地毯、地板、桌子上的那些黏土很容易刷洗、用吸尘器吸净或用海绵擦掉。黏土还有治愈伤口的特性。雕塑家和陶艺家观察到，当他们做黏土工作时，伤口暴露着会愈合得更快。

大多数孩子都很喜欢玩黏土，但偶尔也有孩子害怕湿嗒嗒、"脏兮兮"的黏土。这些喜恶本身就给治疗师提供了很多关于孩子的信息，以及在治疗中可以探索的方向。显然，儿童的强迫性洁癖与其情绪问题有着直接联系，而这一点在使用其他材料时不那么容易呈现。在孩子初次对黏土表示抗拒后，我会温柔地、循序渐进地再次引入黏土。这样的孩子往往对黏土又喜欢又厌恶，他们会开始小心翼翼地接触黏土。

在和那些抑制排便或弄脏裤子的孩子工作时，我会使用黏土。有一个9岁的小男孩特别喜欢把黏土弄得湿漉漉、软绵绵的，他喜欢往黏土上倒水，还会倒进他自己做的小洞里。突然，没有任何预兆，好像他的内在发生了什么，他会突然跳开，紧绷着身体，告诉我他再也不玩黏土了。很长一段时间，他都无法直接告诉我，那一刻他的心里想到了什么，感觉到了什么，或回忆起了什么。后来有一天，他谈到了他对自己粪便的痴迷。他告诉我，记得大概4岁的时候，他想感受一下这种由自己制造的物质是什么质地，于是伸手去摸马桶里的东西，结果被妈妈一把拉了回来，严厉地教训了一顿。之后，他又试图去触摸大便，但由于羞耻和内疚感太强烈，他不得不停止这种被禁止的行为。这件事本身可能与他的肠道问题有关，也可能无关，但这无疑是一个重要因素。在他分享了那段记忆（那段记忆可能是因为接触了黏土才浮现出来的）之后，他玩黏土更自在了，整个人也放松了许多。这种放松有助于他开放自己，去尝试其他表达方式，最后他恢复了正常的排便控制。

我发现孩子用黏土做的东西很有限。给他们一块黏土，他们必然会做烟灰缸、碗，或者一条蛇。孩子对黏土优秀的弹性和多功能性体验得越多，他们的表达就会越丰富。我发现，提供一箱玩黏土的"工具"很有帮助：橡皮锤（必备）、奶酪切割器、腻子刀、大蒜压榨器、刮刀或手动食品切碎器、用来戳洞的铅笔、土豆捣碎器，等等。我总是在厨房、工具箱或者其他任何地方寻找有趣的玩意儿。看起来和黏土越没关系的工具（也就是并非专门为黏土设计的工具），效果就越好。

我们在哪里工作不重要。有时候，孩子坐在桌边，在一块厚板子（类似砧板）上玩黏土。有时候，我们把板子挪到地上，然后坐在地上。坐在户外也是很棒的。当我带儿童团体做黏土活动时，我们通常围成一圈坐在地上，我给每个孩子一个特别厚的纸盘子（能用很多次），放在报纸上。也提供纸巾和湿巾，以缓解孩子对脏乱的顾虑。一小盆水是必不可少的，用来湿润黏土、抹平表面或浇在黏土上。

我经常做以下活动，来帮助孩子获得更多对黏土的体验。

"我们一起做的时候，闭上眼睛。觉察一下，当你闭上眼时，你的手指和手对黏土的触觉会变得更加敏锐，能够更好地感受黏土。如果你睁开眼睛，可能会影响你对黏土的感觉。睁眼和闭眼，你可以都试试看。如果你偶尔需要偷看一眼，那也没关系；然后再闭上眼睛。坐一会儿，把你的手放在你的那块黏土上。做几次深呼吸。（我在指导时也会一起做，以便掌握时间。）现在，跟随我的指示做。

"感受一下这块黏土现在的状态——和它交个朋友。它是光滑的，还是粗糙的？是硬的，还是软的？有疙瘩吗？是冷的，还是暖的？是湿的，还是干的？把它拿起来，握在手里。它是轻的，还是重的？……现在，请你把它放下，然后用手指捏它。两只手一起。慢慢地捏……现在捏快一点……用力一点捏，再轻一点捏。就这样捏一会儿……

"挤压你的黏土……现在把它抹平滑。用你的拇指、手指、手掌，手背。当你把它抹平滑之后，感受一下你已经弄平滑的地方……把黏土团成一个球……捶打它……如果它变扁了，再团起来，然后继续打。换一换手试试……把黏土团起来，然后抚摸它……轻拍它……拍击它……感受被你拍平的光滑表面……

"把黏土团起来，扯开，揪小块下来，再揪大块下来……再团起来。把黏土拿起来，再把它摔下去。你可以偷看一眼……再做一次。用力一点。用黏土弄出大的声响。不用害怕摔得太重。

"现在再把黏土揉成一团……用你的手指戳它……用一根手指在黏土上戳个洞……再多戳几个洞……把黏土戳穿。摸摸两边的洞口……再把黏土团起来，试着用你的手指和指甲揪起几排褶子并戳几排小洞，感受你做出来的这些东西……试试用你的指关节、手掌根部、手掌——用你手的不同部位去感受。看看你能做出什么来。你可能还想试试用你的手肘。

"现在撕一块下来，搓成一条'蛇'。你越搓，它就变得越细越长。把它缠绕在你的另一只手或手指上。现在再拿一块，用手掌揉搓，揉成一个小球。感受这个小球……现在，再把它们全部揉在一起。再次把双手放在你的那块黏土上，坐一会儿。现在你对它已经相当熟悉了。"

当孩子初次做这个团体练习时，往往会咯咯笑，交头接耳。我说指导语的声音很轻，几乎是连续地给出指示，很快孩子就变得非常安静，全神贯注地听我说话，非常投入地和黏土在一起。

之后我们讨论了这个活动的体验。"你最喜欢哪个部分？你最讨厌做哪个部分？"有时候我会深入探讨他们喜欢或不喜欢的部分。

一个男孩回答说："我最喜欢捏黏土，根本不想停。"

我说："现在就试试——捏捏看。这样做的时候你想到了什么？有没有突然闪现的回忆，或者它让你想起了什么东西，给你带来了什么感受?"

男孩说:"我在捏我妹妹。我很想一直捏她,一直捏。她不喜欢。他们不让我打她。之前因为我打她,我爸用皮带抽过我。他说我不可以打她,因为她是女孩。所以她总是捉弄我,惹恼我,有时候还掐我,我真想杀了她,但她知道我不能碰她!"

当我们点头倾听的时候,他微笑地看着我们。

然后他说:"其实她并不总是那么糟糕——我教了她这个游戏,晚上我们不能出去的时候和她一起玩游戏还挺有趣的。"

也许下次我们会探讨他讲到的其他部分,比如他爸爸用皮带打他,还有他内心对女孩的态度。

另一个孩子说:"我喜欢抹平黏土。"
我让她再做一次。
她说:"这就像抚摩我的猫。我喜欢抚摩我的猫。"她继续抚摩着。"我记得有时候爬上床和我妈妈待在一起,她会抱着我。"(她的妈妈在前一年去世了。)
我说:"你一定非常想她。"
她说:"是的,我非常想她。我曾经以为没有妈妈我就活不下去。没有妈妈照顾我,我怎么活啊?但我们过得还不错。我可以帮上很多忙。我们在家适应得很好。但我有时候真的很想她。不过有时候我又会忘记这件事!"

有时候,我让孩子自己玩黏土,同时放点音乐,这会很有趣。或者我可能会用不同的节奏敲鼓,他们就会跟着我的节奏,捏、挤、拍黏土。
通常,我运用黏土的技术和运用艺术的技术类似。

"闭上眼睛,进入你的空间。用双手感受黏土几秒。做几次深呼吸。现在,我想请你闭着眼睛,用黏土做点什么。让你的手指动起来就好。看看黏土是否会以自己的方式成形。或者你想要它按照你的想法,做个形状,一个造型。如果你心里有想做的东西,试试看闭着眼睛会做出什么来。或者只是随便摆弄一下黏土。给自己一个惊喜。你只有几分钟的时间。完成后,睁开眼睛看看你做出了什么。最后你可以润色一下,但别做改变。观察你的黏土,转动一下,从不同的侧面和角度来观察。"

以下是上次活动的一些成果示例,来自一次团体治疗。我请孩子们像介绍自己一样介绍他们的黏土作品:"成为这块黏土——你就是这块黏土。"

11岁的吉米:我是一个烟灰缸,我的底部光滑,我有一圈环绕我的边。我两边各有两个地方可以放香烟。我身上有几处很粗糙的地方,有划痕。

我:是谁在使用你呢,吉米?

吉米:我爸爸。

我:哦,他是怎么使用你的?

吉米:他把烟灰弹在我的身体里,然后把香烟按在我身上来熄灭它。(吉米沉默地盯着他的黏土作品。)

我:(非常小声)这种情况符合你作为吉米的生活吗?

吉米:(看着我,提高声音)是的!他就是这么对我的。他把我打扁,就像捻烟头那样折磨我。

我:你愿意跟我们多讲讲吗?

吉米点点头,这是他第一次在团体中向我们讲述他与父亲的关系,以及他不被理解的感受。他开始哭泣。其他孩子温和地加入讨论,分享他们自己的一些经历,表明他们能够理解吉米正在经历的事情。在某个时刻,当我感觉是时候结束我们对吉米的关注时,我对他与我们分享感受表达了感谢。从他平静的表情可以看出来，他又向完整和成熟迈进了一步。这次与黏土的接触为吉米之后的治疗打开了大门。后来，他能够表达对父亲的愤怒，能够谈论自己如何处理这些愤怒，检验了他操纵父亲发怒的方式，以及他想要从父亲那里得到什么，等等。

11岁的希拉：我是一颗太阳。我是平的。我有两只眼睛，脸上到处都是痕迹。我喜欢太阳，因为太阳很温暖，能把东西照亮。
我：你能把"太阳"换成"我"把这句话再说一遍吗？
希拉：我喜欢我，因为我很温暖，能把东西照亮，我还有一张微笑的脸。
我：希拉，你作为太阳所说的情况和你自己有关吗？
希拉：嗯，是的，有时候我能让人感到温暖。有时候我自己也感觉闪亮又温暖。我现在在笑，感觉很好。（露出大大的笑容。突然，希拉弯下腰，避开我和其他人，笑容消失了。）我并不总是笑的！大多数时候我根本就不想笑。

团体里的另一个孩子问希拉，什么事情会让她不想笑。她谈到了她与朋友、教师、兄弟姐妹和父母的一些冲突。大家都聚精会神地听着。然后我问她，有哪些事情能像她的太阳一样让她笑。她环视我们，让自己回到了此时此地的房间里，回到那些美好的感觉中，然后又露出了灿烂的笑容。"当我成为太阳时，我感到很开心。"她咯咯笑着说。

希拉的生活充满了冲突。她对每件事都担心得要命，总是往最坏处想，因为她对最坏的情况并不陌生。现在她正在学习让自己享受生活中的美好，而不是用悲观的预想去破坏那些好心情。她也在学习应对那些非常现实的冲突。她发现，在她的生活中，她并不是一个无助的受害者。她正在探索生活与自我的两极对立概念，她意识到有些时候她感到愤怒或悲伤，并不意味着她在其他时候无法感受到平静和快乐，因此她可以接受并体验这些情绪。她可以毫无畏惧地体验那些快乐的时光，也可以体验那些痛苦的时刻。

12岁的乔：我什么也没做。

我：我看见你这里有一些东西——你的黏土。我想请你描述一下。

乔：（盯着他的那块黏土看了一会儿）我是一坨啥也不是的东西。大多数时候，我就是这么感觉的——就像一坨啥也不是的东西。

我：现在呢？

乔：现在我感觉自己像一坨啥也不是的东西。

我：你感觉自己没有价值。

乔：是的，我感觉没有价值。

我：谢谢你跟我们分享你的感受，乔。非常感谢你的分享。

乔：（微微一笑）这没什么。

很明显，乔在这里表现出了低自尊，他坦率地与我们分享了这个部分。在分享的过程中，乔向我们讲述了他的生活方式。我相信，乔对于重塑自我迈出了一大步。我感受到他是个爱干净的孩子，但在这一点上，我的这种感受并不重要；我必须接受他，就像他接受自己一样。和他争论他对自己的感受只会削弱他的自尊心，起不到加强的作用。

在一次个体治疗中，一个9岁男孩说：我是一块黏土。你还想让我说什么？

我：告诉我你长什么样。你是凹凸不平的吗？

道格：嗯，我身上有很多凸起和裂缝。我有一个座位。我看起来像一把没有腿的椅子。

我：你的腿怎么了？

道格：嗯，那个拥有我的家庭没有正确地使用我。他们在我的身体上跳来跳去，把我的腿弄断了。

我：然后发生了什么？

道格：他们把我送人了。

我：你现在在哪儿呢？

道格：我被当作垃圾扔了。他们没有把我捐给慈善二手店或其他什么地方。他们就直接把我扔在了垃圾场。

我：垃圾场那边怎么样？你喜欢在那里吗？

道格：不喜欢。（他的声音开始变化——变得更低沉，更轻）我不喜欢这里。

我：道格，你作为这把黏土椅子所说的话，和你自己的生活相符吗？

道格：是的。他们还不如把我扔在垃圾场。

我："他们"是谁？

道格：我的妈妈和爸爸。他们从不听我的，他们认为我说的一切都不好。他们根本不在乎我。他们更喜欢其他孩子，总是挑我的刺。我还不如去垃圾堆里待着。

道格在这节治疗中的表达与以往完全不同，之前他总是抱怨，声音里夹着牢骚或者叛逆的语气。但这回，他是从内心深处发声的。确实，他对自己的感知很多来自父母对他的感知。在后来的几次治疗中，他说他真的觉得自己"不好，一点都不好"，并相信自己是这样的。他觉得自己流离失所、微不足道，甚至承认有过想死的念头（其实这在儿童当中挺常见的）。他对这些感受的反应方式包括行为紧张、在学校表现不佳、在家因小事发脾气，以及严重的头痛。只有当他最深处的绝望开始浮现时，我们才能开始帮助他感受到自己的价值和权利。当这些消极感受显现时，接下来他全家一起参与的几次治疗取得了效果和动力。

一次又一次，我被黏土的非凡力量所触动。黏土的触感和把玩起来或硬或软的手感，将我们引向了内心最深处。无论是指导性还是非指导性活动（无论是我指定具体的黏土活动，还是孩子在我们交谈时自由玩黏土），总会有新的东西出现，孩子和我都能看见这些新东西，并对其进行探究。

在黏土活动中，儿童的过程一目了然。在儿童进行黏土活动或分享自己的体验时，我就在旁边密切观察着，观察他们扭曲的表情、做手势，还有说话语调和姿势的变化。儿童的身体好像通过黏土在说话。一旦我接收到这些信号，我就知道孩子的内心发生了很重要的事情。这时候我可能会问"你有过这种感觉吗？"或者"你生活中有没有遇到过这种情况？"。有时候，这些细节转瞬即逝，要是治疗师没留神捕捉，那宝贵的机会就一去不复返了。

当孩子作为黏土时，你还可以问这些问题：你是怎么被使用的？你可以如何使用？你有什么用处吗？你的样子好看吗？你经历了什么？接下来发生了什么？你是好的吗？你是坏的吗？作为一块黏土，你喜欢自己吗？别人喜欢作为黏土的你吗？这和你自己的生活相符吗？这是否唤起了你生活中的一些回忆？你作为这块黏土所说的话，和你个人相符吗？你在哪里？等等……

其他使用黏土的活动

闭上眼睛，用黏土捏个形状，让黏土来引导你。捏个想象中的动物、鸟、鱼。也可以捏个真实的动物、鸟、鱼。捏个想象的东西，或者真实的东西。闭眼想象你的世界，你的生活。用黏土表现出来。捏个特别的东西，或没什么特别的东西；捏个外星来的东西；捏个你想成为的东西；捏个梦境里的东西；用黏土讲一个故事，塑造一个场景。

用黏土做出人物、物品、动物或符号来代表你的家人；用黏土来呈现你的问题；做出你理想中的家庭——你希望你的家庭是怎样的；用黏土捏一个自己的形象；闭上眼睛，想象自己还是婴儿或非常年幼时的样子；让两个人一起玩黏土，两个人用自己的黏土各自创作，但要做出能与对方作品相契合的东西；让团体合作创作一幅全景图。让这个过程顺其自然地进行，或提前讨论好主题。

以上所述的任何主题，都限时 3 分钟完成。这有助于摒弃完美主义，并且相比于花很长时间琢磨，限时创作往往会带来更有趣的成果。

较年幼的孩子更喜欢睁着眼睛玩黏土。特别小（四五岁，可能还有 6 岁）的孩子就爱一边捏黏土一边聊天，不太喜欢别人指手画脚。他们倒是很喜欢捏一捏、戳一戳或拍一拍黏土。

在一个年龄为 6—8 岁的儿童团体中，我们做了家庭泥塑。我请孩子和我一起，做一些人物代表我们的家庭。在我们讨论每个人物时，有的孩子分享了关于家庭的小故事。比如盖尔讲了她爸爸接她相聚的事，她边说边移动人物，引起了其他离异家庭的孩子的兴趣。有的孩子还问："要不要做个爸爸呢？"我同意后，盖尔回应："太好了！"然后她就开始反复用黏土塑造自己心中的父亲形象，大概有 8 次。在这个过程中，她显得很焦虑。听完她的故事，我小声说："看来你在塑造爸爸的形象时遇到了一些困难，他似乎让你有些担忧。"她哭了起来，告诉我她爸爸几乎很少来看她。

我请孩子轮流对每个人物表达他们喜欢和不喜欢的特质。轮到我时，在我说完我对前夫哈罗德"喜欢"的特质后，蒂姆惊讶地说："我以为你会生气呢！都离婚了，你怎么还能对他那么友好？"我解释了最初我的痛苦和悲伤，以及现在与哈罗德保持的关心和友好的关系，孩子们听得津津有味。

在另一次治疗中，孩子们各自制作了一个物品，并用"我是……"开头，来介绍自己。

蒂姆（对我说）："我是一只会打棒球的鸭子。我棒球打得很好。"

盖尔则说："我是一支蜡烛。我温暖、明亮又漂亮。"（说完这句话，她露出了灿烂的笑容。）

塑型黏土

这种黏土，有时也叫橡皮泥，永远不会变干或变硬，也不需要放进窑里烧制。天冷的时候用起来有点费劲，得用手搓搓，来让它变软、变柔韧。因为它不像真黏土那样有那么多注意事项（比如得用湿布盖着防干等）。所以这种黏土携带方便，随时都能拿出来玩。不过，它可没真黏土那么干净，容易粘在手上和家具上，洗起来也麻烦些。

当我跟孩子聊天时，我可能会摆弄这种黏土，也给孩子一块让他玩。如果孩子提到他的兄弟，我会迅速捏出一个黏土兄弟，然后说："看，这就是他。告诉他你想说的话。"这样，我就能把情境带入当下的体验，比起只是

"谈论"那个情景,这种方式能更有效地处理问题。只是"谈论",往往回避了真实的感受,没什么效果。

当7岁的朱莉来治疗时,她妈妈提了一个问题:"看看你能不能找出朱莉不肯洗澡的原因。她就是不洗澡!"于是,我和朱莉聊起了她洗澡的问题。她不太愿意多谈自己对洗澡的厌恶,但开始说起她的婴儿弟弟,以及她是怎么帮妈妈给弟弟洗澡的。我猜朱莉可能是嫉妒小弟弟洗澡的时光。这启发了我,得找个办法让她间接体验一下当宝宝洗澡的感觉。所以,在她说话的时候,我迅速动手做了一个简略的宝宝和浴盆。我宣布这个小宝宝是朱莉,然后开始给她"洗澡",结合那种给小宝宝洗澡时说的喃喃细语。(比如:"现在我要洗洗你可爱的小脚丫啦。")朱莉看着我,大笑着,有时还扮演起小宝宝,咯咯笑,咿咿呀呀地回应。我完成了整个给婴儿洗澡的流程。接着,朱莉忙着用黏土捏了一个自己的形象。她宣布这个黏土小人就是她自己,并把它放在一块大一点的黏土上,说那是她的豆袋椅。朱莉说:"我爸爸有一个豆袋椅,可他从不让我坐,说我会把它弄坏。看,我现在就坐在上面看书呢。"我请这个黏土小人说说坐在豆袋椅上是什么感觉。朱莉替它回答说,很舒服。我们聊了一会儿,最后,就在这节工作快结束时,朱莉宣布:"我觉得我可以告诉妈妈,我已经足够大了,可以自己洗澡了。"(妈妈提过这个有帮助的建议,但朱莉之前一直置若罔闻。)

虽然我能提出几项诠释性的猜测,但是我也不太确定这节治疗到底发生了什么。我只知道,朱莉自己经历了某些有助于她成长的事。

在团体中,孩子可以两人一组,制作出相匹配或配套的物品。当团体成员聚在一起时,两个孩子就作为自己的作品来介绍自己。比如,"我是一棵树""我是树下生长的一朵花"。他们可以作为花和树来对话,创造即兴互动。然后,他们还可以讨论这个过程:一起合作的感觉如何,谁做了大部分决定,等等。

生面团

你可以买现成的培乐多(彩泥),或者自己动手做。以下是自制彩泥的配方。

> 四杯面粉，两杯盐，一杯水，两汤匙油，一汤匙你喜欢的食用色素。
> 首先把盐和面粉混合，然后把水、油和色素用另外的容器混合。
> 慢慢把混合的液体加到干粉里，边加边搅，直到达到你想要的稠度。
> 把它放在密封塑料袋里可以保存一段时间。

这种材料的触感不同，但并不能代替黏土。对于年纪较大，已经不再在家里玩彩泥的儿童来说，这个尤其好玩。用彩泥做出来的造型能变硬，还能上色。把玩彩泥，为其塑型，用上各种工具和烘焙设备，能带来丰富的触觉和感官体验。把彩泥作为手指画颜料也会带来不同的体验。加水稀释到像布丁一样松软的质地，然后用手指涂抹在纸张、桌面或托盘上，就像手指画活动那样。

水

水具备特别的安抚效果。我们大多数人都体验过泡澡带来的放松感，对孩子来说也是如此。记得我的孩子还在上幼儿园那会儿，他们能穿着小围裙，站在厨房水槽边的凳子上玩水，洗呀倒，倒呀洗，一玩就是好几个钟头。

我有时会给孩子准备一盆水和各种塑料舀水的玩具。在孩子玩水的时候，我们会进行非常愉快的交谈。我有一套医生玩具，里面有一些小导管。12岁的孩子喜欢把水灌进管子再放出来。有些孩子，尤其是年纪小的孩子，直到他们玩水玩尽兴了，才会开始用语言或其他表达媒介来表达自己。我会在后面讲到沙子的时候，更详细地讲讲水与沙子相结合的活动。

雕塑与建筑

制作简易雕塑的方法多种多样，能用的材料包括黏土、石膏、蜡、肥皂、木头、铁丝、金属、纸张、扭扭棒、盒子等，应有尽有。儿童的艺术书里有不少好点子，教你如何与孩子一起制作简易雕塑。很多关于绘画、黏土和拼贴画的建议，稍微改动就能用于雕塑。不过我认为治疗师未必非得给孩子提供指导，有的孩子自己就能做得很好，无论他们想到什么点子，我都能有效地与之工作，或者仅仅针对他们的过程进行工作。

像电机线、画框线或在五金店能找到的各种容易弯曲的金属丝，都能制作出有趣的作品。用钳子和剪线钳，再利用纸巾卷、铅笔或小盒子来绕线，就能让你获得对这些材料的掌控感。电线雕塑就像一幅立体的涂鸦画。完成后，你可以用钉书钉把它固定在木块上，或者嵌入黏土或石膏中。甚至可以往雕塑的某些部分浇上石膏，为其增添新的效果。

一个9岁的女孩花了好一会儿，专心做了一只鸟，然后跟我分享了这个故事："这只鸟原本自由自在。有一天，它飞进了一个种满高大灌木丛的院子，那些灌木丛需要修剪。结果，鸟被卡在灌木丛里，不知道怎么出来。它挣扎着，推拉着，结果弄断了自己的腿。它哭喊着求助，但没人来救它。时间一分一秒地过去，它就这样永远被困在那里了。"

我问她，这个故事里有没有和她自己的生活相似的地方，她想了很久后说："有时候，我觉得自己内心在呼救，但就是没人来帮我。"儿童往往在沉浸于创造之际，会不经意地展现心中秘密的角落。

塑型黏土可以为雕塑提供不易硬化的良好底座。你可以往这个底座里添加各种材料，来创作有趣又抽象的作品。

我带孩子玩过的最成功的一个雕塑活动，我们称之为"废品雕塑"。我在学校里和有情绪困扰的孩子工作时，这个活动的效果仅次于木工活动。我和孩子一起，从车库、家里、教室搜罗来各种废旧物品。任何可能有利用价值的东西都不放过。每个孩子从一个大共享箱里挑选出他们想要的材料。他们在自己的一小块木头上用钉子钉、用胶水粘、用订书机固定、用胶带固定，直到每个人都做出自己的原创作品。然后，我们给这些作品喷上金色或银色的漆，它们就像真正的艺术品一样闪闪发光。油然而生的自豪感（更别说制作过程中的乐趣了）对于这些常被视为笨拙、尴尬、不协调的孩子来说，发挥了极大的疗愈作用。有的时候，我们（包括我自己）会编出一些幻想故事来描述这些作品——它们仿佛在呼唤着被带入幻想世界——还有的时候，我们会乐此不疲地分析我们创作中的每一个小物件是什么。

"我是一个衣服夹子，我会夹东西，而且夹得可紧了！"

"我是一颗带螺母的螺丝钉，我的螺母能上下移动，但它就是出不来。是啊！我也出不去。我被困在这学校里了！"

"我是个塑料泡沫球，往我身上插东西挺容易的。我身上插满了东西。没错，这就是我。"

"我就是一堆废品拼凑出来的破烂，本来是要被扔掉的。吉姆觉得我还挺不错的。我确实还不错。幸好我没被扔掉。（小声说）有时候我猜想，如果可以，我妈妈是不是会把我跟垃圾一块儿扔出去。"

木材和工具

有了碎木块、锯子、锤子、手钻、钉子和锯木架，孩子就能制作出各种有趣的物件。如果条件允许，应该给每个孩子都提供使用工具来处理木头的机会。我有非常成功的木工活动经验，包括与那些最好动又不合作的孩子工作。然而，必须明确并严格遵守规则与限制，因为工具可能有危险。不过在我的经验中，尚未遇到有儿童滥用工具的情况。多数儿童，尤其是面临问题的儿童，鲜有机会接触工具。然而，他们对工具充满热爱，并愿意小心翼翼地操作。我在学校工作期间，这个活动最受孩子欢迎。只要我在个体治疗中向孩子提供了木料和工具，便难以引导他们再去做其他活动了。一旦他们体验到了木工活动，他们就会每次都想做这个活动。这告诉我，孩子对于自己所热爱的活动是永远不会厌烦的。

在行为矫正学派风行之际，我受到当地大学的批评。该大学将实习教师安置于我的特殊班级中，他们批评我没有将木工活动作为儿童良好行为或完成任务的奖励。在我的班级里，孩子们称木工为"建造"活动，这是每天早上的例行活动。当时的理论流派认为，任何孩子热衷的事物，应被置于他们几乎遥不可及的位置，以此刺激他们表现得更好，品行更端正。没有什么比听到这种声明更让我毛骨悚然的了。这些孩子有权去建造！我可以给木工活动安个理由，声称这是一种很好的学习体验，提高了儿童的问题解决能力，促进儿童的友爱和分享。尽管这是真的，但这都是次要的。重要的是，这是孩子应该享有的活动，并且孩子有权享受这个活动，不是因为这个活动对孩子有好处，只是因为孩子喜欢。

拼贴画

拼贴画（Collage）源自法语单词，意指粘贴或纸张裱糊。拼贴画是一种将各种材料粘贴或固定于平坦背景（如布料或纸张）上而创作的设计或图画。有时，拼贴画可以与绘画、涂色或某种书法相结合。在幼儿园，制作拼贴画是一项常见的活动。孩子将剪切或撕下的纸片，有时还包括其他材料，粘贴到一张较大的纸上，以构成一幅图画。但我发现，拼贴画作为一种激发表达的媒介，适用于各个年龄段。

可用于拼贴创作的材料如下。

各类纸张，纸巾、硬卡纸、礼品包装纸、旧贺卡、报纸、纸袋、瓦楞纸、餐垫纸、墙纸。

各种质地的布料：棉布、羊毛布、麻布、法兰绒、丝绸、蕾丝。

柔软的物品：羽毛、棉花、绒毛片。

粗糙的物品：钢丝绒、砂纸、海绵。

其他物品：纱线、绳子、纽扣、铝箔、玻璃纸、蚊帐、橙子网袋、鸡蛋盒、塑料、瓶盖、树叶、贝壳、丝带、各种种子、面条和通心粉、铁丝围网、浮木、鹅卵石、压舌板、棉签、软木塞。任何轻便的、可以固定、粘贴或系在平面上的物品。

仅仅用杂志图片、一把剪刀、胶水及某种背衬材料就可以做出很好的拼贴画作品。拼贴画最为关键的元素是图片资源，比如旧杂志（或新刊物），带有图片的日历和记事本，乃至任何带有图片或照片的物品。有些人喜欢从杂志和报纸中剪下的文字。此外，涂色书、儿童活动书以及旧故事书也可以使用。

背衬材料可选用海报板、绘图纸、肉品包装纸、厚布料（如麻布）、报纸、纸板箱的一面、玻璃、木材或塑料。剪刀、订书机、纸夹、透明胶带、遮蔽胶带、胶水、糨糊、打孔器、细绳等均为实用工具。本书第三章末尾提及的所有创意与主题，均可用于拼贴画的创作。

拼贴画可通过多种方式进行创作，类似于绘画或沙盘活动。有时，孩子会简单地分享她对自己的拼贴画的想法："贴这张飞机图片，因为我希望自己能坐飞机。"（或者）"这张砂纸代表我在学校所经历的困难时期。"（又或者）"贴这个时钟，是因为我总是担心时间。"有时，孩子会讲述一个更长的拼贴画故事。

一名12岁男孩剪下各种图片，并将其粘贴在海报板上。完成后，他表示，他选这些图片仅出于个人喜好，对他而言并无特殊含义。于是，我请他为每张图片编一个故事："从前，有一辆赛车……"借由这一活动，我们收获了丰富的工作材料。

一名14岁的女孩也表示，她不过是挑选了自己喜欢的图片而已。我请她扮演图片中的每一件物品。对一张麦片的图片，她描述道："我是麦片，孩子们喜欢我。我喜欢被人喜欢的感觉。我的兄弟也喜欢我——不是真正的我，而是作为麦片的我。"这一表达为她探讨渴望被喜爱的情绪做了铺垫。

有时，最具意义之处在于制作拼贴画的过程，或制作完成之后对其加以解说。一名13岁的男孩就自己的几张拼贴画讲了几个简短的故事，每次讲完后，他都会说"这个故事毫无意义！"或"这个故事很烂"。等他说完，我向他指出这种模式，告诉他似乎他对自己很苛刻。他回答说："是的！在学校，要是我犯了三个错误，就会抓狂！"

有时，虽然没有出现可以工作的材料，但是孩子至少得到了表达自己的机会，能够做出关于自己的某种陈述。即使没有出现什么议题，拼贴画本身也是一种有趣的活动，有助于释放想象力。

拼贴画既可作为一种感官体验，也可用于情感表达。在维克多·达米科（Victor D'Amico）、弗朗西丝·威尔逊（Frances Wilson）和莫伦·马泽尔（Moreen Maser）合著的《家庭艺术》（Art for the Family）一书中，拼贴画被视为"感受与看见图画的过程"。

你知道吗，指尖亦能看见世界？当然，你可以使用眼睛来看，然而手指能够传递眼睛无法告诉你的信息。手指能告诉我们物体是冷的还是暖的，表面是粗糙的还是平滑的，质地是坚硬的还是柔软的。我们都喜欢触摸，这有助于我们探索世界，理解自己对世界的感受。或许我们会发现自己的触感偏好与他人不同，这正是每个人独特性的体现。你的艺术作品，呈现了你所感受的、看见的与认知的。你可以用一幅画来描绘你的感受。（摘自《家庭艺术》第11页）

该书为个人及团体的拼贴画活动提供了一些不错的建议。

为某个人创作一幅可以触碰也可以观赏的肖像画，比如：你认识的人，如你的母亲；你曾见过的人，如盛装赴宴的女孩；你想象中的人物，如公主或乞丐。挑选那些能体现你心中人物特质的材料。将它们裁剪成合适的尺寸和形状，从而进一步体现人物特征。并在背景上拼排，设计成一幅既能观赏又能触碰的有趣作品。（摘自《家庭艺术》第15页）

选择那些能够传达你内心感受的材料。快乐、悲伤、兴奋、害羞、孤独以及其他种种感受，均可通过你所选的色彩、质地与图案，以及你裁剪和拼排它们的方式表达出来。（摘自《家庭艺术》第16页）

有时，我会请孩子在完成拼贴画后为其命名（因为作品可能偏离了最初引导的主题），例如"我"或"我的焦虑"，或他们所想到的任何主题。

无论是与伙伴、团体还是家人共同创作，拼贴画都是一项令人愉悦的活动。我有时会与儿童个体共同创作一幅拼贴画，因为我发现，这是一种非常有效的方式，有助于激励孩子自由创作。

图片

在介绍拼贴画和基于拼贴画的故事时，我提及了对杂志或其他图片的利用。最近，我了解到一种使用图片的新技术，我对其进行了尝试，也收获了成功。

我收藏了一些我觉得有趣的图片——这些图片（有的是杂志上的，有的是报纸上的）抓住了我的眼球。此外，我的收藏中还增添了一些明信片，破旧的童书的插图，一些小型艺术版画，塔罗牌，印有"爱""恨""静谧""喧嚣"等字样的卡片，以及日程本上的图片。

尽管其中包含许多儿童及儿童活动的图片，但这些图片并不"幼稚"。除了那些仅因我个人喜好而收集的图片外，我还参考了荣格（Jung）所著的《人类及其象征》（*Man and His Symbols*）和阿萨鸠里（Assagioli）所著的《心理综合》（*Psychosynthesis*），收集了具有各类象征意义的图片。阿萨鸠里将符号做了如下分类：自然符号、动物符号、人类符号、人造符号、宗教与神话符号、抽象符号（数字与形状），以及个体或自发符号，如在梦境和白日梦中出现的符号。

我请儿童挑选几张图片，比如挑选 10 张。并将其平铺于地面、桌面或一大张纸上（不需要粘贴，因为我还需要留存这些图片）。我会让儿童随机选取任何吸引他的图片，或根据某个题目或主题进行选择。图片的选择过程可以呈现许多信息。所选的一组图片所展现的情绪，能反映出儿童此时此刻或生活中的普遍感受。我们以先前讨论过的方式处理这些图片。

塔罗牌

塔罗牌是一副极具认同功能的工具。莱德牌（Rider）的塔罗牌细节最丰富。我有一副平价的塔罗牌，用于与各个年龄段的儿童工作。年幼的儿童可以挑选一张吸引他们的牌，就这张牌编一个幻想故事。对于年长一些的儿童，我会引导他们选择 2~3 张对他们产生某种影响（无论好坏）的牌，并让他们作为这几张牌上的图案来发言。

一名 13 岁的女孩：我是女皇，可以教别人做事。我智慧非凡，人们都来向我求教。

我：你在生活中也是这样的吗？

女孩：不是。但我确实渴望能解答某些疑惑！

我：（温柔地说）比如什么？想象你可以向这个卡片上的女皇提出任何你想问的问题。现在选一个问题问她。

于是，她开始与自己对话，探讨生活中的紧迫问题。她惊喜地发现自己确实拥有内在智慧。

有时，我们按照塔罗牌的游戏规则来玩塔罗牌，这有助于我们深入探讨孩子的生活点滴。

第五章

讲故事、诗歌与布偶

讲故事

在心理治疗中，故事技术的运用有许多种，包括：我编故事讲给孩子听；孩子自己创作故事；阅读书中的故事；撰写故事；口述故事；借助于图片、投射测试、布偶、法兰绒板、沙盘、绘画、开放式幻想等，来激发孩子创作故事；使用小道具和辅助工具，比如录音机、录像带、对讲机、玩具麦克风或想象的电视机（一个大箱子）等。

理查德·加德纳（Richard Gardner）博士在其著作《儿童治疗性沟通》(*Therapeutic Communication with Children*) 一书中，详细介绍了他的相互讲故事技术（mutual storytelling）。其基本步骤是：首先，请儿童讲一个故事；随后，加德纳博士以儿童的故事中所用的角色，来讲述自己的故事，并借助于故事呈现一个更优的解决方案。因为儿童的故事往往是一种投射，通常会反映出儿童生活中的某些状况。每个故事的最后都包含一个从故事情节中总结出的道理或寓意。运用此技巧时，必须对孩子的基本情况及其生活环境有所了解，并且能够迅速把握儿童故事的核心主题。

我使用过加德纳的这一故事技术，并且有时候会根据我的情况加以调整。我发现，该技术对一些儿童非常有效。很有必要使用录像机或录音机；可以模拟广播或电视台，以此营造出适宜的讲故事氛围。

虽然加德纳博士要求孩子自己创作故事，而非借鉴电视、电影或书中的故事，但我发现，他们就算借鉴了也无妨。孩子会因某种缘由选择吸引自己的素材，并总能将其改编为他们自己的版本。

以下案例展示了我是如何将这一技术运用在一名 6 岁男孩身上的：鲍比因尿床、过度进食、梦游及噩梦等问题被带来见我。他是个胖嘟嘟、随和且友善的孩子。随着他的症状行为得到改善，他开始表现出显著的攻击行为，比如，生气时大声咆哮、尖叫；对其他孩子生气时向他们扔鸡蛋；打别的孩子。他的朋友越来越少。以下是我们的工作过程。

把麦克风接到磁带录音机上。虽然我的录音机自带内置麦克风，但我发现让孩子手持一个常规麦克风更能引发他们的兴趣。

我：女士们、先生们，男孩女孩们，大家好。这里是奥克兰德电台，欢迎收听《故事时间》栏目。今天我们邀请到的嘉宾是鲍比。（我转向鲍比）非常高兴你能参与我们的节目。请问你今年多大了？

鲍比：我 6 岁了。

我：让我们马上开始。各位听众，规则是这样的，鲍比将为我们讲述一个故事。这个故事必须有开头、中间部分和结尾。等他讲完后，我要使用和他的故事中一样的主人公来讲述我的故事。每个故事都会传达某种道理或寓意。开始吧，鲍比。

鲍比：（停了好一会儿，小声说）我不知道该说什么。

我：我来帮你。"很久以前，有一个……"（加德纳建议以这种方式引导，旨在帮助孩子们开始构思故事。）

鲍比：<u>鲨鱼</u>。

我：而这只<u>鲨鱼</u>……

鲍比：喜欢吃人。

我：然后呢？

鲍比：他在海洋里到处吃人。就这样。

我：这只是开头。我们还需要故事的中间部分和结尾。

鲍比：嗯，他看到了一些渔夫，吓到了他们。渔夫从船上掉了下去，鲨鱼游过来把他们吃掉了。之后，他游向了大海深处，那里非常深，那就是他生活的地方。故事到此结束。

我：非常感谢你精彩的故事。那么，这个故事想要传达的寓意是什么呢？

鲍比：我不知道。

我：好，现在轮到我了。很久以前，有一只<u>鲨鱼</u>，游来游去，吃掉所见之人。一些渔夫来了，他们被吓坏了，拼命划桨逃离，以躲避这只<u>鲨鱼</u>。所有人都非常害怕他，甚至连其他鱼类和其他鲨鱼也害怕他，因为他有时也要吃掉他们。不久，这只<u>鲨鱼</u>就对这一切感到厌倦。他渴望玩耍，却无人愿意与它为伴。每当他靠近，所有人皆四散奔逃。

鲍比：然后呢？

我：然后呀，他不知道该怎么办，于是去了很远很远的海洋深处，在一个巨大的洞穴中找到了<u>鲨鱼之王</u>，并向鲨鱼之王寻求建议。<u>鲨鱼之王</u>回答道："你必须找到一个不害怕你、信任你的人，这样大家才会看到你真心渴望友好。这个人不害怕你，愿意和你玩耍，并且不知道你曾以人为食、令人惊恐。"<u>鲨鱼</u>听后问道："我要去哪里找到这样的人呢？"<u>鲨鱼之王</u>说，他必须亲自找出答案。

鲍比：（避开麦克风，对我大声耳语）我知道！一个新生婴儿！

我：于是，<u>鲨鱼</u>游去寻找愿意信任他的人。不久，他来到一艘大船旁，船上有一家人，其中有一个新生婴儿。当人们看到鲨鱼时，都纷纷跑进船舱躲藏，匆忙中遗忘了婴儿。鲨鱼开始为婴儿表演各种把戏。婴儿被逗得咯咯笑。婴儿的父母见状，意识到鲨鱼只是想表达友好，并无伤害之意，便返回甲板，与鲨鱼交朋友。于是，他们成了朋友，鲨鱼感到非常快乐。故事到此结束。这个故事的寓意在于：若想和别人交朋友，必须展现出友善的态度。

鲍比：我们还能再听一遍吗？

我给录音机倒带，把两个故事都听了一遍。相比之下，我的故事更长一些，他仍然全神贯注地听着。听完后，我们开始探讨他近期与朋友之间的问题，以及在他愤怒时可以采取哪些措施，以避免将朋友赶走。那次治疗之后，鲍比又要求过四五次，希望再听听我的故事，还邀请他的妈妈一起听。

7岁的苏西：从前有一只狮子，长着浓密的头发。一天，狮子妈妈喊小狮子梳理头发，但小狮子不肯。于是，她们大吵了一架。小狮子就是不愿意梳理她的……我是指'小狮子的'……头发。于是，狮子妈妈不让她出去玩耍。

我：故事的结局如何？

苏西：小狮子不得不回到自己的房间，感到非常难过。

我：小狮子最后有没有出去玩耍呢？

苏西：没有。故事到此结束。这个故事告诉我们，如果小狮子不梳理自己的头发，就得待在房间里。

我：非常感谢你，苏西。现在我来讲我的故事。从前，有一只头发浓密的狮子。一天，她想要出去玩耍，但她的妈妈要求她先梳理头发，因为她的头发乱糟糟的，看起来很邋遢。这个狮子妈妈担心如果邻居看到她的孩子这么不整洁，会认为她是个不称职的母亲。她希望别人眼里的她是个能把孩子的头发打理好的母亲。然而，小狮子并不愿意这么做。她非常不喜欢梳头，自认为看起来还不错，着急想出去与朋友们一起玩耍，她的朋友们正在外面玩得很开心。然而，狮子妈妈不允许她出门。小狮子本想躺在地上尖叫抗议，但狮子妈妈开始向她解释，让邻居认为她是个好母亲对她来说有多么重要。因为小狮子喜欢妈妈，也不希望邻居对妈妈有负面看法（尽管她并不明白梳理好头发和这有什么关系），她最终还是选择了梳头。她的妈妈非常高兴。小狮子出去与朋友们玩耍，也玩得很开心，直到晚餐时间才回家。这个故事的寓意在于，有时候听妈妈的话会更容易，因为这样你就能出去玩耍。

苏西：这个故事真好！

我：谢谢你！你是否也有过类似的经历？是否被迫做妈妈要求的事情，即使你不愿意，如果不做，就会被关在房间里？

苏西：是的！（使劲点头。）

我们讨论了一会儿这个话题，然后她问我是否可以一起玩"方块头（tug-of-war）"游戏。（苏西和她妈妈之间有着激烈的权力斗争，我们正着手处理这一议题。）

这两个案例并非刻意挑选出来以彰显我治疗技术的成功。这些情景在我所经历的大多数讲故事活动中颇具代表性。讲故事是一种高效且引人入胜的技巧。偶尔，我会遇到不愿以此方式讲故事的孩子，那么我们会进行其他活动。

我常使用"儿童主题统觉测验（Children's Apperception Test，CAT）"的图片来讲故事。这些图片描绘了拟人化的动物。在一次治疗团体活动中，我带来了这些图片，想请每个孩子各挑选一张图片来编故事。结果，每个孩子都希望就每张图片讲述一个简短的故事，且每个故事都不相同！我从未遇到孩子们相互抄袭故事的情况。倘若出现此类问题，我或许会提醒："哦，你的故事开头与他的一样。现在，你的熊发生了什么？"在这个团体中，我把所有的故事都录了下来（事前没有对孩子说明这一点），在下节团体活动中，我将其中一些故事播放出来，从而引导我们探讨这些故事所表达的经历与情感。在一张图片中，三只熊正在进行拔河比赛。一边是最大的熊，而另一边则是小熊和另一只可能是熊妈妈的熊。

以下是唐纳德（12岁）的故事。

有三只熊，分别是熊爸爸、熊妈妈和熊宝宝，他们为了争夺一罐蜂蜜而争吵不休！于是他们进行了拔河比赛，结果熊爸爸输了。于是，熊爸爸耍了个花招，割断了绳子，导致三只熊都滚下了山坡。

我：如果你是其中的一只熊，你是哪只？

唐纳德：应该是那只小熊。

我：与你的"熊爸爸"谈谈，告诉他你被欺骗的感受。

我们沿着这个情节继续探讨，直到我最终询问唐纳德是否曾感到被他的父亲欺骗。唐纳德的许多情绪因此得以表达出来，这样我们的工作便得到了推进。

一名被收养的 10 岁女孩讲述了一个小熊寻找亲生父母的故事。当时女孩正盯着一幅儿童主题统觉测验中的图片，图片中两只大熊在洞穴里熟睡，而一只小熊躺在那里，睁着眼睛。"大熊终于入睡了，小熊跑了出来。"女孩心中积压了许多情感，一直未能向养父母表达。

有时，在团体工作中，当这些故事得到分享后，我会邀请孩子将其中一则故事表演出来，加入自己的诠释。或者，由讲述该故事的孩子来扮演各个角色。倘若由讲故事的孩子来为故事剧本挑选演员，活动会变得更加有趣。

我有一盒特别的图片，可以激发孩子讲故事。我们的学校用品商店，亦称为教育供应商，有一些优质的图片组套，特别适合心理治疗工作。"心境与情绪（Moods and Emotions）"及"尽情想象（Just Imagine）"都是非常好的图片。主题统觉测验（Thematic Apperception Test，TAT）的图片则更适用于青少年的工作。"人类家庭（The Family of Man）"这组图片也同样好用。

另一种有趣的、各年龄段儿童都喜欢的讲故事技巧是看图说故事（Make a Picture Story，MAPS）测试。该组套图片包括小小的黑白纸板人物剪影，以及多张印有黑白场景的大卡片，场景非常丰富，有墓地、教室，应有尽有。孩子先选择人物并将其放置在自己挑选的卡片上，然后讲述一个故事，或将情节演示出来。在讲述或表演故事的过程中，儿童可以移动人物或添加新角色。通常，这些故事比较短，有些孩子喜欢用多张卡片。随着故事的展开，主题和模式通常得以清晰地呈现。在以下案例中，11 岁的艾伦完成了五个场景的故事。在他讲述的同时，我把他的故事记录在了大的便签本上。

1. 街景："一个劫匪要抢劫一名女士。一个男孩试图施以援手。男孩会空手道，但营救没有成功。超人飞来，救下了女士，并亲吻了她，随后两人一同离去。"（当被问及自己扮演的角色时，他选择了超人。）

2. 木筏："有一艘船失事了。一个男人快死了，另一个男人、一个男孩与一只狗在他旁边，所有人都饥肠辘辘。（说到这里时，他捂着肚子。）男孩的父母都在遇难的船上，但是去世了。在木筏上，垂死的人死掉了，而其余人获救。这个男孩去了寄养家庭，有了新的父母，他很幸福。"（艾伦将自己认同为那个男孩。）

3. 洞穴："一名女子遭蛇咬伤，身陷困境，无路可逃。两名男子赶来驱赶蛇，寻得出口，转危为安。"

4. 诊所："一名男子因意外腿部受伤，前来就诊（拄着拐杖的人物卡片）。医生叫来另一名医生共同处理男子的伤腿。当他们准备离开，打开门时，另一名血流不止的男子倒了进来。他们立即呼叫救护车。医生对男子说：'我们只是诊所的医生，您需要更多帮助。'男子后来得救。"

5. 教室："正值万圣节，黑板上画着幽灵的图案。老师告知全班，会有一名警察来做一场关于万圣节的安全讲座。班里有一个横行霸道、爱搞破坏的男生，他离场了。老师对此束手无策，该男生面临困境，很不开心。"（艾伦无法在后面三个场景中找到认同的人物。）

每则故事都有丰富的材料可以在治疗中探讨。在此案例中，我选择观察这五个故事的模式。本次治疗开始时，艾伦表达了想慢慢结束治疗的想法，因为他感觉目前生活一切顺利。我们探讨了各个故事场景。每个故事中均出现了某种灾难或问题，均有援助及时到来，除了最后一个故事没有救援。艾伦的生活确实充满了灾难。我们聚焦于最后一个故事，及故事中面临困境的男孩。艾伦说："这个男孩来见了你，然后他好了。"我们探讨了他个人生活中的一些事件，以及他现在对这些事件的感受。

法兰绒板（覆盖有法兰绒布料的板子）是一种辅助讲故事的工具。儿童可以借此构思各种故事或场景，而且在讲故事时可以操作法兰绒板上的这些元素。法兰绒、毛毡、砂纸以及培纶（布料店中常见的内衬材料）都能黏附在法兰绒板上。只需将这些材料剪成小块，粘贴到涂色书剪下的图案或手工制作的图形背面，即可使这些图案黏附在法兰绒板上。或者，可以直接把法兰绒、毛毡或培纶裁剪成图形，并用毛毡笔勾勒轮廓（也可不勾勒）。法兰绒板的组套可在学校用品商店购买。这些组套包含家庭成员、动物、民间传说故事、奇幻人物、社区及城市建筑、树木等元素，都很适合用来进行有趣的活动。

图书

在我与儿童的工作中，会用到各种书。我发现，即使孩子看起来过了听人给他们读书的年纪，他们仍然喜欢听别人读书给他们听。（难道真的有人会过了这个听人读书的年纪吗？）书本中的主题可以自然地适用于治疗中的各种议题讨论。我常在图书馆和书店寻找有趣的书，并精挑细选了一些书用于工作。《脾气之书》(The Temper Tantrum Book)很受欢迎，我的小儿子曾反复要我念给他听。《野兽出没的地方》(Where the Wild Things Are)是讲怪兽的，深受儿童喜爱，能让我们进入一种讨论可怕事物的氛围。绘本《我的壁橱有噩梦》(There's a Nightmare in my Closet)总能唤起孩子对梦境的回忆。《走开，小狗》(Go Away, Dog)可以自然地用于讨论关于拒绝的话题。而《青蛙与蟾蜍是朋友》(A Frog and Toad are Friends)及《我要为朋友建座山》(I'll Build My Friend a Mountain)则能引导我们讨论与其他孩子的关系。针对幼儿的《这是你吗？》(Is This You?)一书，适用于有关儿童、家庭、住所的讨论。

《西尔维斯特与魔法石》(Sylvester and the Magic Pebble)及《魔法帽》(The Magic Hat)（讲述了一个小女孩戴上魔法帽后，能做任何男孩能做的事情）引导我们探索孩子的愿望与幻想。在此，我仅提及几本曾使用过的书，以帮助读者了解如何运用图书进行心理治疗工作，从而着手培养选择书的眼光。我发现，相较于那些励志书，纯粹地讲故事和娱乐的书更能引发孩子的反应。儿童对于"老生常谈"的书没有兴趣，而且他们一眼就能洞察这些书的枯燥无味。

《费迪南德的故事》（*The Story of Ferdinand*）描绘了一头与众不同的小牛。许多孩子对这个故事深有共鸣。《晚熟的里奥》（*Leo the Late Bloomer*）描述了一种动物在某个神奇的日子到来之前，几乎什么都做不了。《眼镜》（*Spectacles*）是本可爱的书，讲述了一个小女孩必须佩戴眼镜的故事。《没人听安德鲁的》（*Nobody Listens to Andrew*）触动了许多孩子的心弦，而《不是这只熊》（*Not THIS Bear*）则很适合用来探讨相似与差异。《鱼就是鱼》（*Fish is Fish*）是一本有趣的书，讲述了一条鱼尝试像人、鸟、蛙那样生活在水外。这条鱼及时领悟到，离水的鱼儿终将死去；鱼即是鱼，不能不做自己。

在女性主义书店中，可以找到最优秀的儿童读物，因为这些读物往往经过了精心挑选。诸如《大人也会哭》（*Grownups Cry Too*）、《我的身体感觉很好》（*My Body Feels Good*）以及《有些事情你无法独自完成》（*You Just Can't Do by Yourself*）等，都是我鲜少在其他地方见到的好书。

《男孩是什么？女孩是什么？》（*What is a Boy? What is a Girl?*）这本书值得特别推荐。这本读物品质极佳，附有精美的图片，探讨了男孩与女孩、男性与女性之间的身体差异。而《感觉之书》（*The Sensible Book*）则适用于探讨视觉、触觉、味觉、嗅觉及听觉等感官体验，《内在的感受与表达》（*Feelings, Inside You and Our Loud Too*）也是一本好书。

童话与民间故事为儿童工作提供了丰富的素材。我发现现在的孩子对这些故事的喜爱程度丝毫不亚于我们小时候。《著名民间故事朗读》（*Famous Folk Tales to Read Aloud*）中的一则故事"小蓝云杉（The Little Blue Spruce）"讲述了一棵森林中的小树，尽管它是一棵非常好的云杉树，却渴望像森林中其他种类的树一样。而《童话宝典》（*Treasure Book of Fairy Tales*）中的老故事"汉塞尔与格蕾特（Hansel and Gretel）"则可以直接引导读者探讨个人的家庭状况。

童话故事具有丰富的心理学意义。不论人们是否认同这些解读，童话对儿童都有着极大的吸引力和价值。如同民谣一般，童话与民间传说都源自人类心灵深处，涵盖了人类在各时代所经历的种种挣扎、冲突、悲伤与喜悦。

有时，这些故事并不是愉快的。布鲁诺·贝特尔海姆（Bruno Bettelheim）在其著作《童话的魅力：童话的心理意义与价值》（*The Uses of Enchantment — the Meaning and Importance of Fairy Tales*）中写道：

"主流文化总是希望假定，人的阴暗面并不存在，尤其是涉及儿童的部分。这些文化大力宣扬一种乐观主义的向善论……

"而童话故事则千方百计帮助儿童理解：生活中与重重困难做斗争是不可避免的，这是人类存在的固有本质。然而，如果一个人不退缩，坚定地面对突如其来的，而且往往是不公平的艰难困苦，那么，这个人终将克服重重困难，取得胜利。

"当代为幼儿编写的故事大多回避了这些关于存在的问题，尽管这些问题对我们所有人来说都至关重要。孩子尤其接受象征形式的建议，以了解如何应对这些问题，以及怎样安全成长至成熟期。'安全'的故事既不提及死亡，也不提及衰老，不提及我们生存的局限和对永生的愿望。相比之下，童话故事则直接让儿童面对人类基本困境。"（摘自《童话的魅力：童话的心理意义与价值》第 7—8 页）

"童话故事的独特性在于，它不仅是一种文学形式，还是一种艺术作品，能够完全被儿童所理解，这是其他艺术形式无法比拟的。正如所有伟大的艺术作品一样，童话故事最深刻的意义是因人而异的，并且同一个人在不同的人生阶段也会有不同的理解。根据当前的兴趣和需求，儿童从同一篇童话中汲取的意义也会有所不同。当儿童准备好扩展旧有的意义，或用新的意义代替旧的意义，只要时机成熟，儿童就会再次回到同一个故事中。"（摘自《童话的魅力：童话的心理意义与价值》第 12 页）

童话故事确实能够直接触及人类的基本情感：爱、恨、恐惧、愤怒、孤独，以及孤立、无价值感和被剥夺感。

我同意贝特尔海姆博士的看法，如果经典的童话故事不是艺术作品，就不会有如此强烈的影响力。朗读童话有着韵律和魔力，能拨动听者的心弦。

尽管故事中许多词语远超孩子的理解力，但孩子仍会聚精会神听得津津有味，全然地投入其中。

一些教育家和父母关切地指出，童话故事讲述了一个不真实的世界，在这个世界中，每件事都有完美且充满魔力的解决方式。此外，许多童话故事存在明显的性别偏见：女性只有美丽才受重视，而男性则被描绘成英勇的英雄。尽管存在这些缺陷，经典童话和民间故事仍有许多内容容易引起孩子的认同。针对这些缺陷，理查德·加德纳博士为儿童撰写了几本书：《加德纳博士的现代儿童童话》（*Dr. Gardner's Fairy Tales for Today's Children*）、《加德纳博士的现代童话》（*Dr. Gardner's Modern Fairy Tales*）以及《加德纳博士的现实世界故事》（*Dr. Gardner's Stories about the Real World*）。

当我把这些故事运用在儿童心理治疗中时，我发现将童话中的幻想和神奇解决方法，以及其中的性别偏见与孩子自己的生活加以比较，可以收获很好的效果。此外，我同意贝特尔海姆博士的观点，他认为，以"从此过上幸福生活"结尾的故事，是无法糊弄孩子的。我想，我们文化中对于永恒幸福的普遍追求，以及对于最新的电器或最炫酷汽车的渴望，是导致年轻人对生命感到困惑的原因。支配孩子现实生活活动的那些人有着矛盾的价值观。令孩子不知所措的是这些矛盾的价值观，和故事书里读到的内容不一样。因为童话故事中的价值观简单明了，黑白分明。

讲故事的方式多种多样，有的还可以结合其他技术，如使用布偶讲故事、故事表演或故事写作。有时，在团体中讲一个故事的开头，然后让每个孩子自由添加内容，共同拼出一个故事，这也是一种有趣的方式。

有时，我会讲一个故事的开头，让孩子来讲结尾；或者反过来，孩子讲开头，我来收尾。还有些时候，我和孩子会一起为我们读过的故事共同构思一个新的结局。

在《与儿童心理治疗中的阻抗工作》（*Psychotherapeutic Approaches to the Resistant Child*）一书中，加德纳博士介绍了他为提高讲故事技巧而发明的几种游戏。比如从袋子里挑一个玩具或物品，来讲述与之相关的故事；从装有词语卡片的袋子里抽取一个词来编故事；或是完成"少儿拼字游戏"中的一个词，然后就这个词讲述一个故事。

写作

我很少让孩子自由写作，并不是因为我认为自由写作对孩子没用，而是因为多数孩子在写作上未曾获得过良好体验。对此我深感遗憾，因为写作是促进自我表达与自我发现的最有收获、最有价值且最高效的一种工具。

我多次尝试激励孩子写作，然而由于他们的阻抗情绪，加之我的时间有限，我未能带领他们领略写作的乐趣，便转而使用其他技术。

然而，因为写作只是用同样的文字来交流的另一种形式，所以我有办法让孩子感觉自己是个作家。当孩子对着录音机讲故事时，我可以将她的故事录入电脑，然后以书面形式呈现给她。或者，我也可以在孩子向我口述时直接写下来或打字记录。

因为我相信孩子直接的口头表达可以大大增强其内在力量，所以我常邀请孩子对治疗中的绘画作品来做一些陈述。在孩子叙述时，我会将这些内容直接记录于画作之上，随后再向她复述，以此进一步强化。有时，我也会鼓励孩子先写几个词开个头，以便进入更流畅的写作。"请写下你想写的或想到的任何词语，那些可能与你的愤怒图画相匹配的词语。"跟随这一指导，一名11岁的男孩在他的画上写道："浑蛋先生与浑蛋夫人。"若希望孩子充分表达自我，我们就不应对他们的表达进行纠正！

我认为，许多儿童不愿写作是因为学校过分强调拼写、格式、句子结构乃至笔迹，这些扼杀了孩子的创造力。我认为，语法和拼写应与真正的写作加以区分，分开教学，或晚一点教写作，在儿童熟悉写作活动之后再进行写作教学。试想，如果我们坚持要求婴儿在学会说任何词语之前必须造出形式完美、结构正确的句子，那会是怎样的情景！婴儿通过模仿周围成人说话来学习正确地说话。如果我们能让孩子自由写作，而不是让他们害怕写作，他们就会以习得说话的方式，自然而然地学会写作。

我会给孩子每人一本小小的活页笔记本，供其写作。我可能邀请孩子用这个本子记录尿床的情景，或写下"本周令你生气的事"，抑或记录梦境。以下是一名9岁男孩所记录的令他生气的事情。

（1）S先生不允许男孩们打垒球。（2）我必须清洁浴室和浴缸环，还要洗衣物和晾毛巾。（3）我得在晚上8:30睡觉，早晨7:30起床。我必须在早上8:30之前吃好饭、梳好头、穿好衣服，然后出门。

同样围绕这一主题，一名10岁女孩写道：

"我妈妈不让我和另一个女孩讲某些事。她在我想要和朋友讲某件事的时候，让我去洗澡。"

有时，我们会制作有封面的小册子，封面写有标题，如《抱怨集》《愤怒录》《快乐篇》《炫耀册》《我所厌恶之事》《我所喜爱之物》《我的愿望》《如果我是总统》《如果我是妈妈》，等等。有一本册子名为《关于我》。

一名8岁男孩写道："褐色眼睛，平平无奇的男孩。"
另一个孩子则绘制了一幅精美的自画像，并写道："我的头发是棕黑色的，眼睛是绿色的，我穿着蓝色工作服、黑色鞋子，我穿着黄蓝相间的衬衫，白色的袜子。我有两只手臂，两条腿，两只绿色的眼睛，两只手，十根手指。我现在10岁，身高1.46米，有点瘦。我还有两只耳朵。"
另一名9岁的孩子仅写下："我很丑。"
而一名10岁的男孩则写道："我1岁和2岁时有一只狗，它比我大——真的大很多。它总是陪我玩耍。"他画了一个小男孩与一只体型比他大的狗玩球的草图。

一个6岁的孩子把他在学校自制的小册子带到治疗中，名为《情绪》。孩子在小册子的每一页上都抄写了教师在黑板上写的句式作为开头，然后他根

据自己的想法补全。他是这样写的:

"爱是……一个人说出'我爱你',也是每个人都不吵架,因为吵架会让所有人难过。所以,要友好待人。"(教师批注了"重写",因为她对孩子的笔迹不满意!)

"我感到害怕,当……我被卷入一场吵架之中,或是在荒无人烟的地方迷路。"(附图:一个男孩站在沙漠之中。)

还有一些句式包括:

当……时,我觉得不公平;当……时,我感到快乐;当……时,我感到悲伤;当……时,我感到孤独;当……时,我想要唱歌;我最好的朋友是……;我最喜欢自己的……;我生命中三件重要的事是……;我做得最好的事情是……;我的三个愿望是……;我最快乐的一天是……;我遇到最有趣的事情是……;世界上最美丽的事物是……;如果我是教师……;当……时,我的父母会很快乐;如果我是爸爸,我会……;如果我是校长……

补全句子是一种非常好的方式,来鼓励儿童自我陈述,从而了解他们的愿望、需求、失落、想法、观点及感受。句子完成测验(incomplete sentence test)可以为这类句子提供更多参考。

因为我很喜欢引导儿童觉察人类感受和人格的两极性,所以常常成对使用相对立的句式,例如:"当……时,我很快乐"和"当……时,我很愤怒";"……对我来说很容易"和"……对我来说很困难";"我最喜欢你的一点是……"和"我最不喜欢你的一点是……"。

有时,我会邀请孩子写满一页以"我(是)……"或"我想要……"开头的句子。一个12岁的男孩写道:

"我是个男孩。我很快乐。我很有趣。我很酷。我很温暖。我对于做这件事开始感觉无聊了。"

而在这张纸的另一面,他列出了很多"我不(是)……"(这是他自己的创意):

"我不愚蠢;我不是女孩。"等等。

对于愿意尝试写作的孩子,我可以提供以下指导。

想象你今天获得了一种力量,让你可以做任何你想做的事情。写下你会做什么。或者给身体某一部位写封信,比如,"亲爱的胃:我想对你说……"。

在一次团体活动中,我的治疗师同事让每个孩子在纸上匿名写下一个秘密,然后叠起来,一起放在房间中央。然后,每个孩子依次抽取一张,将纸上的内容当作自己的秘密念给大家听。那次活动令人又兴奋又触动。

赫伯特·科(Herbert Kohl)在他的著作《开放课堂中的数学、写作与游戏》(*Math, Writing and Games in the Open Classroom*)中提到了孩子写作会遇到的问题。他认为,至少在学校里,如果孩子害怕说话,他们就不会写作;如果孩子能写出他们最了解的事情、对他们来说重要的事情,他们就会写作。如果孩子连自由地谈论这些事情都不被允许,我们又怎么能期待他们写作呢?赫伯特在描述他与孩子一起写作的经验时,提出了许多鼓励孩子借助于写作来表达自己的好建议。

在此推荐两本很有用的刊物,即《全字目录》(*The Whole Word Catalogue*)1 和 2,其中收录了各种关于和儿童一起写作的文章。

诗歌

邀请孩子创作诗歌，孩子往往会自发地让词句尽可能押韵。我并不是主张诗歌不应该押韵，但押韵是诗歌中一种独立的技巧。押韵的诗句并非自由、流畅表达的最佳方式。

诗歌源自内心。人们能够以诗歌的形式，来表达一般难以用口头和文字分享的情感。借助于诗歌，我们可以肆意，甚至疯狂地抒发自我。

有一些很棒的书专门探讨儿童诗歌创作。其中最好的一本当属肯尼斯·科赫（Kenneth Koch）所著的《愿望、谎言与梦想》(*Wishes, Lies, and Dreams*)。科赫提出了许多方法来激发儿童创作诗歌的潜能，并收录了许多儿童创作的诗篇。乍一看，这些诗歌似乎与小作者的情感体验没什么关系。例如，在"谎言（Lies）"章中，一个11岁孩子写了这样一首诗。

> 午夜12点，我飞去学校
> 上午9点，我飞奔去吃午饭
> 晚上11点，我乘地铁回家
> 我的名字叫克劳恩·詹姆斯·贾平滨
> 迭戈斯宾·吉米·弗利普弗洛普·汤姆
> 我的头出生在土星而双臂出生于月球
> 我的两腿出生于冥王星而其余部分则出生在地球
> 我的蜜蜂朋友载我回家
>
> （摘录自《愿望、谎言与梦想》第196页）

类似于涂鸦，也类似于《把你妈妈挂在天花板上》的幻想，一首诗歌能够让你初步体验揭示心灵深处时的自由与流动。在"噪声（Noises）"章，一个12岁孩子写了这样一首诗。

> 你嘴里呼的气

像暗巷里的风

你听着长辈聊天

像是听见了咆哮

尺子敲打椅子的声音

像是机关枪开火

狗儿的哀号

像消防车的警笛

那俩拳击手的互捶声

就和子弹打中锡罐一样清脆

（摘录自《愿望、谎言与梦想》第 124 页）

我发现，要引发孩子写诗的兴趣，最有效的方法就是给他们读其他孩子的诗。《愿望、谎言与梦想》《我妹妹像只梨》(My Sister Looks Like a Pear)、《我，这个小狗腿》(Me the Flunkie)、《无人知晓的我》(The Me Nobody Knows)、《这些孩子里有个人打开了水龙头》(Somebody Turned on a Tap in These Kids)、《全字目录》1 和 2、《开启甜蜜世界》(Begin Sweet World)、《奇迹》(Miracles)，以及《我从未见过另一只蝴蝶》(I Never Saw Another Butterfly)，这些书里的诗都超级棒，充满力量，真实动人。我最爱的一本是《你见过彗星吗？》(Have You Seen a Comet?)。这本书由联合国儿童基金会美国委员会（United States Committee for United Nations Intertional Children's Emergency Fund）出品，收录了全球各地儿童的艺术作品和文字创作。

每当我读诗时，我都会让孩子闭上眼睛，细细品味。读完后，我会请孩子画出关于这首诗的感受，和这首诗带来的觉察。或者，我会让孩子画出这首诗让他想到的东西，比如画出触动心弦的词句。

《你见过彗星吗？》里有篇诗歌"结（There Is a Knot）"，将那些平日隐藏的情感挥洒了出来。这首诗的作者是一名来自土耳其的 8 岁儿童，以下是该诗译文。

我的心里有个结

无法解开的结

系得很紧

硌得很疼

像块石头

被塞进我的心里

我总是回忆往昔

在避暑之家嬉戏

去祖母那里

住在祖母家的时光啊

我希望那些日子还能回来

或许那是这个结的解开之时

但我心中有一个结

系得很紧

硌得很疼

就像埋在我心里的石头

（摘自《你见过彗星吗？》第32页）

听完这首诗，一个10岁的女孩画了一幅画：山顶上，站着一个人，她的身体中心有一个黑点。她伸展着双臂，她的四周写着"我恨你、我恨你"。这个孩子对我说："我的结是内心深处的愤怒。"之前，尽管她在学校和家里表现出了叛逆行为，但是她始终防御性地否认自己有愤怒情绪。

另一名9岁的孩子画了祖母的房屋，在房屋的远处画了一个女孩。同样，这个女孩的肚子里也有一个黑色圆点，这个黑点象征着"我对妈妈撒的一个谎"。她因这个谎言而感到内疚，并认为自己无法向母亲坦白，因为母亲会非常愤怒。（这一刻她坦诚地告诉了我。）这个女孩的祖母最近去世了，她认为祖母是唯一真正疼爱她的人，也是唯一在她坦诚自己的行为后，不会处罚她的人。借助于这张画，我们处理了孩子的担忧和哀伤。

创作团体诗歌是一项有趣的活动。每个孩子写一行诗，比如写一个愿望。然后，我把所有孩子写的诗句收集起来，整合成一首美妙的诗歌在团体里朗读。孩子会为自己创作诗歌的能力而惊讶。有时，我会让孩子各选一种动物、季节或蔬菜，并围绕其创作几行诗句。我通常会大声朗读他们的作品，因为诗歌由他人朗读时仿佛更加动听。

诗歌可与艺术创作相结合。在一次团体工作中，我邀请孩子用色彩描绘自己此刻的感受，等他们画完后，我又邀请他们用单词、短语或句子来描述看着画作时的感受。其中一个孩子写道："色彩洗涤着我，温柔地抚慰和安慰我。一开始是淡淡的，而后越来越浓烈。"

在诗歌活动开始之前，我们有时会先探讨一些能够描述感受的词语、唤起画面的词语、个人喜爱的词语，以及那些听起来刺耳的词语。尝试不同的用词并拓展对词语的觉察，有助于诗歌的创作。

我常和孩子使用一种类似俳句（haiku-like）诗歌的简化形式。俳句是一种日本诗词，每个段落各有三行，分别为五、七、五个音节。而我所使用的是简化版的五行形式，首行是一个词，第二行是两个词，用来描述首词，第三行是三个词，进一步描述首词，第四行是四个词，更深入地描述首词，末行则重复首词。

以下是孩子们口述给我的几个例子。

女孩
爱你
我爱女孩
太喜欢女孩了
女孩
（8岁的男孩）

恐龙
我希望

它们还活着
我想骑在它们的背上
恐龙
（7岁的男孩）

火箭
黑色，美丽
发射出去
从底部发射出去
火箭
（8岁男孩）

火箭
有窗子
进入太空
人在太空中漂浮
火箭
（9岁男孩）

男孩
愚蠢的淘气鬼
与女孩打架
丑陋的脸，丑陋的头发
男孩
（9岁女孩）

女孩
漂亮，善良

有美丽的头发
她们总是很乖巧
女孩
（10岁男孩）

学校
逃离
欺负别人
不喜欢阅读
学校
（8岁男孩）

男孩
爱女孩
欺负我
我喜欢某些男孩
男孩
（8岁男孩）

没什么
仅此而已
不愿透露任何事
不会说出任何事
没什么
（10岁男孩）

女人
高大、美丽

拥有漂亮的发丝

迷人，我爱她们

女人

（9岁女孩）

这些小诗深刻地揭示了儿童内在的思绪与感受，宛如通向他们内心密室的一扇小窗，又似虚掩的门，有了渐渐敞开的可能性。

成年人创作的儿童诗歌往往更吸引成人而非儿童。写出触动孩子心弦的作品并非易事。有时读到一本书，我自己很喜欢，相信孩子也会喜欢，结果却并非我想的那样。不过，谢尔·希尔弗斯坦（Shel Silverstein）创作的《人行道的尽头》（*Where the Sidewalk Ends*）这本插画诗集，确实是一本触动孩子的书。辛迪·赫伯特（Cindy Herbert）的《我看见孩子》（*I See a Child*）本是为那些与儿童工作或一起生活的成人所写的，但我发现，其中某些诗篇也能深深触动孩子，比如以下这首。

对不起

我弄丢了物品

我破坏了东西

我挨了责骂

似乎总在挨罚

我要道歉

因为我感到愤怒

还感到羞耻

而不是只有

那么一点点歉意

伟大的诗歌能够触及心灵，然而多数孩童对此却敬而远之，这或许也是因为他们在学校学习诗歌的方式所致。在《玫瑰，你从何得来那抹红？》

(*Rose, Where Did You Get That Red?*)一书中,肯尼斯·科赫(Kenneth Koch)讲述了他如何向小学生介绍布莱克(Blake)、莎士比亚(Shakespeare)、惠特曼(Whitman)等诗人的作品。他鼓励孩子模仿古典诗人的风格进行诗歌创作,以此激发了他们对各类诗人与诗作的兴趣。例如,威廉·布莱克(William Blake)的《老虎》(*The Tyger*)这首诗是这样开头的:

> 老虎!老虎!黑夜的森林中
> 燃烧着的煌煌的火光
> 是怎样的神手或天眼
> 造出了你这样的威武堂堂?
> (摘自《老虎》第 33 页)

在这首诗中,布莱克向一只老虎发出疑问,而科赫也向学生问了类似的问题,引导他们探索神秘而美丽的生灵,由此创作出了美妙的诗篇。

> 蝴蝶啊蝴蝶
> 你在哪里燃起了你火红的翅膀
> ……(摘自《老虎》第 43 页)

> 穴居的小蚂蚁呀
> 你今天还好吗
> 玫瑰盛放,紫阳照耀
> 当泥土狂轰滥炸
> 你作何感想?
> ……(摘自《老虎》第 53 页)

> 小虫儿你为何如此小
> 你会被践踏,小虫儿

……（摘自《老虎》第 55 页）

歌曲亦是诗歌。在这个时代，我们的文化前所未有地鼓励原创歌词的创作。许多现代音乐的歌词，就是充满力量、感人至深的诗句。孩子向来是现代音乐的鉴赏家，他们通常都有几首最爱的歌曲，符合他们的独特品味。我发觉，许多孩子还会悄悄创作自己的歌曲。一名 12 岁的男孩曾与我分享了他写的歌词，其旋律是一首熟悉的摇滚乐。我被其内容深深打动，这首歌诉说着他的渴望与梦想。我记得一个朋友曾向我讲述她 6 岁女儿的故事。有一天，她听到女儿在钢琴旁敲击着琴键，用吟唱的声调说："我讨厌我的老师。她很刻薄。她不准我和她讲我想说的话。她很小气。她没时间，她说……"女儿一直唱着唱着，创作出她的抗议之歌，最终完成了创作，然后开心地来帮助母亲准备晚餐。

布偶

比起直接言说，儿童往往更容易借助于布偶来说出那些难以表达的心声。布偶创造了一种心理距离。儿童借助于布偶来展现内心最深处的想法，会感觉更安全。

我使用布偶的方式很多样，比如直接用布偶对话；在治疗过程中顺其自然地使用布偶；布偶戏，等等。以下是一些示例。

请孩子从一堆布偶中挑选一个作为伙伴，并充当布偶的声音——扮演布偶。扮演布偶解释自己为何被选中。（我可能会问："布偶，为什么约翰选了你呀？"）

作为布偶，做自我介绍，和我们讲讲关于你的事情。（对于年幼的孩子，我会问布偶"你多大了？""你住在哪里？"之类的问题。）

作为布偶，介绍约翰（挑选布偶的孩子）。

挑选一个（或两个）能让你想起你认识的某个人的布偶。

在以上每种情境中，我（或者团体治疗中的其他孩子）可以向布偶提出各种不同的问题。此外，也可以做一些互动性更强的活动。

我和一个孩子，或一个孩子和另一个孩子，各选一个布偶，团体中其他成员则在一旁观察。让这两个布偶先进行一会儿非言语互动。然后，让两个布偶进行对话。

一个孩子选两个布偶，让这两个布偶先进行非言语互动，然后对话。团体中其他成员在一旁观察。

用布偶介绍其他布偶或其他孩子。

通过孩子选择的布偶，我们可以获得对孩子的更多了解。比如，约翰选择了老虎布偶，说道："我很凶猛，大家都怕我。谁靠近我，我就咬谁。"我可能会提问，来引导出更多的材料，如："老虎，你觉得谁最烦呀？"或者，"你有没有朋友——有没有你不咬的人？"又或者，"你做了什么，让大家对你这只老虎如此害怕？"等时机成熟，我或许会询问约翰，关于老虎的描述是否也符合他自己的情况。"你是否曾有过那样的经历？是否曾有过那样的感受？大家会怕你吗？"或者，"你是否害怕那些行为看起来像老虎一样的人？"

我可能会邀请布偶来讲讲，对于选他的孩子，他喜欢和不喜欢的部分；或者让布偶向其他布偶或团体中的其他孩子说出自己喜欢对方和不喜欢对方的部分。我认为尽可能多地与孩子一起参与很重要，因此我通常会选择一个布偶，用布偶来问问题，而不是直接问。

有时候，当治疗中的其他技术遭遇阻抗时，布偶往往能起到救场的作用。举个例子，10岁的珍妮丝，已经在寄养家庭生活了1年。珍妮丝的母亲遗弃了自己的几个孩子，于是他们被安置在了不同的寄养家庭中。母亲已经正式放弃对孩子们的法律监护权（孩子们的生父不明）。最后，珍妮丝与她的兄弟姐妹分离，她被安置在了一个收养家庭中。一切进展顺利。然而，在办理法定收养手续时，珍妮丝问她的社工："你又帮我找了个家吗？"她拒绝接受收养，并且不愿讨论这个话题。

在治疗中，她也不愿与我讨论此事，只会耸肩说："我不知道。"

我对她说，我知道她内心一定有一个声音，有时候会告诉她一些事情。我请她成为那个声音。她做不到，于是我请她挑选一个布偶来讲出"她的声音"。珍妮丝选择了一个有趣的、软软的、笑容滑稽的女孩娃娃。她扮演娃娃，告诉我她害怕被收养。她不确定自己的恐惧是什么。我请她画出她的恐惧。她画了一个巨大的黑色实心方形。她说她也有快乐的部分，即一个飘在上方的蓝色矩形方框，可以略微减轻一点她的恐惧。介绍这幅画的是布偶，突然布偶说："我恐怕再也见不到我的妈妈、哥哥和姐姐了。"她宁愿留在寄养家庭，也不愿被"关到别处去"。我转向珍妮丝，轻声问道："珍妮丝，你也这么觉得吗？布偶所说的也是你的真实感受吗？"珍妮丝点点头，眼中噙满泪水。我们就此情境讨论了一会儿。我知道我们需要帮助珍妮丝处理她焦虑、恐惧和哀伤的情绪，而现在，我们可以开始了。这节治疗快结束的时候，珍妮丝对我说："真有趣，我觉得跟你聊天，比跟 L 女士（她的社工，与她关系很好）还要聊得来。"我回应道："这正是 L 女士希望你过来的原因呀。"

与年幼的儿童工作时，我有时会使用布偶（我最喜爱的是一只老鼠指偶）与孩子交谈。孩子会快乐地回应小老鼠，比对我的回应可快得多。

布偶戏

孩子非常喜欢布偶戏。虽然我是用椅背或大法兰绒板的背面作为剧场的，但如果能布置一个布偶剧场也很好。孩子藏在靠板后面，将椅子或木板顶部作为舞台。在个体治疗中，我便充当观众的角色。有时两个孩子共同表演。有时则由我来表演。

布偶戏与讲故事颇为相似，孩子通过布偶来讲述自己的故事。若由我来表演，我可能会自定主题，或向孩子征求一个故事的主题："这场戏应该演什么？"我会根据孩子生活中的某个问题情境来选定主题，比如他如何寻求关注。或者，仅仅为了娱乐而表演一出滑稽的戏。

孩子自己表演时，通常清楚自己想要表演什么，因此我不会提供任何建议，除非孩子在开始时遇到困难，或故事演一半卡住了。儿童的布偶戏通常具备两大特点：熟悉的故事情节和大量的打斗场面。我鼓励孩子去讲故事，无论故事的内容怎样。我也会耐心观看打斗场面。常有人问我，为何孩子在他们的布偶戏中会呈现这样的特点。对此，我只能做出推测：或许儿童是受到了《潘趣与朱迪》（Punch and Judy）木偶戏的影响；或许儿童需要通过这种方式安全地释放攻击性情绪；又或许，这些打斗场景反映了儿童的生活。

有的孩子不需要任何建议，他们清晰地知晓自己想要做什么，小心地挑选他们的布偶，表演一些精彩的主题，这些主题常与他们真实或幻想的生活紧密相连。然而，大多数孩子需要一些帮助，才能突破让两个玩偶互殴的模式。在这种情况下，我会提出一些主题，这常常能够起到抛砖引玉的作用，让孩子想出更好的主题。我表演给孩子看，为他们的创作提供示范。在观察我的过程中，他们能了解到各种可能性。

有时，我会使用布偶来做相互讲故事的活动。当孩子完成他们故事的表演后，我会使用他们故事中的角色来表演我的剧情，有时是全新的情节，有时我会提供一个更好的冲突解决方案。若时间允许，我们或许会以孩子现实生活的视角来探讨这些故事表演，正如我在所有故事活动中所做的那样。

我发现青少年也很喜欢布偶戏。我有时会指定一些情境让他们来表演，这些情境往往是根据他们自己生活中遇到的问题而设计的。一些青少年喜欢尝试更复杂的情境。我还会结合一些谚语来表演布偶戏。比如"老猫不在家，耗子上房扒"，作为谜题让孩子用布偶戏解答。孩子借助于布偶戏，将他们对谚语的诠释表演出来，这个过程既有趣又充满挑战，同时也能释放孩子的内在。另一种玩法是，孩子从谚语列表中挑选或随机抽取一则谚语来表演，我或其余的团体成员来猜这是哪一则。（每个公共图书馆都有谚语书。）

我在《教室里的冲突》（Conflict in the Classroom）一书中读过"治疗中的布偶戏（The Use of Puppetry in Therapy）"一文，作者是阿道夫·G. 沃尔特曼（Adolf G. Woltmann）。我从该文了解到一种有趣的布偶戏表演方式。沃尔特曼在医院将此技术运用在了儿童工作中。他选择一个主角，起名为卡斯帕，作为多场戏剧中的英雄。卡斯帕戴着尖顶帽，身穿五彩斑斓的戏服。沃尔特曼创作了许多关于卡斯帕的故事，这些故事涉及反社会行为、幻想材料以及儿童关心的道德伦理价值观。每个故事演到一半，沃尔特曼会邀请卡斯帕走到舞台前沿，向孩子们征询意见，询问他们接下来会采取何种行动或说出怎样的话语，也就是如何推进剧情发展。

在一则故事中，戏剧的开场是卡斯帕的父亲要出门上班。母亲与父亲吻别，并表达了希望卡斯帕未来能追随父亲的脚步。卡斯帕独自在台上，向观众透露，他非常厌烦上学，准备逃学。他逃走的时候没带书本，母亲发现了书本，以为是卡斯帕忘带了，于是带着书赶往学校。第二幕，卡斯帕独自一人在街头，逃学没有他想的那么好玩。他身无分文，孤独极了。此时，魔鬼出现了，主动向卡斯帕提供帮助，承诺能让卡斯帕变成任何他想成为的人。卡斯帕选择成为国王。在第三幕中，卡斯帕在城堡里，身穿国王的华丽服装，他拥有无限的权力，可以随心所欲地支配世界。卡斯帕向观众求助，希望他们协助他做出关于学校、教师、医院、父母等事务的决策。然而，当卡斯帕按照孩子的建议下达命令时，爆发了一场大革命，他的生命也因此受到威胁。卡斯帕大声呼救，恶魔准备将他带入地狱，千钧一发之际，卡斯帕的父母及时将他救出。

观看这场戏的孩子被深深吸引，积极参与其中。在孩子们提供的各种建议中，许多建议是备受争议的。这是一种生动鲜活的体验。虽然这种布偶戏道具，以及服装、布景，对于我们大多数治疗师而言可能过于昂贵，但这些创意非常有吸引力，并且能够根据你的需求加以改编和应用。

虽然布偶种类繁多，但我觉得手偶对儿童来说是最好用的。我有一些指偶，有的孩子很喜欢，但大多孩子会觉得操作困难。我也使用过木棍玩偶（即画出或剪下人物形象，然后粘贴固定在尺子或小木棍上）。但我发现，使用手偶表演时，儿童会更加投入，这或许是因为他们的身体更多地参与到了表演中。

我有各式各样的布偶。虽然有时候没有适合特定故事的布偶，但孩子的适应性强，能将现有的布偶巧妙地与所需的角色相匹配。我收藏的布偶包括一个男人、一个女人、两个男孩、两个女孩、一条鳄鱼、一只老虎、一个婴儿、一个国王、一只长耳狗。另外还有很多小的动物娃娃和洋娃娃，它们都被我当作布偶来使用。如果要补充，或许可以考虑增加医生、警察、狼、蛇、祖父母以及类似仙女教母形象的布偶。儿童不仅能借助于各种布偶角色来表演出生活场景，还能借此认同自己的各个部分：好的、坏的、凶猛的、善良的、愤怒的、幼稚的、智慧的。此外，儿童还能借助于布偶戏处理内在的冲突和外在的矛盾，平衡和整合自己的各个部分。

有的孩子很喜欢制作布偶。图书馆的儿童区一般有提供相关制作建议与指导的书。我自己制作过毛毡布偶，根据手掌轮廓裁剪出背面与正面，使其像连指手套那样与手指贴合，然后将两部分缝合，再把裁剪好的五官和发型毛毡片粘贴上去，做出脸和头发。

第六章

感官体验

贯穿全书，我都在探讨如何为儿童提供一些体验，来引导他们回归自我；唤醒婴儿时期发展出的那些赖以生存的基本感觉，包括视觉、听觉、触觉、味觉和嗅觉。同时，增强儿童对这些感觉的觉察。正是有了这些感官体验，我们才能够体验自我，并与外界接触。然而，在成长过程中，许多人逐渐丧失了充分觉察感受的能力；这些感受变得模糊不清，仿佛只是机械地运作，与自我脱离。在生活中，我们似乎无视了自己的感官、身体和情绪，只剩下一颗硕大的头脑，不停地思考、分析、评判、解决问题、责备、回忆、幻想、揣测、预言、审查。当然，智力是我们身份的重要组成部分。有了智力，我们才能与他人交流、表达需求、发表观点和态度、做出选择。但是，我们还需要照料、培养和使用我们的整个有机体，而头脑只占其中一部分。弗里茨·皮尔斯常说："抛开头脑，回归感官。"那些属于我们，且为我们带来力量和智慧的其他部分，应当得到我们的珍视。

在此，我无意赘述有助于人们提升感官功能的活动或试验（experiments）。已有众多书为此提供了无数的建议和观点。

我会简单谈谈每一种感官，并举例说明我是如何聚焦于这些感官的。有趣的是，这类练习也常常出现在戏剧艺术和语言艺术类的书中。这两个领域的实践者早就发现，想要提升儿童及成人的这些技能，丰富的感官体验是不可或缺的。

触觉

黏土、手指画颜料、沙子、水和足绘颜料提供了丰富的触觉体验。《你最喜欢触摸的东西》(*What is Your Favorite Thing to Touch*)是我常与儿童共读的一本书。这本可爱的书探讨了多种令人愉悦的触感和质地，能激发孩子分享他们最喜爱的触觉体验。为了给孩子提供触觉试验，我收集了表面质地各不相同的材料，比如砂纸、丝绒、毛皮、丝带、橡胶、纸张、木头、石头、贝壳、金属等。我们触摸并讨论每样物品的触感，以及这些物品所唤起的回忆。

我有时会将这些物品装到一个袋子里，让孩子把手伸进袋子，摸出粗糙的、柔软的或光滑的物品。然后换我来摸，由孩子指导我摸出某种质地的物品。

用触觉来辨别事物的能力是一项重要的认知功能。我将一支铅笔、一辆玩具车、一个核桃、一个纸夹和一颗纽扣放入袋中，邀请孩子在看不见的情况下摸出特定的物品。或者，我会这样引导："寻找一种你用来写字的工具"或"找到一个名字的首字母是 p① 的物品"。还可以将木头或塑料制成的字母放入袋中来做这个活动，这有助于儿童学习辨识字母；在沙子上描摹字母和单词也是一种很好的练习；用黏土或彩泥捏出字母和文字的形状也很好玩。有时，我会用手指在孩子的背上描画一个字母、单词、名字或物品，看她是否能猜出我描画的东西。

我们做过感官觉察练习，在练习过程中，写下所有我们能想到的描述触感的词语。我们可以借助于绘画来表达某些词语（这个词语是什么颜色？），或是这些词语让我们想起的事物，也可以通过某种身体动作来表达。可以用的描述性词语有：凹凸不平、松软、滑腻、坚硬、柔软、平滑、黏稠、胶黏、温暖、寒冷、炽热、极冷、粗糙、多孔、刺痛的、麻麻的、柔软如羽毛的、有弹性、纤薄、海绵状、糊状、丝滑、毛茸茸等。

我们还脱掉鞋子，尝试用双脚感受各种质地。在室内外赤脚散步，探讨

---

① 比如，"铅笔"的英文单词是"pencil"，首字母是 p。——译者注

如何用脚来感受世界。我们比较了脚踩在各种材质上的感觉，包括硬纸板、报纸、毛皮、地毯、枕头、沙地、草坪、树叶、毛巾、木板、橡胶、丝绒、砂纸、棉花、豆子、金属、水泥、砖块、泥土、毛毡、米粒、水。

我们还探讨了那些会伤害皮肤的东西。

此外，两个孩子可尝试进行一场非言语的对话，仅用手势与触碰来交流。

他们可以轻抚对方的脸，并分享触摸和被触碰时的感觉。这个活动可以睁着眼睛做，也可以闭着眼睛体验。

我们还可以触摸自己的脸、头部、手臂、腿部或身体任何部位，描述或记录这些触感。

还有"盲人摸象"的游戏，蒙住眼睛，猜猜我们所触摸的人是谁。

我们还会带孩子体验蒙眼散步。蒙上孩子的双眼，带他在室内或户外散步。

我常鼓励父母学习一些按摩知识，多给孩子做做按摩。孩子之间也可相互按摩或自己给自己按摩。在团体中，孩子们可两两一组，跟随指导语，为搭档做背部、头部、手臂、腿部及足部的按摩。

视觉

年幼的孩子不害怕用眼睛看。他们看、观察、觉察、审视，检视着周遭的一切，经常像是在盯着什么看。这是他们认识世界的重要途径之一。失明的儿童则会借助于其他感官进行类似的探索。

随着我们慢慢长大，我们常常"遗忘了自己的双眼"，开始透过他人的视角来审视自我和世界，就像故事"皇帝的新装"里的民众。阻碍了孩子用自己的眼睛去看的，正是我们这些成年人。我们会说："别盯着看！"或"别人会怎么想我们！"（即别人会怎么看我们）。我们还担心孩子的着装和外表给别人留下不好的印象。

要重新拥有看见的能力，需要觉察和强化自我，提高与自我和睦相处的能力，以及对自我的信任。

要和外界建立良好的联系，看见周围的环境和人的能力是不可或缺的。能够清晰地看到他人，可以扩宽我们的视野。

我记得有一个女孩，她必须经过一个拥挤的车站。穿过人群会让她感到极度不适。她臆想每个人都在以评判的目光审视她。我建议她下次经过车站时，不妨放慢脚步，将其当成一次试验，去观察那些等车的人。我请她把自己当成一台相机，为两三个人拍心理特写，然后在治疗中和我讲讲她看到的。在后面的一次治疗中，她报告说，路过车站的时候最开始有些尴尬（这肯定是因为她放弃了用眼睛看），但当她想起我布置的任务时，这种尴尬感消失了。她说，其实当她投入这个任务时，就领悟到了这个任务的乐趣。她发现除了一个小男孩在她看他时对她微笑外，其他人其实并没有注意到她。她描述了一些人的外貌，他们的发色、面部表情、着装以及站姿。她继续谈论着在她的想象中，这些人的所思所感，以及他们经历着怎样的生活。我们探讨了她实际看见的与她的想象之间的差异。

看见的与想象的，时常交织在一起。我们只能看见那些能够看见的，而无法窥见他人内心与情感的活动。我们只能想象他人的所思所感，而无法直接观察到。

除了对别人的想法和感受的想象，还有诸多因素阻碍我们使用自己的眼睛。其中之一便是"跳跃到未来而非停留于当下"。我们往往由于担忧未来之事，而破坏了眼前的美好景象与体验。比如，我们或许会盯着美丽的日落，竭力捕捉每一抹余晖，直至太阳沉入地平线。然而，这种竭力，这种不舍的留恋，反而削弱了欣赏当下美景的愉悦心情。这种执着是普遍存在的。我在旅行时喜欢用相机拍照，却发现渴望捕捉美景的欲望，往往破坏了我对眼前美景的享受。

我认为，让孩子体验看见，而不仅仅是观看，这一点至关重要。正如弗雷德里克·法兰克（Frederick Franck）在其著作《看见的禅》（*The Zen of Seeing*）中所言：

"我们要进行大量的观看活动：透过镜头看、用望远镜看、看电视屏幕……我们的观看技术日渐完善，而我们能够看见的却越来越少。对看见的探讨，从未如此紧迫。从相机到电脑，从艺术书籍到录像带，越来越多的设备正企图取代我们的思考、感受、体验和看见。我们是旁观者、目击者……我们是'主体'，凝视着'客体'。我们迅速地为一切事物贴上标签，这些标签一旦贴上便永久不变。我们依赖这些标签来辨识一切，因此也不再看见任何事物。我们认得所有瓶子上的标签，却未曾品尝其中的美酒。无数的人，失去了看见的能力，也失去了快乐，他们在浑浑噩噩中对生活咆哮，对那些他们难以感受的事物，拳打脚踢、摧残殆尽。他们从未学会看见，或者早已忘却人类拥有眼睛正是为了看见，为了体验。"（摘自《看见的禅》第3—4页）

虽然弗兰克书中的练习强调的是借助于"正念方式看见/绘画"来提升绘画技能，但这些练习同样可以作为一种极佳的体验来帮助孩子提高自己看见的能力。弗兰克提到，看见/绘画是一种忘却事物的艺术。

"在我画一块石头时，我不是在学习'关于'岩石的知识，而是让这块石头展现它的岩质。在画草时，我并非在学习'关于'草的知识，而是为这株草、这株草的生长奇迹和这株草本身的存在而震撼。"（摘自《看见的禅》第3—4页）

因此，弗兰克建议先在一朵花（或一根树枝、一根莴苣、一片叶子、一棵树）前静坐，在类似正念的状态中允许自己与面前的物体融为一体，来看见物体的奇妙，然后让手跟随眼睛所见的去绘画。按照这个方法，双眼开始看见更多以往未曾想过的可能性。

当我们允许眼睛去看见万物，视觉便与所有感官及感受融为一体。我曾邀请孩子挑选一件物品，凝视着它看一会儿，大概看3分钟，随后使用颜色、线条和形状，把这个正念活动所唤起的感受或记忆画出来。

其他视觉活动：尝试闭眼感受触觉，然后睁眼感受；透过玻璃、水、玻璃纸看事物；从不同角度观察物体，近观、远望、倒置。李斯·莱普曼

（Lise Liepmann）的《孩子的感官世界》（*Your Child's Sensory World*）一书提供了一些非常好的活动，可以帮助儿童提升其视觉感知能力。

听觉

听见声音，是我们接触世界、开启交流的第一步。众所周知，许多人只听见自己想听的，而屏蔽那些不想听的。孩子会直接用手捂住耳朵来表达不想听；而成年人则通过改变所听话语的含义来表达自己不想听。许多孩子的呼声是："我爸妈就是不听我说的话！"

"音盲"是否真的存在，我持怀疑态度。然而，许多孩子因为别人说他们是音盲，就觉得自己真的是。于是，他们无法享受某些声音的愉悦，比如，不尝试歌唱。帮助孩子欣赏声音能增强他们在这个世界中的存在感。以下是一些提升孩子声音觉察能力的练习。

闭上眼睛，静静地坐着，允许你听见的声音进入你的内在。留意每一种声音触发的感受。稍后，我们可以分享自己对这些声音的印象。在不同的环境里，比如室内、城市、海滩、乡村，这个练习可以带来完全不同的感受。

探讨声音。分享听起来不舒服、轻柔、流畅、粗糙、悦耳、大声或温和的声音。《你最喜欢听什么？》（*What is Your Favorite Thing to Hear?*）很适合在进行此项练习前读给孩子听。

声音配对。先准备几个小罐子和旧药瓶，在每两个罐子里放一种物品，比如米粒、豆子、图钉、纽扣、垫圈、硬币，只要是能放进去的都可以。然后用遮蔽胶带或其他方式将瓶子包起来，这样人就无法看见里面的东西。让孩子逐一摇晃瓶子，通过瓶子发出的声音来配对里面装着相同物品的瓶子。

使用玩具木琴，敲击出不同的音调，让孩子练习辨别音调，识别音调的高低与声响的轻重。也可以让儿童来测试你。这一活动适用于任何乐器。

声音的识别游戏非常有趣。在孩子背后，用倒水、敲笔、揉纸等方式制造声音，让他猜测声源是什么。要轮流进行活动，也让孩子测试你。

声音与情绪紧密关联。探讨悲伤、快乐、恐惧及唤起其他情绪的声音。

口琴或卡祖笛适合用来试着发出此类声音。人的说话语调同样能反映其情绪状态。比如，即使成人试图隐藏，孩子也能从成人的声音中听见愤怒。对这些部分进行开放的讨论，并制造声音来表达各种情绪。

胡言乱语很有趣。尝试通过声音和胡言乱语进行交流，而不使用现实的词语。看看是否能猜出对方所表达的内容。

鼓和其他打击乐器适用于各种体验声音的活动和游戏。让一个孩子模仿你的节奏，或者让他根据你的节奏模式想象一个画面。

听一些音乐，然后讨论听到的声音。邀请孩子在听音乐的过程中，或听完音乐后，用绘画表达他们的感受、记忆和想象。

音乐

《教室里的冲突》（*Conflict in the Classroom*）中有一篇文章，名为"音乐治疗（Music therapy）"，作者是鲁道夫·德雷克斯（Rudolf Dreikurs）。该文探讨了音乐对几名精神病患儿的良好作用。

"在其他治疗方法效果不佳的几个案例中，音乐治疗发挥了效果。音乐似乎能提供愉悦的体验，虽然经常只是作为背景声，却能刺激儿童参与，延长儿童注意力的维持时间，并提高他们的抗挫折能力。随着现实情境变得更为愉快，不那么具有威胁性，儿童外在和内在的紧张感也得到缓解。参与的需求是如此微妙，因此儿童没有厌烦或反抗。"（摘自《教室里的冲突》第201—202页）

旋律吟唱已被用于帮助失语症儿童学习说话。将词语与熟悉的旋律配成歌曲，并不断重复，儿童在这个过程中可以学会说出这些词语，起初需要伴随着旋律，然后能够逐渐脱离旋律。这再度证明了音乐的力量。

音乐与韵律节拍是古老的沟通和表达形式，非常适用于儿童治疗工作。

我在儿童工作中使用的大部分音乐，都是我自己用一把旧吉他编的曲。

我认为吉他在儿童治疗中也是一种有力量的工具。之前在学校工作时，我每天都弹吉他，各年龄段的孩子都热切期待着间奏曲。吉他似乎对孩子有某种特殊的魔力。我明白这并不是因为我有什么音乐天赋，因为我最多就是个二流的吉他手；我只用到简单的和弦，轻轻扫弦，来为我和孩子的歌曲伴奏。

我女儿还在上幼儿园时，幼儿园每个孩子的母亲每周都需要抽出一天时间陪伴孩子。当大家得知我会弹吉他后，便邀请我在值班日为各个班的孩子演奏。这些 3—5 岁的孩子，能全神贯注地聆听至少半小时。不久，其他母亲也纷纷邀请我参加她们孩子的生日派对，让我为孩子提供 1 小时的表演服务，并支付我 10 美元的酬劳（这在当时算是不错的报酬！）。吸引孩子的注意力从来都难不倒我。我认为这是因为我选择了合适的歌曲，能够表现出歌曲中的情感，并且尽可能邀请孩子参与。最关键的是，吉他本身。我曾尝试过演奏竖琴，也用过几次鼓和钢琴，但我坚信，吉他在所有乐器中是具感染力的，这可能是因为在演奏吉他的过程中，与孩子保持接触的机会最多。

我在幼儿园做教师期间，就开始试验运用音乐来引导孩子表达自我。例如，我会唱一首名为《去告诉罗迪阿姨》（Go Tell Aunt Rhody）的歌曲，这首歌讲述了一只鹅的死亡，随后我们便开始探讨死亡、哀伤和悲伤。这节音乐课下课后，常有孩子主动向我倾诉他家的猫死了或祖父母离世的事情，这为我们提供了探讨这些议题的机会。《西姆巴亚妈妈的宝宝》（Simbaya Mamma's Baby）这首歌描绘了家庭中新成员的到来所引发的激烈反应，当我唱起这首歌，许多孩子都能认同这种情况。

有时，这些歌曲比故事书更有力量。无数美妙的民谣音乐吸引着孩子，这些音乐蕴含着各个年龄段孩子的各种情感。例如：表达爱的歌谣有皮特·西格（Pete Seeger）的《甜心的小宝贝》（Sweety Little Baby）和马尔维娜·雷诺兹（Malvina Reynolds）的《魔法硬币》（Magic Penny）；表达认同感和归属感的歌有《玛丽穿了她的红裙子》（Mary Wore Her Red Dress）和《火车来啦》（Train Is a Comin）；表达敌意和愤怒的歌则有《辛巴亚》（Simbaya）、伍迪·格思里创作的《别推我》（Don't You Push Me）以及《让每个人都加入游戏》（Let Everyone Join in the Game）（使用"不"这个词）；表达悲伤、悲痛和死亡的歌曲有《去告诉罗迪阿姨》(Go Tell Aunt Rhody)、《三声乌鸦叫》(Three Caw)、《我有一只公鸡》(I Had a Rooster)(用到了关于婴儿哭泣的韵文)和伍迪·格思里(Woody Guthrie)的《妈妈的宝宝》(Mamma's Got a Baby)。

有些歌曲具有安抚作用,如《安睡吧小宝贝》(Hush Little Baby);有些则表达了孩子的幽默感,如《珍妮·詹金斯》(Jenny Jenkins)。许多歌曲有开放的结尾,给人们留了自由创作的空间,例如《我希望我是树上的一只苹果》(I Wish I Were an Apple On a Tree)。

在民谣传统中,有不少为儿童创作的优秀歌曲,且在留存的民谣音乐中,不乏能满足各种需求的歌曲。这些歌曲涵盖了各种情感和生活场景,有无厘头的,也有叙事性的。这些歌曲经得起时间的考验,从不显得做作或"可爱"。它们为儿童的情绪、想象力和经验注入了活力、美与力量。这些歌曲通常十分灵活,经历了多次改编,且适应了改编。它们诞生于人们的内心,得到了人们的喜爱和分享,因而流传至今。

民谣书籍和唱片中可以找到许多此类歌曲。皮特·西格(Pete Seeger)、伍迪·古特里(Woody Guthrie)、艾拉·詹金斯(Ella Jenkins)、马尔维娜·雷诺兹(Malvina Reynolds)、萨姆·辛顿(Sam Hinton)、玛西亚·伯曼(Marcia Berman)、哈普·帕尔默(Hap Palmer)等杰出艺术家创作并演唱了这些深受儿童喜爱的歌曲。

音乐在儿童心理治疗中的应用多种多样。在儿童进行手指画或玩黏土活动时,可以播放背景音乐,或将音乐作为活动的焦点。我曾引导孩子根据音乐绘制形状、线条及符号,并结合色彩来表达。古典乐曲尤其有助于深入感受,唤起情绪与想象。约翰·史蒂文斯(John Stevens)在其著作《觉察》(*Awareness*)中,提供了一些将幻想与特定音乐作品结合的好点子。以下以加博尔·萨博(Gabor Szabo)的音乐为例(Gabor Szabo: Spellbinder, Side 1, Bands I and 2. Impulse AS9123)。

请躺在一个宽敞的空间里,闭上双眼。想象自己是一块在史前海底静止的物质。海水围绕着你,时而是轻柔的洋流,时而是汹涌澎湃、摧毁一切的激流。感受水流在你一动不动的表面上流过……

随着生命的进化，你化身为某种海藻或水下植物。聆听鼓声，让声音融入你的动作，就仿佛你随着洋流摇曳着……

现在，你进化成了一只简单的海底爬行动物。让鼓声进入你的身体，融入你的动作，仿佛你就是那个海底的小动物……

现在缓缓向陆地移动……你一抵达陆地，就长出四肢，开始在陆地上爬行。探索一下你的存在，以及作为陆地上的生物，你是如何移动的……

现在你慢慢用两条腿站起来了，探索你作为两足动物是如何移动与存在的……

现在继续移动着，睁开你的眼睛，借助于这些动作与他人互动……（摘自《觉察》第 266—267 页）

此类活动可根据儿童的年龄及他们所在的空间进行调整。活动后分享感受往往颇具启发性。你可以邀请孩子画出他们的感受或他们所体验的动物形象。

儿童在音乐伴奏下挥舞着彩色丝巾，乐在其中，他们热衷于随着摇滚乐、布吉乐及其他现代节奏翩翩起舞。

鼓非常吸引孩子，因为即使我们没什么打鼓的技巧，也能敲打出悦耳的节奏。你可以对孩子说："如果你感到悲伤或快乐，会打出怎样的鼓点节奏？请演奏出来"或者"为我们演奏一段鼓点，看看我们能否说出你此刻的感受"。

孩子很爱演奏节奏乐器。铃鼓、沙球、各式各样的鼓、铃铛，凡能发声之物，皆可用于行进、舞蹈、随音乐打拍子，或为吉他伴奏，而且这所有的乐器合奏，本身便是一曲交响乐。我曾用一台便宜的磁带录音机录制了孩子们的团体创作，并回放给他们听，他们高兴极了。他们听着自己的演奏，脸上洋溢着成就感，同时在这个过程中学会了团体协作。

创作有关儿童或情境的抒情故事颇具趣味。课堂上一名学生告诉我，她会自己弹吉他伴奏，为同一个人编不同的故事，其他孩子总是恳求她讲述更多情节。可见，孩子自己也能创作这类故事。

一直以来，我都感叹吉他的魅力。曾有一次，我担任一个五年级班级的实习教师，还要负责音乐教学，因为原来的教师不喜欢音乐。我问这名教师，我上课时是否可以使用吉他。她说不行，吉他会过度激发孩子的兴趣（这是一种常见误解）。直至实习的最后一天，她才允许我带吉他来。下课后，一名女孩气愤地走到我面前，质问我为什么之前都没有用吉他。她感到了被欺骗和被剥夺，我真希望一开始就坚持己见。我从未觉得音乐会过度刺激孩子。相反，吉他往往具有极好的安抚和镇静的效果。父母反映，孩子上完我的音乐课后，回家经常会哼小曲。

即使是最好动的孩子，也会变得异常平静和专注，参与到音乐中。在与这类孩子互动时，我常常一言不发地坐下，拿起吉他。孩子便会迅速围过来，静静坐下，充满期待与喜悦。

我曾为被贴上"文化落后班"标签的四年级学生授课。有一天，我们正沉浸在音乐中，我用吉他伴奏，我们一起唱着《林中树》(In the Woods There Was a Tree)这首歌，校长恰巧走进教室。这首歌唱了地洞中的一棵树，需要我们反复按顺序唱出一大串词语。我常常唱错，然而孩子们却能记住所有的顺序。这些孩子本来在学习和记忆方面存在困难。校长对此惊讶不已，不禁感叹："或许我们应当以这种方式教授数学乃至所有学科。"

味觉

舌头是我们身体的重要器官，然而我们对舌头往往习以为常。舌头极为敏感，能让我们尝出食物的甜、酸、苦、咸。舌头能够帮助咀嚼和吞咽，而其最重要的功能是——交谈。我和孩子对于这些功能进行了试验，让他们对于舌头的作用有了更多觉察。舌头还能帮助我们表达情绪，比如向某人吐舌头是一种对愤怒的充分表达。（在某些文化中，吐舌头是一种表达问候的方式！）舌头也是感受性爱愉悦的感觉器官。所有儿童都熟悉舔舐的乐趣。我常通过舔舐试验来增进孩子对此种愉悦的觉察（蛋筒冰激凌很适合用来做这个活动）。

探讨味觉。讨论个人最喜爱与不太喜欢的口味，带一些食物给孩子品尝。比较不同食物的味道与口感。舌头不仅能区分甜与酸，还能分辨食物是粗糙的、坚硬的、柔软的、有颗粒感的、热的还是冷的。

牙齿、嘴唇和面颊与舌头紧密相关。在讨论和试验中，务必要包含这些器官。

嗅觉

探讨鼻子、鼻孔与呼吸。试验用鼻子、嘴巴以及单个鼻孔进行呼吸，并用手掌感受呼出的空气。

讨论气味，如喜欢的与不喜欢的气味。提供嗅觉的体验，如花香、果香、甜味、辛辣味。准备多种香气独特的物品置于瓶罐中，如香水、芥末、甘草、香蕉、鼠尾草、金缕梅、苹果片、巧克力、香草、肥皂、花瓣、洋葱、松果、醋、咖啡、橙皮、浴粉、柠檬提取物、芹菜、木屑、薄荷。

观察孩子是否能辨识这些气味。讨论喜好与厌恶的气味，以及这些气味唤起的回忆。引入其他物品，如松树枝、肥皂、树皮、叶片等。

如果你完全丧失嗅觉，就像感冒鼻塞一样，生活会有什么变化？请列举十种完全没有气味的物品。在室内或户外散步，描述在这个过程中闻到的气味。

众多感官体验其实涉及多种感官。事实上，仅描述一种单一感官的体验，而不牵涉其他感觉，可能并不容易。

直觉

当今许多人正在研究另一种我们知之甚少的感官能力，这种能力似乎涉及一些超越已知范畴的东西。

我认为第六感本质上是一种直觉，是一种身体内部而非心智的认知。动物似乎拥有这种直觉，幼儿也是。我开始更加关注一个事实：我的身体似乎在任何言语或思维形成之前就已知晓真相。

我曾与孩子做过一项练习，旨在增强他们对自己内在直觉的信任。我称之为"是–否练习"或"真–假练习"。我先对孩子说一句陈述句，例如："我喜欢四季豆"。然后让孩子根据身体的知觉，而非头脑，来回答是真还是假。对我而言，答案有时来自胸口，有时来自肚脐上方。通过练习，人们可以学会与这些可能蕴藏直觉真相的身体部位相调谐。

我发觉要具体说出直觉并不容易，但我深知这是一种需要培养的能力。与其他感官一样，直觉也可以借助于实践来加以练习和提高。我们往往把视觉、听觉、味觉及触觉视为理所当然，然而，运用这些感官的潜能实则远超我们的认知。直觉涵盖广泛的领域，涉及幻想与意象、创造力与想象力、身体场域以及能量场域等多种过程。有些人认为这种直觉与我们内在的灵（spirit）有关。灵是一种超越心智与身体的核心部分。

我认为，涉及幻想与意象体验的练习能够增强个人的直觉。当我引导一个孩子在心中形成一幅画面，比如想象代表他家庭成员的符号时，我相信在这个过程中，他的直觉得到了发展。在聆听音乐时让心中的画面自然浮现，是一种很好的开启自我内在新领域的方法。约瑟夫·肖尔（Joseph Shorr）在其著作《走进脑海中的电影》（*Go See the Movie in Your Head*）中，提供了多种技巧，旨在提升个人的意象创造力，从而促进自我的成长。引导想象是另一种帮助人们找到自己内心新领域的有效方法。

与内在智慧建立联结或许是另一种对直觉的运用。有时，这种知晓的"自我"，即知晓生活动力的问题答案的"自我"，可以借助于幻想来联结：可以引导孩子想象在山中遇见一位智者，与之交谈，从而解答内心的疑惑。

任何幻想都能用来联结个体智慧与创造性的一面。乔希，一个8岁的小男孩，喜欢用我游戏室里的玩具电话与我进行长时间的交谈。一天，他让我向他咨询和"某个有问题而被送到这里的孩子"相关的问题。于是我在电话里说："乔希，我这儿有一个孩子，他母亲让他睡觉的时候，他坚决不肯（这正是乔希的问题）。我该给他些什么建议呢？"他说："先挂断，我稍后给你回电。"随后，他拨通了一个号码，对着电话大声说道："喂，喂！是'火星人'吗？是吗？太好了。我需要一些建议。"接着，他向"火星人"咨询了处理那个孩子的问题的办法，认真地听了回答后挂断电话，并假装给我回电。我接起电话，他便说："维奥莉特，告诉这名母亲，她需要与这个孩子达成一项协议，同意他在妹妹睡觉后看半小时电视，之后他便会毫无怨言地去睡觉。"

（在乔希的要求下）我们经常玩这个游戏，触及了许多他的家庭及他内心的困扰。在一次治疗中，我说："乔希，我这里有一个男孩，他在少年棒球联盟打球，但因为教练不让他做投手，他便大发雷霆，无法发挥最佳水平，然而他又不愿退出球队。他甚至不让母亲与教练谈论此事，这让母亲非常苦恼。"乔希听了"火星人"的话后"回电"说："火星人认为，教练应该给他更多投球的机会，以便他能够学习。他曾尝试过，但表现并不出色，因此教练现在只派最佳投手上场。可是如果这样，这个男孩该如何学会投球呢？他多么热爱投球呀。"乔希随后将电话放在一旁，压低声音说："如果我妈妈和教练谈话，所有人都会知道，他们会认为我还是个宝宝。"说到这里，他开始啜泣。我们针对这一情况进行了深入探讨。随后，乔希提出："或许我可以找其他方法练习投球，然后再和教练说。他或许会再给我一次机会。"

情绪

有的孩子和情绪并不熟。这听起来可能有些奇怪，因为孩子当然会有情绪。然而，我发现孩子表达自己情绪的能力有限，并且他们往往以非黑即白的方式看待事物。我认为，让孩子体验到情绪的多样性及其微妙的差别，是非常有益的。此外，也有一些游戏和活动能够帮助孩子接触并理解自己的情绪。

阅读关于情绪的书，例如《你内心的情绪，大声说出来》（*Feelings Inside You and Out loud Too*）和《大人也会哭》（*Grownups Cry Too*），是着手讨论人类情绪的好途径。我认为与孩子讨论情绪是重要的第一步。儿童需要了解情绪的种类，明白每个人都有情绪，情绪是可以表达、分享和讨论的。同时，孩子也需要学习选择表达情感的方式，需要了解情绪的多种变化，从而了解自己的情绪。我与孩子讨论过的情绪词语包括：快乐、愉快、自豪、愤怒、害怕、伤心、不安、失望、沮丧、痛苦、孤独、孤单、爱、喜欢、嫉妒、羡慕、特别、私密、不悦、喜悦、愉悦、不适、焦虑、担忧、高兴、平静、紧张、愚蠢、忧郁、空白、内疚、抱歉、羞愧、厌恶、欢快、确信、坚强、虚弱、同情、共情、理解、被理解、钦佩、悲伤、疲惫。

我与儿童探讨身体与情绪之间的联系，即所有情绪都是通过身体感觉来体验的，借助于身体肌肉来表达。我们的身体姿态和呼吸模式反映了我们的情绪状态。我们试验夸大各种可能暗示特定情绪的动作和姿势。当孩子和我在一起感到悲伤、恐惧、愤怒或焦虑时，我能帮助他关注自己的身体，来觉察他此刻是如何用身体表达情绪的。

有时，我们由内而外地工作。关注身体，可以了解自己的情绪。我和孩子讨论了如何回避情绪，将情绪推开、掩盖、隐藏。然而，身体会将这些情绪储存起来，无法驱散。只有当我们承认并感受到这些情绪时，才能将情绪释放出来，这样我们的整个身体才好投入其他事务。否则，我们身体的一部分将持续承接着被忽视的情绪，导致我们只有部分身体参与生活过程。因此，我们要学会倾听自己的身体，以触及内心的情绪。

"觉察连续体（awareness continuum）"是一种很好的方法，有助于提升我们对身体的感知能力。该方法包含一个我时常和孩子玩的游戏，在游戏过程中，我们轮流报告对身体内在与外在的觉察。

我觉察到你那双蓝色的眼睛（外部），我察觉到自己心跳加速（内部）。我看见阳光透过窗户洒落进来。我的嘴巴感到干燥。我注意到你的微笑。我刚意识到自己的肩膀耸了起来。

显然，在这个游戏过程中，一切都在变化；我们周遭的环境不断变化，我们的身体感受也随之变化。

我密切关注孩子的身体，包括孩子的姿态、面部表情以及手势。我有时会特意提醒孩子关注某个特定的动作，并请他将这个动作夸大。那个来回摆腿的孩子，在我提出邀请后，夸张地做了这个动作，并觉察到了她想踢她正在讲述的那个人。她踢枕头或人的行为揭示了她对那个人的愤怒情绪，而这些情绪一直在阻碍她，干扰她的健康成长。

还有一个孩子，与我交谈时蜷缩着身体。当我要求她保持那个姿势，甚至蜷缩得很紧时，她发觉她对我以及我们的治疗中可能发生的事情感到非常害怕。当这些内容表达出来时，我们便能对其加以处理。

放松

和成年人一样，儿童学习放松有时也需要帮助。儿童会肌肉紧绷，变得紧张，头痛或胃痛，情绪可能变得易怒或烦躁。身体与情绪的紧张有时会通过看似非理性的行为表现出来。帮助孩子放松，不仅能缓解他们的紧张情绪，一般还有助于他们将紧张的原因表达出来。教师发现，在课堂上为孩子提供各种放松的条件，对所有人都有帮助。

想象是有助于放松的好方法。幼儿会对这样的想象活动做出回应，以《谈话时间》(*Talking Time*)中的一个练习为例。

想象自己是一个雪人。一些孩子造就了你，现在他们已经离开，留你独自站在那里。你有一个头，一个身体，两只伸出的手臂，以及结实的双腿。这是一个美好的早晨，阳光灿烂。很快，太阳变得非常温暖。你感觉自己正在融化。你的头部先开始融化，接着一只手臂融化，然后另一只手臂融化。慢慢地，一点一点地，你的身体开始融化。现在，只剩下两只脚，它们亦开始融化。不久，你便化作一摊水，静静地躺在地上。

假装自己是蛋糕上的蜡烛。你可挑选自己喜欢的颜色。开始，我们笔直地站着，就像木头雕刻的士兵，我们身体僵硬得像蜡一样。此刻，暖暖的阳光洒落下来，你开始融化。你的头部先垂了下来……然后你的肩膀垂了下来……接着你的双臂垂了下来……你的蜡制的身体正缓缓融化。你的双腿逐渐下垂……慢慢地……慢慢地……直至你完全融化成一摊蜡油，摊在地面。

此刻，吹来一阵寒风。寒风呼啸着"呼……呼……呼……"，这时，你再次挺拔地站立起来，身体笔直而高大。（摘自《谈话时间》第 19 页）

放松并不意味着孩子必须躺下来。通常，弯曲和伸展身体更有助于人们放松。瑜伽是一种很棒的练习。如今市场上有许多专门为儿童编写的瑜伽书。我曾使用过一本名为《我们一起做瑜伽》（Let's Do Yoga）的书，由露丝·理查德（Ruth Richards）和乔伊·艾布拉姆斯（Joy Abrams）合著。该书配有精美的插图和简单易懂的指导语。《儿童瑜伽》（Yoga for Children）以及《做一只青蛙、一只鸟或一棵树》（Be a Frog, a Bird, or a Tree）也是不错的选择。

《专注之书》（The Centering Book）提供了一些非常好的儿童放松和呼吸练习，我将其应用在了我的儿童工作中。

闭上眼睛。现在，同时绷紧你身体的每一块肌肉——腿部、手臂、下巴、拳头、面部、肩膀、腹部。紧紧地绷紧……现在放松，感受紧张感从你的身体中倾泻而出。让所有的紧张感从你的身体和心灵中流走……用平静、平和的能量取而代之……让每一次呼吸带来的平静和放松进入你的身体……（摘自《专注之书》第 46—47 页）

引导孩子做放松的、愉快的幻想，也有很好的放松效果。有时，我会请孩子闭上眼睛，幻想前往一个非常舒适的地方，一个他熟悉且喜爱的地方，或他构想出的美好之地。一会儿后，我会让孩子回到房间。这一体验使他感到焕然一新，身心放松，更加专注于当下。

在团体活动开始前，我时常能感受到孩子们的紧张情绪充斥着整个教室。此时，我会引导他们闭上双眼，深呼吸，并在呼气时发出声音，同时想象自己回到参加团体前所处的场景。我鼓励他们在心中完成那些似乎被忽视了而未完成的事件，随后再逐渐回归现实，缓缓睁开眼睛。最后，我们邀请孩子们环顾房间，并与他人进行眼神交流，以完成此项练习。这一练习屡试不爽，总能有效缓解紧张气氛，使大家更充分地融入当前的情境。

正念

正念是学习放松的好方法。孩子天生就是优秀的正念者。《专注之书》《第二本专注之书》(*The Second Centering Book*)以及《与儿童一起正念》(*Meditating With Children*),对于协助儿童掌握正念技巧均提供了很有帮助的建议。以下是《与儿童一起正念》中的一项练习示例。

闭上双眼,感受自己身处一片蔚蓝色的大海之中;体会并想象自己随着大海的一道波浪,起伏着,轻柔地上下漂浮,就像波浪一样。此刻,感受自己像波浪一样融入那片海洋,渐渐消散,就像波浪消失在了大海中。啊,体会这给你带来的放松。现在,你已与那片蓝色的海洋融为一体,波澜平息,你成了海洋。现在,静静地倾听……你的内在非常安静……听见脑海中回响的海浪声,感受自己与那声音融为一体。现在,声音渐弱,波浪再次出现,正如海洋中的海浪消失后还会重现,一波又一波,涌向岸边,现在我们睁开眼睛。(摘自《与儿童一起正念》第 66 页)

做完此项练习后,孩子可以进行手指画创作,或随着音乐律动,就像海洋中的波浪那样。

我曾使用一个小铃铛帮助孩子正念,指导他们聆听铃声直至声音消逝。我让这个过程持续了一会儿,敲响铃铛,然后跟随着铃声进入静谧。

若你对正念尚感陌生,不妨阅读《如何正念》(*How to Meditate*)这本小书,作者是劳伦斯·莱尚(Lawrence LeShan)。该书对正念进行了清晰而全面的探讨,不仅介绍了正念的各种类型,还提供了明确的指导方法。

正念与专注的概念紧密相关。正念使人回归自我,这正是专注的核心所在。以下是合气道①练习的变体,我曾指导孩子做这个活动,以引导他们回

---

① 合气道(Aikido),意为"调和能量的方式"。合气道的练习有助于提高专注力、身体感知,及放松身体。——译者注

归自我，感受力量、平静与专注。我本人也经常做这个练习，这有助于我即刻进入专注状态。

你可以站着、坐着或躺下——姿势并不重要。闭上眼睛。做两个深呼吸，每次呼气时发出声音。现在，想象头顶正上方悬浮着一个灯泡。它没有触碰到你的头部，而是飘浮在上面。灯泡呈圆形，发着光，非常明亮，充满了能量。此刻，想象这个灯泡向你的身体射出了光线。这些光线源源不断地涌出，因为灯泡里所蕴含的能量大大超过灯泡需要的能量，同时，灯泡还在从另一个源头不断接收新的光能。这些光线或光束从你的头部进入你的身体，能够轻松地穿透你的身体。每当一道光线进入你的身体时，都想象它去往了你身体的某个特定部位。想象一道光线穿过你的头部，进入你的左臂，直至手指尖，然后从指尖穿出，进入地面。另一道光线沿着你的右臂往下穿出。还有一道光线贯穿你的背部躯干，另一道则穿过你的胸口，其他光线则沿着你的两侧往下，一道光线穿过你的左腿，另一道则穿过你的右腿。持续让这些光线洗涤身体内部，直至你感到满足为止。这些光线温暖而舒适，穿透身体的每个部分。当你觉得足够了，请缓缓睁开双眼。

身体动作

李斯·莱普曼在她的著作《孩子的感官世界》中，将身体动作归为我们的基本感知的一种。"运动，或称动觉感知，是一种内化的触觉，是我们对肌肉、肌腱和关节运作的感受。"

我们站立与运动的方式、如何使用身体、身体感受如何，乃至如何改善身体，这类主题太重要，因此我无法自以为是地认为自己能在本书中仅凭三言两语交代清楚。在此，我只能提供几点与儿童进行身体活动的建议，希望读者能进一步阅读该领域的相关书籍。

婴儿充分运用自己的身体。我们去观察一个婴儿，她测试自己的双手与手指时是那样专注，随后她高兴地掌握了新的身体技能——踢腿、抓握、翻身、撑起躯干、松手，同样也非常专注。当这个婴儿长大一点后，观察她专注地用拇指与食指捏起细小物件，这标志着她发展出了精细的肌肉控制。再观察她爬行、伸手、伸展、扭动、转身，直至最终能站立、行走、奔跑、单脚跳、跳跃、蹦跳。这个孩子仿佛拥有无穷的活力，全身心投入每一项运动，全神贯注。尽管她时而遭遇挑战，却未曾言弃。她不断尝试，反复练习，直至最终享受成功的喜悦。

然而，到了童年的某个阶段，一些事件开始阻碍这个过程。或许是疾病，或许是父母急于介入帮助，抑或是孩子在挫败中哭泣时，父母不知所措，又或者是对于身体愉悦直接或间接的反对，或最初因笨拙或不灵活而遭遇批评。诸多因素限制了个体对身体的自由探索。随着学校里竞争氛围加剧，孩子为了迎合他人的期望，进一步限制了自我。儿童开始以特定方式收缩肌肉，以抑制泪水、愤怒或因恐惧而产生的反应。她会耸起肩膀，缩短脖子，以抵御攻击和恶语，或隐藏正在发育的身体。

当儿童与自己的身体断联时，他们不仅失去了对自我的感觉，也失去了大量的身体和情绪的力量。因此，我们要提供一些方法，帮助儿童重新与身体建立联系，帮助他们认识自己的身体，对身体感到自在，并再次学会运用自己的身体。

呼吸是进行身体觉察的重要方面。可以留意一下，当你感到害怕或焦虑时，你的呼吸会变得很浅。此时我们的许多身体功能也因此丧失。所以，呼吸练习至关重要。我们将浅呼吸与深呼吸进行对比，学着感受深呼吸在身体各部位产生的效果，并觉察做深呼吸时，身体所感受到的扩张和温暖。我们讨论做深呼吸时感受上的差异，并在屏住呼吸时，想象自己在做什么。屏息似乎是一种保护，是一面盾牌，是一种自我抑制的手段。然而，当我们这样做时，实际上变得更加脆弱了。我们进行试验比较，在屏息状态下能做到什么事，而在充分呼吸时，我们如何实现更多的可能性。

与我工作的许多孩子都在考试中运用了深呼吸的技术，他们向我反馈说效果很好。一名17岁的少年，曾深受考试焦虑的困扰。他虽已熟练掌握考试材料，却因恐惧和焦虑屡屡发挥不好。他告诉我，考试时他的大脑一片空白，有时甚至因为严重的颤抖，几乎无法握笔，心跳急促，几欲晕厥。在治疗中，我们除了针对内心基本的不安全感和期望做了工作，还探讨了呼吸的重要性。他需要即时的自助工具。当他理解了身体的运作机制，以及屏息对自己产生的影响，他开始练习在这些时刻留意自己的呼吸。他试验了一些我们练习过的专注训练，并开始养成深呼吸的习惯，以便让更多氧气输送到他的脚部、腿部，尤其是大脑。后来考试时，他比之前镇定多了。

当儿童要面对新环境时，如搬家、换新教师或加入新团体等，会感到焦虑。我所与之工作过的一些孩子因过度焦虑而拒绝加入任何新环境或尝试新活动。

氧气、焦虑与兴奋之间有着密切联系。个体越兴奋，支持这种兴奋所需的氧气就越多。当我们吸入的空气不足，感受到的便不是愉悦的兴奋，而是焦虑。接触新事物往往令人兴奋。对新情境的期待与想象，本应激发兴奋的情绪，却常常引发焦虑。深呼吸有助于驱散这种焦虑，让愉悦和兴奋的情绪涌遍全身，赋予我们此时所需的力量与支持感。

多动的儿童即使会做出大量无目的的身体动作，仍旧常常感觉身体不受控制。对他们而言，身体控制训练既必要又好玩。有一个多动孩子组成的团体，他们年龄都在 11 岁。他们一起发明了一个百玩不厌的游戏。在我小小的治疗室里，我们围成一个圈，一共有 8 名儿童和 2 名成人，圈内形成一个小小的空间，里面放置了几个大枕头。每个孩子轮流进到中间，表演一项特技。特技大致就是以某种方式跌在枕头上。由于空间有限，跌落的动作必须极为小心。有的向后倒，有的侧身倒，有的向前扑。他们很喜欢这个游戏，玩很久都不腻。他们耐心等待自己上场，每当有成员发明新的跌落方式时，他们都满腔热情地为之喝彩。我对此思考良久，试图探究他们为何对这个游戏如此着迷。有时，我不禁自问："这就是治疗吗？"想必你们很多人也有过这样的疑惑。最终我意识到，这些孩子，大多数在学校被打上多动的标签，而在这个游戏中，他们可以享受对身体的控制感。

孩子也喜欢在治疗时使用豆袋、弹弹球（Nerf balls）、弹珠等。治疗时可以创造各种游戏，以帮助儿童体验肌肉的运动与控制。有个孩子曾把巴塔卡作为球棒，和我打弹弹球，玩得特别开心。

《各年龄段儿童的运动游戏》(Movement Games for Children of All Ages) 一书为指导身体运动提供了极好的资源。身体运动与创意戏剧有着密切的关联，因为最出色的即兴表演往往需要高度的身体参与和身体控制。因此，你可以在戏剧类图书中找到很多有用的建议，也可参考本书探讨即兴戏剧的那一章，它很自然地涉及了身体运动。故此，在这一章中，我们只探讨运用身体的经验。

如今，人们普遍认为身体动作与学习息息相关。有学习障碍的儿童，其运动能力往往也呈现出发育迟缓。他们显得笨拙、不协调，有时在学习系鞋带、跳绳、骑自行车等基本技能时也会感到困难。由此产生的挫败和痛苦往往会令问题恶化，导致孩子回避本应参与的活动，进一步与自我感隔离。

最近，我在一所高中对该校教师、咨询师及学校心理学家做了一场演讲，关于如何帮助学生加强自我概念。我提到，要承认孩子的感受，孩子也是人，他们所体验到的感受，以及他们生活中的经历，会深深地影响他们在课堂上的学习效果。我觉得很多学校都变得越来越机械化，越来越缺少人性化，这对学生的学习过程产生了不利影响。我认为，教师需要在课堂中抽出时间，将学生视为平等的人类伙伴进行交流，而学校及学校管理者必须为此腾出时间，以促进学生更好地学习。

我特别谈及了学校中的体育教育。与我工作过的大多数初、高中生都厌恶体育课。他们或许喜欢某些特定运动，但除非孩子本身是出色的运动员，否则这些运动往往难以维持孩子的兴趣。这种情况很悲哀，因为体育教师拥有整节课的时间来指导学生进行身体运动和身体觉察，这两者均为觉察情绪的重要方面。与数学或科学教师不同，体育教师能在不占用课程时间的情况下，帮助孩子表达那些可能一整天都在阻碍他上课的情绪。

那些体育教师的反应触动了我。他们说到学校领导对他们的期望和课程的要求，这些都是他们必须去满足的。他们实在无暇顾及个别学生的需求，也无法在体育课中增加学生的快乐与自我感。他们对于必须要完成的任务感到无奈，谈话间弥漫着一种无望的气氛。其他教师则表达了他们希望被当作人对待，希望有机会表达自己的情绪需求！

我刚读完《新游戏》(The New Games Book)与乔治·伦纳德（George Leonard）所著的《极限运动员》(The Ultimate Athlete)。这两本书针对体育教育、运动、游戏及身体运用领域提出了全新的观点，强调了全方位的参与、在游戏和体验的流动中获得乐趣、身体动作和身体的能量，也强调了运动者之间的协作与和谐互动。我将这些书推荐给了这些教师，期望对体育课程能够有所影响。当然，教师对此感到兴奋，但对于将这些想法付诸实践并不抱乐观态度。

我们玩游戏的状态很大程度上反映了我们生活的状态。我们对自己的生活状态越了解，便越能够在当前的状态未达到期望时，尝试新的生活方式。我曾使用一个叫"退后"的游戏来确定我们的游戏状态，进而反映出我们的生活状态。游戏规则如下。

两人面对面站立，两人距离略小于一臂，双脚稳稳地踩在地面上，两脚相隔约30厘米。游戏的目标是让对方失去平衡，即如果对方抬起或移动了脚，就输了。在游戏过程中，双方只能相互接触手掌。双方必须保持手掌张开，并且可以出击（双手齐出或单手出击），也可以做弯腰、闪躲、扭身等动作，但前提是双脚要始终稳稳踩在地面上，不得移动。

与不同的伙伴玩这个游戏会很有趣：同性、异性、更高的人、更矮的人、更年长的人等。游戏结束后，分享与每个伙伴玩游戏时所采用的策略及游戏中体验到的感受。

我们身体的运动方式与我们的自信程度、权利感以及自我支持感紧密相关。俳句诗歌活动为这种关联提供了例证。我之前参加过一个哑剧工作坊，借助于俳句诗歌的活动，我加深了对自己的了解，自那以后，我便一直在工作中运用该技术。开始，俳句的第一行会被大声地读出来，随后，参与者会即兴以某种动作来表达所听到的词语。随后，朗读下一行，参与者做出相应动作，依此类推。以下是一个例子。

柔软的雪花融化着（缓缓落到地面）。

远处被迷雾笼罩的山中（一只手臂大幅度挥动，另一只手臂四处挥舞，头部放低至膝盖处；随后伸展双臂起身）。

传来"呱呱"的乌鸦声（摆出鸟飞翔的姿势）。

一开始，这些动作可能显得既生硬又笨拙。但随着练习，动作会变得流畅、舒展，更为自然且多样。

孩子喜欢随着各种音乐四处活动。我曾和孩子一起打鼓，每隔一会儿就变换节奏。或者，我指导孩子以各种方式行走，比如僵硬地走、松弛地走、仿佛穿行于高草丛中、犹如陷入流沙或泥沼、涉水而行、踏过鹅卵石、假装路面滚烫等。有时，我们假装自己是各种动物，或者一个孩子模仿特定动物的动作，其他人猜测那是什么动物。或者，我们试着感受像蠕虫一般扭曲、滚动、蠕动，像蛇一般爬行，扭动，以及做其他不寻常的动作。我们常常闭着眼睛做这些动作。

有时，我会要求孩子夸大或突出某个姿势或动作，并请他们分享这个特定动作让他们联想到什么，或者带来了什么感受。

我在前文中已提及涂鸦技术有助于儿童更自由地进行艺术表达。一位参加过我课程的运动治疗师发现，在与来访者进行运动治疗前使用涂鸦，有助于来访者更自由地进行动作表达。

所有情绪都有对应的生理表现。无论我们感到恐惧、愤怒还是喜悦，我们的肌肉都会以某种方式做出反应。通常，我们的反应是收缩性的，这抑制了自然的情绪表达。即使在兴奋和快乐中，我们也会阻止自己做出全然自然的反应，如奔跑、舞蹈和呼喊。

邀请儿童以特定方式表达情感（如：愤怒），不仅有助于孩子感知到肌肉的运动，还能探索情绪向外表达的方式，而不是向内压抑情绪。我发现让孩子做到这一点最好的方法是编一个故事，比如，故事中有一个孩子遭遇了一些事件，结果变得非常生气。"想象你就是那个孩子，在房间里走动，表达你的愤怒情绪。创作一段愤怒之舞。"

在《各年龄段儿童的运动游戏》一书中，埃斯特·纳尔逊（Esther Nelson）推荐了一个有趣的游戏。

解开一个充满气的气球，抓住气球的气眼，将气球抛向空中，然后观察发生了什么。随着气被放出，气球跳着独特、狂野的舞蹈，时而下沉，时而扭曲，时而旋转，时而喷射。使用多个气球进行试验，仔细观察它们。每个气球的运动方式都各不相同。引导孩子用语言描述气球的动作。讨论这些动作的形态和方向，并尝试以生动的语言来描述，如俯冲、急转、喷涌、疾飞和穿梭。

然后，等孩子积极参与活动后，邀请他们扮演放气的气球。提醒这些"气球"，他们身体的每一部分都必须动起来，不可遗漏，也不能拖拖拉拉地移动。持续运用孩子提供的描述词，这些词语有助于孩子保持动作的鲜活与活力。（摘自《各年龄段儿童的运动游戏》第32页）

"雕像游戏"一直深受孩子喜爱。游戏中，一个人为另一个人摆姿势，当放手时，被摆姿势的人需静止不动。随后，我们猜测这个姿势代表什么角色。这个活动的另一种形式是让孩子随鼓声或音乐移动，音乐一停，他们便静止不动。

还有个活动我用过很多次，请孩子闭上眼睛，回忆他们感到最有活力的时刻。我鼓励他们借助于想象来重温那一刻，回忆当时的情绪、当时所进行的活动以及身体的感受。然后我邀请孩子站起来，以任何他们喜欢的方式活动，以此来表达他们充满活力时的感受。对于已经失去活力，需要重获活力的青少年来说，这个活动的效果特别好。

有时在来访者完成一幅画作后，我可能会请他以一种身体姿态或动作，进一步表达那幅画作的内涵。在画出一个人的优点和缺点之后，借助于身体表达，以展现更为隐蔽的部分。例如，一名年轻女性平躺在地板上，以此表达她的虚弱。通过这一姿势，她的情绪得以宣泄。动作可以作为雕塑、黏土、拼贴画等活动后进行进一步表达的重要方式。

在《左利手教学》（Left-Handed Teaching）一书中，格洛丽亚·卡斯泰罗（Gloria Castillo）讲述了很多使用床单的活动。给每个孩子发一张双人床单，可以用于各种目的。这张床单变成孩子专属的特别空间，可以用来躺卧、保护自己、把自己卷在里面、创造幻想、与之共舞。当孩子躺在床单上或躲在她的私密的床单空间下时，能快速且轻松地跟随引导语进入幻想世界。以下是该书中的一项练习。

请围坐成一圈，彼此间不要有身体接触。
将你的床单盖在头上。
此刻，尝试体会无人需要你时，你的感受如何。
你清楚自己身处圆圈之中。当你觉得合适时，以慢动作离开圆圈。
找一个地方停下来。
你独自一人，四周没有人。唯有你、床单与地面。像这样完全独自一人待一会儿。（留出约3分钟的时间。）
然后，躺在地板上，再次用床单盖着自己。
将自己裹进床单里，尽可能裹紧一点。保持静止。感受裹住自己的床单。
现在开始滚动。当你滚动时与他人触碰，如果仍希望独处，就移开。如果你想要靠近某人，就停留在触碰到的人附近。
回到圆圈中。
讨论刚才发生的事情。独处时，你感觉如何？
这是否让你回想起真正孤独的时刻？
独处一段时间后，被他人触碰的感觉如何？（摘自《左利手教学》第207页）

我参加过一个动作工作坊，引导者将大量五颜六色的布料堆放在我们围成的圆圈中央。我一眼看中了一块迷人的紫罗兰色[①]布料（近几年来，我对

[①] 作者的名字（Violet）与紫罗兰色（violet）是同一个单词。——译者注

这种颜色情有独钟，因为我逐渐喜欢上了与自己名字相呼应的颜色），但我等待着，直到大家争相选好了布料。那块紫罗兰色的布料依然留在那里，我便从挑剩的布堆中将其拾起。接下来的活动要求我们在舞蹈中用手中的布包裹自己；或躺卧在布料上面；或蜷缩在里面；或旋转与揉搓。跟随着引导，我们在不同的节奏中转换成各种角色，随后依据内心的旋律为自己创作一支舞蹈。环顾四周，我看到每个人都和我一样沉浸在自己的戏剧中。最终，我蜷缩在布中，体验着我的感觉、情绪、记忆和身体，这一切都仿佛被包裹在我那块紫罗兰色的布料之中。之后，我们以各自喜欢的方式记录下了这段体验。该团体分享了一些感人的经历，其中有的与布料颜色的表征有关，有的则与身体动作传达的情感有关。我分享了我写的一首诗：

  我渴望那片紫罗兰
  但不急于攫取
  它静静等待
  终被我拥入怀里
  胜利的喜悦油然而生
  我只想被其紧紧包裹
  它于我象征着万种情志
  欢乐、哀愁、忧伤、欢愉
  以及最重要的
  我自己

  我感受到与母亲亲近，是她给予了我这个名字
  我感受到与童年亲近，是童年保存了我的名字
  我感受到与那个遭遇痛苦的小女孩亲近
  我感受到与那个欢呼雀跃的小女孩亲近
  此刻，我感受到我亲近着自己的一切

第七章

演示

创造性戏剧

　　轮到艾伦了，他在我们围坐的圆圈中央抽了一张卡牌。9岁的艾伦有些阅读困难，于是他走到我身边，请求帮助。我在他耳边轻声说："卡片上写着：'你正在人行道上行走，看见路边有个东西。你弯腰拾起它，仔细看了看。'我们需要根据你针对这个东西做的动作，来猜测这是什么东西。"艾伦深吸一口气，一扫平日的没精打采。他开始在治疗室里悠闲地踱步。突然，他停住了，低头看见了什么，他目瞪口呆，张开手臂，一副惊愕的样子。他弯腰捡起想象中的东西，仔细端详着。从他触碰这个东西的方式，能看出它是圆形，我猜想那或许是一枚硬币。他用手指抚摩着。不，这不是硬币。他把那个东西放到耳边，晃了晃。然后，他又做了一些动作。我凑近了一点看，他正在做拧转的动作，仿佛在拧开什么东西。那一定是一个小巧的容器。他往里面看了一眼，把那个东西倒过来晃了晃，里面什么都没有。他把手伸进口袋，取出一个想象的东西，放进这个容器里，旋紧盖子，再次放进口袋中，露出灿烂的笑容，两眼发亮。他宣布表演完成。其他孩子纷纷大声猜测。终有一人猜中：这是个圆形的金属盒子，他在里面放了一枚硬币。我与艾伦都感到很欣喜，他微笑着，坐到两个孩子中间，融入团体。这还是那个离群而坐、没精打采、面容紧绷而略显憔悴的艾伦吗？

　　戏剧表演给了孩子走出平常自我的机会，从而帮助孩子接近自我。这一看似矛盾的说法实则颇具深意。在戏剧表演中，儿童并非真正离开自我，而是在即兴的体验中更充分地运用自我。以上文的艾伦为例，他动用了全部的自我——心智、身体、感官、情绪与灵性，来表达自己的观点。平日里，他看起来很憔悴、孤僻，总是独自坐在一旁，身体恨不得蜷缩成一个球，仿佛要将自我紧紧包裹。在戏剧表演（以及他在团体中产生的信任感）提供的空间里，他能够调动全部的自我。当他表演完坐下时，从他的姿态和表情可以明显看出，他已经加强了与自我之间的联系，因而能与他人建立更好的联结。

7岁的卡拉在圣诞假期后首次来到治疗室，她一屁股坐到地板的垫子上，说道："我太累了，什么都不想做。"我提议玩一个游戏，于是取出了"说话、感受与行动游戏（Talking, Feeling, and Doing Game）"。在这个游戏中，我们掷骰子并根据点数在棋盘上移动标记。若标记落于黄色方格，就抽取一张黄色卡片；落入白色方格，则抽取白色卡片；落入蓝色方格，则抽取蓝色卡片。每张卡片要么提出一个问题，要么给出某种指示。许多卡片的内容都有即兴表演的特质。

卡拉的棋子落在白色的方格上。对应的卡片上写着："你刚收到一封信。里面写了什么？"我补充了一些指导语："假装你去邮箱取邮件。在翻阅信件时，你看到了一封给你的信。把这个场景演出来，就好像你真的经历了一样。然后把信打开阅读。"

卡拉告诉我，她不想起身，但会在"头脑中"想象自己正在取邮件。我同意了。卡拉闭上眼睛，静静地坐着。突然，她睁开眼睛，站起身来，告诉我她拿到那封信了。

我请她将地址念给我听。

她拿着"信件"，翻到背面，贴近眼睛一看，说道："是给我的！收件人写着卡拉。"然后，她背诵出了自己的住址。

"是谁寄的呢？"我问道。

现在卡拉非常激动，她高声呼喊："我知道是谁寄的！是我爸爸寄的！"（卡拉的父亲最近搬到美国的另一个州了。）

"真是太好了！"我赞叹道，"快打开看看吧！信里写了什么？"

卡拉缓缓地做着拆信的动作。她展开想象中的大信纸，凝视良久，默然无语。

过了一会儿，我轻声问道："卡拉，信上说了什么？"我能感觉卡拉正沉浸在一个非常私密的空间里，我不愿莽撞地打扰她。

卡拉终于开口了，声音小得几乎听不见。"信上说：'亲爱的卡拉，要是我能和你一起过圣诞节就好了。我给你寄了礼物，但你可能还没收到。爱你的爸爸。'"

我轻声问道："你非常想念爸爸，对吗？"

卡拉看着我，轻轻点头。随后，她小声说："其实那封信是我编的。"我点点头，她开始哭泣。

为了逃避内心的感受，卡拉将自己封闭起来。她感到疲惫、沉重、无力。在这段表演中，她允许那些密封于外壳之中的感受浮现出来。当卡拉放声哭泣时，她在治疗中的整体态度都发生了变化。她之前因没有收到父亲的礼物而感到受伤和愤怒，却又不敢向母亲坦露这份情感，因为母亲在节日期间已经加倍付出，努力弥补父亲的缺席。

在创造性戏剧中，儿童能够在自己的掌控下增加自我觉察。他们能够发展出一个总体的自我觉察，包括对身体、想象、感官的觉察。戏剧能够自然地帮助儿童寻找并表达那些被丢失或被隐匿的部分自我，进而加强优势与自我。

在创造性戏剧中，儿童受邀体验周围的世界以及他们的自我。为了诠释周围世界，传达出思想、行动、情绪与表情，他们调动自身所有可用的资源，包括视觉、听觉、味觉、触觉、嗅觉、面部表情、身体动作、幻想、想象、智慧。

创造性戏剧是对我们自身生活和自我的演绎。我们表演出自己的一些梦境，创造出场景，一边表演一边编故事。我们不仅是在谈论痛楚，更是赋予痛楚以声音，成为痛楚本身。我们扮演母亲、童年的自己、我们批判性的一面，诸如此类。我们发现，扮演这些角色时，我们会对自己产生更深的认识，更加投入，更加真实。于是，我们找到了自我，与自己接触，以坦诚、坚定、真实、清晰的方式体验自己。我们在戏剧中尝试新的存在方式。借助于戏剧，我们能够允许内心被压抑的部分浮现，让自己去体验日常生活所缺失的专注、激情与自发性。

默剧的简单感官图像（Pantomiming simple sensory images），即运用非言语的面部表情和肢体动作，能大大增强人们的感官觉察。从更复杂的层面来看，默剧涉及以身体动作来表达行为与互动、传达情绪与心境、塑造角色特征、演绎故事情节，且全程无言。还有一种参与水平更高的活动，即融入言语的即兴表演。那些已多次参与默剧的儿童，往往更容易将言语融入戏剧。

以下举几个关于即兴的游戏、活动和体验的例子。

触觉相关

表演传递一个想象的物体，拿在手里，观察，做出反应，然后传给下一个人。这个物体可以是一杯水、一只小猫、一个脏兮兮的旧钱包、一只昂贵的手镯、一个热烤土豆、一本书。团体带领者可以宣布这是什么东西，或者孩子们可以在轮到自己传递物体时决定这是什么物体；抑或将相同的物体在整个团体中传递一遍，然后再变换；或者团体可以尝试猜猜这是什么物体。

想象一张桌子上堆满了各种物品。每个人都必须挑选一样东西，进行展示。其他人借助于操作这个东西的方式来猜测它是什么。

想象进入各种不同的场景，寻找你丢失的东西，比如找不到的毛衣。环境可以是一个非常大的房间、一个黑暗的壁橱、你自己的房间、一间更衣室等。

视觉相关

表演你在看某个情境或一场体育赛事，将你观看的情绪表现出来。团体成员可以尝试猜测你在看什么。或者一个人表演观看，另一个人描述他所表演的故事。

表演当你看见以下事物时的反应：日落、儿童哭泣、车祸现场、臭鼬、蛇、街头游荡的猛虎或相拥的恋人等。

想象你看着镜中的自己。继续观察并做出反应。

听觉相关

表演对各种声音做出的反应，如：一声爆炸；一个你尝试辨认的微弱声响；一支军乐队沿街行进；收音机里播放的流行歌曲；啼哭的婴儿；当你睡觉时，一个潜入你家的小偷；你认识的人走进房间；雷鸣；门铃声；等等。

你正好听到了一些坏消息、好消息、令人费解的消息、惊人的消息，等等。

嗅觉相关

表演你对各种气味做出反应，比如一朵花的芬芳、洋葱的辛辣、烧焦橡胶的刺鼻味等。

想象各种涉及嗅觉的情境：漫步林间，嗅到篝火的气味；在香水柜台前，闻各种香水；闻到某种不好的气味，试图辨识气味来源；回到家，闻到烤曲奇的气味。

味觉相关

以默剧形式表演品尝各种食物，比如冰激凌、柠檬等。

想象你在吃东西，表演出来，让其他人猜猜你在吃什么。

表演吃一个苹果，吃之前细致观察苹果的每一面。

表演缓慢且无声地咀嚼，留意你的下颚动作。

表演享受美味，如吃巧克力或奶油糖果；轻咬一口酸苹果，或尝试一种你从未尝过的食物。

默剧表演吸管吸吮、舔食棒棒糖、吹口哨、将气球吹向空中的动作。

身体相关

虽然在上述活动中已涉及身体的运用，以下建议更侧重于整个身体的觉察和动作。

《我脑海中的剧场》(Theater in My Head) 提出了一种"西蒙说"游戏的变式："西蒙说：'扮演走钢丝者，扮演蜗牛，扮演怪兽，扮演狗，扮演芭蕾舞者……'"孩子们可轮流担任指挥者。

默剧表演行走：急匆匆地，懒洋洋地，越过水坑，踏过草地，赤脚走在炙热的柏油路上，攀登山峰，踏雪而行，沿陡峭小径下行，踩在溪流中的鹅卵石上，踏过热沙，一只脚受伤，穿着过大或过小的鞋子。

表演执行一项任务，如摆餐桌、烘焙蛋糕、给狗狗喂食、穿衣服、完成家庭作业。这些行动可由成人指定，或从一叠卡片或折纸中抽取，亦可由每个孩子自己构思表演，让团体其他成员猜测表演的是什么。

想象自己置身于一个极小的箱子，或一个巨大的箱子中；设想自己是一只蛋中的小鸡。

做一些"好像"试验：一个赶时间的人走路；迟到的孩子；电影中的女王；近视的人；牛仔；被拖去睡觉的小孩；打着石膏的伤者；巨人。

试验以多种方式使用手指：缝纫、切割、包裹礼物等。

用想象的绳索进行拔河游戏。可以单独进行，与各种想象的对手拔河，比如一个充满敌意的对手、一个力量强大的对手或一个非常虚弱的对手。（也可两人或整个团体共同参与。）

想象自己在玩一个不断变化的球。可以是小小的橡皮球、沙滩球、乒乓球、篮球、足球、网球，或弹弹球等。这个球的大小与重量变换着，或许还会变成豆袋或飞盘。

团体一起，用一根想象的长绳来玩跳绳。

情境默剧

由两个人决定来做什么，其余人猜测其表演的内容。比如铺床、打乒乓球、下棋，凡是两个人做的事情都可以。

表演你刚刚收到一个包裹，打开它，做出反应。

你与朋友徒步山林，忽然发现只剩你一个人了。

你在电梯里，突然遭遇电梯停在两层楼中间，片刻后电梯又恢复运行。

角色塑造

你们是一群在公交站候车的人。每个人都将扮演某个角色（无须透露自己的角色），比如前去探望子女的老年妇女、上班迟到的商人、去上高中的女孩、需要帮助才能上车的盲人，等等。

你是一个夜闯民宅的盗贼。你还在屋子里时，房屋主人意外归来。你听着动静，最终成功脱离。

你走进一家餐厅，准备点餐。扮演如下角色：（1）饥肠辘辘的青少年男孩；（2）没有胃口的中年女性，菜单上没有她想吃的；（3）贫困的老人，虽然很饿，却只能选择自己负担得起的食物。

让孩子扮演各种职业或类型的人，请其他成员猜测。对于有的孩子来说，事先为他们写好角色卡片，供其随机抽取，有助于他们更好地参与。

也可以请孩子扮演一种家用电器或某种机械，让团体其他成员来猜是什么；或者扮演一种颜色，借助于行为来表演出颜色的特点，看看我们能否猜中。

对于非常年幼的孩子，我会利用"魔法钥匙"或"魔杖"来进行这个活动。我轻挥魔杖，念道："现在，你是一只狗狗！"孩子便会扮演一会儿小狗的角色。随后，我再次挥动魔杖，念道："现在，你是一个老人！"诸如此类。

言语式即兴表演

任何物品都能协助一个孩子或一群孩子表演即兴故事。在《课堂中的创造性戏剧》（*Creative Dramatics in the Classroom*）一书中，麦卡斯林（McCaslin）描绘了一群孩子仅凭一只哨子，创作出一个精妙的故事。

将几件家里常见却看似毫无关联的物品装入纸袋中，诸如漏斗、锤子、围巾、钢笔、旧帽子、大勺子等。每个纸袋里仅放四五样物品即可。几个人便能凭借这些物品，编排出一整出戏剧。

为孩子提供各种情境来让他们表演。吸尘器推销员上门推销，尽管你已告诉他家里有吸尘器，但他坚持要向你展示他的产品。你会如何应对这一情境？

你正在派送报纸，把一份报纸丢向某户人家时，报纸并未落在门廊上，而是击碎了一扇窗户。屋主夫妇出来查看究竟。

儿童还可以角色扮演那些直接反映他们生活的情境。这些情境或源于现实，或是模拟的。在这些情境中，所呈现的冲突在即兴戏剧中得以解决。儿童往往能自己提出最合适的角色扮演的主题。

在戏剧活动中，孩子喜欢使用帽子、面具及服饰。提供各种帽子，他们便能像换帽子一样快速切换角色。

我收藏了许多万圣节面具，很多孩子都很喜欢使用这些面具。准备一面镜子，帮助佩戴特定面具的孩子能够看见自己所扮演的角色。面具就像布偶一样，让孩子能够说出平时不敢说的话。

在个体治疗中，有的孩子会逐一翻看所有面具，然后挑选一个佩戴，并以怪兽、恶魔、巫婆或公主的身份与我交谈。有时，我会邀请孩子把每个面具都试试，并作为那个面具的角色来说一些话。

欧文·马库斯（Irwin Marcus）在《儿童游戏的治疗性运用》（*Therapeutic Use of Child's Play*）一文中提倡使用服装来促进较大儿童的自然表演，从而帮助他们演出幻想、情绪及创伤情境。他准备了各种角色的戏服，包括婴儿、母亲、父亲、医生、超人、小丑以及芭蕾舞者等。此外，他还有三块彩色的大布料，供孩子自由发挥，来设计个性化装扮。他邀请每个孩子使用这些戏服，自编自导一出小剧。马库斯发现，戏服扮演能够带来很多有价值的材料，不仅涉及内容，还涉及儿童的过程。

无论是否借助于服装、面具、帽子、物品、布偶，乃至不使用道具，戏剧创作都是儿童参与度很高的讲故事的方式。在此过程中，我们能够帮助孩子在可视的治疗情境中，全面调动身心机能；我们能借此清晰洞察孩子发展的缺口，也就是那些发展滞后、亟待强化的领域；我们还能观察到儿童是如何运动和使用身体的，观察他们的动作是僵硬束缚的，还是流畅自如的；我们能关注戏剧的编排；我们还能就戏剧内容，及戏剧中我们关注到的过程进行工作。比如戏剧中是否充满争斗？主角是否遭遇挫败？或许他没有被倾听。而且我们也能收获很多乐趣。

虽然本章提及的活动看似是给团体设计的，但我能将许多活动加以改编，从而应用到个体治疗中。在个体治疗中，我常常能与来访者对材料进行更深入的处理。

一名12岁的男孩为我表演了一出戏，没有用道具，也没有穿戏服。他一人分饰多角，连报幕员的角色也自己担任了。这个孩子在学校表现不佳，母亲指责他懒惰、倦怠，他大多数时候看起来都郁郁寡欢。然而，他其实很有条理；他能演一出情节复杂的戏剧，记得每个角色的情况，还非常有幽默感。

我从来不知道一个活动会把我们带到何处。记得我曾与一名叫史蒂芬的8岁男孩玩过一个游戏，我们轮流模仿某种动物，让对方来猜。规则是需要等对方表明表演完后，才可以开始猜。在这个活动中，我们不仅限于模仿动物的动作，还能表演一场更大的戏剧。斯蒂芬趴在地上，蜷缩成一个小球。接着，他抬起头，来回摇摆，同时转动眼珠，微笑着，随后又将头收回身体之中。他重复这个动作数次。突然，他面露痛苦，身体剧烈摆动，仰面翻过身，双臂猛然张开，然后一动不动地躺着，就像死了一样。表演结束，我猜他扮演的是一只乌龟，而且遭遇了不幸，已经去世了。于是，斯蒂芬告诉我他曾养过一只乌龟，但他弟弟把乌龟弄死了。我想，他当时肯定对弟弟非常生气，同时对于丧失了心爱的乌龟深感悲伤。听了我的想法，史蒂芬怒不可遏。他咬牙切齿地说："我恨他！真想杀了他！"

然而在现实生活中，史蒂芬对他的弟弟简直好得过分，倒是将他的愤怒转移到了母亲身上。他的母亲曾对我说："至少他和弟弟相处得很好。"我猜想，对弟弟的愤怒和报复心理，令史蒂芬感到恐惧，因此他感觉对母亲发怒更为安全。基于这次戏剧活动，我便能帮助史蒂芬，借助于黏土、巴塔卡和绘画来将他对弟弟所压抑的愤怒表达出来。其实，乌龟事件并非他愤怒的唯一原因。日常对弟弟琐碎的不满都积压在了这件重大事件上，因此史蒂芬害怕任何事件都会触发他对弟弟的愤怒。

有时，在创造性戏剧活动结束后，我们会讨论发生了什么；个人感受如何；及现在的情绪等。然而，我发现，带来转变的是体验本身，而非讨论。在戏剧中扮演老者的女孩，以一种无法用语言表达的方式接触到了她的自我。她是否将情感诉诸言语，这并不重要。我和她身边的人都明显觉察到，这段体验让她的性格变得更加开朗，表达变得更为开放，她的行动也比以往更加坚定、自信了。

梦

弗里茨·皮尔斯在《现代格式塔治疗》（*Gestalt Therapy Now*）第二章的"四场讲座"中，极力强调了与梦工作的重要性，他将梦视为接触和体验自我的一种途径。

"……梦是一种有关存在的信息。梦不仅是一个未完结的情境；不仅是未实现的愿望；也不仅是预言。梦是你向自己发出的信息，传达给任何你在倾听的那个部分。梦或许是人类最自发的表达方式，是我们对生活雕琢的艺术品。梦境中的每一个部分、每一个场景都是做梦者自身的创造。确实，梦境中的某些部分源自记忆或现实，然而关键在于，是什么让做梦者选择了这个部分？梦中没有什么部分是偶然选择的……梦的每个部分都属于做梦者，但这些部分多多少少被否认，并投射到其他对象身上。所谓'投射'，即我们否认、疏离自我的某些部分，将其投放于外部世界，而非将其作为自己潜在的一部分。我们将自我的一部分投放到外部世界，因此，我们的内在必然留下空洞与空虚。若想重新拥有这些丢失的自我部分，我们必须借助于特殊技巧，以重新吸收这些经验。"（摘自《现代格式塔治疗》第27页）

儿童往往不愿轻易分享他们的梦境，因为他们记得的许多梦境非常恐怖。或者，这些梦境对他们而言过于困惑和荒诞，因而他们试图将其从脑海中驱逐。我认为，这正是儿童常做重复梦的一个原因。他们极力想要摆脱这些梦境，却反而使得梦境不断重现，就像是一种提醒。成年人回忆起童年时期未完成的梦境也并不少见。这些梦境之所以未完成，是因为梦境所呈现的冲突并未得到解决，那些被否认的部分过于骇人，以至难以重新接纳。我记得我童年时期反复梦见过的两三个梦境。最近，我深入探究了其中一个，并从中获得了关于当下存在状态的启示。在这个过程中，我对自己以及当前的生活有了新的认识。

有时，我会为孩子朗读关于梦的书，以此激发孩子分享他们的梦境。其中，默瑟·梅耶（Mercer Mayer）的《我的衣柜里有噩梦》（*Nightmare in My Closet*）是一本很棒的书。几年前，我和一位同事共同带领了一个儿童治疗团体，这些孩子的父亲都在接受针对酒精依赖的治疗。我的朋友在一节治疗中带来了这本书，将其朗读给团体中的孩子听。我们询问孩子们是否做过噩梦。我们告诉他们，梦境会透露一些关于他们生活的事情，于是有两名孩子自愿探索他们的梦境。

10岁的吉米叙述了这样一个梦境：

> "我和家人正驾车行驶在高速公路上。突然，我们遇到了一个陡峭的斜坡。当时是妈妈在开车，但她无法刹车，刹车失灵了。我以为车会冲到路外边，感到非常恐慌，于是紧紧抓住了方向盘。就在这时，路的尽头出现了一大片水，就像湖泊一样。我们无法将车停住。面临着两难的选择：要么转弯，可能会冲到路外边，要么直接冲入水中。我在车子停下之前就醒了。"

我们邀请吉米以现在时态重述梦境。他这么做了，仿佛正在重新体验（重新梦见）那场梦。在和他的工作中，我们请吉米扮演这个梦境中的所有角色，就好像这是一出戏剧，他能代表每个人物和每个事物发言。他扮演了自己、母亲、父亲、姐姐、车辆、道路以及湖泊。在每一个场景中，他都感到恐慌且无力掌控。作为湖泊，他又大又深，能够淹没一切。我们请他想象一下梦境的结局。他回答说:"爸爸救了妈妈,妈妈不会游泳。爸爸很冷静,带领大家安全撤离。我不知道该怎么办,不过爸爸也把我救了出来。"我们问吉米他认为这个梦传达了什么信息,这个梦对于他目前在生活中的位置有什么启示。他回答:"我完全明白它想告诉我什么!我很害怕,非常害怕我爸爸又开始酗酒!他现在没喝酒了,我们家一切都安好。如果他又开始酗酒,情况会再次糟糕透顶!简直是场灾难!我心里太害怕了,这种害怕藏在心里,从未吐露半分。我害怕向父母坦露我的恐惧,而周围的人似乎都不害怕。如果他真的重蹈覆辙,我什么都做不了。我在家是最小的,我能做什么呢?我编了一个结局——爸爸拯救了我们。这正是我渴望在我们家里能发生的事情。"

吉米在分享他的恐惧后获得了极大的宽慰。另一个9岁的男孩评论说:"我也有那样一条路。"我们邀请他描述他的路,他说:"有时候我感觉自己就像坐在一辆无法停止的车里,沿着一条陡峭的路滑下去。我什么都控制不了。"

13岁的维姬急切地想叙述她的梦境:

>"在我的梦里,每个人都以为我死了。我躺在棺材里。但我根本没有死!这只是大家以为的。一位慈祥的奶奶在照顾我,而我在棺材里睡觉。这是我的床。但人们一直告诉那位奶奶'她已经死了',而且,外面还是雷雨天。"

我请她扮演梦中的雷雨。维姬思考了一会儿,随后面带微笑起身,在房间里四处"电击"人们(解释说她在释放闪电)。她对每个人做出电击的动作,每次都大喊"嗞嗞!"。她这么做时很开心,并向我们报告了她觉得很有趣。接着,我们请她扮演梦中的那位老妇人。她化身为一位慈祥的老妇人,以温和的方式与维姬交谈,并引导她躺入棺材中安睡。维姬向我们透露,这位老妇人让她想起了自己的祖母,她正饱受疾病折磨,生命垂危。她的祖母一直对她慈爱有加,是她生活中为数不多很喜欢的人。

工作进行到这里,我们面临一项选择:是邀请她离开梦境,来处理她对临终的祖母的感受，还是继续与梦工作。我们选择了后者，并邀请她躺在一个虚构的棺材里，描述梦里的那种体验以及发生的事。维姬直挺挺地躺在地板上，说道："我躺在这口棺材里，本来是在睡觉，但所有人都以为我已经死了。那个奶奶告诉大家我没有死，却无人理会。"

我：躺在棺材里的感觉如何？

维姬：并不舒服，我几乎动弹不得。

受到启发，其他孩子也加入了我们，扮演起围观者的角色。我们模仿梦境中的话语："唉，可怜的维姬，这么年轻就去世了，真是太可怕了。真难过。"我们邀请维姬回应这些围观者。

维姬：嘿！我还没死呢，别哭了。我还活着，我能做很多事情。

我：你能做些什么呢？

维姬：很多事情，我能做很多事情。

我：我们看不出你能做什么事情，你只是躺在这里。你能选择做些其他事情吗，还是你想继续躺着？

维姬：（起身）我不想躺在这里，让大家都以为我死了！看，看！（她伸展双臂，绕着房间奔跑。）我还活着！

我：和我们说说你的梦所传达的信息。

维姬：（沉思片刻，随即眼睛一亮。）我还活着，我有选择的权利！我可以做出许多选择。

团体中一名9岁的男孩：比如？

维姬：（望向他，一时语塞。）好吧，我可以……

男孩：什么时候？

维姬环顾四周，挑选几个人，与他们做了些事情。维姬走到我们每个人面前，做了一些互动。"我要与你握手……我要给你一个拥抱……我要向你做鬼脸。"维姬和团体成员都很喜欢这个活动，于是团体中的每个人要和其他人进行一轮互动。

在儿童个体咨询中，我也与孩子探讨过梦境。我通常会送孩子一本便宜的活页笔记本（除了那些明显厌恶写作的孩子）。我鼓励他们在这本笔记本中记录包括梦境在内的各种事物。一个名叫帕特里夏的 12 岁女孩，记录了以下内容。

> 在迪士尼乐园的后面，我在一个没有屋顶的大房间里，大门敞开着，我的身旁有一大箱迪士尼乐园的气球，角色的服装挂在我旁边。我身后有个帐篷。一名男子进来了，于是我躲了起来。不过他一会儿就走了，我便出来，换上戏服，吹起气球，走到外面售卖。

帕特里夏在这一页的末尾给这个梦境画了一幅小草图。我给了她一张纸，请她画一幅更大的草图，她绘制出了更多细节。她给我讲了她的画，我将大意记录下来。

> 有墙无顶，我在房间中央。男子进入，我藏了起来，因为我觉得他会惩罚我。我躲入帐篷，他拿了几个气球就离开了。他没发现我，否则肯定会惩罚我。因为我穿上了戏服，所以除我之外，没人知道我是谁。大家都以为我只是一个普通的员工。

在与帕特里夏的工作中，她经常画迪士尼乐园。与这个梦工作了之后（她第一次记得梦见迪士尼乐园），她很快想出了这一信息："我害怕展现真实的自我。我宁愿假装自己是别的什么，比如迪士尼乐园的角色。"现在，至少我们可以开始探索一直被她隐藏的真实的帕特里夏。

不久之后，帕特里夏带来了她记录的另一个梦境。她介绍时说："这并非我第一次做这个梦。我 8 岁时做过，之后重复过多次，昨晚又梦见了。"以下是她所记录的内容。

> "在一个昏暗的房间里，仅有一盏灯光微弱的灯，一张床，以及一个熨衣板，还有我的母亲（真实的）。我躺在她身旁的床上。突然间，灯光

熄灭，紧接着传来一声尖叫。"她在页面的一角画出了这个梦境，上面赫然写着"黑暗"二字。

我觉得这是一个极其重要的梦。帕特里夏 8 岁左右时，她的生母被谋杀了（继父开枪打死了她，随后自杀）。帕特里夏早晨走进他们的卧室，发现了血迹斑斑的尸体。这个故事我是从她生父那里听来的，4 年后她的生父带她来接受治疗。但在她向我分享这个梦境之前，每当提及此事，帕特里夏总是耸耸肩，表示自己记不清了。她对这个梦进行工作，说道："妈妈离开了，就像那盏灯熄灭了，我的生活顿时陷入黑暗。"这正是一个开端，帕特里夏可以开始处理她未完成的哀悼工作，以及许多其他感受。

即使是非常小的孩子也能进行梦的工作。6 岁的托德常常在夜晚被噩梦惊醒。我请他描述其中一个噩梦。他告诉我，总有一个怪兽追逐他，有时追逐他的则是一辆车。他拒绝了我请他画出怪兽的提议，于是我根据他的描述为他画了出来。借助于这幅画，我引导他对怪兽表达自己的感受。他大声喊道："别再吓唬我了！"随后，我请他想象自己能代表那个怪兽发言，就好像怪兽是个布偶。托德以怪兽的口吻自言自语道："你是个坏透了的孩子！我得吓唬吓唬你！"我让他继续扮演怪兽，向自己解释为何他被视为坏孩子。"你坏透了！你从妈妈的包里偷钱，而她还完全不知道。你还尿湿了裤子，她也不知道。你坏，你坏，你坏坏坏。"这个男孩因在学校表现出的恼人行为而来接受治疗，教师曾建议其母亲寻求专业帮助。借助于这个梦境，我们得以着手探讨他那难以承受的内疚感，以及对母亲的强烈怨恨与愤怒情绪，因为她最近再婚了。尽管托德喜欢他的新继父，但他仍对家中的新成员心存嫉妒。这些错综复杂的情感令他困惑不已，我们需要将其表达出来，从而进行处理。除了绘画，我或许还可以让托德挑选一个怪兽（或汽车）沙具和一个男孩的沙具，在沙盘或地板上演出这场追逐。

通常情况下，梦对儿童具有多重功能。梦可以表达焦虑，即那些令他们担心的事物，也可以表达儿童在现实生活中难以表达的情感；梦描绘了愿望、需要、需求、幻想、疑问、好奇心和态度；梦可以反映出儿童对生活的一般立场或感受；梦可以作为一种处理感受和经验的方式——那些儿童无法直接且开放应对的情境。

在与梦工作时，我会寻找那些与孩子疏离的部分，以及那些让孩子感到恐惧的部分。我留意梦境中看起来缺失的东西，例如一辆没有轮子的汽车，或一匹没有腿的马。我观察梦境中的对立与分裂，如追逐者与被追逐者，平地与山峰。我留意那些接触点，如暴风雨冲击房屋，或留意那些阻碍接触的点，如将两物分隔的墙。我可能聚焦于在梦里实现的愿望，或是那些在梦中被回避的事物。我可能会专注于分析梦境的过程，如匆忙奔波的梦，事事不顺的梦，或感到迷失的梦。我也可能思考一系列梦境的模式。梦境背景的质量可能非常重要：荒凉的沙漠，拥挤的街道，房间众多的大宅。我们或许会改写梦境，或为其增添一个结局。有时，我会以处理梦境的方式，同样地处理记忆、白日梦或幻想。

无论我们选择何种工作方式，我始终都会紧紧陪伴在孩子身边。当他表演角色、参与对话或描述场景时，我会密切关注他的呼吸、身体姿态、面部表情、手势及语调变化。我可能随时要选择，是聚焦于梦的工作中儿童发生了什么，还是暂时搁置梦境，去处理梦延伸出来的内容。

我们的目标是帮助孩子借助于梦境认识自我及其生活。我避免进行分析与解读；唯有孩子自己能觉察到梦境想向他传达什么信息。儿童完全有能力借助于对梦的工作，来实现自我了解。

空椅子技术

空椅子技术由弗里茨·皮尔斯开发。这项技术是为了协助来访者在治疗工作中获得更好的觉察和澄清，也能够将未完成事件引发的情境带入此时此地。例如，一个人对于离世的父母可能还有情绪和未言说的材料。要探讨这件事，回避感受和情绪会容易得多。想象父母坐在空椅子上，对父母说出需要对他们说的话，而不是和治疗师探讨，这种经验非常有力量，通常有助于这个人完成生命中未完成的议题。在这个过程中，从这个人的身体姿势可以明显感受到平静和放松，有时我会注意到他深深呼吸，类似叹息。空椅子技术有助于将过去未解决的情境转化为当下专注的经验。

一名母亲大声向我抱怨她对她 15 岁儿子的愤怒，而她的儿子当时并不在场。我请她想象儿子正坐在旁边的椅子上，然后直接向他表达她的感受。她望向那把椅子，开始轻声诉说，随后泪流满面。我请她向椅子里的儿子表达她的悲伤，她说到了对于他的内疚感。相比于让她对我抱怨，这次的治疗收获了更好的效果。

有时，还可以把代表个体的某个部分或符号置于空椅上。一个 16 岁的少女在处理自己的暴食问题时，将她"暴食自我"的部分置于椅中，从而进一步探索导致她暴食的原因。当她坐上椅子，回应那个渴望减肥的自我时，作为"暴食自我"的部分表达了暴食的原因。

空椅子技术有助于厘清个体的分裂与极性，这种厘清对于内在凝聚的过程至关重要。弗里茨·皮尔斯讨论了对个体分裂部分的调和，从而使这些部分有效结合与互动，不再做无谓斗争以消耗能量。皮尔斯将分裂得最严重两部分称为"优胜者"与"劣败者"。

"优胜者"用批评的声音使"劣败者"备受困扰与折磨，比如："你应该这样做""你应该那样做""你应该比现在更好"，这些"应该"的主要特征表现为欺凌和自以为是。"优胜者"总是知道"劣败者"应该做什么。

"劣败者"是一种对抗力量。为了应对"优胜者"，"劣败者"表现出无助、疲惫、不确定、无能，有时很叛逆，常常是不坦诚的，且始终扮演怠工者的角色。他们往往这样回应"优胜者"的要求："我做不到！"（带着抱怨的语气）、"是的，但是……""明天再说吧""我会试试""我好累"，等等。对立的双方相互打击，并企图持续控制对方。这场僵持不下的斗争导致了个体的无力与疲惫，以及无法以完整、和谐的身心来体验每个时刻。

青少年常因"优胜者"与"劣败者"之间的冲突而备受困扰，因而无法摆脱挫败感。16 岁的女孩莎莉抱怨说，学习对她来说太难了，因为她就是无法集中注意力。因此，她会把学习丢到一边，去和朋友玩。但又担心没做完的作业和马上要交的论文等，于是无法享受自己。

我请莎莉描述一个具体的情境。她告诉我，她最喜爱的祖父母从东部来访，全家计划当晚外出用餐，但她第二天早上有一篇论文要提交，这是因为她无法专注而拖延的作业。莎莉是一名优秀的学生，对自己抱有很高的期望。她感到紧张、焦虑，用她的话说，觉得自己"快要疯了"。莎莉借助于空椅子技术，扮演起了内心中"优胜者"和"劣败者"的角色。

优胜者：（严厉地说）莎莉，你真讨厌！今晚别想出门了。就是因为你没在今晚之前完成这个任务，这是你的错。你明明知道爷爷奶奶会来。今晚你不能去。

劣败者：（哀怨的声音）但我确实之前尝试过做了。我就是无法集中精神。我厌倦做作业。我今晚想去。或许我可以问问老师是否可以晚点交。

优胜者：你知道你去了也不会开心的。你会担心那篇论文的，等着瞧吧！

（这场对话持续了一段时间；最后，莎莉看着我，微笑着说道："要是我内心总是发生这些事情，那也难怪我总是什么都完成不了。"）

我向她解释，这两股对立的力量消耗了能量，这当然会让她筋疲力尽。处于"劣败者"的一方看似赢得了战斗，因为莎莉什么都没有完成；然而，由于"优胜者"并未放弃，什么都不做是无法让人满意的（"优胜者"坚守这一点！）。一旦这场冲突得到厘清，退后一步，"观察"我们内心这两股力量的争执，这会非常有用。这样，我们才能做出自己的自由选择，或许还能与这两方协商。

于是，莎莉对她的"优胜者"说："听着，我想和我的爷爷奶奶在一起。我很少见到他们。别再烦我了，让我这么做吧。我回家后会熬夜完成论文的。"而对她的"劣败者"，她说："我决定今晚出去吃饭，这应该会让你高兴。所以当我回家写报告时，别打扰我，要记得你已经休息过了。"

莎莉后来报告说，她的确出去吃了晚餐，偶尔会感受到"优胜者"的压力,这时她会坚定地说:"走开!我已经决定了,我晚点会写论文的。我现在也写不了呀。"回到家后,她坚持熬夜至凌晨2点,轻松地完成了一篇出色的论文。

在后续的几次工作中,我们探讨了这两股强大力量的来源。她逐渐理解了这些力量是如何阻碍她的生活的,并逐渐掌握了应对它们的技巧。

在学校与有情绪困扰的儿童工作时,我们将上述技术称为"空椅子游戏"。我们总是准备着两把椅子,常用它们帮助孩子厘清自己在特定情境中的行为、解决冲突、承担自己行为的责任以及找到问题的解决方案。以下的几个例子可以展示这一技术的效果。

12岁的托德:我需要用这两把椅子!(他课间休息从操场过来。)

我:好的。

托德:我讨厌你,史密斯老师。(转向我)他总是针对我。

我:你直接告诉他。

托德:我讨厌你!你总是针对我!我用我的手做什么关你什么事。(此时我注意到托德的手上沾满了黑色墨水。)

我:现在换座位,扮演史密斯老师,然后说出他可能对你说的话。

托德(扮演史密斯老师):(挖苦的语气)哎呀,托德,那可不是个好主意。你妈妈会生气的,她会抱怨学校,而且我不清楚墨水会对你的皮肤造成什么影响。

托德:(自己换回座位,语气不再挖苦)但你也不用这么刻薄。

托德(扮演史密斯老师):可是,托德,我让你洗手,你却不肯。我只好对你严厉一些。

托德:(作为自己,低声说)我想我当时确实有些粗鲁。(托德抬头期待地看着我。)

我:你现在想怎么做?

托德:我想我得去看看能不能把手上的这些东西弄掉。(托德直起身子离开了教室,不像他平时防御时弯腰驼背的样子。)

12 岁的丹尼：我要用那两把椅子。（他坐进了一把椅子。）

我：另一把椅子上是谁？

丹尼：是你。

我：请继续。

丹尼：我现在不想做数学题，奥克兰德老师。你不能强迫我。

丹尼（扮演我）：但我们现在都要做数学题。我们通常都在这个时间做数学题。

丹尼：但我想要完成上节课我做的东西，只差一点点了。

丹尼（扮演我）：可是丹尼，如果我允许你这么做，其他人也会想这么做。

丹尼：但我只需要 5 分钟来处理这件事，然后我就会专心学习数学。

丹尼（扮演我）：好吧，丹尼，这听起来不错。

随后，丹尼起身走到教室后面，专心地做了几分钟他的事情，然后返回座位，比以前更认真地学习数学。在整个过程中，我未发一言。（实际上，在上述对话之前，丹尼已提出过相同请求，而我当时的回答是"不行"。）

或许有人会认为丹尼的这一行为是操纵，但考虑到他最终完成了数学作业，我更愿意将其视为这个男孩了不起的努力。面对这个凌驾于孩子需求之上的时间表，这个男孩获得了自我支持，学会了满足自己的需求，承担起个人责任，并（借助于教师的方法）向教师揭示了教师是如何被自己都不喜欢的时间表所困住的。

接下来的案例阐释了我如何对更年幼的孩子使用空椅子技术。吉娜是一名 7 岁女孩，在操场上玩耍时，她与另一名儿童爆发了激烈的争执。

她哭着向我跑来。我们坐在草地上，她抽泣着向我诉说，另一个孩子在吊环上将她推到一边的事情。我静静地聆听，一言不发。待她讲述完毕，我说道："我看见你在哭泣，你肯定很伤心，对特里很生气。"吉娜继续哭泣，点头表示同意。她几乎是以一种要求的方式问我："你会惩罚她吗？"我回答："首先，我想你为我做一件事。想象特里就坐在这里，向她表达她的行为让你感到的愤怒和伤心。"

吉娜：你也太坏了！我讨厌你！你每次都要抢着第一个玩吊环！我不喜欢你推我！

我：（我对着草地上的一个空位说）特里，来，告诉吉娜你想对她说什么。吉娜，你坐这儿，扮演特里。（吉娜挪了过去。）

吉娜（扮演特里）：吉娜，对不起。

我：需不需要我现在把特里叫来，听听她怎么说？

吉娜：不用了。

我：你还有什么想对扮演的特里说吗？

吉娜：特里，我想我也踢了你，我也道歉。

我：你现在想做什么呢？

吉娜：（满脸笑容）去玩儿！

然后她就跑去找特里了，我看着她们玩得挺开心的，暂时没什么问题了。

在另一个情境中，一名 7 岁的小女孩被指控偷了一件外套。有人说她在公交车上穿着这件外套回家了。她否认她拿了那件外套。我要求和她谈谈，于是我们便走到教室一个没人看见的隐蔽角落。我尝试让她开口谈谈那件外套，但她坚称自己什么都不知道。于是，我请她假装那个丢了外套的女孩就坐在她旁边，告诉那个女孩，她不知道那件外套的事。

她说："很遗憾你的外套丢了，呃，我没拿你的外套……"话没说完，她就哭了起来。后来她承认外套是她拿的。我请她跟空椅子上的另一个女孩说说那件外套——穿上它是什么感觉。她回答："我喜欢你的外套，它又舒服又暖和，真希望我也有一件。"我问她还有什么要对那个女孩说的。她说："我明天就把它还回来。"

在我看来，这个孩子在这种情况下陷入了窘境，她没法承认自己拿了外套，于是只能采取防御的方式，否认自己的行为。面对指控，她还能怎么回应呢？不过，借助于无威胁的空椅子来模拟，将这种情境代入此时此刻，让她无法再隐藏自己的感受。她归还外套那天，我带她去了学校的失物招领处，我们一起为她挑了一件无人认领的外套。

10岁的小理查德的案例也向我们呈现了空椅子技术是如何保全颜面的。这天，他忘了把图书馆借的书从家里带回来，结果图书管理员不让他借新书。小理查德哭得很厉害。然后，他开始找另一个男孩小李的麻烦，一整天都在捉弄他。小李总是带着一个猴子玩偶，理查德逮着机会就把玩偶扔进垃圾桶。最后，小李忍无可忍，反击了，这下理查德哭得更伤心了。他开始尖叫、吼叫，最后竟把桌子掀翻在地。显然，他已经被情绪淹没，不知如何脱离。不管我说什么，他只是叫得更凶，哭得更厉害。他拒绝做任何作业，甚至在自由活动时间也不愿玩耍。最后，我只好说："理查德，来椅子这边。"他立马冲了过来。其他孩子们则在喧闹中享受着自由活动。

我：理查德，让那个令你生气的人坐到那张椅子上。
理查德：是小李。
我：你想对他说什么？
理查德：我没生你的气。对不起，我把你的猴子扔进了垃圾桶里。那不是你的错。
理查德（换座位，扮演小李）：对不起，我掐了你。
理查德（作为自己）：对不起，我对你发火了。
理查德（扮演小李）：没关系。

突然，我们俩都注意到整个房间静悄悄的。其他男孩已经在一旁听着、看着了。真正的小李从房间后面喊道："没关系。"他们相视一笑。接着，理查德坚持要扮演图书管理员坐到椅子上。

理查德：抱歉，我忘了带书来。我会尽量记得下次带来。
理查德（扮演图书管理员）：规则就是规则。你把书还回来，就可以再借一些。

现在，理查德让我坐到椅子上，显然他很喜欢这个活动。

理查德：对不起，我把桌子和其他东西都掀了。
理查德（扮演我）：好吧，理查德，没事了。（他离开教室回家的时候心
　　　情很好。）

极性

我想强调一下处理极性的重要性。儿童对自己的分裂感到害怕，也害怕周围成年人的分裂。当儿童觉察到自己对所爱之人的愤怒和憎恨时，会感到困惑。当儿童看见那些他们认为强大的、能保护他们的人变得脆弱无力时，也会感到不知所措。

儿童很难接受自己不喜欢的自我，或被父母批评的那部分的自我。比如，她的父母指责她过于享受，因为她只顾自己玩乐而不愿帮忙做家务。于是她暗自琢磨，或许自己真的自私又懒惰。当她鄙视和疏离这部分的自我，便加深了两极自我之间的隔阂，导致分裂和自我间的部分疏离加剧。要获得充满活力和健康的生活，将个体两极相对的特质加以整合、调和或综合是不可或缺的。

我为孩子提供了许多活动和试验，旨在引导他们认识自我的极性，并帮助他们理解，极性是人格中固有的部分。

我们可能会探讨他们所知道的感受与人格的对立状态：爱与恨、悲与喜、怀疑与信任、好与坏、确信与迷茫、清晰与困惑、疾病与健康、脆弱与坚强，等等。我可能会运用多种技术来聚焦于这些极性。

美术：画一个让你快乐的东西，再画一个让你难过的东西。或者，画出你在放松时刻与紧张状态下的感受。还可以画出你在脆弱与坚强时的自我形象。

陶艺：用泥土塑造出你内在的自我形象，再创造一个外在的自我——即

你呈现给他人的形象。

故事:"从前,有一头大象,与朋友嬉戏时,他傻里傻气的;而当他在家的时候,却又非常严肃。现在,你就是那头大象……接下来的故事由你来讲述。"

身体动作:通过默剧的形式表现自我的不同部分,请别人来猜测。

拼贴画:创作一幅展现自己极性的作品。

在心理综合技术中,我们发现各种方法有助于来访者识别自我的各个部分,即所谓的子人格。有一项活动是反复自问"我是谁?"并将每个浮现的答案记录下来。"我是一个勤奋工作的人。我很懒。我恐高。我很会游泳。"注意这类回答所提供的关于个人各种不同部分的信息。

另一个活动是画一个切分好的派,每一小块派上都有一个词或简图,代表自我的一个部分。因此,个体更能够与各个部分展开对话,以厘清每个部分的冲突、需求或面貌。随着对自我各部分进一步的觉察、理解与接纳,个体有了更强的自我力量,也有了更多机会去做出选择和自主决定。

第八章

游戏治疗

　　5岁的罗杰局促不安地坐在椅子上，他妈妈正在一旁讲述他在家和学校的种种行为。她说，罗杰经常对别人拳打脚踢，抓人挠人，还经常跳到其他孩子身上，使得其他父母都来投诉他。罗杰看上去不喜欢我，对我充满敌意，毫不掩饰对我的反感，且对于治疗室和浪费他时间的治疗也是这个态度。终于，当我们独处时，他仔细地检视了所有的玩具，我则静静地站在一旁。

　　在后面的一次治疗中，罗杰迅速摆好医生的道具，让我躺下。整场治疗中我们都在玩医生游戏；我扮演病人，他则扮演医生。当他扮演医生时，整个态度都变了：对我既亲切又温柔，神情严肃，轻声表达对我病情的深切同情。我问他我是否需要住院。他沉重地告诉我，我的病情很重，必须住院。他还问我是否有孩子。我说我有一个儿子，我非常担心如果我住院了，没人照顾他。我很担心儿子在家里和学校的状况，而且他年纪太小，可能无法理解实际情况，会过度担忧我。罗杰认真地听着。最后，他用我听过的最温柔、最亲切的声音说："别担心，我会向他解释你会好起来的。而且，在你住院期间，我也会帮你照顾他。"他轻拍我的手臂，对我微笑着。我很感谢他为我做的这些。

　　罗杰和我连续玩了至少5节治疗的医生游戏，在他的指导下，每次的剧情都变得更加复杂和丰富。"假装你在家突然不舒服，然后打电话给我。"罗杰说道。

　　在这几次治疗后，罗杰将温柔体贴的举止带到了学校和家里。在首次父母访谈中，我了解到他的母亲曾一度病重，三次因病情严重而长时间住院。现在她已康复，她认为她的疾病并不是导致罗杰敌对行为的原因。然而，罗杰对医生角色的浓厚兴趣向我透露，他对于母亲多次住院的感受显然需要以一种在家中难以实现的方式来表达。

游戏是幼儿即兴戏剧的一种形式，不仅如此，游戏还是儿童探索和认识世界的途径，对儿童的健康发展至关重要。对儿童来说，游戏是严肃且目的明确的活动，借助于游戏，儿童的心理、身体和社交方面得以发展。游戏也是儿童自我疗愈的方式，有助于他们修通困惑、焦虑和冲突。罗杰选择让自己变得温和体贴，还有些孩子则借助于游戏表现出蛮横和攻击性。在游戏的安全环境中，每个孩子都能尝试新的行为方式。游戏对孩子至关重要，远不只是成人眼中不务正业、轻松愉快的活动。

游戏也是儿童的语言，是一种替代儿童言语的象征。儿童在生活中会经历许多无法用言语表达的事物，因此他们可以借助于游戏来组织和同化这些经验。

4岁的卡莉小心翼翼地将娃娃家具摆放在娃娃屋的各个房间里，一直调整到满意为止。随后，她让母亲娃娃和父亲娃娃在一间房里同床共枕，而将孩子娃娃放置在另一个房间的床上。"现在是晚上了。"她对我说，随即在我的注视下，她操作着父母娃娃上演了一幕亲密的剧情。接着，她将所有娃娃摆放在厨房餐桌的周围，转向我说："现在是早上了。"

在儿童心理治疗中，我对游戏的运用方式与其他技术的运用方式类似，比如故事、绘画、沙盘、玩偶秀或即兴表演技术。下面列出了我运用游戏技术的要点，以及对游戏治疗过程的一些见解。

儿童在游戏时，我会观察她的过程。她如何游戏？如何接触材料？选择什么玩具？回避什么玩具？她的总体风格是什么？从一个活动转换到另一个活动是否有困难？她是混乱的，还是井井有条的？她的游戏模式是怎样的？卡莉的游戏方式往往揭示了她的生活状态。

我会关注游戏的内容。她展现出了哪些议题？是孤独、攻击性，还是养育的议题？在游戏中，飞机和汽车经常发生事故和碰撞吗？

我会观察儿童的接触能力。在她游戏时，我是否感到与她有所接触？她能否非常投入自己的游戏，因而让我体察到她与游戏及自我之间的良好接触？她是否总处在接触的边缘，以至无法全身心地投入任何事物？

游戏中的接触是怎样的？她是否允许玩具之间的接触？人物、动物或车辆是否相互接触、看见和交谈？

我可能会借此机会引导孩子觉察自己在游戏中的过程和接触。例如，我可以说："你喜欢慢慢地做这件事。""你似乎不喜欢用那些动物——我注意到你从没碰过它们。""你很容易对事情感到厌倦。""看起来谁也不喜欢对方。""这架飞机孤零零的。"

我也可能在游戏结束后再引导孩子关注这些。如果游戏中有反复出现的模式，我会问及她的生活。我可能会问："你喜欢家里井井有条吗？"（或者）"有人会弄乱你的房间吗？"（有个很少说话的孩子激动地回答了这个问题："是的！是我那讨厌的妹妹！"）

我也会直接引导孩子觉察自己正在做的事情："你在埋士兵。"

我还可能随时让孩子停下来，重复、强调或夸大他的动作。比如，我注意到一名10岁男孩经常在他精心布置的场景中使用消防车，这个场景里有汽车、房屋和建筑物，且这些玩具模型都是放在地板上的，而非沙盘里。消防车在各种情况下都会赶来救援。我说，我注意到他的消防车经常参与救援，并邀请他再为我演示一次救援。他照做了。于是我问这个男孩，这是否让他想起生活中的某些事情。他回答说："我妈妈希望我帮她处理所有事情。自从爸爸离家（在海军服役）后，她就想让我做所有的事！"

我还会引导孩子觉察其游戏或游戏的内容所暗含的情绪。"你听起来很生气！"或者，"那个父亲娃娃肯定对男孩很生气"。我观察儿童的身体、表情和手势；倾听他的声音、暗示和评论。我也许会请他重复说过的话。

我会引导孩子对故事中的各种人物、动物或物品加以认同，例如："想象你就是那辆消防车，它会说什么？在你的故事里，如果你是消防车，它要做什么？""那条蛇会如何介绍自己？""作为海里的鲨鱼，你感受如何？"（或者）"你选择扮演哪一个？"

我还会让孩子作为物品或人物，进行一场开放式对话，比如："如果消防车能说话，它会对这辆卡车说些什么？"

我会将游戏中的情境引回孩子及其现实生活上。"你是否曾感觉自己像那只猴子？""你是否曾像那两个士兵一样发生过争执？""你是否曾感到被塞满？"

我会很小心，避免打断孩子的思路，等待一个合适的停顿，再提出问题或发表评论。当我全神贯注参与孩子的活动时，我知道什么时机适合讲话或邀请孩子做事。通常，孩子在游戏时会与我交谈，有时，得益于孩子与我接触的自然部分，我因而能够在某些方面引导孩子的觉察。

在我觉得不合适，或孩子不愿意的情况下，我一定不会强迫孩子去认同、承认或讨论任何游戏、过程或内容。尤其是对于年幼的孩子，他们既不想也不需要用言语表达他们的发现和觉察，或者"承认"游戏所表达的东西。仅仅是将这些感受、情境和焦虑玩出来，就实现了一定程度的整合。实现这种整合有两种方式：一种是借助于开放的表达方式，即使是象征性的而非直接的表达；另一种是孩子在安全、接纳的环境中，去体验游戏情境。许多父母反映，孩子在一次治疗结束后，变得心平气和了。

有时，我会用玩具布置一个结构化的场景给孩子进行游戏。在角色扮演游戏的过程中，我可能会挑选各种物品，以对应儿童现实生活中的某个情境，或某个神话故事里的两难困境。例如，我会挑选几个玩偶屋里的小人偶，让孩子用它们来表演一个场景。或者，我边操纵玩偶边说："女孩在卧室里准备睡觉，但她能听见厨房里父母正在争吵。接下来会发生什么？"（或者）"这家人围坐在餐桌边吃饭。电话铃响了，是警察打来的，说他们的儿子因为偷窃被抓，现在在警察局。接下来会怎样？"

一名9岁女孩很害怕飞机，她不希望父母按计划去旅行。于是我布置了一个模拟机场和飞机的场景，还有代表她自己和父母的娃娃，让她在这个假装的情境中将自己的情绪玩出来。在她的游戏里，她设法让父母无法登机。（我们已经花了几节治疗深入探讨了她对飞机的恐惧、预期中的灾难，以及害怕被遗弃等情绪。）我再次设置了同样的场景，让父母在和她吻别后登机，并邀请她扮演那个被留在机场的玩偶，描述自己的感受。这次游戏扮演中，她所表达出的关于恐惧的材料比以往任何时候都要多。

有时，在与四五岁儿童工作时，我会安排一节母亲与孩子一起参与的游戏治疗。我会引导他们随意挑选玩具，或由我为他们挑选一些。通过这种方式，母亲与孩子间的互动信息得以大量呈现，这些信息对于治疗非常有帮助。这一方法的灵感来自亚瑟·卡夫（Arthur Kraft）所著的《你在倾听孩子吗?》（*Are You Listening to Your Child?*）。卡夫在书中分享了自己如何指导一组父母与孩子进行游戏互动。

5岁的布伦特和他母亲坐在我治疗室的地板上，周围摆着积木、农场动物模型、几辆小汽车、一辆自卸卡车和一些玩偶。我提议他们随意玩摆出的玩具。起初，这个环境对他们来说有些刻意，让他们有点紧张，但很快，他们便投入到了游戏中。布伦特提议每人用积木搭建一个农场，并分配动物。他决定自己负责管理动物，将母亲想要的动物放入卡车，然后运送给她。母亲表示同意。过了一会儿，布伦特认为他还需要更多积木，想从母亲搭的房屋中取走一些。母亲不同意，布伦特便开始和母亲争执、抱怨、抢夺积木、尖叫，最后蜷缩在地上哭泣。母亲最终妥协，给了他几块积木。突然，布伦特表示厌倦了玩积木和动物，他宣布要为我们表演玩偶戏。他仔细看了每一个玩偶，最终将鳄鱼玩偶套在手上，费力地将一个女人玩偶套在另一只手上。随后，他让鳄鱼玩偶发起攻击，将女人玩偶吃掉，并发出尖锐的笑声。我宣布时间到，我们一起收拾了玩具。

我与布伦特及母亲就游戏中的情景展开了讨论。布伦特的母亲表示，在我治疗室里发生的一幕，几乎就是他们生活中各个方面的真实写照。她表示，只要让布伦特来主导，一切看起来都很好。然而，他会变得得寸进尺。一旦事情不如他意，他便会大发雷霆。于是，母亲通常最后还是会做出让步，但一切仿佛已被破坏了，他也不会尽兴。基于他们在我治疗室里的游戏场景，我们得以处理布伦特与母亲之间明显的权力斗争，以及他内心深处的真实需求，即让母亲来扮演坚定的主导角色。母亲逐渐意识到，当一个5岁孩子需要自己来设定太多边界时，往往会感到挫败，并表现出叛逆行为。

年纪大一点的孩子也会积极参与到游戏治疗中。10岁的男孩杰森，在桌上搭了一会儿积木。他一边搭积木一边向我描述那是一座监狱。在监狱中，他放置了一个牛仔。在游戏的过程中，他讲了一个情节复杂的故事，是关于这个牛仔及其英勇事迹的。最终，他坐回原位，宣布游戏结束。我问了一些关于各种建筑和人物的问题，最后请他扮演监狱中的牛仔，并描述身处监狱的感受。我之所以选择这样做，是因为我对于"牛仔被独自关在监狱"这一点很感兴趣。他愿意配合。最后我问道："你是否曾感觉自己像那个牛仔一样被困在牢里？"这个提问引导杰森倾诉了他对生活情况的强烈情绪。尽管我们无法对他的具体处境做什么改变，但将内心深处的想法向我倾诉出来，对他来说仍然是很重要的。压抑这些情绪只会削弱他，而当改变现状的时机到来时，未曾表达的情绪将依旧埋藏而停滞，成为他不必要的负担。

尽管大一点的孩子有更好的语言能力，但他们会觉得通过游戏来表达更为安全，也更加容易。让两个动物互相攻击、砸碎黏土、将玩偶埋入沙子里，等等，以此来表达敌意，这些活动不会带来那么多威胁感。

有时，我会邀请孩子环顾一下房间，挑选一个特别的玩具。然后，我会请他想象自己就是那个玩具，并向我描述他是如何被使用的，他的功能、外观以及他渴望做的事情是什么。例如："我是一架飞机，我喜欢飞往新地方，我感觉自由自在。""我是一头大象，我很笨拙，人们觉得我傻乎乎的。""我是一块石头，我有一面非常粗糙，但另一面却非常光滑，很美丽。"对于每一种玩具，孩子都能"拥有"这句陈述，这种拥有感能引导他们打开新的感受。此类练习适用于各年龄段。我有时会借助于提问，来引出更多材料。然后我会问："你所说的内容，哪些和你是匹配的？你想做那些事吗？你所说的与你的生活有没有什么关联？"

一名6岁的女孩选择扮演垃圾车。她介绍说她会捡垃圾，穿梭于街头巷尾。一会儿，她开始告诉我，因为要捡的垃圾太多了，所以她到处闯红灯。我问她是不是也曾违反过规则。她咧嘴一笑，点了点头。对此，我们进行了一次有趣的讨论。

尽管我们要为孩子的游戏创造一个接纳的环境，但这并不意味着游戏没有界限。实际上，界限是治疗的重要组成部分。这些界限包括时间设置（我通常与孩子进行 45 分钟的游戏治疗）；对于滥用玩具和游戏室的限制；不得将玩具带出游戏室；以及禁止对我或其他孩子实施身体伤害。孩子需要提前了解治疗即将结束："我们只剩下 5 分钟左右的时间了"或者"我们很快就得结束了"。当然，虽然要严格遵守规则，但孩子希望突破限制的愿望也需要得到理解和承认。

孩子在游戏治疗室里的游戏，其作用不仅限于直接的治疗过程。游戏对孩子而言充满乐趣，有助于增进治疗师与孩子之间必要的融洽关系。当孩子面对满屋子有趣的玩具时，他们最初的恐惧和抗拒情绪往往会显著减轻。

游戏也是一种有效的诊断工具。通常，要对一个孩子做"评估"时，我会花时间观察他的游戏行为。我能从中观察到他的成熟度、智力、想象力与创造力、认知组织能力、现实定向、行为风格、注意力持续时间、问题解决能力、沟通能力等。当然，我会避免仓促下结论。

我认为很重要的一点是：孩子也可能通过游戏来回避表达自己的感受和想法。他或许会固守某种游戏模式，或抗拒深入参与任何游戏。治疗师需辨识这种绕圈子的情况，并以直接而温柔的方式加以处理。

在与父母交流时，就家里对孩子最有帮助的游戏材料，给父母一些指导，这会很有帮助。孩子往往对一些家里没有的常见材料很感兴趣，比如黏土或颜料。

沙盘

沙子是与各年龄段儿童互动的绝佳材料。将沙子应用于治疗，这也不是什么新鲜事了。玛格丽特·洛温菲尔德（Margaret Lowenfeld）在《童年的游戏》（*Play in Childhood*）一书中阐述了沙盘的好处，并对沙盘做了简要介绍：一个尺寸约为宽 46 厘米、长 69 厘米，深 5 厘米的木制容器，内部防水。

沙与水可以展现丰富的幻想场景，比如挖掘隧道，埋藏或淹没物体，以及创造陆地与海洋景观等。打湿的沙子可塑形，干燥的沙子触感舒适。慢慢给沙子加水，还可进行各种触觉试验。湿沙可晒干，然后再打湿，或添加更多水变为"泥沙"，当沙子完全被水淹没时，就变成了水。（摘自《童年的游戏》第47—48页）

洛温菲尔德将沙盘与她所谓的"世界"材料，即代表现实生活的物品，结合使用。

许多荣格派治疗师也使用沙盘技术，儿童和成人来访者都适用。许多小物件与玩具因其特定的象征意义而被选择用于沙盘中。沙盘场景被视作梦的连续，治疗师会每隔一段时间对沙盘作品拍照，以借助于这些照片来观察治疗过程的进展。

我在玩具店买到一袋细白沙，将其放在一个边长不到61厘米的方形塑料容器中作为沙盘，这个容器原来是泳池用品店卖的足浴盆。我的沙盘在一张矮塑料桌上，桌面铺有塑料垫以接住撒出来的沙子。我的架子上摆放着好几个篮子，装有各种小物件作为沙具（详见本节末尾的清单）。有时，我会让孩子自由选取沙具，在沙中构建"场景"或"画面"；有时，我则亲自挑选，从而聚焦于特定的情境。此类活动的益处颇多。由于沙具都陈列在架子上，孩子无须像绘画那样自行创造素材。沙子为沙具提供了很好的地基，使其能够稳稳放置。沙子可以移动变换，堆成小山丘，摊成平地，或挖出一片湖泊（托盘是蓝色的）。沙具可被埋入沙中，也可移动，以模拟各种场景。沙子流过指尖和手，触感极为舒适，提供了理想的触觉和动觉体验。沙盘活动对大多数孩子而言颇为新奇，能激发他们的兴趣。孩子可在沙中创造属于自己的迷你世界。不用说话，便能通过沙盘传达许多信息。

9岁的马克在沙盘里摆了很多战斗场景。在他摆的场景中，他使用过士兵、中世纪骑士、牛仔或动物作为角色。每次战争的剧情结束时，总是一方只有一名幸存者，悲伤地埋葬已经牺牲的同伴。而另一方则欢庆胜利，或许也会埋葬一两名牺牲者。我问他自己是其中的哪个角色，马克总是选择做胜利一方的队长或领袖。他渴望成为实际生活中胜利的一方。经过多节治疗，他才能够"拥有"交朋友的需求，并能够理解落败方的孤独幸存者。（至少他还活着！）这时，我们才能直面阻碍他交友的真正原因。

7岁的黛比生活在寄养家庭中。她每个月大概有两个周末会去探访生母。她之所以被转介给我，是因为每次探访生母后，黛比都表现出激烈的攻击行为。就算黛比能意识到自己的情绪，她也无法表达对于探访的真实感受，不愿探讨引发不良情绪的原因。黛比探访后的行为表现，令她的寄养母亲有些不愿意让她去探望生母了。

在一次治疗中，我请黛比在沙盘里演示她去探望生母的情景。她挑选了一些沙具来代表寄养父母、寄养家庭的其他孩子、她自己、生母，以及住在另一个寄养家庭中的亲妹妹，甚至包括接送她和妹妹去探访的生母的朋友。她用小积木搭出了所有房屋，并用家具部件布置了房间。然后将每个角色摆放在适当的位置，包括代表她自己的沙具。然后她演示了从被接走到返回住处的整个过程。

我看着这个过程，明显感受到这些拜访给黛比带来了巨大的压力，尽管在叙述的过程中，她的声音听起来始终都是冷漠、冷静、轻率且实事求是的。当我观察代表她的沙具人物的动作，及其情绪与认知上的大幅"切换"时，我都感到筋疲力尽了。我表达了自己仅是旁观整个过程就感到疲惫，并表达了在我的设想中，这个人物，甚至黛比本人，可能会产生感受。黛比凝视了我的眼睛几秒，当我看向她时，她的脸耷拉着，身体松弛了下来，泪水夺眶而出，她爬到我的腿上，哭了好一会儿。随着黛比探访生母的情境中这个新的部分呈现出来，我们得以对黛比以及她的生活中的成年人做出一些调整，以缓解探访开始和结束时的紧张气氛。

这种对儿童真实生活情境的演示，即使不借助于沙盘，也能有效呈现。然而，我发现沙子非常吸引儿童，更有助于他们自由表达。在此，我还要补充一点，黛比的这个案例是一个很好的例证，展示了关注自我内心活动的重要性。与成人的工作中，我已学会信任并运用自己的感受和身体反应。与儿童工作时，这部分的工作尤为关键，因为孩子既敏感又非常善于观察。我要是明明没兴趣而假装感兴趣，是很难骗过孩子的。黛比凝视我的眼睛时，便知道我是在坦诚相告我的内心感受，因此她可以信赖我。

13 岁的丽萨也住在寄养家庭里，却从未探望过亲生父母。因为她的行为表现，她被标记为"有犯罪倾向的青少年"。我请丽莎在沙盘中创作她喜欢的场景。她非常专注，创造了一片沙漠，点缀了一些零星小灌木，一只兔子，一条钻入洞中的蛇，以及一名站在沙丘之上的少女。丽莎不愿讲述故事，只是向我介绍了她的场景。尽管如此，她愿意对场景和其中的每个角色产生认同。每一次，她都将自己的存在描述为一片荒凉与孤寂。当我问到她所说的内容是否与真实生活有所关联时，丽莎开始谈及她深切的孤独感。当她在治疗中能够表达这些情绪时，她付诸行动的行为便逐渐减少。

有时，孩子会在治疗过程中自发地使用沙盘，13 岁的格雷戈就是。他在黑板上画了一个巨大的代表他母亲的人物。格雷戈说，这是他的母亲正在大声呵斥他。我请他扮演母亲，对着自己大声呵斥。

他开始大喊："不可以再那么做了！否则你就别想看电视！不能这样，不能那样，不行，不行，不行，不行，不行，绝对不行！如果你再那样，我会一天、两天甚至三天都不和你说话！"他边说边在黑板上涂鸦。随后，他突然表示需要使用沙盘。他用乐高积木搭建了一座大房子，并在沙盘中在其周围摆放了许多动物，包括一头大象、一只长颈鹿、一条蛇、一头驴、一只鸟、一条鲨鱼、一只老虎以及其他几只动物，同时还布置了一些树木、灌木和围栏。房子里住着一个人（他在房子里放置了一个男人的沙具），而动物们则生活在房子外面。男子驾车上班后（他把这一幕演了出来），动物们便开始游戏，不仅破坏了院子，还破坏了房子。其中，大象的破坏力最强。这种情况持续了很久。最后，男人回来了，和动物们开了一场会，要求它们把这些都清理干净，并承诺会倾听并探讨它们的需求。男人再次离开，动物们在大象的带领下，不仅重建了房屋，整理了所有物品，还增种了灌木、加固了围栏，并搭建了一座桥梁。男人回来后对动物们表达了认可。（格雷戈边移动沙具边向我讲述这个故事。）

格雷戈完成时，静静地靠在椅背上休息了一会儿。他告诉我他需要休息。由于我们的时间已到，我问他是否觉得自己是那头大象。"是的。"他回答道。

（格雷戈有点超重，这使他很困扰，也让他的母亲很愤怒。）格雷戈带着灿烂的笑容离开了。但在离开前，他抓起一张纸，匆匆写下几个字，在出门时递给了我。上面写着："我喜欢你"。

在使用沙盘时，我通常会让孩子利用篮子里的任何物件在沙盘中搭建场景。年幼的孩子往往会开始用沙盘演示些什么，比如一场战斗；还有一些孩子会认真从容地在沙子上摆放沙具，没有明显的计划。年纪大一点的孩子似乎会精心设计他们的场景，小心地挑选沙具。沙盘的使用没有年龄限制。我可能会建议青少年自己从架子上选择吸引他们的物件，无须过多规划，或者让他们根据自己的所见所感来构建世界。我或许会引导说："闭上双眼，想象一下你的世界。现在，构建一个场景来呈现你脑海中的世界。"

我经常使用沙盘，和使用绘画或梦的技术一样多。孩子会向我介绍沙盘的场景，讲述与之相关的故事，告诉我正在发生或即将发生的事情。我可能会引导他们与各个物件产生认同，或代表物件进行对话。比如，一个孩子说："这只老虎要把大家都吃掉。"这时，我会让他演出这一情景。有时，当一个情境被演示后，新的情节会随之展开。例如，老虎可能吃掉了所有人，唯独对一只小兔子心生怜悯，留下了它。有时，我会观察整个情景，结合一般生活问道："你的动物园看起来非常拥挤。你在家是否也感到拥挤？"或者，我可能会就整个过程加以表达："你在选择物品时似乎很困难。在生活中你做决定是否也感觉很难？"

苏珊经历过一件非常恐怖的事情：一名男子闯入她的家，在她熟睡时袭击了她，随后还纵火烧屋。然而，她在叙述这段经历时，语调平淡，毫无情感波动。工作初期，我请她创作一个沙盘场景，内容不限。当时 10 岁的苏珊，颇为漫不经心地从架子上取下物品，又放回去，尝试着新的物件。最后，她确定并摆好了她的场景，坐回位子表示完成。我请她讲解一下她的场景。

苏珊：这是一条街道。这里有几栋房子，还有几辆停在门前的车。街道尽头的那座宏伟建筑是一家博物馆。有一个下班回家的女士乘坐了公交车，她是一名护士。博物馆内珍藏着许多昂贵的宝物，价值连城。因此，这里设有一个小小的警卫室，两侧各站着两名警卫（玩具士兵）。由于这家博物馆，任何进入这条街道的人都需要接受警卫的检查。

我：你在这条街道上吗？你在哪儿？

苏珊：哦，我在其中一栋房子里。

我：街上有警卫室，这让住在这条街道上的人感觉如何？你感觉如何？

苏珊：哦，大家都喜欢。我也喜欢。

我：为什么？

苏珊：没有经过检查的陌生人不能进入这条街道。大家喜欢这样。

我：苏珊，经历了那件事后，你希望住在有警卫室的那种街道上吗？

苏珊：哦！对！怎么每次我在这儿一干点啥，我们总能绕回那件事上！我压根儿就没往那儿想！

（随后，我们开始着手处理苏珊的恐惧。）

最近，我在办公室里添置了第二个沙盘，里面可以加水，就放在干沙盘旁边。湿沙就像海滩上的沙子一样，可以被塑形。湿沙非常受幼童的欢迎；他们一发现沙子里可以加水，就会想加更多水。有一个5岁的男孩问我能否往沙盘里加更多水，于是我听他的，从水壶里倒了一些水进去。他还想加更多水，我便继续加水，直到水面到达沙盘的上限，留出些许空间防止溢出来。肯尼将沙子堆成海滩，随后演示了一幕精彩的场景：水里和岸上的恐龙、鳄鱼，与摆在干沙盘中的士兵战斗。最终，恐龙胜出。探讨这次演示时，肯尼告诉我，士兵们面对恐龙，甚至鳄鱼，都毫无胜算。它们高大强壮，相比之下士兵不过是普通的小小的人。我问他是否曾感觉自己在一群巨人中显得渺小，并非真正的巨人，只是有时给他巨人的感觉。他咧嘴一笑，点头说："没错！"

以下是我拥有的沙具。

交通工具类：轿车、卡车、船只、摩托车、火车、军用坦克和吉普车、飞机、直升机、救护车、警车、消防车。

动物类：家养动物（猫、狗）、农场动物、动物园里的动物、野生动物、恐龙、鸟、很多马、蛇、鳄鱼、鲨鱼、很多柔软蠕动的生物、鱼、鲨鱼。

人物角色：种类繁多，包括牛仔、印第安人、军人、骑士、芭蕾舞者、新娘、新郎、蝙蝠侠、白雪公主与七个小矮人、圣诞老人、恶魔、巫婆、大熊等。

场景道具：家具、小积木、建筑模型、树木、苔藓、灌木丛、停车标志、电线杆、旗帜、桥梁、图腾柱、贝壳、鹅卵石、漂流木、塑料花卉、围栏、乐高积木（常用）。

我不断扩充着我的玩具，无论在玩具店、火车模型店、水族馆、精品店、药店、派对用品店、五金店、廉价商店，还是二手货拍卖，我总在寻找有趣且价格实惠的物件。

我将这些物件有序地放在不同尺寸的篮子中。铝箔烘焙盘也是不错的容器，小盒子也可以，虽说它们不如篮子那般美观。将物品分类，并放在独立开放的容器中，这会很有帮助。

游戏

在我与学校中心理失常的儿童工作时，游戏是有助于学习社交的重要工具。这些孩子无法接受轮流参与，总是作弊，且在桌游中无法忍受别人领先，尤其难以接受失败。一旦输掉游戏，有的孩子会跑到治疗室的角落，无法自抑地抱头痛哭；有的则会尖叫、咆哮、哭泣，甚至动手打人。旁观者或许会认为他们的反应过激，毕竟，那不过是一场游戏。但对于参与其中的孩子而言，游戏便是生活的缩影。被指控作弊，不过是他们经常要面对的一种指责。对他们而言，在游戏中的防御是生死攸关的。当混乱平息后，我们会继续游戏。

每个孩子玩游戏的方式，正是他们应对真实生活的写照。随着时间的推移，不管经历什么波折，我们都继续玩游戏，在游戏的过程中，孩子应对困难的能力取得了可观的进步，有时这些进步甚至相当显著。游戏有助于孩子学会与他人的相处之道，当孩子在生活中越来越坚强时，他们对于游戏的态度也随之改善。

尽管这些有情绪困扰的孩子在游戏过程中常常表现出强烈的负面反应，他们依然渴望并热爱游戏。这并不出人意料，因为大多数孩子都热爱游戏。然而，由于他们激烈的反应，这些孩子在家中很少有机会游戏。许多孩子从家里带来游戏，在团体中他们可以尽情分享和争夺游戏。

我在治疗环境中使用的游戏具有多重目的。有时，当孩子完成一个活动后，我会用游戏来结束剩余的一点治疗时间。孩子清楚什么时候该结束游戏。在分享并探讨了重要情境和感受后，他们有时会突然理智地提出："我们玩游戏吧。"这其实是孩子在表达："现在我们停下来吧。我累了。我需要消化所发生的事情，去整合，细细思量。"

游戏不仅以乐趣和放松为目的，还能帮助治疗师了解儿童，缓解儿童初期的阻抗，促进治疗师和儿童建立信任与自信。游戏对于有沟通困难的儿童尤为有益，也适合需要集中注意力的孩子。在治疗环境中，游戏对于提升接触能力非常有效。在我与孩子一起游戏的过程中，他们的过程及生活态度得以大量呈现。

精神分析取向的治疗师常借助于游戏来促进儿童与治疗师之间的"移情"状态。当孩子对于治疗师产生了好像是面对其他重要成人（如母亲或父亲）的反应时，治疗师便能利用这种治疗过程中的"好像"反应。不过，尽管这种反应对我而言可能意义重大，但我并无意发展这种"移情的"幻想。我不是孩子的母亲，我是我自己。我会以自己的身份与孩子相处，一起探索我们之间的差异。

我不太喜欢那些需要高度集中注意力、投入大量时间和精力的复杂游戏，比如"大富翁"或国际象棋。相反，我更倾向于玩一些简单的游戏，比如跳棋、立体井字棋（很多孩子的最爱）、傻瓜游戏（Blockhead）（我的最爱）、接爪子（jacks）、挑棒子（孩子最爱的另一个游戏）、记忆游戏、完美匹配

（Perfection）、四子棋、连弹珠（a marble roll game）、不可破冰（Don't Break The Ice）、多米诺骨牌，以及其他一些棋牌游戏。孩子常自带游戏来玩。

我会避免推荐我不太喜欢的游戏，比如跳棋，但如果孩子非常想玩，我也会陪他玩，但我会确保孩子了解我的感受。

在团体活动中，可以将大家分成两人或三人小组，每组玩不同的游戏。玩一会儿后，各组交换游戏，之后还可以更换组员。

市面上还有一些商业桌游和纸牌游戏，这些游戏专注于情绪交流。其中经典的有非游戏（The Ungame）和说、感、做游戏（Talking, Feeling, and Doing Game），这两款游戏我也经常使用。我发现，孩子在回答问题、分享与生活相关感受和内容的同时，往往对游戏的机械元素表现出浓厚的兴趣，比如标记物、游戏板、代币、转盘。这类游戏完全可以自行创造，可以用到白板、可擦写卡片、马克笔、转盘及代币等，这些在教育用品店均可买到。

乐高、万能工匠（Tinker Toys）、林肯日志（Lincoln Logs）等搭建类玩具，在治疗环境中是非常好的材料。这些玩具往往能缓解孩子初期的阻抗，帮助他们放松。有些孩子在与治疗师交谈时，手里需要做点什么。这些搭建类套装玩具不仅可以帮助孩子释放创造性，还可运用到沙盘或其他游戏情境中。儿童在搭建游戏中，能够清晰呈现他们的过程。

有的孩子喜欢玩拼图游戏。他们对简单的拼图以及更高级的立体拼图都很感兴趣。我常与孩子一起玩拼图，有时他们将其作为放松的方式。这些拼图所带来的挑战往往类似于游戏中儿童的过程，也反映了他们的现实生活经历。

我也会在工作中运用一些魔术技巧。理查德·加德纳是为数不多探讨过在儿童治疗中使用魔术的治疗师。他在《阻抗儿童的心理治疗方法》（*Psychotherapeutic Approaches to the Resistant Child*）一书中写道：

"吸引孩子最有效的一个方法，就是给他表演几个魔术。当治疗师问'想看个魔术吗？'时，无论这个孩子多么固执、不合作或容易分心，都不太可能回答'不想'。虽然魔术并非有效的治疗技术，但在促进孩子与治疗师的互动上,魔术非常有效。短短 5 分钟的魔术,便能带来重大意义。焦虑的孩子通常会因此减轻紧张感,从而更自由地参与更高层次的治疗活动。经过魔术的'破冰',那些极度阻抗的孩子,往往也会变得不那么抵触。而且,那些原本不投入或易分心的孩子,通常会对魔术产生浓厚的兴趣,进而更容易进入更高效的治疗环节。简而言之,魔术有助于提升儿童的注意力和参与度。此外,这些魔术技巧让治疗师变得更有趣、更吸引孩子,从而加深治疗关系,我也强调过,治疗关系正是治疗过程的基石。"(摘自《阻抗儿童的心理治疗方法》第 56—57 页)

在《魔法师的学徒:儿童心理治疗中的魔术应用》(*The Sorcerer's Apprentice, or the Use of Magic in Child Psychotherapy*)一文中,乔尔·莫斯克维茨(Joel Moskowitz)详细阐述了他如何运用魔术与 3—15 岁的儿童互动。他发现,魔术技巧有助于建立关系和信任,对于不太说英语的孩子来说,魔术成了一种通用的语言,魔术也能为被贴上"粗心、笨拙"标签的男孩提供安全感和自信。在大城市的任何魔术商店,都能买到价格实惠、易于学习的魔术道具。

作为治疗技术的投射测试

尽管投射测试最初是作为诊断工具而设计的,但许多投射测试和问卷调查本身也适用于治疗。虽然这些测试的诊断准确性存疑,但它们作为表达媒介的有效性却毋庸置疑。我在治疗中对投射技术的使用,就如同使用故事、绘画、梦或沙盘一样。

大声朗读测试手册中对测试结果的解释,也是一种效果很好的技术。我会鼓励孩子对手册中的解释提出自己的看法。他能够说出"是的,我就是那样,没错",或者"不,我完全不是那样",或者"嗯,有时候确实如此",或者"我在某些人面前是这样,对其他人则不然",这不仅促进了进一步的讨论,还有助于借助于对自己做出具体、明确表述来获得额外的力量和自我支持。学会拒绝那些与自己不相符的描述,是这个过程的关键。

儿童主题统觉测验（Children's Apperception Test）：我会邀请孩子就一幅图片讲述一个故事，随后我会像处理其他故事一样与他们探讨。

主题统觉测验（Thematic Apperception Test）：此测试尤其适用于青少年。我会让孩子描述他们认为图片中正在发生的事情，并按照上述方式进行探讨。有时，我会记录下他们对几幅图片的回答，然后拿出手册，向他们朗读手册中关于他们回答的含义。我会问孩子，是否认为手册所述的是正确的（并解释手册内容确实可能出错）。例如，我可能会说："手册指出，根据你对这张图片的反应，你可能会被年长男性所吸引，或者希望母亲死亡。"青少年对此可能一头雾水，通常会与我展开一场热烈的讨论（其实我可能也认为手册的这一论断是荒谬的），来探讨他（或她）对此解读的感受。

画人测试（Draw-A-Person Test）与房树人测试（House-Tree-Person）：我常会拿出手册，向孩子朗读手册中对图画的解读，看他是否同意。必要时，我会将词语翻译成孩子能理解的语言。

看图说故事（Make A Picture Story）：我仅将此测试作为心理治疗的工具，让孩子讲述自己的故事。

动态家庭绘画中的动作、风格与符号（Actions, Styles And Symbols in Kinetic Family Drawings）：在此测试中，孩子需描绘其家庭成员正在进行的某项活动。我曾使用过这个测试，使用方式和使用其他绘画技术一样，或向孩子朗读手册中的解释，询问孩子是否同意。

罗夏克墨迹测验（墨迹图）[Rorschach Cards（ink-blots）]：我请孩子告诉我他们在图中看到了什么，并根据他们的描述进行工作。工作方式和处理幻想活动一样。我可能会让他们编一个故事、扮演他们在图中所见之物，或让图中的不同部分进行对话等。

自制墨迹图有一个简便的方法，即使用食用色素。各种颜色的小挤压管大约只需1美元。在纸上挤上、点上或画上一些颜色，将纸对折，轻压一下，然后再展开，一幅彩色的墨迹图便跃然眼前，你可以从图中看出各种各样的东西。

卢歇尔色彩测试（The Luscher Color Test）：这是青少年钟爱的一项测试。他们将颜色从最喜欢到最不喜欢进行排列，我则向他们解读说明手册中关于其选择的解释。

手势测试（The Hand Test）：此测试展示了一系列不同手势的图片，比如伸手、紧握等。参与者需描述在其看来这些手势正在做什么。这个测试非常适合引导出故事、印象等内容。我们可以根据故事或印象进行深入探讨，或者查阅手册中关于参与者反应的解读。

句子完成测试（Sentence Completion Tests）：以治疗方式处理受试者的回答极具成效。

泰勒·约翰逊气质分析（The Taylor Johnson Temperament Analysis）：该测试揭示了个体在若干两极对立的情绪中如何感受自我，如紧张与镇定、抑郁与高兴等。该测试需要将结果和侧写图对照使用。我常常回顾最初的测试问题，以获取进一步的反应。

穆尼问题检查表（The Mooney Problem Check List）：这是我与大龄儿童、青少年的工作中，最为有效的一种工具。该列表包含 210 条与初中生或高中生相关的陈述。（另有针对大学生的版本。）我会逐一朗读这些陈述，要求孩子以"真"或"假"，或"是"或"否"作答。陈述内容从"我经常头痛"到"我对自己所做的事感到羞愧"不等。孩子总能对这些触及内心的陈述做出回应，告诉我许多他们之前未曾提及的信息。测试结束后，我们会对一些回答进行回顾并深入探讨。

雷斯珀特寓言测试（The Despert Fable Test）：每个寓言最初都是针对某种冲突或关键情境而设计的。例如，鸟爸爸、鸟妈妈和鸟宝宝，在树枝上的巢中安睡。突然，一阵大风袭来，摇动树木，巢穴坠落地面。三只鸟儿惊醒。鸟爸爸迅速飞向一棵松树，鸟妈妈则飞往另一棵松树。鸟宝宝打算做什么呢？他已经学会了一点飞翔。

还有许多未提及的其他测试，不难看出，此类测试均能用于治疗。

然而，当这些测试用于诊断时，我们必须对于结果持非常谨慎的态度。通常，孩子没有机会对关于自己的陈述做出回应，也无法对专家的结论发表异议。测试结果往往是一种去个性化的定论，一旦记录到个人档案中，便难以更改。而这可能对孩子造成极大的伤害。

曾有这样一个案例，一名儿童被一位心理学家诊断为精神分裂症。该心理学家对他进行了一系列专业测试。测试的诊断结果被永久记录在一家社会机构的档案中。后来，我正好和这个男孩工作，并获取了所有测试结果的复印件。与这孩子相处仅5分钟后，我便确信他并非精神分裂症患者。然而，他对测试他的那位心理学家感到十分恐惧（这是他后来告诉我的），于是他借助于沉默来保护自己。心理学家并非有意恐吓孩子，然而孩子却因某种原因感到不安。关键是，尽管心理学家可能已尽其所能，怀着善意去工作，但结果却出现了偏差。测试后，所有人都认为这个孩子有严重的心理问题。

最近，一名儿童被转介到我这里。这个孩子在校方测试后被诊断为智力迟缓。然而，通过我们的初次接触，我便知道他并非智力迟缓儿童。这名美国印第安孩子在7岁前一直居住在保留地，因此他只是无法适应新学校的环境而已。

若想深入了解儿童绘画中蕴含的心理学解读，我推荐阅读约瑟夫·H. 迪利奥（Joseph H. Di Leo）所著的《儿童绘画：心理诊断辅助工具》（*Children's Drawings as Diagnostic Aids*）。他提出，在了解特定孩子的生活状况的基础上，才能对孩子的画作进行解读。和梦一样，画作往往能准确反映出个人当前生活中发生了什么。然而，只有孩子本人能证实这一点。除非孩子以某种方式予以确认（哪怕只是在绘画过程中自我确认），否则我们的诊断没有实际意义。我仅能借助于这些诊断猜想来引导治疗过程，如果我的方向是错的，孩子也会以某种方式让我知晓。当孩子告诉我这些信息时，我必须能够识别出来。

在《青少年人体绘画》（*Human Figure Drawings in Adolescence*）一书中，有一个关于错误诠释的典型案例。一名13岁的孩子被诊断为"假性智力迟缓表现儿童精神分裂症"，书中对其绘画作品的评价如下。

"这些惊人的画作为诊断提供了依据。患者将自己视为非人类的存在，一种类似数字倒置、伸出触角的古老钟表。分离的钟摆圆盘象征着脐带。"（摘自《青少年人体绘画》第109页）

我相信，如果询问那个孩子，他定会证实：这幅画描绘的其实是一台电视机！画中的"分离摆盘"实为电源开关旋钮，而"数字倒置的钟"则是频道选择器。显然，这个孩子仔细观察过电视机。任何和这个孩子一样对电视机有所观察的人都会发现，频道选择器上的数字总是逆时针排列的。

任何研究儿童绘画的人，都必须先了解儿童在美术方面的一般发展情况。市面上有许多优秀图书，详细描述了儿童在不同发展阶段的绘画特点。露丝·凯洛格（Ruth Kellogg）对这一领域进行了广泛研究，她的著作《分析儿童艺术》（*Analyzing Children's Art*）是一部卓越且全面的佳作。

多年前，在我还在幼儿园做实习教师时，目睹了一起反复重演的事件。这件事让我流下了无助与沮丧的泪水。分配给我的教师被誉为"资深教师"，但在我看来，她对儿童一无所知。一天，一个孩子在画架前快乐地作画，突然，这个教师猛地扯下那幅画，将其撕成碎片，并大声质问："你的手臂是从头上长出来的吗？"事后我向她询问此事，她坚称自己的职责就是教会孩子正确做事！我无法让她理解，几乎每个孩子都会经历这样一个阶段，也就是把四肢从头部画出来。她要求孩子严格遵循她的指示，结果扼杀了孩子的成长、创造力、表达和学习的机会。当我们参观港口，她让孩子用积木来搭出他们看见的港口时，每个孩子的作品都必须与其他人的一样，比如在这边应当放多少块积木等。她告诉我，她是在教孩子如何准确地观察事物！这位教师因其带的班级安静、有序、表现良好而备受赞誉。

尽管我在与儿童工作时并不强调测试，但我发现家长、学校及社会机构都迫切希望我对孩子做这些测试，并且非常受测试结果的影响。他们似乎希望通过特定测试来确认自己对孩子行为的观察。因此，如果我确实进行了几项得到核准的测试，并在报告中指出具体结论，大人们会感到非常满意。例如"根据上述测试结果，该儿童表现出反社会行为的倾向，他性格拘谨、充满恐惧，内心隐藏着许多愤怒，这些愤怒原本只针对自己，现在偶尔也会指向他人"。这些关于孩子的内容我们早已知晓，只不过他们需要测试结果来得到确认。仿佛只有这样，才能松一口气，确认问题所在，然后着手进行治疗。

第九章

治疗过程

来治疗的孩子

是什么原因让父母带孩子来接受心理治疗的呢？许多孩子表现出的种种行为，暗示着某些方面出现了问题。然而，大多数父母在寻求帮助前会犹豫不决。我想，大部分父母不愿相信孩子的问题严重到需要专业帮助。他们往往会自我安慰："这只是一个阶段，孩子会走出来的。"谁又愿意承认自己不是完美的父母呢？而且对于多数人而言，心理治疗的费用并不便宜，更别提带孩子参加治疗所需的时间成本了。此外，带孩子看治疗师还可能带来未知的风险。有些父母内心深处或许意识到，真正需要帮助的可能是他们自己，然而，面对这一现实并非易事。

我的女儿大约在11岁时出现了抽动症状。她会突然把头往后甩，仿佛在伸展颈部肌肉。这种行为频繁出现，直到变得令人生气。我们带她去看医生，但医生认为无须担忧。然而，她并未停止这一动作。她父亲和我都是心理治疗师，我们并未急于想知道抽动背后的原因而寻求专家帮助。我们自己也没有关注她的身体在试图向我们传达什么信息。幸运的是，过了一段时间后，她确实停止了这一行为。现在回想起来，我们才意识到，与其他许多父母一样，我们可能在寻求心理帮助这件事上犹豫了太久。如果她继续下去，甚至到了可能损伤颈部肌肉的程度，我们才会迟迟为她寻求援助。

一般当父母首次拨打电话求助时，无论是对于孩子，还是对于父母，即使情况没有达到难以忍受的程度,也已经发展到相当艰难的程度了。即使父母没有直接受到孩子的影响,也已经产生极度不适、焦虑或担忧,以至他们认为必须采取行动了。

有时,父母会带孩子接受治疗,是因为发生了某些不寻常的事件,他们希望确保孩子能够充分表达并妥善处理由该事件引发的淹没性情绪。比如亲人的去世或生病、虐待、性骚扰,或事故、地震等极度恐怖的经历。

有时,孩子会直接要求见某个治疗师。许多青少年会主动寻求治疗。以前与我工作过的孩子有时也会要求帮助。我曾与一名9岁的女孩连续工作了3个月左右,后来她偶尔会对母亲说:"我需要你帮我预约维奥莉特的咨询。"

你要是问什么情况下带孩子进行治疗是恰当的时机,我也实在难以给出确切答案。如何界定"恰当的时机",又如何判断问题是否会自行解决?显然,如果遇到每场冲突和每个问题都急着向治疗师求助,未免过于荒谬。我坚信,父母应当学习如何做"家庭治疗师"。尽管孩子不会总向父母吐露自己内在发生了什么,但父母可以学习一些方法,以应对日常生活中的各种情况。本书所述的大多数技巧对父母而言都颇具价值。借助于"父母效能训练(Parent Effectiveness Training)"等课程,来帮助父母掌握与孩子沟通的方法,往往足以修复许多问题。和有的孩子工作时,我确信只要给予父母适当的指导,父母完全有能力自行应对。对于那些乐于合作的父母,只需要和他们进行几次父母访谈就足够了。

9岁的黛安娜和她的家人在露营地结识了一名年轻男子。一天,黛安娜的父母请他照看黛安娜,他们自己则驱车进城采购。父母离开期间,这名约20岁的男子将黛安娜抱在大腿上,亲吻她的嘴唇,并抚摸了她。事后,黛安娜和母亲说了这件事,母亲听后非常不安,并告诫黛安娜不要告诉父亲。黛安娜(她的身体并未受到伤害,她承认自己享受了那名男子的关注)的反应是,余下的整个星期都待在帐篷里,声称自己生病了。回家后,母亲带着她来见我。黛安娜正遭受噩梦和胃痛的困扰,并拒绝上学。

当戴安娜和我单独见面时,她对母亲的反应表示了极大的好奇。"她为什么这么难过?她为什么不让我告诉爸爸?"事实证明,戴安娜自己也有对于这些问题的答案。戴安娜对和"性"相关的信息有着非常浓厚的兴趣,她的父母却选择忽视这一事实。我们在两节治疗中与戴安娜和她的父母对性进行了自由讨论,也谈论了一个 20 岁的人抚摸一个 9 岁的孩子是不当的。在这之后戴安娜恢复了以前的状态。她的父母找到了一种新的方式,可以公开坦率地与戴安娜讨论以前的禁忌话题。戴安娜离开治疗室时对我说的最后一句话是:"如果那个家伙本应该拥抱和亲吻和他同龄的女孩,然而他却这么对我,那他一定是害怕她们,而不怕我。我想他需要更成熟一些。也许他的妈妈在他小时候没有给他足够的拥抱和亲吻。"

判断什么情况适合将孩子带来治疗,这并非易事。孩子往往以某种方式越来越激烈地抗议,直到引起他人注意。学校往往是最早察觉异常的,但常常等到情况严重时才会建议父母寻求帮助。曾有一名男孩因在操场上的破坏行为,连续数周的课间休息和午餐时间都被留在校长办公室。最终,学校联系了父母,并告知父母如果不寻求帮助,孩子将被安排进特殊班级。

与我工作的许多孩子是由法院转介来的。这些孩子中有许多人早在被逮捕之前就表现出令人不安的行为。一名 16 岁男孩,依法被转介来接受心理咨询,据他母亲说,自他上一年级起就"惹是生非"。在学校,他很难阅读和静坐。母亲表示,这似乎是一切问题的开端。然而,直到现在,他才开始接受心理咨询。

医生会将一些儿童表现出的身体症状判断为心因性的,有些医生甚至未认真建议或敦促心理治疗,便不再接诊这个患儿。一名 10 岁女孩遭受着剧烈腹痛。经过一系列密集检查后,医生确定这些疼痛并非生理原因所致,而是焦虑和紧张所致。他开具了镇静药物,却未提及如何寻求心理帮助。由于疼痛不止,父母最终带孩子寻求了心理治疗。

我认为父母在为孩子寻求心理帮助时犹豫不决的另一个重要原因是,他们将治疗视为消耗漫长时间的持续的过程,可能是数年(我在关于终止治疗的部分对此进行了更深入的探讨)。确实,有些孩子需要长期治疗。然而,总体而言,我发现许多问题可以在每周一次、持续 3~6 个月的疗程中得到解决。

在与孩子开始工作之前,我有时会收到关于孩子的厚厚的一叠文件:测试结果、诊断报告、法庭记录、学校档案。这些资料读起来很有趣，但在实际工作中，我会基于孩子向我呈现的部分与之工作。如果我依赖孩子的这些信息来构建与她合作的基础，那么我实际上是在与纸上的文字打交道，而非与孩子本身。这些纸张上所写的，是他人的认知、发现，而且往往是不公的评判。

一名15岁的女孩向我倾诉："我希望妈妈能把我送往亚利桑那州的一所学校，在那里，没人知道我的过去，我可以重新开始。"她深陷于他人负面期望的泥潭中（这些期望已被详细记录在行政档案里），感到无比挫败。

因此，我与她的工作必须始于她与我见面的那一刻，无论我听到、读到、甚至自己诊断出关于她的信息是怎样的。

此刻，她正与一个愿意接受她的人建立接触，不受先入为主的偏见和评判的影响。她因此能够展示自己的另一面，或许是温柔、有回应的一面，这可能是她难以向父母和教师表达的部分。即使报告将她描述为有攻击性且吵闹，或我的测试显示她有防御性的敌意，我仍只能根据她此刻与我相处的方式来理解她，即她此刻选择展现的样子。她是一个多面个体，具备以多种方式存在的能力。

在我与詹妮弗初次见面之前，那时她13岁，我收到了一个厚厚的文件夹，里面装满了各种记录：学校档案、精神评估报告、心理测试结果以及缓刑监督官的总结。文件描述她充满敌意，抗拒任何形式的帮助或建议，对于自己的旷课、离家出走、偷窃、性放纵等缺乏应有的道德感，对学业和未来毫无兴趣。对她的预后诊断是，她很可能会怀孕，或者继续其反社会行为，直至最终入狱。我对即将与詹妮弗会面感到极度焦虑，思索着在她以往的咨询经历面前，我如何提供帮助。我脑海中浮现出一个强硬、轻蔑、世故的女孩形象。不过，我很好奇的一点是，文件中记录她明确拒绝见"心理医生"，除非对方是女性，这让我提醒自己坚守原则——在亲自接触来访者前不妄下判断。

詹妮弗是由她的父亲带到我的治疗室的。父亲当着她的面，告诉我他已经对她的状况不抱任何希望。

当我和詹妮弗独处时，我做的第一件事就是向她表达了我基于所听说的关于她的偏见而产生的焦虑。詹妮弗，这个瘦弱苍白的孩子，惊讶地看着我。我向她描述了我之前对她的想象，甚至站起来表演了一番，我们俩都笑了起来。她想知道我现在是如何看待她的，于是我站起身，缩紧身体，耸起肩膀，低头，迈着小小的、迟疑的步子在治疗室里走动。我说："当我这样走时，感觉自己像一只受惊的小老鼠。"詹妮弗回答："你猜对了。"我询问她为何要求见女性治疗师。她坦言："我讨厌男人跟我说话的方式。"如果詹妮弗对谈话的方式都感到厌恶，她又如何向其他人敞开心扉，探讨自己的深层感受呢？

初次会面

通常，当父母来电进行初次预约时，会试图在电话中解释问题。我会告诉他们，当他们带着孩子来见我时，我希望他们再次当着孩子的面说明问题。我认为让孩子在场至关重要，这有助于缓解他们对于问题的最糟糕的幻想。孩子总是能察觉到问题，而且往往将其想象得比实际情况更严重。

我绝不会在与孩子的父母工作时将孩子独自留在等候室里。无论父母需要说什么，都必须在孩子的面前说出来。这样，我才能观察孩子的反应、父母与孩子之间的动力，并听取各方的声音。这也是我与孩子建立信任关系的开始。孩子会看到我是一个公平的参与者，对每个人都感兴趣，尤其是对孩子。

因此，当一个家庭来到我的治疗室时，我会邀请一个人和我讲讲，是什么促使父母带着孩子来见我。通常，母亲会先开口。说了几句后，我会停下来询问孩子是否同意父母的说法。父母往往会使用复杂的词语，试图越过孩子的理解层面与我交流。对此我非常警觉，并会阻止这种情况发生。如果父母说"他在学校的行为非常有破坏性"，我会问孩子是否明白母亲所说的。即使孩子表示听得懂，我仍会请母亲具体解释她的意思。一个孩子对父母使用"破坏性"一词的反应是："我没有那个！"仿佛那是麻疹。另一个孩子对"孤僻"一词的反应也是如此。

如果孩子此时不愿讲话或表达自己的观点，我一般不会过于担忧。我更希望孩子能到场听见父母的陈述，并好好观察我。他会发现我对他的关注，我看见他，听见他，并以尊重的态度对待他。我不会居高临下地对他讲话，不会忽视他，不会轻视他，也不会像对待一个可以随意讨论的物品那样对待他。我会尽力在各个方面让他参与进来，哪怕只是向他确认事情或与他进行眼神交流。他很快会意识到我对他的态度非常认真。

我会明确表达，我听见了父母或教师对孩子某些行为的担忧，但同时我也会表明，我并不一定将他们所说的视为确凿的事实。我还会明确指出是谁的问题。如果孩子认同有问题存在，我会想了解他认为的问题是什么。如果他不认同有问题，我会清楚地表明我也意识到了这一点，并指出问题属于学校或家长，而非孩子自己。这对孩子来说非常宽慰。

举个例子，有个母亲带着她6岁的女儿来到我的治疗室，告诉我教师建议孩子接受咨询，因为孩子有咬人和打人的行为，并且没有朋友。首先，我们需要确保孩子尽可能理解咨询的含义。

当我询问她是否认同自己咬人、打人且没有朋友时，她反驳道："我也有朋友！"

我说："我猜想你的老师很担忧——这是她的问题。不知何故，老师认为你没有朋友，对此感到担忧，还认为你有打人和咬人的行为。"

我问这名母亲是否也认为她女儿没有朋友。

母亲回答："嗯，她确实大部分时间都待在家里，但她确实在街道里有个小伙伴，她们会一起玩耍。"

于是我说："那么，你并不认为这是一个严重的问题。"

母亲回答道："不，我从没觉得这是个问题。"于是，这便成了老师的问题。

孩子对此非常高兴，明显放松了许多。

在初始访谈中，我并不采用初诊表格。我的"初诊"就是首次会谈的过程，即父母与孩子一同前来，与我探讨他们寻求帮助的原因。我的一位治疗师朋友设计了一份相当简洁的问卷，她认为这有助于与儿童、青少年打破初次见面的冷场。该问卷需要填写姓名、地址、生日、爱好、家庭中的孩子数量、是否拥有独立房间、就读学校及年级等基本信息。然而，我对于做这种正式的初诊问卷感觉很不自在。我能想象孩子或父母可能会认为，我已经掌握了关于孩子的所有必要信息，并且我会将这些信息存储在记忆中，以便在需要时提取使用。因此，我更喜欢在治疗过程中逐渐了解孩子，因为这些信息往往会在治疗中有意义的情境里浮现出来。我想，有的治疗师摄入信息的方式可能和我在首次会谈中使用的绘画技术类似。我们都需要找到某种方式来开启一段关系，因为在开始的时候往往有些尴尬不安。

当问题得到清晰的呈现和梳理后，我便会请父母在外等候，从而单独与孩子交谈。我会表达我尽力改善情况的意愿，告诉他我们会一起做一些好玩的活动；希望我了解他的同时，他也能了解自己；并介绍与保密相关的原则。孩子通常已经看过了游戏室，看见了游戏、玩具、绘画桌和沙盘，这些看起来很吸引人，他开始产生兴趣。若有空闲，我或许会邀请孩子更细致地环顾四周，了解我所拥有的物品。或者，我会请孩子画一个人或一座房屋，或其他图画。我会解释说，我们将使用治疗室里的一些物品，并进行探讨。我告诉孩子，我们有时会谈论感受，有时则会通过绘画来表达感受。

尽管我对测试的作用存有诸多疑虑，我仍会进行一些测试。有时，我以测试作为与孩子初期交流的方式，不过测试可能创造或保持距离。或者，当我不知道做什么时，我会将测试作为一种缓解方式。对于大多数孩子来说，画人测试和房树人测试是简单的活动。然而，真正的评估过程应是持续不断的，因为万事万物都在不断变化。我们与所工作的孩子都处于不断变化之中，周遭变迁的事件影响着我们。借助于观察孩子绘制人物的过程，我得以进一步了解孩子。相较于通过阅读测试手册中的解释去解读她的作品，我更倾向于关注她的创作过程，从中获得更多洞察。孩子处理这项任务的方式，颇具启发。她可能会犹豫不决，反复表达自己在绘画上的不足，请求使用铅笔和尺子；这些行为体现了她内在安全感的缺失。这些画作或许看似杂乱无章，甚至有些怪异；也可能色彩斑斓，充满创意与幽默。孩子在作画时，可能挥洒自如，边画边笑，哼着小曲，与我交谈；或非常平静，沉默不语，难以下笔；还可能非常认真、精确且细心地作画；也可能草率了事。孩子可能会运用大量细节和多种色彩；也可能仅勾勒出一幅阴影或轮廓。画作的完善程度可能与孩子的年龄不相符。孩子的绘画方式或许能反映出她生活中的状态，或是反映此刻在游戏室与我共处的感受。

儿童会在画作中透露许多信息，然而我暂且不会妄加评判。除非将这幅画作为深入探究的线索，否则诠释本身并无多大价值。孩子可能在画中省略手部，原因多种多样；但归根结底，原因唯有孩子自己知晓。若一个孩子在一大张纸的一角画上微小的图像，他或许确实感到恐惧与不安。但这种明显的恐惧与不安可能仅在和我相处的这一特定情境中才显现出来。在家里，或许孩子会毫无拘束地绘画。

曾有一个8岁的孩子，在我邀请她画一个人后，她反问我"为什么"，我解释说，这能帮助我了解她的一些情况。画完后，她好奇地想知道我从中看出了什么。我仔细看她的画作，说道："嗯，我注意到你喜欢红色，画里的人物面带笑容，或许你现在感觉挺不错的。你画的是一幅小画，看来今天你不太想创作大幅作品（我挥动手臂示意），更愿意在一个小小的范围内表达自己。你喜欢花，因为画里有不少花。我猜得对吗？"她笑容满面，点头赞同我的猜测。

有时，整个初始会谈都用于处理呈现的问题。先与父母沟通，随后单独与孩子交流。我坚信应开放地面对问题。毕竟，此时此刻我们聚在一起的原因大家都心知肚明，那么为何不开诚布公地应对呢？这看似是理所应当的，但在一些家庭里，问题往往在咨询中被回避；或干脆把问题隐藏起来，直到奇迹出现；抑或有人认为"无须提及这些问题，时间会解决一切的"。

一名13岁男孩因长期尿床的问题，在父母的陪同下来到我的治疗室。初步了解情况后，我说："好的，我们都认同尿床是吉米来此的原因。现在，我想知道你们每个人对此的感受。"男孩的父亲眼含泪水说道："能坦诚表达我的感受真是太好了。上次我们带他去看的那位治疗师，在我们电话预约时解释了情况后，建议我们不要谈论此事，并且从未同时让我们三人参与治疗。"

在第二次治疗中，在吉米绘制一幅巨大的海洋图以表达睡在湿床上的感受时，他证实了他与前任治疗师从未专门讨论过尿床问题。

我知道，"呈现的问题"仅仅是一个表象症状。我也明白表象症状的背后往往有更深层次的问题需要解决（尽管并非总是如此！）。但我坚信，我们必须从现有的问题入手——审视它、体验它、探索它，然后才能知道如何深入挖掘。我必须先处理眼前的问题，才能继续前进。

在母亲讲述带他来的原因时，9岁的杰夫几乎没说什么。当母亲离开房间后，我对他说："杰夫，我看着你的时候，我感觉你好像在害怕我。你怕我吗？"杰夫耸了耸肩，低头看着自己的脚，脸色比会谈初期更显苍白，眉头也皱得更紧了。"这种害怕，是不是像你去校长办公室时那样？"他微微点头。"或者像去医生办公室那样？去看医生会让你感到害怕吗？"他直视着我："是的。""跟我说说那种感觉。"

杰夫开始向我讲述一些他的恐惧，并逐渐放松下来，声音也变得更有力了。"想看我今天学的一个小把戏吗？"我们终于有了一些交流。杰夫向我展示他的魔术，时间到了。我与他母亲预约下次治疗时，他显得很满足。

露西是一名8岁的小女孩，父母分居后她的反应引起了母亲的担忧，于是母亲带她前来咨询。露西看起来异常退缩和安静，她食量减少，整体上"与平时非常不同"。在母亲叙述担忧时，露西蜷缩在沙发一角。我建议母亲将她的担忧直接向女儿表达。母亲这样做时，露西仅以耸肩来回应。她的母亲转向我，说道："看到了吗？我就是这个意思。她就是不愿意和我说话。我知道她需要表达自己的感受，但她就是什么都不说。"露西随后开口："我没法说，说了也没用。"母亲开始哭泣。她谈起了自己对分离的悲伤感受。露西听着，但没有发表任何评论。母亲继续说："我知道当我谈论自己的感受时，对我帮助很大。"

在第一节治疗中我和露西独处的时间里，我请露西画一张她家庭的画像。她画出了家里的每个成员，包括她的父亲，每个人都相互倚靠着站立。每张脸上都挂着僵硬的微笑，所有人都穿着相同颜色的衣服，双手背在身后。她不愿谈论这幅画，但这幅画已清楚地传达了她的心声。

露西已经清晰地阐明了她当前的生活情况：她没法说，说了又有什么用呢？根据她的图画，我猜想她害怕放手。她想要且需要家人的支持，能够彼此依靠，否则她的整个世界将会崩塌。她的世界已然崩塌了，但她还不能面对这一现实。首节治疗的影响是深远的，决定了治疗的过程，并为未来的工作指明了方向。

每次初始会谈后，我都会记一些笔记，内容包括我们做了什么、发生了什么，我的感受、反应和观察。我以前非常不喜欢记录工作，但最近我的态度有所转变。有时，我会坐在孩子旁边随手记下一些东西，用以提醒我在下次治疗中需要继续处理的部分，或者记录下我给孩子布置了什么家庭作业。（比如：每天为自己做一件让自己舒服的事情，可以是你平时不会做的，然后感受自我关怀带来的感觉。）我发现每节治疗后做笔记对我来说很重要。每次治疗后，我都会简要记录我们的活动和发生的事情。这些笔记通常很简短。不过有时某节治疗会让我很兴奋，于是我会详细记录整个过程。偶尔我也会录音，不过我觉得除非将录音机作为治疗技术的一部分，否则在儿童工作中录音会比较困难。许多孩子发现录音机开着时会变得非常有自我意识。

这些笔记对我而言是治疗过程的重要组成部分。借助于笔记，我能了解发生了什么，并据此判断下一节治疗中可能需要安排哪些活动。若我察觉到自己在上节治疗中给了孩子过多压力，便会提醒自己下一节要温和一点。我记录下自己的感受和反应，仅将此作为暂时的指导。

（除了关于工作进展的概括性总结）我通常不与父母分享这些笔记，但我常向孩子朗读这些内容。我发现孩子对他们"文件夹"里的内容充满好奇。这种好奇很可能源于学校留有每个孩子的档案。孩子清楚这些学籍记录的存在，并渴望了解其中的内容。我认为，既然孩子希望知晓，他们便有权了解关于自己的评价或记录。

孩子乐于倾听我所撰写的内容。一名13岁的女孩曾询问我，是否能帮她从缓刑监督官那里获取记录，以便了解她的档案里记录了什么内容。她对里面可能有的评价深感忧虑。我联系了那位缓刑监督官。尽管他无法提供记录的复印件，但非常乐意通过电话向我概述记录的核心内容，以辅助我和该女孩的工作。我向缓刑监督官透露，女孩对监督官对她的看法颇为担忧。我向女孩转述了我所听到的信息，一字不落地念了我的通话笔记。她反复询问："你确定他就说了这些吗？"我便复述了一遍。我们探讨了她对"档案"的焦虑与恐惧。她如释重负地告诉我，在被警方作为逃犯带走时，和她一起的男孩的名字没有出现在记录中。"我一直担心他会因为我而惹上麻烦。"她说道。

我的治疗室

人们常问我的治疗室是怎样的，他们想象或许是一个宽敞的游乐场或玩具屋。实际上，我的治疗室很小，大约4米长，3米宽。治疗室内有一张小沙发、两把椅子和一对茶几，这些主要是为成人来访者准备的。还有一个沉重的旧咖啡桌，我将其用作绘画台。桌子下方有一个架子，摆放着颜料罐、瓶子、一些报纸、纸巾和画笔。我有一个相当大的带门柜，里面存放着各种美术用品：纸张、蜡笔、彩色粉笔、马克笔、手指画颜料、黏土、木头以及木工工具等。还有一个沙盘，旁边是一个大书架，主要摆放玩具、沙具的篮子、游戏和一些书。

在这些玩具中，最贵的似乎是那些迷你木块、娃娃屋及其家具和各种娃娃、各类交通工具模型（汽车、飞机、船只、卡车、警车、消防车、救护车）、乐高积木、医生套装、两部玩具电话、士兵模型、坦克和吉普车、玩偶、小型野生动物模型、几条大橡胶蛇，以及海怪、恐龙和鲨鱼模型。

我有一块黑板、一块飞镖板和软木板（可以用来投掷飞镖），还有一个拳击不倒翁（一种大型充气玩偶，其底部加重，使得每次被击打后总能恢复直立状态）。此外，我还有几个大型毛绒动物玩偶也非常实用。

我的治疗室铺着地毯，地板上散落着几个大靠垫，墙上挂着五颜六色的海报。这并不是一个理想的治疗室。我希望有一个更大的房间和一个户外空间。我发现，尽管我对工作空间并不完全满意，但孩子却毫不在意。他们大多对房间充满好奇，能够轻松愉快地适应这里的环境。我们多数时间坐在地板上工作或交谈。这种非正式而欢快的氛围，恰好有助于我与孩子的治疗工作。

治疗过程

孩子不会一踏进治疗室就宣布："这就是我今天想探讨的。"如果他们熟悉并信任我，他们会愉快地期待今天可能会进行的活动。有时，他们清楚自己想使用哪种材料，想玩什么，有时，他们则与我分享上次治疗之后发生的事情。他们并不清楚自己想要探索、解决或发现自己的哪些方面。多数情况下，他们甚至未曾意识到自己有能力或可能愿意进行这样的探索。

青少年常希望与我讨论各种情境，但通常他们仅是想分享生活中的经历，或表达对学校或家人的不满。他们也总是止步于此，而不继续对自我进行深入探索。

因此，我有责任提供一些方法，引领我们开启通往他们内在世界的心门与心窗。我需提供方法，帮助孩子表达内心感受，将深藏的秘密倾诉出来，这样我们便能共同面对这些内容。如此一来，孩子能得以解脱，做出选择，并减轻那些越来越沉重的负担。

我所运用的大多数技术都旨在激发儿童的投射能力。孩子通过绘画或讲故事来表达。乍一看，这些作品似乎与他们自身或其生活无关。这些是"外在"的，既安全又充满乐趣。我们知道，投射常被称为一种"防御机制"，用以保护内在自我免受伤害。人们可能会将自己内心的感受投射到他人身上，无法直面这些感受其实源于自身的事实。有些人仅借助于他人的看法来认识自己，总是对于他人对自己的看法忧心忡忡。

然而，投射也是所有艺术与科学创造力的基石。在治疗中，投射是一种极其宝贵的工具。由于我们的投射源自内心，源于我们自身的经历、我们所知和所关心的事物，因此投射深刻地揭示了我们对自我的感知。我发现，孩子在外界表达的内容，能够展现自己的幻想、焦虑、恐惧、回避、挫败、态度、模式、操控、冲动、阻抗、怨恨、愧疚、愿望、欲望、需要以及感受。

儿童所投射的材料极具力量，需要我们谨慎对待。作为治疗师，我处理这些材料的方式至关重要。通常，投射是孩子接受自我暴露的唯一途径。儿童可能会作为玩偶或对玩偶说出那些绝不会直接对我说的话。对于不善言辞的孩子而言，投射尤为有用，因为像绘画等形式所表达的内容，极具表现力，足以替孩子"发声"。对于那些话多的孩子来说，投射技巧也很有用，因为投射有助于聚焦于言语之下隐藏的真实想法。

通常，我不会对儿童通过投射展现的材料进行诠释，尽管我会尝试将所见所闻转化为指导我与儿童互动的依据。我认为，我做出的任何诠释对儿童的治疗都无济于事。这些诠释最多能为我提供方向上的指引，但它们毕竟只是我个人的感受和经验，因此我始终把它们作为一种假设。如果我要依据自己的诠释来引导儿童，就必须格外谨慎。

我总以温柔、和缓的方式引导孩子开启自我觉察与自我权利的大门。多数孩子能迅速接受并承认自己的投射。我帮孩子"掌握"其安全"投射"的方法，在书中已经得以体现。然而，我无法保证你只要跟随我的指引，按照我的步骤，就能收获效果。每位治疗师都需找到自己的方法。治疗是一门艺术，需要我们将技巧、知识和经验与内心的直觉、创造力和流动感相结合，否则，治疗的效果可能微乎其微。我深信，与儿童工作就必须真心喜爱并欣赏他们。这并非意味着孩子不会惹你生气，不会使你烦恼，不会引发你的不愉快。当这些情况发生在我身上时，就像一盏刺眼的红灯，提醒我停下来，检查孩子的行为、我的反应，以及这些反应源自何处。这些思考可作为治疗过程的丰富素材。出于对孩子的关心，我或许会说："嘿，我实在受不了了！"然后，我们去探讨发生了什么。

我发现，有些孩子，尤其是年幼的孩子，并不必用言语来表达他们对自己行为的发现、洞察或认识。通常，将那些阻碍情绪成长过程的行为或被封闭的感受呈现出来，似乎就已足够了。这样一来，他们便能成长为完整、有责任心且快乐的人，能够更好地应对成长过程中所面临的种种挫折；能够更积极地与同龄人及身边的大人建立关系；能够感受到平静、快乐和自我价值。

我使用的技术多种多样。我始终探索着与儿童互动的新方法。我们周遭的生活能够提供无穷无尽的资源，来让我们应用到儿童治疗的过程中。然而，技术绝不仅是花招或无目的活动配方。我们所选用的技术不应被视为达到目标的手段（就像许多教师的"教案"那样）。我们必须牢记，每个孩子都是独一无二的个体。无论采用何种特定技术，优秀的治疗师都会与孩子共同发展孩子的过程。程序或技术仅是催化剂。由于孩子的具体情况和遭遇的情境不同，每节治疗都充满不确定性。一个想法能引发另一个想法，促进创造性表达的新技术也不断更新，因为创造的过程是无止境的。

我并非总能清楚当下选择某个活动的原因是什么。有时，做一个活动是出于试验，或因为这个活动看起来很有趣，抑或是因为孩子想做。我最为满意的一些治疗就是这么发生的。最近，一位同事告诉我，她正在和一名10岁的男孩工作。男孩在治疗中希望探讨美国的各州是如何划分的，这是他在学校学习的内容。男孩为治疗师绘制了一幅美国地图，并用线条标示出各州的界线。他似乎对美国地域划分的概念非常着迷。过了一会儿，治疗师问他是否有过被分割的感受。他画了一幅自己的肖像，将其分割成各个部分，包括快乐、悲伤、愤怒等。

我并不想让人以为每次治疗都有美妙的事情发生。很多时候都似乎没有发生什么激动人心或重要的事情。但在每一次治疗中，我和孩子是在一起的。孩子很快就会认识到，我是一个接纳他、对他坦诚相待的人。有时孩子可能什么都不想做，于是我们就聊聊天或听听音乐。不过，一般情况下，孩子愿意（甚至渴望）尝试我提出的建议。他偶尔会明确知道自己想要做什么。尽管这些活动未必显现出明显的治疗效果，但我深知，一切都在不断发生着变化。

我所提到的技术都不是我原创的。其中大多数技术是公开的，是我早已知晓的。有些技术则是其他人早就使用过的。我从别人那里学到了一些想法，加以借鉴，并将一些部分以自己的方式加以改编。某些技术我经常使用。然而，也有很多技术我未曾试过，也没有想过，还有一些我虽有所了解，却可能永远不会实践。只要可能，我已在书中标明资源的出处，本书末尾也附有相当详细的书目及其他资源清单，为你提供各种想法和技术。你可根据个人需求，及所工作的儿童的情况，灵活调整运用。

阻抗

孩子们对于我让他们做的事情常常持谨慎态度。一个 10 岁的男孩，我让他扮演画里红色的部分，他却反问："你疯了吗？"有时，孩子在团体中会感到尴尬，不愿做那些被视为"疯狂"的事，有时他们过于拘谨和自我保护，以至难以自由地沉浸在想象的世界中。遇到这种情况，我会根据每个孩子的特点，采取我认为最合适的方式来引导他们。我或许会温和地说："我知道这很难（或愚蠢，或疯狂，确实如此）"，"但不管怎样，试试看吧"。尽管我想突破孩子的阻抗，但我仍对其表示尊重。我可能只是微微点头回应他们的抗议，然后继续说指导语。在和这类阻抗的儿童的互动中，我通常不会微笑。我会严肃对待这种阻抗。一方面我承认这些阻抗，另一方面我也想小心翼翼地绕过这些阻抗。孩子会咯咯地笑，发出表示恶心的声音，以确保清楚地向我和其他孩子表达他们的态度：我要求他们做的事情不是什么好主意，而且很傻。有孩子甚至假装晕倒在地上。对此类表演，我并不介意；我对此有所预料，也接受这些行为，然后继续我的工作。一旦这些孩子确定我和其他团体成员并非严肃地对待活动，他们通常会马上投入活动。几次后，这种阻抗便逐渐消失了。

有些孩子虽然不是有意阻抗，但因为过于拘谨或紧张，可能需要先通过一些安全活动来释放他们的想象力。我明白，有的孩子对于我提出的某些自我释放方式感到相当害怕，这时我可能会直接处理他们阻抗背后的恐惧。或者，我也会让孩子自己决定何时准备好去尝试那些对他们来说颇具挑战性的事情。随着信任慢慢建立，他们会变得更加开放；随着自我感的增强，他们也会开始勇于冒险。

当孩子开始借助于幻想材料和各种表达性投射技术轻松地表达自我时，我会尝试温和地引导他们回归现实生活的层面，让他们认同或接受自己所展现出的那部分自我，从而开始感受到一种新的自我认同、责任感和自我支持。

这对许多孩子来说颇具挑战性。我不断尝试引导孩子从象征性表达和幻想材料，转向现实及个人生活经历。我会非常温柔地处理这一任务，尽管在有些情况下需要坚定一些，在有些情况下则最好不给予指导，耐心等待即可。

帮助儿童克服阻抗的最有效的一种方法，便是所谓的"示范"。无论是在一对一的工作中，还是在团体活动中，如果我亲自示范我邀请孩子做的活动，孩子通常也会跟着做。如果一个孩子在几次尝试后仍无法从自己的涂鸦中找出图案，我会亲自示范一次。孩子会被吸引，明白我的要求，并在我示范之后，更愿意去尝试。我通常会在游戏、布偶戏、哑剧、幻想练习以及绘画活动中也分享我自己的部分。我会尽可能真诚，而不畏惧展示自己的弱点、问题和过往。（曾有一个男孩对我离过婚产生了浓厚的兴趣，迫切想知道我的孩子有何反应。）若孩子因害怕而迟迟不敢开始画画，我常会建议："假装你只有4岁，像4岁的孩子那样去画吧。"有时，我会向他们展示如何绘制火柴人和火柴动物，以此增强他们画画的信心。

孩子对待绘画的方式往往与其面对生活的态度如出一辙。或许他对大多数事物都持谨慎态度，尤其是新鲜事物。若孩子对绘画感到极度焦虑，我绝不会强迫他动笔。我们可以探讨他对绘画的焦虑，或者换一些不那么有威胁感的活动。我可能会建议他用黑板或魔术板（有一层塑料层，只需轻轻一提，就能抹除痕迹）。这两种工具对于担心自己的画被永久保留的孩子来说都很有用；因知道自己的创作可以迅速被擦除，所以他们感到安心。如同成人一样，孩子存在的状态也需要得到他人的接纳。从他们的存在点、边缘、边界出发，他们可以逐渐开始以更安全、更有价值感的方式看待自己。通常，若我以温和、毫无威胁的方式对待孩子，他便会尝试迈出一步。有时，让孩子告诉我画什么会很有用，或者我会在他好奇的注视下为他绘制肖像。我的绘画能力没多好，相当孩子气，这反倒让孩子对自己的画画能力更具信心。

除了孩子不愿参与治疗活动，在你与孩子初次会面时，还会遇到一种初始的阻抗情绪。克服这种阻抗是一个只可意会不可言传的过程。它需要你凭借直觉去感知，在直接接触孩子之前予以感受和关注；同时，这也关乎孩子内心对你的信任。

在治疗师与父母和孩子的首次会面中，所发生的一切都至关重要。孩子会观察你，听你说话，评估你。他们有一种敏锐的方式，能迅速评估成年人，判断这个人与儿童相处的方式。

当你与孩子独处时，便有另一次机会让他了解你是否开放、诚实、真诚、直率、不带偏见、接纳且和蔼。当你与他进行简短的交谈时，当你就简单信息采集表中的问题问他时，当他审视房间和设施而你在一旁等候时，当你与他玩简单的游戏时，或当你向他介绍一项无威胁的活动时，他就能感受到你是否具有以上特质。孩子可能在第一节治疗中就认定你是值得信赖和依靠的人，也可能需要三四节治疗才能确信。当这一刻来临，你立马就能感受到。如果孩子始终没有认定你，你同样能够觉察到。那么你可能希望花点时间承认现实，并检查你与孩子之间是怎么回事。

最重要的是，治疗师要意识到，孩子之所以抗拒和防御，是有其正当原因的。正如我一再强调的，孩子所做的一切都是为了生存，为了自我保护。他们从这个混乱的世界和严苛、冷漠、无视学生需求的学校中领悟到，必须竭尽所能地照顾自己，以保护自己不受侵扰。当孩子开始信任我时，她会开始允许自己对我敞开心扉，变得更加脆弱。因此，我必须放松、温柔、轻轻地靠近她。

在一次我提供督导的团督中，有一位治疗师提出了她在孩子面前遭遇阻抗的挫败感。我发现自己开始给她提供各种克服这种阻抗的建议。突然，我意识到了自己的行为：我站在了她这边，来对抗孩子。通过与她结盟来增强她的力量，以对抗孩子的阻抗，但这只会加剧孩子的阻抗。我对自己说："嘿，等一下。你认为孩子不应该有阻抗情绪吗？"为何孩子不应表现出阻抗？他们有充分的理由这么做。我们必须学会以实事求是的态度接受这种阻抗，而不是去防御或攻击阻抗。

和有的孩子工作时，我们会反复遇到抗拒。尽管孩子最初的警觉会逐渐消退，但我们会一次又一次地遭遇他们的抗拒。实际上，孩子是在说："停！我必须在这里停下来。我受不了了！这太难了！太危险了。我不想看到保护墙外的东西。我不想面对它。"每当我们到达了孩子的这个地方时，正是我们的工作取得进展时，因为每一堵阻抗之墙背后，都隐藏着一扇通往成长新领域的大门。这是一个让人恐惧的地方；孩子很好地保护了自己，这有何不可呢？我有时将这个地方视作弗里茨·皮尔斯所说的"僵局"。当我们遭遇僵局，我们见证的是一个人正在放弃旧有策略的过程，仿佛失去了支撑。这个人常常竭尽所能逃避或逃离这个僵局，或制造混乱以模糊位置。当我们辨识出这种僵局的真实面貌时，便能预见孩子正处于新的存在方式和新发现的边缘。因此，每当阻抗出现，我们应明白，我们所面对的并非顽固的边界，而是到达了可以伸展与成长的新境界边缘。

结束

我认为，父母之所以对是否为孩子寻求心理帮助犹豫不决，一个重要原因是担心治疗耗时过长，甚至可能持续数年。长期以来，心理治疗确实给人留下了这样的印象，当然，也有少数孩子确实需要长期的心理治疗。但我认为，一般而言，孩子心理治疗的疗程不应该太长。

孩子不像成年人那样，积累了多年的未完成事件和"旧日回响"。我见证过儿童只经历了三四次治疗便取得显著效果。若得知有儿童在接受长期治疗，比如超过了1年，且孩子的生活中并无特别的异常情况，那么我会仔细审视该治疗关系发生了什么。

通常，3~6个月的儿童心理治疗便有足够进展，足以考虑结束治疗。儿童在治疗中会达到一个停滞期，这往往是适合停下来的标志。因为孩子需要一个整合的机会，将治疗带来的变化与其自然的成熟成长的过程同化。有时，这种停滞期可能是阻抗的现象，需要得到尊重。孩子仿佛明白，此刻自己无法突破这堵特殊的墙。他需要更多时间，更多力量；或许等到他长大一点，才能敞开心扉面对这一特殊阶段。孩子似乎对此有一种内在的感知，而治疗师必须辨识这种停滞与先前的阻抗之间的差别。

何时该停止心理治疗是有根据的。比如，学校和家长反映，孩子的行为已发生变化；孩子突然开始参与户外活动，比如棒球、俱乐部、结交朋友；

治疗开始干扰他的生活。在初期的戒备消除后，孩子通常期待着治疗，直至达到这样的停滞期。如果孩子不是这样的，则需仔细审视发生了什么。

仅仅行为的改善可能还不足以作为停止心理治疗的充分理由。行为的变化可能是由于孩子开始敞开心扉，向治疗师展示更深层次的自我。因此，我们也会在治疗中寻找线索。治疗过程中呈现的材料能很好地指示何时可以停止治疗。

一个被幼儿园教师和母亲都认为"无药可救"的5岁男孩，经过一段时间的治疗后，他的行为发生了变化，变成了"有希望"的孩子。不过，我和他的工作仍然是揭露我帮助他表达和处理的感受。大约3个月后，我察觉到了变化。他开始与我"游戏"。在这之后，我们的工作似乎不再带有"治疗工作"的氛围。一天，我向他展示了我有时用于讲故事的一些图片。其中一张（来自儿童主题统觉测验）描绘了一只兔子在昏暗房间的床上坐着，房门半开。通常，这张图片会引发他恐惧、被遗弃感或孤独的反应。但这个孩子描述说："这个小男孩，也就是这只兔子，醒来后坐在房间里，因为还太早不能起床，所以他正等待真正的早晨来临。"我问他："看起来挺暗的，你觉得他害怕吗？"他回答："不，他不害怕。为什么要害怕呢？他的爸爸妈妈就在隔壁房间。"我又问："我想知道那扇门为什么是开着的。"他难以置信地看着我，说道："这样他才能自由进出呀。"于是，我知道他现在没问题了。

这个男孩还就另一幅图画讲述了一个故事。图中一只袋鼠妈妈的育儿袋里装着袋鼠宝宝，还有一只小袋鼠骑着三轮车跟在后面。袋鼠妈妈的手臂上挎着一篮子食物，而袋鼠宝宝手里则抓着一个气球。

比利：他们刚从商店回来，正准备去野餐。袋鼠宝宝会玩他的气球，小袋鼠则会骑他的三轮车。

我：那么，妈妈会做什么呢？

比利：她会吃东西。（比利的妈妈特别喜欢吃。）

我：你觉得小袋鼠会愿意待在袋鼠宝宝的那个口袋里吗？（他家最近添了新宝宝。）

比利：（看了很久图片）不会的。你看，他以前还是宝宝的时候，已经待过育儿袋了。现在他足够大，可以骑三轮车了。而小宝宝连走路都不会呢。

我：就像你也曾是小宝宝，现在轮到你弟弟了？

比利：没错！！（灿烂地笑了。）

通常，孩子接受了足够的心理治疗工作后，能够自己独立让疗效得以延续。尤其当父母积极参与，并能够自己接着和孩子"治疗"时，也就是他们学会了与孩子相处的新方式。有时孩子不再来治疗，而父母中的一方或双方决定探索并解决自身的冲突与情绪问题。带孩子参与心理治疗的体验往往为父母自己的心理治疗铺平了道路，使他们感到舒适，有时甚至急切地想要为自己寻求心理治疗。

当孩子参与治疗，父母松了口气，心情逐渐好转时，家庭氛围也会变得更轻松。这有助于孩子在治疗之外的地方获得更多好处，于是他开始展现出一些非常积极的行为变化。教师有时也会注意到这些改变，因而对孩子的情况感到更加乐观。与此同时，孩子也在不断成长，变得更加智慧。成长与成熟同样支持着孩子。所有这些因素共同作为治疗的辅助，由此产生了一种滚雪球效应，好事不断累积，形成了一种协同效应。

当然，有时我们可能会过早结束治疗。一个7岁的小女孩似乎表现出了所有结束治疗的征兆。她在学校、家里和朋友圈子里都表现得很好，我们的治疗工作越来越显示不出效果。我已经和她工作了6个月。在一次治疗中，我向她和她的母亲提到，既然一切进展顺利，我们或许可以开始考虑合适的结束时间。那天孩子回家后，又开始表现出一些以前的行为，纵火、偷窃、破坏财物。她的母亲在后面一次治疗中心烦意乱地提起此事，孩子却说："如果我表现好，就不能再来见维奥莉特了。"那一刻，我意识到，要么是我没能为她做好结束治疗的准备工作，要么是我误判了她对于结束治疗的准备程度。孩子会告诉我们我们需要知道的事情。

为孩子做好结束治疗的准备至关重要。尽管我们要尽力帮助孩子培养独立和自我支持的能力，但我们与孩子之间无疑也形成了彼此关怀的依恋。我们需要处理与所爱之人告别时所产生的情感。

结束并不一定代表字面意义的终结，结束治疗只是到达了一个停滞的地方，于是暂时告一段落。有些孩子需要确保，如果将来有需要，他还能有机会回来（如果确实可行）。通常在考虑结束治疗时，我会与家长进行会谈，开放地讨论结束的可能性。有时，也有情况不允许的时候。在我离开实习机构后，我曾收到一个8岁女孩的留言，内容如图9-1。

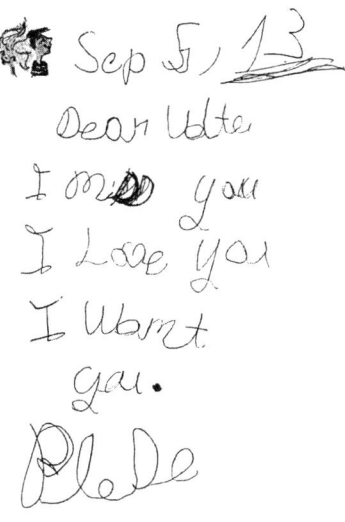

图9-1　8岁女孩的留言①

我不喜欢突然结束与孩子的治疗关系。我会建议我们每隔几周再见几次，开始谈论我们在一起的时光和发生的事情，这也是一种评估。有时我们会翻看孩子的文件夹，浏览所有的画作，回忆我们谈论过的一些事情。

有一个8岁的小女孩对我说：“我想给你做一张告别卡。”我说好，并拿出了制作材料。她为我制作了一张充满花朵图案，类似情人贺卡的卡片。递给我时，她轻声说：“我会想你的。”我回应道："我也会想你。"话音刚落，她便泪眼婆娑。她坐到我腿上，我拥抱着她说，有时说再见是多么不易。她点头哭泣，我也忍不住泪光闪烁。终于，她站起来，说道：“我想再给你做一张卡片。”她微笑着，淘气地眨了眨眼，然后又制作了一张有趣的卡片，类似现代的卡通风格。我们一起欢笑，我将自己的地址和电话号码留给了她，并告诉她，无论何时，只要她愿意，都可以给我打电话或写信。

我在学校工作时，将电话号码留给了那些即将转入普通班级的孩子。偶尔，我会接到这些孩子的来电。我们的通话通常都很简短，我总是从电话的

---

① 图中文字的意思为"维奥莱特，我想念你，我爱你，我想要你"。——译者注

那头感受到触动。这些通话令我感到欣慰，我也从未觉得这是在助长依赖关系。这是共同度过紧密时光的两个人之间的社交联系。个体治疗中的孩子很少给我打电话，但我会收到类似的信件。我会回复一张简短的明信片。而且我注意到，那些需要以这种方式与我保持联系的孩子，在一两次信件来往后，我们的接触就逐渐减少了。

我认为，在一学年的最后几天，教师常犯的一个典型错误便是要求孩子们画出他们暑假的打算，来处理学年的结束。（到了秋季，教师又会让孩子画出他们暑假实际做了什么。）让孩子思考他们并不太确定的事情，会阻碍他们充分觉察此时此刻正在发生的事情。所以为何不让孩子画一幅画，用色彩、线条与形状，来展现此刻即将离开教室的心境呢？

有一位在学校工作的社工带领过两个连续的团体。她告诉我，学年结束之际，她感到很伤感，因为她即将换工作，无法再见到这些孩子。另一方面，她又对离开感到高兴。她十分困惑，不知如何处理自己的矛盾情绪，以及即将分离所产生的感受。她说，她不愿意告诉孩子她对离别感到伤感，因为她不想让孩子伤感；她不愿意告诉孩子她对离开感到快乐，因为她不想引起孩子的困惑。而在我看来，这是一个与孩子分享复杂情绪的绝佳机会——真实地表达她的两种情绪。孩子也常常因为复杂的情绪而感到相当困惑。她说："是呀，我同意你的看法。向孩子表达你的感受确实很重要。分别确实很难。我希望在其他时候，当人们真的在乎时，能更多地向我表达这种情感。"

我们对于分离和告别总有些未完成事件，这使得结束变得更加艰难。在这样的时刻，我们需要与自己的感受保持接触，并勇于真诚地表达这些感受。因离别而伤感（或高兴）并没有什么不妥！

第十章

特殊行为问题

在这一章,我将探讨一些儿童的特殊行为。孩子因为表现出这些特殊行为而被带来治疗。尽管有时孩子的行为可能令人不悦,但我并不将其视为疾病。相反,我认为这是孩子的坚韧品质和求生本能的体现。孩子会尽其所能,以他们认为最好的方式在这个世界上生存。他们会选择自认为最适合的方式来应对成长过程中的挑战。

其实,童年是一段艰难的时期,并没有人们普遍以为的那么好。在《逃离童年》(Escape from Childhood)一书中,约翰·霍尔特(John Holt)详细探讨了人们对于童年的错误观点。

"大多数人认为童年就如同围墙内的花园,因为孩子是幼小的、脆弱的,所以他们在此得到保护,以隔绝外面的严酷世界,直到他们拥有足够的力量和智慧去应对外界。有些孩子的童年的确如此。我无意摧毁他们的花园,也不愿将他们赶到围墙之外。如果他们喜欢,当然可以让他们留在里面。然而,我认为大多数孩子所感受到的童年并非乐园,而是牢笼,且这种感受甚至在更低龄的儿童中愈发普遍。

"我并非断言所有孩子的童年都是不好的。但那种快乐、安全、得到保护、纯真的童年,对许多孩子而言并不存在。而对另一些孩子来说,无论童年多美好,都实在太漫长了,没有一种渐进、明智、无痛的方式让他们度过或脱离这个阶段。"(摘自《逃离童年》第9页)

我赞同霍尔特的观点。我目睹了许多孩子在童年的"牢笼"中竭尽全力地生存，他们似乎尽一切努力坚持着，直到进入那个神奇的成年状态。成年了，他们便能完全对自己负责，获得尊重，并被赋予应有的权益。然而，成年往往是一个漫长的过程。

攻击性

成年人常将孩子直接、自发的恣意行为视为攻击行为。大人将孩子的这种行为称作"行动化（acting out）"，表示他们在环境和世界里向外出击，而无法向内抑制。在我看来，"行动化"不过是一个不恰当的标签。因为即使是那些被动、退缩、压抑，甚至有紧张症的孩子，也是在以自己的方式"行动化"。实际上，我们每个人都在以自己独特的方式将某些东西行动化。

课堂上，那个行为出格、被贴上"行动化"标签的孩子最容易引起注意。这类孩子常常极度躁动不安，行为冲动，有时毫无理由地攻击其他孩子（但其实往往事出有因），不服从管教（因而被视为叛逆的孩子），大声说话，频繁插嘴，爱捉弄和挑衅别人，激发其他孩子产生类似行为，并试图操控他人。成人通常不喜欢孩子表现出这类行为。因为这些行为破坏了我们文化中人们所适应的社会环境。我们必须多方面地看待这些行为，因为这类行为发生在儿童与成人之间的双重标准体系中。例如，成人很少因打断孩子说话而受到责备。孩子的这一行为则常令成人和其他孩子感到烦恼。但当我们说一个孩子"好斗""叛逆""行动化""粗鲁"或"违抗"时，我们必须意识到这些都是带有评判色彩的标签。我自己经常会说这些词语，但我希望读者能理解，我深知这些是他人赋予孩子的标签、他人的描述或他人的评判。

有时，孩子因表达愤怒而被认为有攻击性，比如摔盘子或打其他孩子纯粹是在宣泄愤怒。然而，我的观点是，攻击行为并非对愤怒的真实表达，而是对真实情绪的偏离。攻击行为，也常被称作反社会行为，可能包括破坏行为，如毁坏财物、偷窃、纵火等。我认为那些表现出敌对、侵扰和破坏性行为的孩子，他们的内心充满愤怒、被拒绝感、不安全感、焦虑和受伤情绪。

他们往往自我感模糊。这些孩子对自我的评价非常低。他们无法，或不愿，且害怕表达自己的感受，因为一旦表达了，可能会失去维持其攻击行为所需的力气。他们觉得必须采取这样的行为方式来求得生存。

克拉克·穆斯塔卡斯在《儿童心理治疗》（*Psychotherapy with Children*）中提出，心理失常的儿童往往被未分化且无明确目标的愤怒与恐惧情绪所驱动。这类儿童的行为可能对几乎所有人及事物都表现出敌意。父母和教师也认为孩子的这种失调源自特定的内在因素，即孩子内心某种明确的东西促使他们这样做。

然而，真正扰乱孩子的，其实是他所处的环境。孩子被环境激怒，而不是被内在的困扰所驱使。孩子内在所缺失的，是对于引发他愤怒和恐惧的环境的应对能力。对于这种不友好的环境在他内心激起的情绪，他不知如何应对。因此，如果他以某种方式爆发了，那是因为他别无选择。实际上，环境往往正是激发孩子反社会行为的原因。孩子通常不会突然变得具有攻击性。他不会前1分钟还温顺乖巧，下1分钟就突然纵火或向车辆喷漆。这一过程往往是渐进的。孩子之前肯定已通过更微妙的方式表达过需求，但大人往往未曾留意，直到孩子的行为变得过激。这些被成人视作反社会的行为，其实是孩子试图重建社会联系的绝望尝试。除了这种行为，孩子无法通过其他方式表达内心的真实感受。仿佛要想继续顽强地存活于他的世界，他所知道的就只有这种方式了。

在我的工作中，这样的孩子不会轻易表现出攻击性。随着孩子建立了对我的信任，这种攻击性会在他的游戏、故事、绘画以及黏土活动的过程中显露出来。我会就其所呈现的样子进行工作；我无法处理未表达出来的攻击性。在首次会谈中，父母会大段大段地抱怨孩子，而孩子则闷闷不乐地坐在沙发一角，假装听不见或不在乎，偶尔还会插上一句"我没有！"或"才不是这样！"。根据我与众多儿童及其家庭工作的经验，我猜测问题更多源于父母对孩子的情绪与反应。不过，我不会贸然下结论，直到我获得更具体的证据，而非仅凭经验之谈，然后我才会提出家庭治疗或"父母治疗"（单独与一方或双方父母工作）。在此之前，我需要更深入地了解这个孩子；需要弄清楚这个特别的孩子及其家庭到底发生了什么。

因此，我不会一开始就讨论孩子的攻击性，因为这可能会导致孩子疏远我。我会提出一些毫无威胁性的活动，从而建立我们之间的信任和关系。他知道我了解他被带来的原因，我会说："嘿，我知道所有关于你的投诉。我听了这些投诉，但我的工作是帮助大家感觉更好。现在，我愿意自己来认识你，看看到底发生了什么。"有时，我可能不会直接这样说，而会用态度和行为来表达我的意图。

相比于那些压抑和退缩的孩子，与有攻击性和行动化的儿童工作对我来说反而更容易一些。有攻击性的孩子很快就会向我展示他的内在发生了什么。我通常会从任何他想做的活动着手。他可能会选择与我一起玩游戏，或画画，玩黏土、沙子、小士兵。如果他说"我不知道玩什么"，我会提出建议。通常在这个阶段，我不会做出具体的诊断。这类孩子往往非常疑虑，且充满防御。基本上我会尽可能给他愉快的体验，让他愿意下次继续治疗。孩子通常非常渴望我给予的那种关注，因此我发现与有攻击性的孩子建立联系并不困难。

所以在最初的几次治疗中，我通常不会直接与孩子对抗或直接处理他的问题。我不会说："我听说你攻击性很强，听说你打了汤米。"但我会就他在艺术创作或游戏过程中呈现出来的材料进行工作。我们会先做孩子喜欢做的活动。当孩子的情绪浮现出来后，我再慢慢引导孩子做一些更具针对性的活动。通常，愤怒的情绪会先冒出来。在愤怒之下，或许隐藏着伤痛。但首先出现的，往往是愤怒，甚至是狂怒。

愤怒

愤怒是一种真实且正常的情绪。每个人都会愤怒。我会生气，你也会生气。真正引发问题的，是我们对这些情绪的处理方式，我们是否能接受它们，以及我们如何表达它们。我们处理愤怒的方式，很大程度上受到文化态度的影响：在我们的文化中，生气不是一件好事。孩子会因此接收到双重信息。一方面，他们直接或间接地感受到成人的愤怒，如冷漠的反对；另一方面，孩子对愤怒的表达往往不被成人接受。于是，孩子很小就学会了压抑这些情绪，取而代之的是因母亲的愤怒而感到羞耻（"我一定很坏"），或因为被愤怒和怨恨的情绪淹没而感到内疚。孩子在电视和电影中观察到暴力形式的愤怒，以及军事或警察这类权威形式的愤怒。他们听闻了暴力犯罪和战争的事件。于是，当他们自己感到愤怒时，往往会非常害怕，也常常颇为着迷。难怪愤怒如同潜伏的可怕怪兽，孩子需要不断压制它、转移它、回避它。

关于与儿童的愤怒情绪工作，我总结出了如下四个阶段。

1. 向儿童提供实际方法来表达他们的愤怒情绪。
2. 引导儿童关注自己所抑制的真实愤怒，并鼓励他们在我的治疗室里，将愤怒情绪表达出来。
3. 帮助儿童体验直接用言语表达愤怒情绪：向他们需要表达愤怒的对象，说出他们需要说的话。
4. 与孩子探讨愤怒：愤怒的本质；引发愤怒的原因；愤怒的表现方式；感到愤怒时的应对方式。

孩子往往很难表达愤怒。反社会行为（即那些扰乱既定社会秩序的行为）并非愤怒情绪的直接体现，而是对真实感受的回避。因为受伤的情绪常被愤怒所掩盖，无论是对孩子还是成人，要透过愤怒的表层情绪，充分表达深层的真实感受，都是令人害怕且十分艰难的。而攻击、叛逆行为，或挖苦，以及以各种可能的方式间接表达，更容易消耗能量。

我们所有的情绪都需要借助于肌肉和身体功能来表达身体能量。如果我们不以直接的方式表达愤怒，就会以对我们有害的方式表现出来。当我察觉到孩子的愤怒被克制和压抑时，我就知道我需要帮助这个孩子学习处理愤怒情绪的"适当"（被成人世界所接受的）方式。对此，我有各种方法。

6岁的凯文因自伤行为被转介到我这里进行治疗。他以各种方式抓挠自己，不是伤害自己，就是破坏自己的物品。当他开始撕扯他的床垫时，身边的大人深感忧虑，于是带他前来。我很快意识到，凯文内心充满了愤怒与生气，同时又极度害怕表达这些情绪。他曾住在多个寄养家庭中，现在或许已是第四个或第五个了。

凯文在玩黏土时，无意中提到了学校里的另一个男孩。当他讲述这个男孩时，他开始用力地击打黏土。我温柔地询问他与那个男孩的关系，比如："你们一起玩过什么游戏吗？"（因为此刻的凯文，就像一只小心翼翼探出头的小乌龟。所以我必须温柔、谨慎地对待，以免惊吓到他，令他再次缩回保护壳中。）凯文说话的语气变得紧张，我问道："他有时会惹你生气吗？"凯文点头，向我倾诉那个男孩如何戏弄他。我摆好一个枕头，让凯文对着枕头表达对那个男孩的感受。我先示范了一遍，随后凯文便对着枕头倾泻满腔怒火。接着，我建议凯文捶打枕头，同样是我先做示范。起初，凯文动作迟疑，但很快就在与枕头的"对话"中投入了情绪。我建议凯文，每当他对那个男孩或其他人感到愤怒时，就在家里的枕头或床上做这个练习。他的寄养母亲反馈说，第一周凯文每天放学后都会练习几小时，随后逐渐减少，也停止了抓挠自己和撕床垫的行为。当然，我们还进行了其他工作，最后处理了凯文对于生母以及生活中其他事件的深层感受。我们需从表层事件着手开展工作，而凯文则需掌握应对恐惧情绪的工具，他需要为自己获得力量。

除了捶打枕头，我还有多种宣泄愤怒的方式，如，撕报纸、揉纸团、踢枕头、踢罐子、绕街区跑步、用网球拍打床、淋浴时大声喊叫、在纸上写下所有能想到的脏话、书写愤怒情绪、描绘愤怒感受。我告诉孩子愤怒带来的身体感受需要以某种方式释放。我们会探讨头部、胃部、胸部肌肉的紧缩，可能导致头痛、胃痛和胸痛。孩子很容易理解这一点。

孩子对身边大人的反应非常在意。一个 12 岁的男孩为我制作了一个尖叫盒，也给自己做了一个。他在盒子里塞满报纸，顶部开个洞，插进一个纸巾卷筒，然后向我展示。当他对着盒子尖叫时，声音会变得沉闷，这样他的妈妈就不会被噪声吓到。还有一个 13 岁的男孩对我说："如果我真的把心里话告诉校长，我肯定会被开除的！"于是，他没有直接处理自己的愤怒情绪，而是在操场上招惹别人，在教室里表现得"多动"。作为一个成年人，当我感到极度愤怒时，也会做类似的事情，比如抖腿晃脚、咬指甲、用力嚼口香糖、借此来让自己感觉好一些。我也觉察到，如果我压抑了许多未表达的情感，就会难以集中注意力在其他事情上。

那么，"直接表达愤怒"是什么意思呢？如果这个男孩要直接处理自己对校长的不满，他可以站在校长面前，直视校长的双眼，坦诚或大声地表达自己的愤怒。关键在于，如何让孩子觉察和知晓这种愤怒。要帮助孩子感受到坚强与完整，而不是害怕地逃避，或以伤害自己或疏远他人的间接方式发泄情绪，让孩子觉察愤怒是第一步。然后，孩子需要学会评估情况，并决定是直接向对方表达愤怒，还是以其他私密方式表达。

有时我会和孩子讨论愤怒是什么。我曾让一个团体的孩子们告诉我，所有他们生气时会说或想到的词语。我带着不加评判的态度，在一块大黑板上写下这些词语。一个 12 岁的男孩躺在地上，狂笑不已，他觉得很高兴，也觉得不可思议，我竟然能如此平静地将这些禁忌词语开放地写出来。在整理出一大串词语后，我们开始一起探讨这些词语。我注意到，有些词语具有攻击性，向外出击，还有一些则是表达内心感受的词语。我们对此进行了讨论。接着，我们探讨了各自应对愤怒的方式，包括内在和外在的。我提了一些问题："什么事情会让你生气？""你生气时会发生什么？""你会怎么做？""当你感到愤怒时，如何避免陷入麻烦？"

我请孩子画出他们的愤怒情绪，或画出让他们生气的事物，或画出他们生气时的行为。孩子的这些画作非常生动且具有表现力。每个孩子都把自己的愤怒过程清晰地描绘了出来。一个 10 岁的男孩，画了一个迷宫，并在画纸的右上角画了一群火柴人，在左下角画了一个火柴人，旁边写着"该走哪条路"，在他的画作顶部写下了"孤独"一词（见图 10-1）。

他与我们分享画作时，谈到了他对朋友发火时的孤独感。

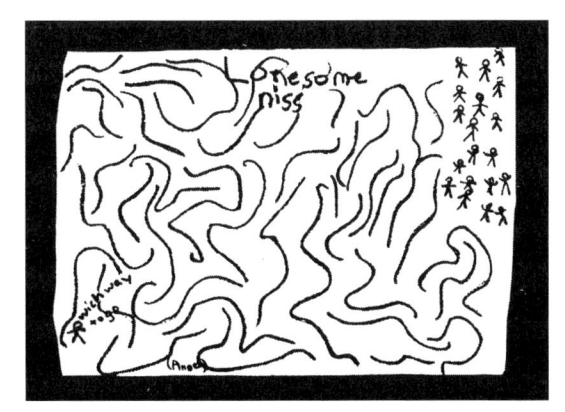

图 10-1　10 岁的男孩的画

他不知道如何能回到朋友身边，他感受到的是分离与孤独。

在与一个 9 岁男孩的个体工作中，我听到过类似的表达。他在纸上乱画以表达愤怒后说："我生气时感到孤独。愤怒让我觉得非常孤独。"

在与孩子的工作中，有时他们的愤怒情绪会突然出现，需要在那时那地去体验和抒发。有时，如果孩子觉得直接"持有"这些情绪让他们感到过于受威胁，他们会借助于游戏或艺术作品间接表达出愤怒。认识并承认自己的情绪，这是最具自我支持性的，即使是借助于象征的形式表达愤怒也大有帮助。

在一次治疗中，6 岁的吉米专注于用娃娃屋、家具及娃娃屋里的小人偶演出一个场景：一个小人偶抢劫，其他玩偶对此表现出极大的愤怒。吉米看起来完全沉浸在场景演绎中，借助于这些小人偶，吉米真实地表达了自己的愤怒情绪。最初我尝试将这场戏剧与吉米的个人生活联系起来，但吉米拒绝了。这在年幼的孩子里很常见。他花了很长时间才逐渐借助于玩偶戏表达自己，而这种新的游戏对他来说变得意义重大且至关重要。在这之前，吉米常说："女孩才玩娃娃屋""你应该修修你的娃娃屋""我不想玩娃娃屋"或"这娃娃屋真奇怪"。

就好像吉米正在演出自己的抢劫戏码，表达那种被侵犯，自己的东西被夺走的感受。他作为一个愤怒的玩偶形象，抗议这种侵犯。我没有追寻我的预感，没有诠释他的戏剧，因为不知怎的，我感觉他正在通过游戏做自己的工作，正如许多儿童在游戏中所做的那样。如果我想与吉米展开对话，来加强某种明确的意识（或许是为了让我对自己的预感感觉良好），我可能会问："你是否曾感觉你身边的什么东西或什么人，被夺走了？"，或者"你现在的生活中缺少了什么你希望拥有的东西？"，或者"你的生活中丧失了什么吗？"。因为我知道吉米没有亲生的家庭，他在几个寄养家庭生活过。如果那时我打断他的游戏，提出这些问题，他或许会回答，或许不会。后来，随着我们关系的稳固，我得以直接询问他对于不能与亲生母亲同住，同时又未能"自由地"被领养的感受。

其他孩子表达愤怒的方式则直接得多。有一个 5 岁男孩让我画一张脸，贴在我用来放橡皮飞镖的公告板上。他说那张脸是他父亲（他从未见过父亲），然后开始朝画像掷飞镖。我鼓励他在瞄准时说出心里话，他便大喊："我对你很生气！""你真讨厌！"，等等。他特别享受这种直接命中的快感。过了一会儿，他让我在这张脸上画几滴泪（或许是他自己的投射），最后又让我画了一张笑脸。他说："现在舒服了。"

在另一个案例中，7岁的劳拉在和我工作前，已经在另一位治疗师那里接受过大约3个月的治疗。不知何故，那段治疗经历让她感到不愉快；她对去治疗室极为抵触，后来见我时也抱有敌意。劳拉的生活很艰难，她的情绪借助于偷窃、割破汽车内饰、给街上的汽车喷漆，甚至纵火等方式发泄出来。我们之间似乎难以建立关系。我清楚，在取得进展之前，必须先处理她对前任心理治疗师的情绪。此前我曾提出过一两次这件事，她只是闭着眼睛，闭口不答。这回，我再次尝试提起，劳拉低声咕哝了些什么，我注意到她的腿正前后摆动，几乎像在踢腿。

于是我说："看起来你很想用腿踢一踢。"

"对！真想狠狠踢他一脚！"

我提议让她踢椅子，就假装他坐在椅子上面。她起身照做了。我鼓励她继续，每踢一脚就对他说些什么。

"我恨你！你让我感觉糟透了！"

她这样做了好一会儿，我则稳住椅子。突然，她停下，坐回原位，对我微笑，并转换了话题。此刻，她身体放松，态度也变得开放友好。这是我与劳拉有成效且成功的治疗关系的起点。

在治疗过程中，还有一些其他有用的物品，有助于儿童表达愤怒情绪。比如巴塔卡（Bataca；一种带有手柄、用泡沫包裹的棒状物）、橡胶刀、飞镖枪和充气不倒翁。用黏土捏一个真实或象征性的人物，然后用拳头或橡胶锤将其击碎，这种行为能释放情绪。男孩丹尼损坏了代表他弟弟的脸的黏土，以此来宣泄情绪。我引导他在破坏黏土脸时与之对话。这样，他表达出的内容远比单纯向我诉说或抱怨弟弟要丰富得多。结束后，丹尼抚平黏土，捏了一张新的脸来代表他的弟弟。他对我说："他现在受够了。"黏土的可塑性极具价值，因为能让孩子将破坏的部分重新加以塑造。

有时，我会邀请孩子画出他们的愤怒，有时孩子则自发地这么做。9岁的比利因在教室和操场上表现出极端叛逆行为，被公立学校转介到我这里。比利的父母接受建议，在孩子尚未被转到特殊班级之前，应先寻求专业帮助。在9年的人生中，比利因父亲的服役生涯频繁搬家，他对这些变动反应不佳。首次会面时，他蜷缩在沙发一角，拒绝开口，任由父母滔滔不绝地抱怨。当我单独与比利相处时，他依旧沉默不语，不愿游戏。初次见面时，我注意到他常偷瞄画桌。第二次治疗时，我让他画出任何他想画的东西，他不情愿地答应了。画画时，他全神贯注，而我坐在一旁静静观看。

图 10-2　比利的画

比利：这是一座火山（见图 10-2）。

我：给我讲讲吧。

比利：我们在学校学过。这不是活火山，而是休眠火山。这是还未喷发的炽热熔岩（棕色的厚火山壁内有一些红色线条）。而这是从火山口冒出的烟雾，它必须释放一些蒸汽。

我：比利，我想请你再描述一下你的火山，这次我想象火山拥有自己的声音。火山能够说话，你代表火山说话，就像代表布偶说话一样。用这种方式再讲讲你的火山，用"我是一座火山"来开头。

比利：好的。我是一座火山，我身体里藏着炙热的岩浆。我目前处于休眠状态，还没喷发，但终将迎来那一刻。我身上冒着灰色的烟雾。

我：比利，如果你真的是一座火山，如果你的身体就是那座火山，那么这些炙热的岩浆会在身体什么部位呢？

比利：（仔细思考后，最终将手放在自己的腹部）就在这儿。

我：比利，如果不是火山，而是一个男孩，那炽热的岩浆对你来说会是什么呢？

比利：（眼睛炯炯有神）愤怒！

我接着请比利画一幅画，用形状、颜色和线条描绘出他想象中自己的愤怒模样。他画了一个又大又密实的红色圆圈，里面填充着各种颜色。我根据他的描述在画上写道："这是比利肚子里的愤怒。它是黄色、红色、灰色和橙色的。有烟冒出来。"随后，我把比利说的让他生气的事情列了出来：妹妹弄乱房间；打架；从自行车上摔下来；弄坏锁；在滑冰场摔倒。

此时，比利意识到自己已经吐露了不少，便不再深入谈论他的愤怒。我们以一局跳棋结束了这次治疗。

这时，比利尚未准备好用言语表达他的愤怒，只能借助于绘画。他深知愤怒在他内部翻涌。在之后的治疗中，随着他逐渐敞开心扉，他那些不被接受的行为也开始减少。他结交了朋友，加入了棒球队，并逐渐展现出他友好、开朗的一面。对我而言，比利改变最显著的证据是：3个月后我致电学校询问比利的情况时，学校的咨询师竟不记得比利是谁了！

我屡次发现，压抑愤怒情绪所消耗的能量，往往会导致不当行为。孩子的变化尤为迅速，因为他们不像成人那样积累了层层压抑的怒气。然而，每当看到一个孩子以自己的方式努力突破困境，变成一个更健康、完整的个体时，我总是为之感到神奇。这个过程看似艰难，实则通常简单明了。一个被执法机关归类为"虞犯少年[①]"的12岁女孩黛比这样描绘她的愤怒：黄色、橙

[①] 虞犯少年是指有犯罪倾向的少年。——译者注

色和灰色的涂鸦被一圈厚厚的黑边包裹。她介绍说："愤怒包围着我,挤压着好的情绪,让它们无法释放。"她的描述相当精练。当黛比开始接受帮助,释放愤怒情绪时,她的积极情绪得以涌现,叛逆行为也显著减少。

9岁的鲍比来到治疗室,一进门就抱怨头疼。他在家和学校常常这样。我让他画出他的头疼:"闭上眼睛,观察你的头疼。看看它是什么形状的,有哪些颜色。然后把它画出来。"以下是鲍比直接向我描述的头疼。

"中间的那一点最痛。头的两侧也痛得很厉害。中间那一点周围的部分不太痛。我的前额很痛,就是这个橘色的区域。有时痛感会蔓延至后脑勺,尤其是绿色、红色、灰色和黑褐色区域最痛。相比之下,蓝色、橘色、紫色、黄色及黄赭色区域的痛感较轻。我渴望消灭这种头痛,让它不再折磨我。我通常在跑来跑去、在太阳下活动时,或在早晨醒来、情绪激动、吃晚餐时,就会开始头痛。现在,我有一点头痛。"

随后,他画了一张脸,画出了头痛的部分,但画得更小一些。仅仅是体验头痛,疼痛就得到了明显的缓解。不过,我更感兴趣的是鲍比所说的:"我渴望消灭这种头痛"以及"我……情绪激动、吃晚餐时,就会开始头痛"。

我请鲍比在纸上与他的头痛对话,表达他想要如何消灭它。在我的鼓励下,他这样做了一会儿。随后,我提示或许在他的生活中存在某个他想要"消灭"的人。他立刻回应:"是的!我的弟弟!"我让他画出弟弟的脸,并告诉弟弟自己有多生气。他画了一张又大又丑的脸,随后用铅笔猛戳画纸,借此发泄怒气。鲍比需要一些工具更健康地处理愤怒情绪,而不是将愤怒转化成头痛。

对孩子而言,最难学习的就是如何直接表达愤怒。他们需要学会如何直接提出自己的需求,以及表达自己的喜欢和不喜欢。我认为,成年人对孩子直率表达的反应,导致了孩子变得操纵、狡猾和不坦率。尤其是青少年,他们常告诉我,如果直接表达情绪,就会遭到身边成年人的批评和惩罚。由于从小就体验到这些负面反应,他们未能培养出直接沟通的习惯,而直接沟通本应是他们成年后继续沿用的交流方式。

在我工作的家庭中，我发现所有成员，包括成人，和彼此沟通都存在困难。即使是简单的练习也能带来显著的效果，比如让每个家庭成员对其他成员分别说出一件喜欢和不喜欢的事情。曾有一名男孩在完成此类练习后，含泪对哥哥说："我以为你一点也不喜欢我！"我也曾将此练习应用于非亲属关系的儿童团体中，发现这有助于培养直接表达的能力。

一个 8 岁男孩向我抱怨，说他爸爸从不陪他。我知道这是真的，他父亲是关心他的，但工作太忙了。我觉得与其让爸爸来参加一节家庭治疗，不如教这个孩子直接表达需求，而非用他惯用的操控、抱怨的方式。我让他想象父亲坐在空椅子上（也可以用指偶、布偶、画作或黑板代替），然后表达他的不满和期望。他照做了；随后我建议他回家，将这些话向父亲复述。在后面的一节治疗中，他告诉我，父亲真的听进去了，并且他们已经商定了要一起做一些事情。男孩为此兴奋不已，这次经历极大地提升了他的自尊。

一名母亲带着她 5 岁的儿子杰夫来接受治疗，原因是孩子频繁发脾气，导致两人都筋疲力尽。在她描述孩子的行为时，杰夫坐立不安，扭来扭去，装作没在听。我想让他参与进来，便打断了他母亲的话，请她画出一件让她对杰夫感到烦恼的事情，同时我让杰夫画出对他母亲的不满。杰夫起初不愿参与，但当他母亲画出一个男孩躺在地上，双臂张开，嘴巴大张，身体周围散发着红色波浪线时，他目不转睛地看着。这是杰夫某次发脾气的样子。随后，杰夫也开始画画，他画了一个躺在地板上的人，在这个人上方画了一个更高大的人（见图10-3），他解释说："我画的是我母亲在我发脾气时对我大喊大叫。"

我请杰夫母亲对着画中的男孩表达她在他发脾

图 10-3　杰夫母亲和杰夫的画

气时的感受，同时让杰夫对着画中的母亲倾诉自己的情绪。很快，他们借助于这些画展开了对话，并且杰夫始终很专注。

杰夫说，他妈妈总是当他什么都能干，却对他 3 岁的弟弟百般纵容。我让他具体说说："她总让你做哪件事？告诉她是什么。"

他回答："你总让我收拾弟弟乱扔的玩具，就因为那些玩具是我的。我跟你解释，你又不听，搞得我老发脾气。"

我让杰夫想想解决办法，他提了几个挺不错的方案。他们对此逐一进行了讨论，最终就该议题达成了一致，接着继续讨论杰夫的另一个具体诉求。我仅与杰夫进行了三次工作。当他和母亲开始倾听彼此时，他便不再发脾气了。并非所有问题都能如此轻易解决，但这是一个很好的例子，展示了孩子所施加的力量。这种力量有时能压倒父母，尽管背后的原因可能简单明了且易于处理。

10 岁的琳达遭受了一名男子的性侵，她拒绝和任何人谈论此事。而且，她几乎不再谈论任何事情。

我猜测她内心充满了各种情绪——愤怒、恐惧、羞耻，或许还有内疚。我明白，我们需要逐一梳理这些情绪，并分别加以处理。我直接向琳达提起了那次性侵事件，并请她画出自己的感受。她默默地拿起马克笔，画了一个女孩并标注为"我"，在纸的另一端，她画了一个全身黑色的人，标注为"男人"。她将自己画成手持弓箭的形象，并在那个男人周围画满了箭矢。他们站在屋外的人行道上（见图 10-4）。琳达用丰富的肢体语言和充满情感的声音

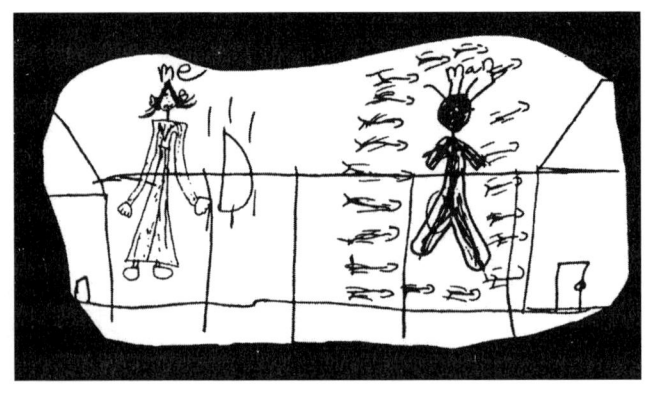

图 10-4　琳达的画

描述了她在照片中的所作所为。如果她当初拒绝画那幅画，我会建议她做一些对她来说不那么有威胁性的活动，比如随意涂鸦或在沙盘中摆出场景。如果她的感受未能传达出来，我会定期提一下这个话题。我知道，终有一天她会准备好表达自己。

我请9岁的黛比画出她高兴时和生气时的感受。她在纸上画了一条中线，一边写上"生气"，另一边写上"高兴"。在"生气"的那边，她只涂了一点点颜色；而在"高兴"这边则画了大量明亮的色彩。黛比一开始难以接受自己的愤怒情绪；描绘高兴的情绪，一定程度上缓解了她的紧张，也使她开始正视那些不那么愉快的情绪。我们探讨了她的"快乐"的一面。对于"什么让你快乐？"的问题，我们在她的画上写下了她的回答："旅行、爸爸、和你交谈"。接着，我们探讨了她的"愤怒"的一面。对此，她说道："哥哥的戏弄、哥哥插嘴、琐碎小事。还有学校。因为我提问题时，老师让我感觉糟透了。我再也不想提问了！我的内心积压了很多小事。"随后，她看着我，说："我真想尖叫。"我请她描绘出当她想要尖叫时的感受。她一边大幅挥动画笔，一边说道："我讨厌妈妈催我做作业和练钢琴！她总是唠叨个不停。我真恨不得在我生她气的时候，她的头能掉下来！"她又急忙补充说："不，我不是那个意思！"孩子在愤怒时常会产生残害和死亡的幻想，这些幻想让他们自己都感到害怕，这也是他们将愤怒深藏心底的另一个原因。黛比和我现在能谈论她的那些吓人的幻想了。

一个9岁男孩用粗粗的黑、紫、红色涂鸦表达了他的愤怒情绪。我们在他的画纸背面写道："这是乔恩的愤怒情绪——还有些受伤的情绪。我很生气，因为哥哥给我起绰号；父母对我不公平，仿佛我不存在；他们忽视我，不回答我的问题；我不会弹吉他，真希望他们能让我上吉他课，而他们却不让。"

11岁的苏珊坦率地分享了她的遭遇。一名男子闯入她家，进入她的房间，将她打得遍体鳞伤、血流不止，随后纵火烧屋并逃离。她以一种毫无情感的单调声音讲述了这段登上报纸头条的难以置信的经历。我们坐在地板上，边捏着黏土边谈论她的遭遇。我请她通过黏土表达对这个男人的情绪。起初她并不愿意，但在一番鼓励下，她开始在黏土上戳了几下，黏土很软，她很容易戳进去。随着情绪的流露，她"盔甲"上的裂缝逐渐扩宽，她开始更用力地捶打黏土。我请她对黏土人说出她想说的话，她对着它说了几句话，然后突然停了下来，眼中泛起泪光。她凝视着我。

"苏珊，你现在在想什么？"我轻声问道。她低语道："我好恨我妈妈！我好恨她！"

苏珊无法向母亲表达，她怨恨母亲未曾听见她的尖叫，闻到烟味才醒来。她告诉我，她不能对母亲说出口，因为母亲对发生的事已经非常难过了。我觉得苏珊有必要坦诚面对自己的情绪，向母亲倾诉，仅仅向我吐露心声无助于她的疗愈。我邀请苏珊的母亲加入后面的一次治疗，我们一起处理了这些情绪，以及在这次经历中苏珊对母亲的其他情绪。这节治疗结束时，她们相拥而泣。苏珊的母亲表示，这是自那次事件以来，她第一次看到苏珊流泪。对苏珊而言，这是一次重要的领悟：所有人，包括她的母亲，都需要表达自己的情绪。许多孩子在面对悲痛的父母时，往往会将情绪深藏心底，以免增添父母的忧虑或负担。写到这里，我已经对愤怒进行了详细的探讨。愤怒是一种最令人畏惧、抗拒、压抑、感到威胁的情绪，因为愤怒是一种影响力最大且最隐秘的障碍，阻碍着人们感知整体与幸福。

多动儿童

关于多动行为的成因及治疗存在诸多争议。但毫无疑问，对于多动儿童的显性行为特征，大家的看法是一致的。多动儿童可能难以静坐，坐立不安，需要大量活动，有时说话过多，可能有烦人的行为，容易与其他孩子发生肢体冲突，常引发各种争执，难以控制强烈的欲望，行为冲动，协调性或肌肉控制能力往往不太好，显得笨拙，易掉落物品，破坏东西，打翻牛奶。多动儿童的注意力难以集中，极易分心。他们有时会提出许多问题，却很少耐心等待答案。

我曾治疗过不少多动儿童。他们难以相处，课堂上常常被教师点名，然后被安排到特殊班级。多动儿童往往因感知能力（如视觉、听觉，有时甚至是触觉）受损，而面临严重的学习障碍。多动儿童的运动障碍导致手眼协调能力不佳，影响了他们书写的流畅度和清晰度。周围环境的众多刺激令他们感到困惑和烦躁。这些困难还衍生出许多次级效应，比如成年人对他们缺乏耐心，缺乏信任，甚至大声斥责，有时还难以忍受他们。由于欠缺人际交往技巧，多动儿童的朋友寥寥无几。加之贴在他们身上的标签，令他们感到羞辱。其他孩子嘲笑他们，给他们起外号。多动儿童对自己的学习障碍感到难过，他们的自我形象通常很差。然而，在这样一个对他们来说既严苛又不公的世界里，他们依然努力生存着。

医生常轻易给多动儿童开药以让他们平静下来。我治疗的几个孩子，因为每天服药，所以能坐得足够久，能学会一些阅读；或者变得非常温顺，仿佛经历了人格逆转，从充满攻击性、令人讨厌变得愉快、随和。然而，正如行为矫正技术仅针对症状行为一样，接受药物治疗的孩子并未获得内在力量去应对自己的世界。他们依赖药物，有时甚至将其作为操控工具。"给我药，我才能表现好"，我常常听见他们这样说。

更令人担忧的是这些药物可能带来的生理损害。我比较支持为孩子提供良好营养和大剂量维生素的疗法。我了解到，多动儿童往往饮食不佳。成人常常随意给孩子高糖食品和各类垃圾食品，以作为良好行为的奖励，或是为了让他们安静下来，停止吵闹。

表现出各种多动症状的儿童，有时其实是在逃避内心的痛苦感受。一个不能或不愿表达压抑情绪的孩子，确实可能难以静坐、专注或聚焦，但这并不意味着他们存在神经感知或运动障碍。比如焦虑的孩子会害怕参与任何活动。他们不断切换注意力，似乎无法全然关注并持续进行一个活动。恐惧、愤怒或焦虑的孩子可能表现出这种行为，他们看起来符合"多动儿童"的所有特质。

5 岁的乔迪就是这类孩子的典型例子。他被诊断为患有多动症，每天服用 10 毫克的利他林（Ritalin）。他母亲反映，尽管孩子已服用该药物 1 年，但他的多动症状并未减轻。在我的治疗室里，他总是从一个活动切换到另一个活动，无法专注于任何一件事。他会拿起某样东西开始玩，随即又突然改变主意。我建议他尝试黏土或绘画等活动，他会突然说："我不想再做这个了。"每次，我都会回应"好的"，并帮他整理好手头的东西。在第四次治疗中，乔迪向我报告说他梦见了一个可能会杀死他的怪物。我请他画出那个怪物。他专注而投入地画着。完成后，他坐回原位并表示他画完了，我便让他与怪物对话，表达他对怪物的看法。

乔迪：你吓到我了！你会杀了我！

我：他会怎么杀你呢，乔迪？

乔迪：他可能会把我吃掉。

我：告诉他。

乔迪：你会把我吃掉！（他耸了耸肩。）啊——我害怕你。

我：来，作为怪物说话，回应你。

乔迪：作为怪物说话？

我：对，假装你是他。他会对你说什么？

乔迪：他说，"小心点，我要吃了你！"（低沉、浑厚的声音。）

我们这样持续了一会儿，最后我问道：乔迪，当你变成怪物时，感觉如何？

乔迪：很好！

这时，时间到了，我们不得不停下。乔迪在整个过程中注意力都能集中。在随后的几次治疗中，他越来越愿意专注于一个活动了。他的游戏开始聚焦于暴力场景。他会精心布置娃娃屋，摆好家具和家庭成员，然后说："炸弹落下，所有人都被炸死了。"他会摆好小汽车，随后用一辆卡车将它们全部撞倒。他会在沙地上布置士兵，逐一射击，让每个士兵应声倒地。我尽可能鼓励乔迪去"扮演"那颗炸弹，去"扮演"撞倒汽车的卡车，诸如此类。我希望乔迪能体验到自己的力量。一旦他能在治疗中的安全范围内感受到做这些事情的自由，他便能将这种力量感带回家。他开始更直接地向我和他的母亲表达那些让他愤怒或害怕的事情。他的母亲反映，乔迪终于变得平静一些了，也更好相处了。

我发现一个有趣的现象：当我和那些被视为多动症的孩子工作时，他们几乎很少在我的办公室里表现出多动的特质。我已阅读了学校提供的关于这个孩子多动的报告，甚至有时在教室里亲自观察过他。我也听取了孩子父母的描述，并看见了他在候诊室里的多动表现，如蹦跳、攀爬、四处奔跑。在我的治疗室里，他或许会有些坐立不安和焦躁，但有趣的是，在面对面的情境中，他极少表现出所谓的多动行为。当这些孩子得到关注、被倾听，并感受到被听见、被认真对待了，这时他们似乎能够以某种方式减轻其"多动"症状。

与多动孩子的工作，和与那些有攻击性和愤怒情绪的孩子工作并无太大差异。我首先从孩子当前的状态出发，努力聚焦于他们呈现给我或逐渐显现的具体问题。若孩子表现出过度活跃的症状，我会在两种截然不同的方法中选取一种：（1）我可能会提供一些具有安抚、镇静作用的材料，如黏土、沙子、水和手指画。（2）我可能会跟随孩子快速切换或不断转移的注意力，引导他关注自己正在做的事情，以帮助他更充分地体验当下的活动。

我认为，对这些孩子来说，任何触觉体验都有助于他们集中注意力，并增加对自己的觉察，包括身体和感受。在我与学校里受情绪困扰（如"多动"和"反社会"）的孩子工作时，我经常会用手指画活动，效果显著。我会从食堂借来午餐托盘，每个托盘中倒入液体淀粉，并撒上一两种颜色的海报颜料粉。孩子们通常站着在桌边并肩作画，过程中充满欢乐。在参与该学校项目的 6 年中，我经常运用这一活动，不仅用在各年龄段或混龄的儿童团体中，还将其融入我的儿童治疗团体及个体治疗中。在这个过程中，从来没有孩子将颜料涂抹在别人身上或墙壁上，他们全神贯注地创作，绘制出美丽的图案，尝试混合色彩，一边创作一边与同伴或与我交流。活动结束时，我们会取一大张纸压印在托盘的最终作品上，揭起后便能得到一幅神奇的图画。孩子会将其晾干，然后裁剪好并装裱在对比色的彩纸上。每个孩子都会清理自己的工作区域并清洗托盘。

这项活动非常有价值。孩子印出的画美轮美奂，他们当然会为此感到自豪。他们在 1 小时里专注且愉快地进行这项活动，同伴间的友情为他们提供了迫切需要的体验。由于这项活动有触觉和动觉的特质，孩子对自己的身体有了更深刻的感知。由于这些孩子极易分心，有时还会被外界刺激所迷惑，他们迫切需要体验回归自我的感觉。我相信，任何触觉和动觉的体验都能更深、更强烈地促进个体对自己身体和自我的认知。当自我增强，对情感、想法和观念的新的觉察也随之产生。

在治疗过程中，孩子会讨论各种话题，他们常参与涉及逻辑思维过程的复杂讨论。有时，他们会谈论自己，流露之前未曾表达过的情感。对于宗教、死亡、家庭问题、共同经历、药物以及其他类似话题的讨论也颇为常见。我深知，对于在公立学校环境中与受情绪困扰的儿童工作的那些读者，这部分内容尤为意义深远。倾听这些孩子时，我常感敬畏，得知他们内心的丰富与深邃鲜有机会展现，我深感痛心。

有时，我会播放古典音乐，孩子们则在旁边用手指作画。播放音乐时，孩子们甚少交谈。每个孩子都能以一种全新的方式，完全沉浸在自己的世界里。黏土、水和沙子则提供了其他触感体验。我工作的公立学校有游乐设施，于是我便能在无人使用游乐场时，带孩子们去沙坑玩耍。8~12 名儿童各自拥有独立的工作空间。

玩水活动也有其独特的好处，水是最为舒缓的媒介。那时的教室里配有水槽，我会不时鼓励孩子利用各种塑料物品在此游戏。许多孩子小时候没有机会体验沙、泥与水的乐趣，而这些对健康成长至关重要。在与年幼的多动儿童进行个体工作时，我常备一盆水（因为治疗室里没有洗手池），供他们倾倒玩耍。曾有一个 6 岁男孩，专注玩了一会儿水之后，才开始向我表达他的感受。

触觉和肌肉运动似乎有助于增强孩子的自我感知，并能带来平静，因此，按摩显然对多动儿童很有好处。我记得，在给情绪障碍班的孩子教授阅读或算术时，我常常轻抚我身边孩子的背部。孩子对此非常喜爱，常主动要求我这么做，我也发现这有助于他们静坐和集中注意力。此后，我建议父母给孩子按摩。市面上有许多简易的按摩指南。按摩对于经历过创伤的儿童同样有效；恐惧和焦虑会使肌肉紧绷，而按摩能够缓解。

对于多动儿童，我的另一种工作方式与提供平静、舒缓、专注的活动截然相反。若孩子坐立不安，频繁转换注意力，我会先观察一段时间，然后鼓励这种行为，鼓励他去看看这个，瞧瞧那个。我会以非评判的方式提醒他关注自己的行为。我的目的是让他聚焦于自己当下的行为，从而觉察及承认这些行为。当孩子看起来常被物品、声音、图像和光线分散注意力时，他会问很多问题却不等你回答，或者不停地说话而不等我或其他团体成员回应。实际上，他并未真正参与活动或与任何事物或人建立接触。他往往匆匆一瞥，还没参与就转向别处。因此，当我注意到这种行为时，我会针对每件物品发表简短评论或提出一两个问题，随后鼓励他关注下一个事物。这样既可以让他保持当前的活动，又可以激发他探索更多事物的兴趣。比如，当他拿起一支蜡烛时，我可能会说："看那支蜡烛，你看到了什么？感受一下蜡的质地。你注意到橙色的部分了吗？"随后，我见他的注意力转移，便直接切换话题："那是什么声音？听起来像是外面有消防车经过。"我希望孩子至少能对所经历的每件事有所察觉。"你那样来回摇晃腿时，感觉如何？"或者"我猜你并不想听到问题的答案"。

在学校里，如果孩子们正在做某个活动，外面的噪声往往会让他们分心，有的孩子甚至会走到窗户那里。教师通常会说："回去做你的事，别管那个。"但在我看来，这可能是最糟糕的做法。我认为更合理的做法是："好的，我们一起去窗边看看发生了什么。"去观察那是什么，持续关注着，直到结束，然后再回到之前的活动中。

对于与注意力易分散的孩子工作，有一种理论认为，最好保持环境平淡，尽量减少刺激。然而我对这种环境从来都感到不自在，因此我在工作和生活空间中从未遵循这一建议。我喜欢周围充满色彩和可供观赏、操作的事物。只要我鼓励孩子关注每一种干扰并完成这个关注，就不会对团体或儿童个体的工作构成问题。我认为孩子需要学会处理周围现实生活中的事物。当他们学会如何专注于这些刺激时，他们很快就能学会应对。孩子对新景象和新声音的观察力日益增强；他们的感知能力变得敏锐，这有助于提升孩子应对周围环境的能力。

无论是通过移除刺激还是忽视刺激的方式来避免刺激，都会削弱孩子的能力，甚至可能影响其生活状态。例如，一个接球困难的孩子往往会回避任何接球的情况。然而，若能温柔地鼓励他尽可能多地尝试接球，他的手眼协调能力便能得到提升。我对某些教练和教师深感不满，因为他们总是选择最佳投手重复上场（比如参加棒球比赛），而让其他队员坐冷板凳，导致能力退步。当孩子注意到我新佩戴的珠宝、房间里新挂的画，或是听见了之前没有的声音时，我更倾向于鼓励和加强他们的觉察，而非批评或打击。

我非常重视为多动儿童提供聚焦于自我的方法。随着自我感逐渐明晰，他们便能施展那些看似缺失的内在控制力。我通常倾向于从简单的感官和触觉活动（如玩沙、水、黏土、手指画）逐步过渡到涉及更多动作的活动。呼吸与放松练习可作为一种准备活动，来引出更大规模的身体运动。尽管许多观点认为要为这些孩子设定结构和活动界限，但关于如何引导他们构建和发展内在自我结构的探讨却寥寥无几。孩子需要机会做出自己的选择，创造自己的掌控感。

我并非主张完全放任。我认为，为了孩子的安全和我的舒适，设定规则是必要的。我会迅速确立必要的界限，比如，黏土应在板子上玩，而不是扔向房间的另一边。实际上，在我的治疗室里，我很少需要向孩子陈述这些规则。他们对特定环境中合适行为的认识，往往超出我们的预期。或许，当他们选择突破界限时，是因为这就是生活中成人对他们的预期。

我曾与孩子进行过大量木工活动。这对最多动的孩子来说也是极佳的体验，这些孩子中的大多数人甚至从未有机会握过锯子或锤子，更别提用这些工具创造物品了。我们会简短讨论如何操作工具，如何正确使用，以及如何避免受伤。孩子获得了木块、锤子、钉子、锯子、钻头及其他可能具有危险性的工具。他们将制作出美妙的作品，试验各种新的方法来制造船、盒子、飞机等。他们解决问题，有时寻求帮助，互相协作，并共享工具。我不愿让孩子制作箭矢、步枪和枪支，所以我会明确告诉他们不要做这些，解释这些东西会让我不舒服。他们欣然接受我的请求，满怀感激与喜悦地投入活动。曾有一位加利福尼亚州立大学长滩分校的教师，突然走进教室，观察实习教师授课，当时我们正在进行"建造"（孩子们的叫法），他评论道："这些孩子看起来就和正常的孩子一样！"确实，他们与我们并无二致。

我之所以分享在校实践的例子，旨在展示即使在最艰难的情境下，这些方法依然行之有效。特殊班级的孩子，在学校经历了太多的挫败、失败、羞耻和愤怒，以至他们厌恶学校的环境。他们在校规的阴影下畏畏缩缩，尽管他们可能真心喜欢自己的班级和教师，但被贴标签和被隔离的污名始终无法抹除。

行文至此，我不禁回想起与多动儿童互动的几个小活动，这些活动旨在缓解紧张情绪或增强自我支持。在学校，若我们受邀参加礼堂的节目（并非每次都有机会受邀），我会让孩子们全力奔跑至指定地点等我。他们迅速出发（令其他班级有序排队的孩子羡慕不已），然后安静地等待我过去。在教室里坐了那么久，奔跑释放了他们的部分精力，这使得他们能在礼堂里再次坐定一段时间。

我不喜欢让孩子们像军队一样排成一列，还不能说话。当我们去散步时，我会鼓励孩子们按他们选择的任何方式成群结队地走，可以两人一组、三人一组，甚至单独一个人。在教室门外等候时，他们会聚成小团体，进行有趣的交谈。要求他们排成直线等待，男生一边，女生一边，还不许说话，这在我看来非常荒谬，只会增加紧张感、挫败感和摩擦。我不喜欢默默排队等待，也从没见过哪支成人队伍禁止交谈。在食堂这种需要排队等候的场合，孩子们能轻松排好队，因为他们觉得这是理所当然的。

在教室里，我们有一段时间要求大家保持安静，因为那时大家都在学习或专注做事，而其他时候，交谈是自然而然的事情。孩子喜欢在无须高度集中注意力的活动中相互交谈，他们渴望尽可能多一些社交互动的机会。许多富有创意的故事正是由团体中的孩子们共同创作的，他们边说边笑，互相分享所写内容，遇到困难时大声求助。我认为，教师以及与团体工作的人往往抑制噪声，这或许是因为噪声干扰了成人，因为他们担心失去对孩子的控制，抑或担心他人评判自己缺乏维持秩序和"纪律"的能力。如果噪声令成人或任何孩子感到困扰，这种担忧应在团体内分享。孩子因此有了正当理由安静下来，比如"这噪声让我头疼"，而非找些错误的理由"你们这些吵闹的孩子真讨厌"或"制造噪声是不对的"。可以和孩子提前商定好提醒团体注意的信号，如敲槌、摇铃、击鼓、敲钟或开关灯光等，皆可奏效。孩子常常能想出一些极具创意的信号。

别忘了，孩子，包括那些被认为多动的孩子，和我们一样，都是人。我们每个人都有自己做事的内在节奏。有的人动作快，有的人则慢条斯理。我们从一项任务转向另一项任务的方式各不相同，以自己的方式完成一件事，然后才准备好转向下一件事。在和任何团体工作时，我们需要明白，会有各种过程在运作；孩子并非按单一模式行动的机器人。

最后，我想强调选择的重要性。所有孩子都需要经历做选择的过程；尤其是多动儿童，他们更需要条件以积极的方式锻炼意志和判断力。做选择需要自我感；个体必须调用思考和感受功能才能做出决定。为自己的选择负责是一种可以学习的经验。在我们急于为多动儿童的生活设定界限、结构、例程和秩序时（我知道他们确实需要这些），我们往往忽略了给予他们足够的条件去经历增强决策能力的过程。我曾看着一个极度焦躁不安的孩子，在五颜六色的卡纸前久久伫立，难以做出选择，因为他只被允许选择三种颜色。他常常忧心忡忡，生怕会为自己的选择而后悔，宁愿我直接递给他那三种颜色。这样如果我选错了，他可以将责任推到我身上。在这个孩子凝视着纸堆、内心挣扎的过程中，你几乎能感受到他的大脑在运转、在成长。这个看似简单的选择对这个孩子来说并不容易，但我坚信，给予他多次决策的机会是至关重要的。我认为，没有比这更能强化孩子自我感的方法了。

退缩的儿童

何谓退缩的儿童？我常从父母和教师口中听到这个说法。我词典上的解释是："退缩的（withdrawn），作形容词，指害羞、沉默寡言等"。动词"退缩（withdraw）"很有意思。词典给出了以下定义："作及物动词，指（1）收回、撤销，（2）撤回或收回（言论等）；作不及物动词，指后退、离开、撤退。"因此，一个退缩的孩子，或许是在一个过于痛苦的世界中，不得已选择了撤退。

在治疗中，我一般很少见到安静或害羞的孩子。成年人通常对这样的孩子感到满意，因为他们很少惹麻烦。只有在孩子开始表现出过度的害羞行为时，问题才显现出来。这些孩子可能极少说话，甚至完全不说话。说话时可能声音很轻，几乎听不清。他们可能总是待在活动的边缘，害怕参与或尝试新事物。这类孩子往往独来独往，没有朋友，或者朋友极少。

尽管人们试图消除性别角色刻板印象，但人们还是较为接受女孩是害羞的、内向的、文静的、退缩的；而鼓励男孩去接触他们的攻击性天性。人们认为女孩安静和害羞是可爱的。我发现一个有趣的现象：在治疗中，那些被视为退缩的女孩通常年龄较大，而退缩的男孩则很早就会被带来治疗。很少有父母希望看到自己的儿子沉默寡言、羞涩内向。女孩则可利用这种行为，因为她们因此得到了认可，而当一个女孩因这种行为引起关注时，往往已过去很长时间了。

退缩的孩子是压抑的。"撤回或收回（言论等）"的定义很符合他们的特质。他们在某个时刻学会了保持沉默，因为言多必失。这些孩子很容易"闭口不言"，将情感和经历紧紧地封锁在内在的"蚌壳"中。你可曾尝试与一个"闭口不言"的孩子交谈？你可以滔滔不绝，但孩子却不会开口。

我必须小心翼翼地接近这些退缩的孩子。退缩的孩子，在退缩的状态里是如此强大，不会轻易放弃这份力量。一名母亲曾对我说："她从不说话！简直让我抓狂！"沉默是这个孩子对抗母亲要求的唯一武器。她在学校里表现优异，完成家务，遵守规则，不抱怨、不乞求、不哭泣、不攻击、不争吵、不大声喧哗。但她只在必要时开口，比如："请递一下盐。"

退缩的孩子并非有意使用这一武器。她曾在生命中的某个时刻意识到，这是她必须做的事，即使环境已改变，她依旧坚持着。或许，她之所以如此，是因为觉得敞开心扉太危险。我无须探究她为何这么做，重要的是帮助她发掘其他优势，让她能自由选择是否倾诉。退缩的孩子为了严格控制自己，封闭了许多自我与生活的部分。她不让自己在她需要的领域中自由尝试、探索、发展或成长。

因此，我得小心翼翼地和这类孩子接触，因为强硬无法撬开那坚硬的蚌壳，只会对其造成破坏。我会顺应孩子的状态，我自己也很少说话。初次会谈，她听着父母对她的抱怨，却默不作声。当我和孩子独处时，她严格遵从我的指示，通过耸肩、表情和轻轻地说"我不知道"，来与我交流。我深知这个孩子的能量。有时，即使我尽力克制，仍感觉自己过于吵闹、健谈，甚至有些咄咄逼人。

这个孩子虽不言谈，但必定能够听见。于是我告诉她，她母亲担忧她沉默寡言。我想，孩子未必完全理解母亲的忧虑，因为通常不爱说话的孩子并不认为这有什么问题。他们只是觉得无话可说罢了。我向她说明这一点，她点头表示理解。我告诉她，在我们的工作中，借助于我们所使用的工具，她可能会发现自己有更多的话想说。

表达性技巧对于不言语、退缩的孩子尤为有效。正是借助于这些技巧，孩子开始沟通，且无须放弃她的沉默。

10 岁的安吉，在第一次治疗中未发一言。她的父母对此束手无策。尽管成绩优异，但她的教师在成绩单上对她的沉默寡言发表了强烈的意见。她不愿向父母透露她为何不说话；她任何事情都不对他们说。一直以来，她都很安静，品行端正、举止得体，成绩也很出色，所以父母并未过多担忧。然而，渐渐地，他们察觉到事情不对劲。

当父母在等候室等待时，我请安吉画一个人。她顺从且认真地完成了。画中人物眼神空洞，面带微笑，双臂张开。我问她能否描述一下画中的女孩，她叫什么名字、几岁了，任何信息都行。她耸耸肩，皱了皱眉，摇头拒绝。我追问那是否是她的自画像，她再次摇头。我感谢她分享了这幅画；我们的时间到了。

在接下来的治疗中，我请她在沙盘上构建一个场景。她耸肩回应，仿佛在说："行吧，如果你希望我这么做。"她很投入，我则坐在一旁观察。她仔细观察架子上的每个篮子，精心挑选出动物、围栏、树木、人物、房屋和一块石头。她将场景布置成一个动物园，每种动物都被栅栏隔开，很多人在看动物。她重新排列，调换位置，耐心地捡起每一个倒下来的部件，努力打造出一个拥挤的动物园。在这个过程中她一言不发，仿佛连呼吸都静止了。我发觉，这并非我首次注意到，退缩的孩子往往呼吸不充分。在动物园的一端，她放置了一座小桥，桥上站着一只小鸭子。

她抬头看了看，坐了回去，示意已经结束。我问她最喜欢哪种动物。她耸了耸肩，没有回答。

我加重语气追问："如果你能成为其中一种动物，你会选择哪一种？"

安吉望向她的动物园，指了指桥上的鸭子。

我："你的动物园很拥挤，动物们都挤在自己的区域里，唯独这只鸭子例外。你是否也像这些动物一样感觉拥挤？"

她再次耸肩。

我："我注意到你选择了那只有自己空间的动物。你在家里有自己的房间吗？"

安吉："没有。"（大声且清晰。）

我："你和谁共用房间？"

安吉："和我姐姐。"

我："你希望有自己的房间吗？"

安吉："是的，我希望！她也一样！我们不喜欢共处一室。"

然后是一阵沉默。她凝视着她的沙盘场景，我没有打断。最后，我问她看她的动物园时在想什么，她耸了耸肩，时间到了。

我对这次治疗感到满意。我觉得发生的事情比我在第二次治疗时预期的要多得多。在随后的每次治疗中，安吉借助于绘画、幻想和沙盘场景表达得越来越多。我鼓励她在笔记本上记录（她很会写作）。她记录了梦境、思绪和情感。我们用黏土进行创作，并在制作过程中展开对话。借助于图画，她终于讲述起故事。有一次，她制作了一幅拼贴画，她很喜欢这个活动，那次治疗她说得更多了。这些活动让她透露出更多信息，包括她的感受、喜好、喜欢的颜色和歌曲。我始终没找到她长时间沉默不语的原因。（我对她的家庭背景有所了解，能做出一些猜测，但猜测又有什么意义呢？有时父母会恳求我透露我的猜测，我会告诉他们我的想法，同时明确告知这只是猜测。）安吉开始与我、她的父母、姐姐、教师及朋友们交流。她意识到自己有话要说。

我还与另一个退缩的孩子吉尔工作过，她虽然能开口说话，却仅以耳语般的声音说话。她当时11岁，是家里五个孩子中的老大。她能干且负责，悉心照料着弟弟妹妹们。她学业表现优异，举止端正。她的母亲离异后忙于工作。我之前曾和她的一个弟弟工作过，那个孩子经常发脾气。当弟弟的行为有所改善后，母亲便询问我能否见见这个11岁的女孩。我们进行过几次家庭治疗，我也单独见过她母亲几次，这名母亲对行为的看法有了前所未有的转变。她开始担心女儿的沉默寡言。她说："我们从不清楚她对任何事情的感受，我知道这对她不好。"

我们尝试了多种方法，这个女孩确实开始用耳语与我交流情感。那时我带领着一个儿童团体，便决定让她加入。她变得更加沉默，但我注意到了一个有趣的现象：小组中的每个孩子都称赞吉尔那头亮丽的红色头发和雀斑。在一次个体工作中，我请她描绘一下拥有红发的感受。她画了一个女孩，亮红色的头发，眉头紧锁，并在旁边标注了"我"。

围绕这个人物，她又画了五个人，分别为每个人物做了标注，并在每个人物嘴边画了对话框。一个标注为"男孩"的人物说："哈，你这个火球！"另一个标注为"男人"的人问："你那红发和雀斑是哪儿来的？"而一个"女士"则说："我一直都想要红头发！"一个小男孩戏谑道："哈，雀斑脸草莓。"另一个男孩则调侃："哈，红火焰。"画完，她向我介绍这幅画，起身模仿每个人的评论，声音夸张且讽刺。

这是我第一次听到吉尔大声说话。她口述，我记录："这就是有一头红发的感受。无论到哪里，总会被人品头论足。或许，如果没有这么多评论，我也不会如此难过。"我问吉尔更喜欢什么颜色的头发。"黑色。"她清晰且响亮地回答。我们聊了她长大后染发的可能性。她还告诉我，她不记得哪次别人没对她的头发或雀斑发表评论过。

吉尔内心积压了许多愤怒、悲伤和怨恨。她感觉被父亲抛弃，对照顾年幼的弟弟妹妹心存怨念，同时又为疲惫不堪、过度操劳的母亲感到焦虑。随着她声音的释放，那些深藏的情绪开始流露。有一天，她告诉我，她可能会继续保持红发。她说："有时候，因为这傻里傻气的头发而备受关注还挺有趣的。不过，我还是不喜欢那些雀斑。"

9岁的桑德拉，平时只用耳语交流。她经常肚子疼。我们花了很多时间画她肚子疼的图画。因为她不明白我在让她做什么，于是我先画了第一幅画做示范。一天，她花了很长时间在法兰绒板上摆放人物。主角似乎是个女孩。我请她谈谈这个女孩。

桑德拉：（低声说）没人和她一起玩。
我：她看起来很友好。为什么没人愿意和她玩呢？
桑德拉：她遇到了麻烦。她对家人太生气了，于是砍掉了他们的头。
她不再多说那个女孩。
我：你生气了吗？
桑德拉：没有。（她几乎屏住了呼吸。）

玩沙盘时，她用一只非常霸道的鹿指挥其他动物，演绎了一个故事。在玫瑰幻想中，她扮演一株玫瑰，说道："人类过来时，我便隐入丛中。草地与山丘是我的挚友，我与它们交谈。"她和我耳语的情况好像越来越少了。

一次治疗中，她走进治疗室，用几乎听不见的声音对我说："这个周末，母亲外出，父亲与我们在一起。"我询问她感受如何。"我还不习惯他，我更喜欢母亲。"她的声音、表情、举止、身体姿态，相比初见时更显内敛。我们一同坐在地板上，我请她告诉我，与父亲相处中有哪些不习惯的地方。桑德拉转过头去。我温柔地将她的脸转向我，凝视着她的双眼。"他摸我。"她哽咽着说，然后开始哭泣。一段长期被性侵犯的经历，以平静的语调倾泻而出。

桑德拉此前从未向任何人吐露过。

那些退缩的孩子往往处于隔离的状态，因为他们无法参与自由且安全的人际交流。这些孩子难以表达爱意与愤怒，常将自己围在安全的地方，规避被拒或受伤的风险。自发性对他们而言陌生且令人害怕，尽管他们可能羡慕他人的随性，渴望自己也能更加轻松、开放、自然。有时，人们认为他们温顺、胆怯、害羞、拘谨；有时，又认为他们高傲，喜欢独处，将自己与他人隔离开来。由于沉默寡言，这些孩子看起来不善言辞，可能给人留下愚钝的印象。然而在学校里，他们的成绩可能相当出色。这类孩子甚至可能被贴上精神分裂症的标签。

随着年龄的增长，穿越那层层叠叠的保护墙便越显艰难。然而，成年人可通过有意识的努力，凭借意志与决心去打破这一模式。相比之下，年幼的孩子则深陷于自我保护的需求中，往往对自己的退缩状态浑然不觉，尽管他们可能意识到有些不对劲。青少年寻求心理治疗的情况颇为常见，因为他们渴望打破那层阻碍他们享受同龄人之间欢乐与乐趣的坚硬外壳。他们的外壳已不再能保护他们免受痛苦和伤害，他们意识到需要帮助，以找到一种不太难受的方式褪去这层壳，去体验美好的情感。

一名17岁的青少年约翰找到我，因为他觉得自己"与众不同"。他没什么朋友，无法享受学校里与其他人的社交互动。他坦言自己一直如此，但小时候这从未困扰过他。他有许多爱好，这些爱好占据了他的注意力：集邮、收藏硬币，各式各样的收藏。他觉得自己的家庭生活非常稳定，想不出有什么理由会如此寡言。这是在我的提问下，他说得最多的一段话。他真的无话可说。我常常感觉和他的沟通就像挤牙膏一样，每次谈话结束时我都筋疲力尽。我想，我经历的正是那些在他生活中接触过他的人所经历的。当我请他画画时，他显得十分拘谨，觉得这相当困难，几乎难以完成。即使我向他表达了与他沟通困难带给我的感受，他仍然无法向我描述他的情绪。在接下来的4个月里，约翰开始经历转变。以下是我记录中的一些要点。

首次会谈。向我透露不喜欢自己的害羞，难以结交朋友，渴望找个女友。从来没约会过。偶尔与一群人外出，但这些人通常不再邀请他。学业表现出色，计划上大学。除了与女生相处不自在、没有朋友外，他不认为自己有什么问题。不明白为何交不到朋友。让他告诉我以上情况就像挤牙膏一样。除了渴望交友，他无忧无虑。家庭生活和童年都正常。

第二次会面。请他用色彩、线条和形状画出自己的弱点和优点。他尝试了一番，遇到诸多困难，最终放弃。我询问他的感受，他却无法回答。我发现自己说了很多。

接下来的几次会谈。与之前大致相同。他告诉我一周内发生的事情，表示喜欢来见我，因为他可以和我说话。我向他表达了自己的感受——与他交谈如同挤牙膏一般艰难。他没什么反应，只是耸肩微笑，并表示可能其他人也有同感。

下一次会谈。给他纸笔，让他进行"我是"练习，即在"我是……"之后写下句子。他写道：我是男孩；我是人；我是学生；我是儿子；我对这件事是不确定的；我是我自己；我是不完美的；我是理智的；我是现实主义者，也是理想主义者；我是内心独立的；我是不太确定的；我是自由的；我是……

下一次会谈。我带来了黏土，让他闭上眼睛尝试塑造自己的形象。他对黏土感到不适，但在我的鼓励下完成了任务。这次会谈非常感人。他表示自己缺乏自信，因此无法定义自我。他害怕说出的内容会显得愚蠢可笑，因而受到伤害。

接下来的几次会谈。约翰开始回忆自己的梦境，并在治疗中提出一些梦境来进行探讨。其中一个是他差点溺水的梦，梦中他在水中挣扎，但最终成功游向安全地带。

下一次会谈。进行了觉察连续练习（awareness continuum exercise），旨在帮助他更敏锐地觉察身体、心智和感受状态。我们将此作为游戏，轮流分享自己的觉察、所见、所闻、身体感受以及想法（并明确指出是想法）。效果显著！

后续的几次会谈。我注意到约翰越来越能够主动说话，主导讨论他希望解决的问题。我们探讨了他对嘲笑的恐惧。他画了关于这种恐惧的画。这次绘画毫无困难！他能回到童年被嘲笑的感受中。并开始表达一些愤怒！他突然意识到许多事情让他感到愤怒。

约翰带着新的力量进入大学。他报告说交到了朋友，感到快乐，能够谈笑风生。约翰非常聪明，有很多想法和话要说；多年来他一直将这些锁在心里。他说，有时旧情绪会回来，但他知道如何应对。他因生活过于充实而中断了治疗。这听来或许像是俗套的成功案例；我只能说，现实生活有时竟俗套得令人难以置信。

恐惧

孩子的恐惧远超我们的认知。他们表达出的每一份恐惧背后，往往隐藏着更多未曾表达的部分。在我们这个社会中，恐惧常被等同于懦弱。父母花费大量精力去解释孩子的恐惧，而非接纳他们的恐惧。孩子为了取悦父母，或避免自己的恐惧惊扰他们，学会了将恐惧深埋于心底。

我与表现出攻击行为、退缩行为或身体症状的孩子工作时，他们所隐藏的恐惧常常在治疗过程中浮现出来。孩子需要谈论这些恐惧。这些恐惧一部分源于错误的观念，另一部分则有现实情境的依据。许多恐惧源于孩子在社会中的不平等位置。所有的恐惧都应得到承认、接纳和尊重。只有开放地面对这些恐惧，孩子才能获得力量，以应对这个世界令人害怕的部分。

有的孩子的恐惧会发展成恐惧症：他们的恐惧变得非常严重，因为回避恐惧之物而严重干扰了他们的生活。一个 10 岁男孩非常恐高，严重到无法忍受身处超过两层楼的高度。在山中徒步对他来说更是不可能的事。

尽管我明白这种恐惧其实是对真正恐惧源的置换，也就是恐惧被泛化到了如"高度"这样的普遍概念上，而非其真正的源头。但我必须基于呈现出的情况来工作。我通常会直接面对问题，让孩子画出他们的恐惧，或用布偶或戏剧表演来重现一个有助于他们更接近恐惧的情境。

我先让这个男孩自由选择想做的事；因为我感觉到我们需要更多时间来相互了解。他在沙箱里筑起了一条街道，两旁是房屋和树木，而在沙箱中央，他用心地用乐高积木搭建了一座摩天大楼！跟随他的引导,我请他在高楼上放置一个人物玩偶,然后扮演这个玩偶,描述其感受。他欣然回应,描述了那种紧张感,仿佛会失去平衡、从高处坠落。他的身体变得僵硬,呼吸急促。人的身体和呼吸可以明显地呈现这个人的恐惧。恐惧能够经由身体明显地表现出来。

在治疗中,触及未得到表达的关于特定恐惧的情绪是第一步。我发现这个男孩的恐惧源于一种失控感——他对于接近边缘及接下来会发生什么毫无选择权。我们花时间进行了多种涉及身体控制与平衡的练习,包括上下小梯子、在绳上保持平衡、在木板上走动。随着他自信与能力的增强,他开始尝试爬到更高处。我向他保证,他会感受到恐惧感是旧有的反应,而且他可以选择不顾恐惧地去做想做的事。在我们工作的过程中,他向我吐露了许多看似与恐高无关的感受。当他释放了情绪、隐藏的想法和观念时,他开始放下恐惧。任何形式的限制,任何压抑,似乎都与我们生活的方方面面紧密相关。显然,我们越能够放手和放弃,就越能感受到控制、平衡和内心的平静。这次也是,我们不知道是否找到了他恐惧的"特定原因"。

与我工作的另一个孩子对水极度恐惧。我们借助于引导式幻想发现了她恐惧的根源。她突然回忆起年幼时被哥哥推入水中按住不放的情景,那一刻她惊恐万分,以为自己会溺水。这段记忆得到了母亲的证实,我们为此进行了大量工作,包括体会对哥哥的愤怒情绪、做身体练习,以及做家庭作业,即逐步尝试接触水。虽然我们未能完全消除她的恐惧,但我们确实将这种恐惧减轻到了不再完全控制她的程度。尽管她大概永远都不会游泳,但相较之前对水的完全回避,她感觉自己已迈出一大步。这个孩子比那个恐高的10岁孩子要大得多,她的恐惧因多次事件而强化。

孩子一般都会害怕盗贼和入侵者。一个9岁女孩非常恐惧夜里有盗贼爬窗而入,这导致她难以入睡。她并不是怕黑,因为她认为光亮只会吸引盗贼入侵房间。我请她画出盗贼可能的入侵路径。她细致地画出了家里的房屋、她房间的窗户,以及紧邻窗户的一棵大树,盗贼会借助于大树攀爬到窗前。她详细描述了这一想象的场景,甚至描述了盗贼可能窃取的物品。当我们深入探究她的恐惧，发现她害怕的并非身体受到伤害，而是不希望有陌生人闯入家中拿走东西。她想到在离窗户最近的树枝上挂铃铛，确信这能在关键时刻唤醒她，吓退盗贼。这一探讨和尝试减轻了她的恐惧，她便能安稳入睡了，随后我们得以继续探讨治疗中的其他问题。

在一个类似的案例中，一名母亲向我反映，她5岁的儿子害怕盗贼闯入。当我向孩子提及此事时，他不愿与我讨论。我给他阅读了一本书，名为《有些事情很可怕》(Some Things Are Scary)。读完故事后，我请他用书中的男孩编了一个故事，想象这个男孩会害怕什么。起初比利有些阻抗，直到我拿出常用于讲故事的磁带录音机，他立刻讲述了一个男孩害怕家中闯入盗贼并偷走他的几样物品的故事。尽管这个故事颇为复杂，且基于我对比利及其家庭的了解，我本可以做出多种猜测，但我没有试图诠释这个故事。当他讲完故事后，我请比利扮演他故事中的盗贼。他兴致勃勃地投入角色，身体动作丰富，蹲伏着，没有声响地移动，活脱脱一个盗贼的模样。接着，我让他扮演故事中的男孩，并假装能与盗贼对话。他说自己毫不畏惧这个盗贼，并扬言要打败他，随即抓起一个枕头作为对抗入侵者的武器。显然，对他来说，这一刻意义重大，仿佛是一个转折点。他之后在学校和家里的行为有了显著改善。我不清楚比利在这节治疗中解决了哪些冲突。在我看来，对发生的事情进行解读或猜测，除了可能引发一些有趣但多余的话题外，并无实际作用。重要的是儿童治疗性体验的质量，而非任何人对状况的分析。

10岁的安德鲁大部分时间都感到恐惧。他需要小夜灯，频繁查看母亲是否在床上，害怕独自走路去上学，在目睹事故或观看惊悚节目后会接连数夜做噩梦。我们针对这些特定恐惧进行了干预，但即使缓解了一种，其他恐惧仍会不断浮现。

在一次治疗中，我们使用了"看图说故事卡（Make a Picture Story cards）"，他创作出了一些颇具惊悚色彩的故事。有个故事讲述了一名男子为躲避鬼魂与怪物，藏在墓地的大树后面。另一个故事讲述了一名男子在无人援助的洞穴中流血不止。还有一个故事是一名受伤男子、一位老妇人和一个小女孩，坐在木筏上漂在茫茫大海上，无处求援。安德鲁坦言，多数时候他感到虚弱、无助且无力。最后，借助于街景卡片，他讲述了下面这个故事。

　　一开始，一辆汽车沿路驶来，突然，一条巨蛇从下水道口窜出。一名腿部受伤的男子站在街头，目睹了这一幕并呼救。一名警察赶到现场，开始向蛇开枪，但蛇毫发无伤。此时，街上有一个男孩，车里的男子是他的父亲，父亲急切地想让他回家。父亲因恐惧而不敢惹那条蛇。男孩呼唤超人，超人现身，将蛇带离了这个世界。故事结束。

我询问在这个故事中安德鲁所扮演的角色，他说自己其实是那个男孩，但他内心渴望成为超人，好对付生活中的一切。我问他想对付什么。

安德鲁：我想拥有一辆摩托车，希望阅读能力更强，并且不想上学。
我：好的，你有想照顾的人吗？
安德鲁：我想照顾我妈妈。她总是为钱和我们这些孩子操心。

安德鲁5岁时，父母离异。他母亲告诉我，他很好地适应了离婚的状况，与父亲关系良好，定期见面。随后，我请安德鲁扮演他故事中的男孩，与每个角色对话。作为男孩，他对父亲说："你本应对付那条蛇。超人并不总能在我们需要时出现！"
　　我感觉我们正慢慢接近安德鲁恐惧的根源。一旦安德鲁能够开始表达他对于承担母亲责任的重重恐惧以及对父母离婚的怨恨，我们便能开始帮助他获取应对这个世界所需的力量。
　　10岁的辛迪同样也因为模糊的恐惧感而备受折磨。在一次治疗中，我让她想象恐惧正坐在治疗室的椅子上，她描绘出一个长着犄角和尖利绿牙的丑陋怪物。我请她与怪物对话。

辛迪：你真丑。呃，我讨厌你。走开。（头转向一边）我无法直视它。
我：问问你的怪物为何在此，为何缠着你。

辛迪：你为什么在这里？

我：现在扮演怪物。坐到这里来，扮演怪物，回答辛迪。

辛迪：不！我不能当那么丑的怪物。

我：辛迪，怪物是你想象出来的，并不是真的存在。坐到这里来，假装你是怪物。

辛迪不情愿地挪到另一把椅子上。

我：怪物，告诉辛迪你为什么总在她身边。

辛迪：（作为怪物，对我说）我想要她……

我：不，别告诉我。告诉她（指了指辛迪刚离开的椅子）。

辛迪：（作为怪物）我得确保你一直害怕。

我：怪物，告诉她为什么你总想让她感到害怕。

辛迪：（模仿怪物）我希望你害怕，否则你可能会被强暴。

我：辛迪，再坐过来一点。辛迪，你害怕被强暴吗？（我轻声询问。）

辛迪：（低声）是的。

我：你曾经被强暴过吗？

辛迪：我不确定。

我：你看起来像是在回忆什么。告诉我你在回忆什么。

辛迪向我讲述了她6岁时发生的一件事。两个男孩把她拉进车库，让她脱下裤子，并摸了她。她说自己从未告诉父母，因为那些男孩威胁说，如果她告诉父母就会杀了她。而且她一直听说有女孩被强奸后杀害的事情。

辛迪对强暴的恐惧因她对性知识的困惑而加剧。年幼时，她曾被年长的男孩吓到，但并没有被强暴。听到人们对强暴和谋杀的讨论，加剧了她的恐惧。她将触摸和暴露等同于强暴的暴力行为。我们开放地讨论了身体、性行为、生育、性爱的乐趣等话题，从而消除了她的许多严重恐惧。

有时，孩子会以某种方式表达恐惧，但无法具体指出任何令其害怕的事物。这是一种普遍、模糊且未分化的感受。绘画是深入探究这种恐惧的绝佳方式。我曾让孩子闭上眼睛，想象如何用颜色、线条、形状或符号来表达恐惧。一个孩子画了一个黑色的圆球，旁边是一扇门，标注着"关闭的门"。另一个孩子则画了一个黑色的正方形悬在一块蓝色的矩形之上，矩形上标着"幸福"，矩形的下面是一个标有"悲伤"的黄色三角形。我会引导孩子扮演那个象征恐惧的黑色符号，并对其做详细介绍，比如，"我是圆的、黑的、暗的"。也可以让象征恐惧的符号和画中的其他部分对话，或和孩子对话。在这个过程中，我会密切观察孩子的身体语言和声音变化，以及他们所表达的内容的含义。有时，关于生活的重要情境的片段会在这个过程中闪回。

有时，我需要孩子充分表达她的恐惧。11岁的女孩苏珊，曾被闯入家中的入侵者袭击，她向我倾诉了她的恐惧。但她谈论这件事的方式让我感觉有些浮于表面，她似乎难以用言语完全宣泄她的情感。于是，我请她把自己的恐惧画出来。这不仅有助于她表达恐惧，还能够表达其他情绪。画完后，她在画面上画了几道其他线条。画面看着像没有意义的涂鸦，但对苏珊来说，这是有意义的。她描述完恐惧的部分后，我询问她其他线条代表什么。她沉思片刻，低声答道："愤怒。"这标志着她长期压抑在恐惧之下的愤怒能量开始流动。

尽管恐惧是基于幻想的，但这种恐惧感是真实存在的。女孩黛比无法忍受与母亲分离。每当不清楚母亲的去向时，她便陷入深深的担忧和焦虑之中。她的母亲不得不每天接送她上下学，很少请保姆。这件事要从很久之前说起，有个人从自助洗衣店回来时掉了一些衣服，这些衣服被风吹进了校园。衣服里有一些女士服装，虽然后来被捡了回去，但一些孩子已经兴奋地编造了一个血腥的谋杀故事。那时还在上一年级的黛比听到了这个故事，感到非常害怕。由于衣物是女士的，她便想象自己的母亲受害了。尽管别人多次告诉她那是虚构的故事，但她依旧惊恐不已。她的母亲不愿加深孩子的创伤，于是迁就她的恐惧，极少离开她。如此持续了一整年后，母亲决定带她接受心理治疗。

面对此类情况，我采取的方法颇为直接。我严肃地与她探讨了所谓的"谋杀案"，让她画出脑海中的场景，用玩偶表演出那一幕，并仔细审视了每一个细节。这很快成了我们之间的一种玩笑，最终有一天，黛比厌倦了谈论这起谋杀案,对我说:"维奥莉特,根本就没有谋杀,那只是某人的衣服从车上掉下来了!我们别再提这件事了!"黛比确实放下了这种特定的恐惧,她的母亲也敢偶尔离开她了。但其他恐惧随之而来。这种情况并不罕见。她担心母亲旅行时乘坐的飞机会坠毁,担心母亲会遭遇车祸,等等。我们逐一演示了这些恐惧,并不否认这些情况实际发生的可能性。最终,在画出自己对某事的愤怒时,黛比称她对母亲的愤怒是如此强烈,以至希望母亲的头会掉下来。说完她立刻脸色苍白,用手捂住嘴,低声说:"不,我不这么想!"至此,我们方能开始处理她内心愤怒的死亡愿望的力量与常态。

我认为,孩子常常陷入恐惧之中,不知如何自拔。10岁的女孩坎迪被带来见我,原因是她害怕在自家以外的任何房子里睡觉。这一问题在她年幼时尚不明显,但随着年龄增长,同龄女孩喜欢偶尔在朋友家过夜,她开始感觉自己错过了许多乐趣。在父母的鼓励下,坎迪尝试过留宿,却始终无法度过一整晚。每到晚上某个时刻,父母就不得不去接她回家。这一困境让她的父母束手无策。

坎迪不确定自己为何害怕。我请她画出在她朋友家过夜时想象的场景。她画了她朋友的家人在看电视,她朋友在卧室的床上。

我:你在哪儿?

坎迪:你看不到我,我在浴室里。

我:你在那儿做什么?

坎迪:在哭,我想回家。

我:听起来那就是发生过的事。

坎迪:是的。

我:好吧,想象你在浴室里,说说你的感受。

坎迪:(假装哭泣)我想回家。不知道爸爸妈妈在做什么,哥哥又在忙什么。我想他们了,想要自己的床。

我:发生了什么?

坎迪:我朋友的爸爸送我回家了。家里人都回来了。

我：你以为他们不会在吗？

坎迪：我不确定。我不喜欢不在家时，对家里发生的情况一无所知。

我：现在，画一幅画，描绘一下不哭泣的情况和不得不回家的情况。

坎迪画了她朋友的卧室，两人都躺在地板上的睡袋里。我请她扮演画中那个在睡袋里的自己。

坎迪：我在朋友房间的睡袋里。

我：你喜欢在那里吗？

坎迪：喜欢！很有趣。我和朋友边聊天边笑。

我：另一个房间里发生了什么？

坎迪：她父母在看电视。

我：你家现在是什么情况？

坎迪：我想我哥哥已经睡了，爸爸妈妈可能在看电视。或许家里有保姆看着，其他人都去看电影了。

我：如果你在家，会做什么呢？想象一下。

坎迪：可能已经上床睡觉了。时间不早了。

我：问问睡袋里的女孩是否感到害怕。

坎迪：坎迪，你害怕吗？

坎迪：（在睡袋里）不！我为什么要害怕？这很有趣。我们明早还要做早餐呢，要做煎饼。

我：问问坎迪是否担心家里发生的事情。

坎迪：好的。她说没有。

坎迪继续和自己对话，享受着这个过程。她说她打算尝试在外过夜。我提醒她，由于她习惯了害怕，可能仍会有些许恐惧，但她依然可以选择留宿。我与坎迪进行了三次治疗。之后，她在朋友家过了一夜，事情就这样解决了。

有时，我未能成功帮助孩子消除恐惧。10岁的约翰极度害怕黑暗。他对我说的第一句话就是："你解决不了我的问题。"根据他母亲在初次家庭会谈中的描述，他存在诸多问题："抗拒变化，害怕尝试新事物，非常消极，不喜欢被触碰、拥抱或亲吻，没有朋友，不愿去别人家，害怕行动，沉迷于看电视。"

约翰会反驳母亲的评价："大家会欺负我"，以及"我其实有朋友，在学校里"。当我请他母亲谈谈他的优点时，她说约翰是个慷慨的人，心地善良，对两个弟弟很好，还会为他们表演精彩的布偶戏。约翰听了有些惊讶。

仅在初次会谈中，约翰便向我吐露了他对遭遇抢劫和殴打的担忧。他讲到了自己想如何反击。随后，他开始讲述电视上那些令他恐惧的恐怖故事，并表示晚上会害怕狼人和巫婆。我请他画出令他感到害怕的东西。他画了一个"极其恐怖，能吸食人血将人杀死"的怪物，称之为"吸血怪"。画面上是一个怪兽般的高大身影，身披黑袍，有竖立的白发。他很喜欢聊这个怪物，但不愿意扮演这个角色。

随后，他注意到那些木偶，便用指偶为我表演了一场既有趣又富有创意的节目。表演结束后，我请他画了房树人的图。他绘制了一幅色彩鲜艳、细节丰富的图画，画中有微笑的太阳和云朵，以及一个面带笑容的美丽女孩。屋旁是一条大路，路边竖立着一块巨大的指示牌，上面写着"单行道"。他关于那张画作的唯一的描述是，他走上了那条单行道。

那是我最后一次见到约翰。他的母亲取消了接下来的预约，告诉我假期后她会联系我重新安排。但我再也没有收到她的消息。

偶尔，我会遇到害怕长大的孩子，他们似乎对未来有一种模糊而弥漫的焦虑感。最近，一个10岁男孩被带来见我，因为他向父母表达了他对成长的恐惧。他并没有像与成人争论那样愤怒地反驳，而是用低沉、认真的语气言说。与我工作的一个6岁女孩也有类似的担忧。我发现，这两个孩子的父母都非常重视未来，他们不断告诉孩子，现在所做的一切都是为将来做准备。那个10岁孩子的父母会说："做你的作业，难道你不想长大后有所成就吗？""将来你会感激我现在让你做练习的。"而那个6岁孩子的父母则说："如果你现在不好好表现，长大后怎么保得住工作呢？"这类说法很常见，我们每个人都曾在某个时刻听过或说过。这些童年时期的禁令，在许多人成年后仍产生着影响。有些孩子想象自己永远无法达到成年后世界对他们的期望。

他们感到困惑，如果现在都无法达标，将来又怎么能做到呢？

当我与有这类恐惧的孩子工作时，会采用以下练习。

>闭上眼睛，想象一下长大后的自己是怎样的。你感觉如何？你在做什么？对你而言，世界是怎样的？
>
>再闭上眼睛，想象现在的你，正按照自己期望的方式生活。你在做什么呢？

这些幻想可以作为一个起点，而后可借助于任何合适的媒介，进行进一步表达和澄清。我也试图让父母明白，他们必须允许孩子以孩子的身份活在当下。若父母未能理解这一点，我至少能帮助孩子去理解。我的经验表明，当孩子能以更好的视角独立审视事物时，即使其父母无法做到，孩子也会感到更平静和快乐，恐惧和焦虑得到缓解，从而更能享受童年的美好。如果孩子能接纳现阶段的自己，他便能采取更为明确、有效的立场。

孩子常目睹身边的成人生活在担忧与焦虑之中。这导致孩子眼中的世界充满混乱、矛盾与不确定性。尽管有些孩子迫不及待地渴望长大，以体验独立与自我决定的生活，但这些孩子在内心深处往往对未来可能面临的挑战抱有深深的恐惧。其他许多孩子则会更明显地表现出来。

特定的压力情境或创伤经历

有时，孩子会遭遇一次具体的负面事件，因而需要治疗性帮助。要么孩子会以某种方式向父母表达他需要帮助，要么父母能敏锐地察觉到孩子需要特别的支持来应对困境。离婚、重病、死亡、骚扰或地震等事件，常给儿童带来情绪创伤。这些情绪可能是淹没性的，或被埋藏心底而引发间接问题，面对这些情况，孩子往往需要帮助。有时，即使看似很轻微的事件，如目睹事故、搬家到新城市或转学、家里迎来新生儿或宠物离世，也可能给孩子带来深远的影响。有时，孩子因表现出了某种令人担忧的行为而被带来接受治疗，这些行为看似与特定经历无直接关联。然而，经过与孩子的接触，我发现一旦某种经历被揭示，并得到妥善处理，孩子便不再受困扰。有时，这些经历发生在很久之前，周围人出于保护，未曾与孩子公开讨论过。还有些时候，孩子自己因当时没做好面对的准备，会将这些经历深藏心底，直至日后才让其浮现。

通常，孩子难以向父母表达自己的感受，因为父母也可能因发生的事情感到不安，孩子会出于保护父母的心理，不愿再给他们增添悲伤和烦恼。如果父母能坦诚面对自己的情感，孩子便更容易敞开心扉，分享自己的感受和困惑。

我处理这类情况时很直接。我明白，需要将事件开放地讨论，也可以通过象征性的方式上演。在重新审视和探讨这些经历时，常常会发生脱敏。我记得在根据《西比尔》(Sybil) 一书（讲述一名拥有 16 种不同人格的女性）改编的电视剧中，威尔伯（Wilbur）医生告诉西比尔，既然她已经挺过了实际经历，她也一定能承受关于这段经历的记忆。

一名 12 岁女孩帕特里夏因为其父亲和继母讨厌她的一些行为而接受治疗。尽管这些行为问题并不严重，但对他们而言非常令人烦恼，因此他们决定为孩子寻求专业治疗。电话中，孩子的继母向我解释，她并非孩子的生母，帕特里夏的生母被继父杀害，继父而后自杀。大约 4 年前，年仅 8 岁的帕特里夏发现了他们的遗体。大人们很少与孩子谈及此事，唯恐再次触动她的伤痛。

每当我提及此事，帕特里夏只是耸耸肩，不表露任何情绪。我们经历了多次绘画、黏土和分享故事的治疗，在这些过程中，她当时的一些不满和困扰得以表达和探讨。直到有一天，帕特里夏告诉我她梦见了母亲。她开始讲述这个梦，随后向我倾诉了长期积压的与那次创伤性发现相关的情绪。她画出了谋杀现场，画出了那所房子，画出了警察局，甚至画出了她那时居住的街区。自事发那天被带走后，她再也没有回去过。她回忆并谈论了那天发生的真实对话。她甚至记得当警察到来时，她莫名感到害怕，仿佛自己做错了什么事。她开始频繁梦见之前的朋友、之前的房屋，尤其是她的母亲。随着她逐渐修通了她的哀伤，她变得更加平静了，与家人的关系也显著改善。

有时，宠物的离世会引发哀伤和复杂的情绪。珍妮特是个 8 岁的女孩，她的宠物豚鼠去世了，这让她深感愧疚。这份愧疚感是在我深入询问豚鼠的死因后才浮现的。她曾频繁与豚鼠玩耍，她的母亲也曾提到，这或许就是导致豚鼠死亡的原因。我告诉她，当我在学校工作时，我们班里也有豚鼠，孩子们总是与它们互动、喂食、更换垫纸、拥抱、抚摸，深爱着它们。或许在没有被触碰的情况下，豚鼠可以活得更久一点，但豚鼠享受这份触碰，孩子们从对豚鼠的爱抚中获得的益处远超于仅仅观察无菌笼里的豚鼠。珍妮特开始哭泣，询问是否能画一幅画来向我展示她的豚鼠。在这幅画下面，她写道："我的爱，吱吱。"我们探讨了她的情感，她向画中的豚鼠告别，说道："对不起，我没能如约带你去学校。"会谈结束后，她将那幅画赠予我留念，因为她已经不再需要它了。

一天，一个名叫布拉德的 10 岁男孩走进了治疗室，他看起来心烦意乱。他目睹了一场事故。这场事故萦绕在他的脑海里挥之不去。于是我们便在那次治疗中处理了这件事。他绘制了一幅细节丰富的事故图，画了救护车、警车、消防车。他细致地标注了每个细节，甚至描绘出了他想象中伤者被送往的医院。我按照他的描述在他的画上写道："在加利福尼亚州圣佩德罗的一天，发生了一起重大事故。一辆消防车、一辆警车和来自胡佛医院的救护车赶到了现场。事故涉及四辆车被撞翻，其中一辆险些坠下悬崖。警方协助了那些伤势较轻的人，而消防员和医生则救治了重伤者。在第二辆车内，有一人不幸遇难，其余人均受了伤。"他给自己的画作命名为"令人心痛的事故"。

借助于这张画，我们开始探讨他对事故和死亡的恐惧与焦虑。他提到，自从目睹那场事故后，他对乘车感到非常担忧。布拉德需要谈论那次事故和他的感受。当时与他在一起的父母也很不舒服，但他们却制止他谈论此事，从不让他开口。我能感受到，当他向愿意倾听的人倾诉心声时，那种如释重负的感觉。

一个名叫格雷格的 9 岁男孩进来，说他需要画点什么。他的画里有一列火车和一辆搬家货车（见图 10–5）。以下是他讲述的故事，我记录了下来。

图 10-5　格雷格的画

有一天，我漫步在人行道上。阳光明媚，我目睹一列火车从桥上驶过，不禁感叹："真希望我能登上那列火车。"我梦想着与全家人一起乘飞机前往英国。火车有好多车厢，我一一数过，它疾驰如风。在我的注视下，那些车厢仿佛都放慢了速度。随后，我看见一辆警车开了过来，还看见了搬家卡车，交通灯显示绿灯，几根又大又粗的杆子支撑着铁轨。火车上有人正前往密歇根，而埃利温公司的卡车则负责将家具运送到密歇根。画里的男孩名叫约翰，他对于搬家感到高兴。这辆警车正驶向警局。

那时我才得知格雷格也要搬家，但与故事中的"约翰"不同，他并不开心。他感到害怕和焦虑。他的母亲是英国人，常跟他提起想搬家去英国，这又增添了他的焦虑。

另一个10岁男孩被带来，是因为他的母亲已病入膏肓。父母曾坦诚地与孩子们讨论母亲的病情，但这个孩子始终拒绝参与讨论。他常找借口离开房间。母亲对此感到十分难过，她有许多话想对儿子说。我以一贯直接而克制的方式，提到了母亲的病。经过了两节治疗，他才有所回应。一天，我们一起玩黏土时，他的情绪终于倾泻而出。

离婚对孩子而言是一种常见的压力体验。通常，在孩子的父母实际分居之前，孩子早已察觉到父母间的矛盾。尽管父母在婚姻出现问题时难以与孩子坦诚相对，但孩子对这种紧张关系极为敏感。

我认为，完全保护孩子免受离婚创伤是不可能的。他们对即将到来的分离感到极度恐惧：他们将何去何从？会发生什么？情况会改变吗？是他们的错吗？他们想象中的恐惧远超实际情况。理查德·加德纳的著作《关于离婚的男孩和女孩手册》（*The Boys' and Girls' Book about Divorce*）有助于消除孩子可能存在的困惑。我十分推荐此书，因为它能指导父母深入了解孩子可能经历的各种情绪。而在《离婚儿童心理治疗》（*Psychotherapy with Children of Divorce*）一书中，加德纳为治疗师提炼总结了一些建议，以帮助那些因为想保护孩子免受不必要的创伤而焦虑的父母。

我认为父母必须意识到，孩子会感受到离婚带来的强烈情绪。通常，孩子会隐藏自己的情绪，因为他们不想给父母带来更多悲伤和痛苦。我们无法阻止孩子对任何事物产生情绪反应，更别说让孩子免受这种情绪的影响。他们有权拥有自己的感受，这些感受需要被预见、被认可、被接纳和被尊重。

凯莉的母亲忧心忡忡。因为自从父母离异后，7岁的凯莉便出现了令人担忧的行为。凯莉开始频繁做噩梦，夜里惊醒，给学校教师惹麻烦，与妹妹发生更多的争执，变得爱哭诉，且常因小事哭泣。在我与凯莉的交流中，她的父亲始终是一个绕不开的话题。当我请她画出自己的家庭时，她回答说："我不想画爸爸，因为这会让我想起妈妈和爸爸还在一起的时候。"这一表述引导着我们探讨父母共同生活时的情景。

在后面的一次治疗中，凯莉精心布置娃娃屋的家具，在娃娃屋中放入了一个女孩。她说："这个女孩独自生活，她的父母在战争中遇难了。"接着，我们讨论了她对父亲的思念。

还有一次，她在沙盘里搭建了一座房子，放入人物，随后让恐龙袭击并杀死了所有人。此时，凯莉得以表达出对所发生事情的愤怒情绪。

5岁的女孩珍妮，刚刚经历了父母分开。她在沙盘上摆了家庭成员和野生动物的场景。狮子攻击了父亲的人物，珍妮把他埋在沙子里，说道："父亲被杀了，现在他们只有妈妈了。"

我：这对他们来说是什么感觉？

珍妮：很难过，大家都哭了。

我：你爸爸搬到另一所房子时，你哭了吗？

珍妮：哭了。

我：你很想念他。

珍妮：是的……但我还能见到他，他会带我去各种地方玩。

对于另一个 8 岁女孩，我请她用颜色涂鸦描绘父母离婚给她带来的感受，并分为四个部分：她认为父母离婚不好的部分、好的部分、介于两者之间的部分，以及她自己选择的部分。她将纸折成四格，并让我标上"坏""好""介于好坏之间""还行"。在"坏"区域，她用黑笔潦草地写道"不能一起吃晚饭，也不能一起睡觉"；在"好"区域，她用粉色笔潦草地写道"我们更常见到他，并一起做事"；在"介于好坏之间"区域，她用蓝色笔潦草地写道"有时我感觉还好，有时感觉不好"；最后，在"还行"区域，她用青绿色笔写道"离婚可以，因为他们在一起并不快乐"。

随后，我请这个孩子画出生活中最糟糕和最美好的事物。她画了一栋大楼，并标注："生活中最糟的是不得不去上学"。而对于最美好的事物，她画了自己站在朋友旁边，另一侧则是她的父母。她写道："我生活中最美好的事情就是有朋友一起游戏，还有父母。"这时，她抬头看向我，微笑着补充说："即使他们已经离婚了！"

身体症状

尿床是儿童自我照顾的一种表现。我会告诉尿床的孩子及其父母，尿床其实是一种健康的表现！之前，这个孩子可能在某方面无法充分表达自己的需求，于是他找到了另一种方式。如果他没有通过尿床来表达自己，或许会用哮喘或湿疹的形式来表现。我接触过许多尿床的孩子，他们性格随和、亲切且不常发怒，我不认为这只是巧合。

曾与我工作过的一名儿童的母亲向我抱怨，她的儿子自从接受我的治疗后，就说了很多愤怒的话，显然情况并未好转。她认为，既然孩子愤怒，那他必定不快乐。我问她，孩子是否还尿床、梦游以及做噩梦惊醒全家——这些是最初促使她带孩子来寻求治疗的症状。她看起来有些困惑，然后说道："哦，那些啊！他已经有一段时间没那样了！"

我有各种方式处理尿床及其他身体症状。首先，我希望父母或整个家庭能分享他们对这种情况的感受。其次，我试图将身体的责任归还给其主人：孩子应对尿床负责。再次，我希望尽可能帮助孩子体验这种身体症状。最后，我想帮助孩子学会一种更合适的方式来表达他需要表达的任何内容。我并不会尝试探究孩子尿床的最初原因，也不关心他的如厕训练经历。我更关注的是他当前的生活状态，即他现在的生活方式。

首次会谈时父母和孩子共同参与是至关重要的。之后，如果我感觉其他家庭成员也牵涉其中，那么进行一节家庭会谈便尤为重要。每个人对尿床的孩子都有诸多感受，这些感受或许与尿床本身有关，也可能无关。这些感受需要得到表达和分享。大多数父母在解决孩子尿床问题时尝试了各种方法：从温柔理解，到大声斥责；从让孩子自己洗床单，到完全忽视这一问题。每个人心中都翻涌着众多情绪——担忧、羞愧、内疚、焦虑、怨恨、恐惧、愤怒、悲伤。这些情绪大多未得到直接表达，而是以许多其他方式流露出来。难怪孩子总是尿床，毕竟他一般都难以直接表达情感。没有孩子愿意尿床。有时，父母甚至想象孩子是故意在湿冷、有异味、不适的床上醒来，这样就可以和他们一起睡。

接下来，关键的一步是让孩子对自己的尿床行为负责。这是停止尿床的重要前提。我会告诉他，这是他照顾自己的方式，是他自己的行为，不是别人的。显然，就算他曾激动地喊"我不在乎"，或摆出一副无所谓的样子，他也并不想继续尿床。重要的是，父母必须明白，责任在于孩子，而非他们。

孩子醒来时是他自己要面对湿漉漉的床铺，而不是父母。孩子可以学会自己更换床单，清洗被褥。如果父母选择为孩子做这些，那么他们必须为这个选择承担责任。如果孩子年纪尚小（尽管多数因这一问题就诊的孩子年龄已相当大了），他可以请求必要的帮助。父母必须明白，尿床并非奖惩、认可与否定的范畴。孩子没尿床时，赞扬没有帮助；孩子尿床时，责备亦无效果。（就像我们通常不会因孩子没有头痛而表扬他，也不会因他头痛而说他笨。）

明确尿床责任归属后，下一步是帮助孩子体验自己的身体和尿床的情况。我会先给孩子一本笔记本，用于记录他的尿床情况。这有助于孩子加强意识化并觉察自己的行为。有趣的是，当人们记录任何不良行为时，这种行为往往会自动减少。如果你每次发现自己咬指甲就用高尔夫计数器记录，你会发现咬指甲的行为减少了。同样，一旦孩子开始记录尿床事件，这些事件便会显著减少。若孩子擅长写作，我可能会请他在笔记本上写下睡在湿床上的感受的单词和短语。我常让孩子通过绘画表达睡在湿床上的感受：在画图的过程中，情绪会得以浮现。乔治·冯·希尔斯海默（George von Hilsheimer）在其著作《如何与你特别的孩子相处》（*How to Live with Your Special Child*）中，提到了一种有趣的方法，帮助孩子在睡梦中排尿时意识到自己的身体。他给尿床的孩子提供金钱奖励，这样孩子就会有意识地尝试尿床。

帮助尿床儿童认识自己的身体是治疗过程的关键环节。我们会做呼吸、冥想、动作和游戏等多种身体练习。了解并学会掌控自己的身体，这会给人带来满足感，令人兴奋，也至关重要。

有时在治疗的某一阶段，尿床现象会短暂加剧。曾有一名男孩，在其父母减少介入尿床问题后，一段时间内尿床次数明显增多。或许他在试探父母是否坚守承诺，让他承担起处理这一情况的责任（他们确实做到了），又或许他在给自己许可，彻底体验尿床的感受。

最后，也是最关键的一步，是帮助孩子表达他对尿床及其生活其他相关方面的感受。值得注意的是，即使最初导致尿床的现实或想象事件已不再发生，孩子仍可能持续这一行为。身体曾一度接收到尿床的信号，自那以后，接收新信号的正确通路还未形成。随着孩子开始掌控自己，并找到新的方式表达情绪，尿床现象便会逐渐停止。即使现在孩子的家庭一切都很好，他仍会有情绪需要表达。

我在此详细讨论尿床问题，是因为这一现象极为普遍。我认为和尿床儿童工作与处理其他心理问题导致的身体表现并无太大差异，当然，我会根据具体问题采取一些变通的方法。

有的孩子在白天会把大便拉在裤子里，这是一种特殊的问题。周围人会因异味而意识到这一问题。这些孩子常伴有便秘，因长时间憋大便而导致腹痛。他们在不合时宜的时刻把大便拉在裤子里，并常常隐藏自己的内裤，不让父母发现。我不确定究竟是什么引发了这种现象。但我会向孩子解释，这是身体寻求健康的一种表达。粪便的排出是因为身体意识到粪便的毒性，而最初的憋大便则是在代替某种表达。

与这类儿童工作的方法与对待尿床儿童的方法大致相同。我常引导孩子充分表达内心压抑的愤怒情绪。我所接触的许多孩子，往往表现出敌对、讽刺、言辞激烈且好争辩，但似乎总无法彻底宣泄他们的怒气。

然而，有时我的这种压抑愤怒的假设是错误的。曾有一段时间，我与一个10岁女孩工作，尝试借助于玩黏土、巴塔卡和玩偶等多种方式，引导她表达情绪。确实有许多愤怒情绪浮现出来，但问题依旧存在。她的情况虽有所改善，但一遇到压力，问题便立即席卷而来。在一次治疗中经由讲故事的线索，我感受到她的恐惧。这是治疗中首次浮现出恐惧。随后我发现，她内心深处隐藏着一些极为强烈的恐惧，其中之一便是对溺水的恐惧，尽管她会游泳，且表面上并不害怕游泳。无人知晓她的这份恐惧，连她父母都不知道！我们深入探究了这一恐惧的各个方面。她完全不记得在水里遭遇过任何问题或身边有人遭遇此类问题。

某日，跟着直觉，我引导她进行了一次幻想练习，让她想象自己是一个2岁的孩子，坐在马桶上。我们以轻松幽默的方式进行着这个活动，她闭眼微笑，聆听着我的声音，沉浸在幻想之中。突然，她坐直身体，睁大眼睛，说担心自己会掉进马桶，连同排泄物一起被冲走。这一发现让她异常兴奋，确信这便是问题的根源。我们探讨了一个2岁孩子面对巨大马桶和神秘管道的恐惧。我迅速画了一幅孩子坐在大马桶上的草图，她则像母亲一样安慰着画中的孩子。

这可能是，也可能不是她最初的问题根源。或许这个孩子只是需要一种方式，来最终允许自己迈向新的成长。她对溺水的恐惧，一个深藏不露的秘密，是真实存在的。而她向我以及（在她准备好后）向父母吐露这份恐惧时，体验到了极大的释然。她开始执行定时坐便的计划，发现自己几乎能够准时规律地排便。

其他可能促使儿童接受心理治疗的生理症状包括头痛、胃痛、抽动、过敏和哮喘。有时，即使这些生理问题并非最初寻求治疗的原因，它们也会在治疗过程中出现。

一个16岁的少女抱怨后颈有一个大硬结。我请她在纸上画出这个结的样子。她画出颈部的一个大的圆形黑点。我请她在另一张纸上解开那个黑色的结。她抓起蜡笔，开始狂乱地涂画。我拦住了她，让她慢慢来，专注于那个结以及解开过程中的感受。她开始有意识地描绘解结的过程。画完之后，她颈部的硬结也随之消失了。

虽然在这一过程中我们并未特别关注具体内容，但这个来访者学到了关注、体验而非逃避疼痛。她意识到自己能控制那些引发疼痛的肌肉，也能让疼痛消失。

一个参加团体治疗的11岁男孩肯，告诉大家因为他胃痛很严重，不能继续留下参加团体活动了。我让他讲讲自己疼痛的感觉，并询问了他具体是哪里痛。

肯：这里。我也不清楚。

我：告诉我那是什么感觉。

肯：感觉像有个结在挤压我，真的很痛。（他说这句话时声音带着悲伤和哽咽。）

我：你听起来很难过。

肯：我是很难过。我遭遇的事情太让人伤心了。

我：我想听听是怎么回事。

肯：是我父亲。他虽然没喝酒了，但变得非常紧张！他把所有的不满都发泄在我身上——我没做错什么，他却对我大吼大叫，扔东西打我。这跟他在喝酒时没什么两样。他之所以这样对我，是因为我是家里最大的孩子。今天又发生了这样的事。

说到这里，肯已经泣不成声。过了一会儿，他说："或许我该多待一会儿。"他坚持完成了整节团体活动，腹痛早已被他抛诸脑后。我得补充一下，肯经常遭受腹痛困扰。他的母亲因此对他格外关照，频繁带他去看医生，为他准备特殊饮食，担忧他的症状发展为胃溃疡。然而，母亲从来没有倾听他的心声，关注他的情感。终于，肯意识到，除了通过腹痛来吸引母亲的注意，他还需要学会用其他方式照顾自己。他逐渐明白，腹痛是一种吸引母亲大量关注的方法，但绝非唯一途径。

13岁的卡尔走进治疗室时，疲惫得几乎无法动弹。我请他画出自己的疲惫感。他选择用棕色、黑色和深紫色，画了一幅图代表他的疲惫，并强调"尤其是我的肩膀"。随后，我让他画出如果他精力充沛会是怎样的感觉。他画了两个相对的圆柱体，色彩鲜艳，中间隔着一条形状像山脉的棕色线条。我请他让这两个图形对话，他解释说，这两个图形代表他的双手和双脚。他的对话导向了一种渴望：想要做某件事，想要去某个地方，想要调动他那疲惫的"老"身体。他开始谈论自己的不安，想去别的地方，对家庭和学校生活的不满。（通常情况下，尿床的卡尔总是称一切都好。）

15岁的塔米，自12岁开始出现轻微的癫痫发作。一位神经科医生将她转介给我，认为她的癫痫发作有心理因素。她似乎有意表现出某种行为，以激怒母亲。她母亲说："我一跟她说话，她就更严重了。她好像故意逼我扇她一样。这种情况已经持续好几年了。简直像她喜欢被打似的！我扇了她，她就会平静下来，变得开心。要是我不这么做，她就一直闹到癫痫发作为止。"

我和塔米工作了数周。一天，她边玩黏土边和我说话，向我讲述她和母亲之间发生的事，这些事让她感到很愤怒。既然她已在使用黏土了，我便请她用黏土表达内心的愤怒。她低头看着黏土，却表示做不到。于是，我提议她画一幅画来表达她的愤怒。她同意了，画了一个圆圈，中间写着"咦（YEEEKE）"。她告诉我这代表一声尖叫。接着，她又画了两个红色三角形，说"这是恶魔的耳朵。我真想狠狠地揍某个人，比如我弟弟"。她画了两只眼睛，周围是红黄相间的锯齿线条，"这是从我眼中喷出的火焰，我的眼睛斜视，很不舒服"。接着，她又画了一些红、黄、蓝色的线条，"这是喉咙里的火焰，我一尖叫就疼"。随后，她画出一个黑色的形状，"这是从我耳朵冒出的黑烟，耳朵发热，感觉堵了一样"。塔米内心充满了愤怒，非常强烈，既让她内疚，又让她害怕。当我们就她强烈的愤怒进行工作时，这种愤怒第一次借助于绘画得以生动表达，她对惩罚的需求（甚至到了使自己抽搐的地步）开始逐渐消散。

一天，我在和一名年轻女性工作时，她突然瘫倒，诉说剧烈的痛经。我递给她一块黏土，请她按照自己的想象捏出子宫的形状。完成后，我让她扮演子宫，描述子宫的感受，就好像子宫能说话一样。她这样说道："我是凯茜的子宫，我紧缩着、紧缩着，凯茜都受不了了。"在我的鼓励下，她继续这样描述了一会儿。完成后，她惊讶地说，疼痛消失了。我们探讨了试图通过紧缩肌肉来避免疼痛，这往往会导致更多疼痛的问题。借助于扮演子宫，凯茜体验到自己是如何引发这种状况的。

16岁的艾伦谈到她经常感受到某种疼痛，在胸骨下方。她曾为此就医，但医生未能发现任何生理原因。在治疗中，她正经历着这种疼痛。我请她闭上眼睛，深入感受疼痛，并向我描述。

艾伦：感觉就像胸口下方有个洞，一个又深又空的空洞，像螺旋弹簧一样，深不可测。很难形容。
我：你愿意画出来吗？
艾伦：我不会画画。
我：就当你只有3岁，然后画出来。你可以边画边向我解释。
艾伦：（画了一个螺旋形的圆形隧道）我用黑色来画。我的隧道当然是黑色的，深邃、黑暗，没有尽头。我不知道下面有什么。这个小人代表我（隧道边缘的一个火柴人）。我坐在边缘，感觉自己非常渺小。

我：现在这种痛苦是什么感觉？

艾伦：它变小了，但就是这样的，它会变大也会变小，随时都可能发生变化。

我：作为那个小人，描述一下自己。

艾伦：嗯，我坐在这个隧道的边缘，膝盖蜷缩着。

我：坐在地板上，做出那个动作，扮演那个小人。

艾伦：（坐在地板上，膝盖弯曲，抱住膝盖，垂下头。）我蜷缩着，非常渺小，坐在隧道边缘。

我：你能看到隧道另一头的景象吗？

艾伦：看不到。但我知道那里有东西。那里有很多东西，但我无法触及。（她开始哭泣。）

我：如果你往隧道里看，会看到什么？

艾伦：看不太清楚，里面很黑。我不知道下面有什么，但我想象那是非常可怕的事物。

我：闭上眼睛，想象自己走进隧道。

她闭上眼睛。

我：发生了什么？

艾伦：我没下去。我不能去那里。太吓人了，我还坐在边缘。

我：好吧，你不必非得下去。现在我想让你作为那个隧道，描述一下自己。

艾伦：我是艾伦内心的隧道，我让她痛苦。我深邃、无边、强大而有力。

我：你现在感觉如何，艾伦？

艾伦：我感觉强大有力，我仍与隧道在一起。

我：我们今天得停在这里了。下次或许你想探索一下进入隧道的恐惧，这样我们就能看看里面有什么了。记住，那是你的隧道，隧道里的感受也是你的。

艾伦：是的。哎呀，现在我又感觉像那个小人了！虽然还有很多要做的，但这已经是个不错的开始了。

16 岁的贝丝几个月来一直因为严重的倦怠而痛苦。她毫无精力。尽管医生已给她开具了健康证明，但她总是疲惫不堪，除了上学、做些家务，便只能倒头大睡。她已无力再去享受曾经热衷的活动，比如体育运动、艺术创作、和朋友出去玩。我运用了多种表达技巧，来为贝丝创造一些条件，让她能从那层无力的外壳中挣脱。随着我们的共同努力，许多被紧紧压抑的情绪得以浮现。封闭和压抑情绪，这本身就需要消耗大量精力。

最具启发性的练习是"我是……"清单。贝丝用整整一节治疗的时间来写"我是……"句式：我是女儿；我是一名学生；我是身材高大的；我是常常疲惫的；我是害怕孤独的；我是害怕面对自己情绪的……

在接下来的治疗中，贝丝向我朗读了她的"我是"清单，并流下了眼泪。在初次治疗的 3 个月后，贝丝闭着眼睛用黏土塑造了一个物体。用她的话说，她制作了一只看不见也动不了的动物，但这个动物却感到快乐和平静。我问她如何能让这只动物看见，她便在动物身上戳出孔洞，"让光线透进来。这些是好的孔洞，能让光透过我，并带来新的觉察"。我问她如何帮助动物移动。"嗯，我需要贝丝抱起我，让我动起来。"她边说边推动动物沿着桌面移动。她微笑着看向我，说："嘿，我想我回家要做个风筝。"她真的做了，还放飞了这个风筝。

没安全感、执着、过度讨好

"没安全感（insecure）"一词广泛用于描述表现出各种行为的孩子。词典将这个词定义为"没有脱离危险，感到过度焦虑，未被保护"。在我治疗的孩子中，我感觉大多数孩子都缺乏安全感，只不过他们表达没安全感的方式各种各样。

有时，我会看见一些孩子紧抓住别人不放，结果将别人推得更远。当人们要离开时，这些孩子会试图抓得更紧。

这类孩子会紧紧抓住别人的身体，仿佛这样做能缓解自己内心的不安全感，从而让自己感到更安全。

初次见梅丽莎时，她才5岁。她是个典型的黏着别人不放的孩子，黏着每个她可以黏的人，以至把别人都吓跑了。就连她的母亲都难以忍受她的黏人行为。同龄的孩子对她过度的触摸和拥抱感到不适，纷纷疏远她。

梅丽莎画画时，总是不停地问我："这样好看吗？该用什么颜色？你喜欢这个圆圈吗？"诸如此类的问题。我以微笑回应着她的每个问题，她继续画着画，似乎对我的反应感到满意。使用沙盘时，她几乎会将所有物品篮子取下，放到膝上和脚边的地板上，玩玩具时亦是如此，仿佛需要尽可能多的物品在手边以获得安全感。第一次从录音机中听到自己的声音时，她竟没有听出来是自己。"那是谁？"她问道。我告诉她那是刚刚录下的她自己的声音，她显得十分惊讶，想一遍又一遍地听。有一天，我要为她画一大幅画，她对此很感兴趣。我问她："你的头发是什么颜色的？"她对着镜子端详，随后欣喜地看着我为她画上直直的棕色头发。

经过大约5次治疗，变化悄然发生。她似乎开始意识到自己是一个独立于生活中其他人的个体。她开始表达自己的情绪、想法和观点。当我请她画出她的家庭时，她能全神贯注地作画了，不再像以前那样需要不断地确认。她描述了每个家庭成员："我妈妈玩游戏，变得很傻气……我爸爸对我妈妈很凶，他们经常争吵……而我，每当他们争吵时，我总是盯着他们看。我不喜欢这样，我会感到害怕。"

我请她画出让她感到悲伤的事物，她画了自己坐在房间里的情景，并描述道："我不喜欢独自坐在房间里。有时我必须坐在房间里，这让我感觉很难受。"我们讨论了是什么导致她母亲让她回房间，她说："妈妈生气是因为她说我不听她的话，而且总是想教她怎么做。"我问她是否喜欢指挥别人。她说："是的！但我的朋友不喜欢这样。"随后，我们玩了一个游戏，轮流指挥对方做事，她对此非常开心。

后来，我请她随意画她想画的，她画了一个男孩，并解释说："这是大卫。他很刻薄，我不喜欢大卫，他经常打我。"接着，她画了一幅自画像，并说道："这是生气的我。当妈妈不让我做我想做的事时，我非常非常生气。我讨厌妈妈叫我进房间，讨厌极了。就这些。"

当梅丽莎开始谈论自己，表达自己的感受和喜恶，当她开始明确表达自己和生活时，她那种紧紧抓着别人的行为明显减少了。似乎随着她对自己认识的加深，有了自我感，感受到自我的存在，她就不再需要紧抓着别人来证明自己的存在了。

必须紧紧抓着他人身体的孩子（或成人），往往自我感模糊，只有与人融合才感觉安心，也只在与人融合的状态中才能存在。分离的概念对这类孩子而言可怕且陌生。他们不知道自己身体存在的边界，因而有着强烈的认同需求，于是将自己与他人混淆。

与这类孩子工作，需逐步增强他们对自我的体验。我们需要引导孩子回归自我，认识自己，赋予她一个能够认同的身份。我们可以从感官活动着手；然后进行一些身体活动和游戏，来帮助孩子熟悉自己的情绪、自我形象和身体形象；最终将这些经验与以下经验整合：做选择、表达意见、确认需求、想要、喜恶，以及用言语表达自己的需求、愿望和观点。

随着工作的深入，材料开始浮现，需要得到处理，因为这个孩子并非无足轻重，而是一个真实、鲜活、重要且独一无二的人，只是暂时迷失了自我。一旦她开始找回自我，她的接触能力便会提升，直至不再需要依赖他人。曾经的依赖是她生存的方式；如今，她有了其他的选择和其他的生存之道。

那些竭力讨好成人、看似过分顺从的孩子，同样有着类似的不安全感。他们寻求认可的方式往往得到了身边成年人的高度强化。不难发现，连一些成年人都还遵循这种童年模式，无法拒绝，似乎从未有自己的观点或想法，过度顺从和追求"好"，以至我们与他们相处时感到乏味无趣。

这里所探讨的，是人格中"好"的一面的失衡。所有孩子都渴望得到认可。他们都有能力做到"好"，听从指导，做"正确的事"。同时，他们也有能力感受愤怒、反抗、持不同意见、有自己的立场并表达自己的观点。我们需要帮助那些"过于乖巧"的孩子发现自我，探索那些他们看似恐怖和可怕的另一面。这样，他们才能自由选择表达自己的方式，而非局限于单一的表达模式。那个一心想要讨好他人的孩子，在这个过程中耗费了大量能量。因为她不断将能量外投，而非用于满足自身的需求。

治疗师的任务是为孩子提供自我表达的体验，因为这类孩子总是谦逊且不引人注目地等待你的指示。有效的活动应能帮助孩子认同、增强和欣赏自我，比如："画出你喜欢或想要的东西，或你喜欢的地方"。给他们做选择的机会至关重要，比如："这里有两款游戏，我们玩哪一个？"我们要逐渐引导他们坚定地表达自己。

14岁的弗兰克曾是个"过度讨好的孩子"。7岁那年，他的父母在事故中去世，从那之后他便辗转于多个亲戚的家。如今，比他大约8岁的姐姐结婚了，非常希望弗兰克能与她同住，她的丈夫也同意，两人竭尽全力让弗兰克的生活舒适惬意。他的姐姐陪同他来治疗，因为她觉得弟弟太好了。家里缺乏自然的礼尚往来。弗兰克总是有求必应，从不主动开口，也从不抱怨。她表示，她和丈夫已多次向他保证，无论发生什么，这里也是他的家。他过分讨好的态度在家里引发了一系列问题。

弗兰克与我在一起时也不太说话。他这种全然默认的态度，令我感到挫败。然而，表达技巧的运用在我与弗兰克的工作中带来了变化。他作为一株玫瑰说道："我长在一座房子前……这座房子可能已经被遗弃了。我没见过那里住过人。或许我是野生的，或许曾有人照料过我。我身处无境之地，我不知自己根在何方。我长着刺，也不知道自己是否在生长。周围杂草丛生。因此我不觉得孤独。我并不觉得孤独，因为野草伴我左右。"我能隐约感受到他不愿将这些话用于描述自己。当我把这些话写下来时，我温柔地重复着他的每句话。"'这座房子可能已经被遗弃了。'你曾有过被遗弃的感觉吗？"他迟疑了一下，最终回答道："嗯，是的。小时候，父母去世后，我常有那种感觉。"

弗兰克用"看图说故事卡"里的木筏卡片讲述了一个故事："有一只木筏。木筏上有一个垂死的男子、一位神父、一个男孩、一名女士和一只狗。

他们遭遇了海难，漂浮在海洋上，很久之后，他们终将找到陆地。垂死男子的亲人们正在哭泣。"

> 我：弗兰克，你是哪一个角色？你来扮演其中的一个角色。
> 弗兰克：（长时间凝视着画上的人物后）我是那只狗。
> 我：和我说说作为狗的你，现在是怎样的。
> 弗兰克：嗯，我在观望，等着看接下来会发生什么。我无能为力，我很害怕，非常害怕。
> 我：这些话是否勾起了你生活中的某些回忆？
> 弗兰克：（看着我，叹气）是的。我父母去世时，我什么都做不了。我当时非常害怕，只能任人摆布，将我送来送去。

最终，弗兰克能够表达出他对于"被送走"的哀伤、愤怒和恐惧。他开始敢于做自己，不仅在我面前，也在他的世界里。

有时候，我会和脆弱得仿佛一触即碎的孩子工作。这样的孩子只是自己的影子。她需要我运用所掌握的全部技术来帮助她恢复并增强自我。我先从安全、无威胁的活动开始。一开始，这个孩子可能需要收回自己的行为，比如，擦掉黑板上的画，涂抹掉手指画的图案，清理沙盘。渐渐地，她会开始允许将自己的表达成果停留得更久。随着她能够让自己的表达逐渐展现，她往往会显得身体更加健壮。塔拉就是这样的孩子。当她借助于绘画、故事、黏土和沙盘来表达自己时，这个瘦弱、脆弱、胆怯的女孩，连身体看上去都更加健壮和坚强了。涉及身体活动的游戏是她治疗中的重要部分。在探索自己的身体、发现身体潜能的过程中，她似乎找到了乐趣，开始为自己、为生活而感到高兴。

独来独往的孩子

有些孩子虽独来独往，却拥有足够的资源，能让自己忙得不亦乐乎，找到自己的生活方式。他们可能花大量时间集邮或投身于其他各种爱好，有的孩子沉浸在书海中（尽管这种现象日渐稀少），还有的则看很久的电视。然而，我治疗中独来独往的孩子，并非这类资源丰富的孩子。能够自在地独处，虽然这体现了健康的自我肯定，但我们都需要生活中的平衡，既要有独处的时光，也要有与人相伴的时刻。

与那些没有玩伴的孩子不同，因别无选择而独自度过大部分闲暇时间的孩子，是因为害怕遭人排斥。接受治疗的孩子通常除了孤独感外，还存在其他问题。他们往往没有那么多资源，令父母倍感烦恼。他们闷闷不乐、好辩、多动、表现出攻击性或反社会行为，厌恶上学或学业不佳，或异常退缩。在治疗过程中，我们常发现这些孩子不仅长时间独处，而且缺乏亲密朋友，非常孤独。

那些独来独往的儿童，往往将这种状态延续至成年。许多孩子强烈否认自己与同龄人的关系存在问题，他们最不需要父母唠叨他们"出去交朋友"。他们需要的是一个能接纳"他们就是这样"的环境；仅此一点，有时便足以赋予他们勇气和力量，去主动找朋友，尝试自己建立关系。

许多独来独往的孩子内心深处觉得自己与众不同。有时，他们会觉得自己过于另类，于是做出一些违背自己想法的行为，从而让自己的行为与他人相似。当然，大多数孩子在某个阶段都会极力追求一致，希望和别人相似或如他们所想象的那样相似。即使是那些对抗"常规"的人，通常也是成群结队的。渴望与他人相似，反映出个体在某个理想的群体中寻找自我认同。然而，独来独往的人常感到他人与自己是那么不同，因而陷入两难之境。

在与这类孩子及其家庭合作时，首要任务是强调个性的珍贵。许多父母往往希望孩子千篇一律，过于强调一致性。他们应尊重每个孩子的独特性。

多数孩子会在成长中试验各种存在方式，直至找到自我。而有的孩子需外界助力，他们通常借助于不当行为发出求助信号。不幸的是，当时他身边可能没有人能读懂这些信号。我们与这些孩子工作，需要提升他们的自尊心，加强他们的自我认同，并促进自我支持，以帮助他们学习如何与其他孩子相处。

我与孩子进行的最激动人心的一个活动,叫作"橙子体验(the orange experience)",即用戏剧来展现独特性的魅力和可贵。我最初是在乔治·布朗(George Brown)的著作《人类教学与学习》(*Human Teaching for Human Learning*)中了解到这个活动的。我在一个十一二岁儿童的团体中尝试了这个活动,这些孩子对此讨论了好几个月。

我带了一袋橙子,每人一个。我们观察橙子,闻它们的气味,比较形状和纹路,握在手里,来回抛接,除了吃之外,想尽办法与橙子互动。接着我们剥开橙子。每个人都尝尝果皮的味道,包括里层和外层,用指尖感受内层的质感。随后,我们小心翼翼地剥去果皮上残留的白色部分,边剥边交流这种触感给我们的感受。接着,我们将橙子掰成瓣,逐一感受每一瓣,嗅闻、轻舔,最后品尝。最激动人心、最有趣的环节是,成员互相交换橙瓣。我们惊奇地发现,每一瓣的味道竟然都不同!我想,在团体中,我对这一发现是最为兴奋的。有的果实更甜,有的更多汁,有的更酸,还有的略显干涩,它们各有风味,因而愈发让人觉得美味!这次试验给我们带来了很多乐趣,我们很自然地就开始讨论起了团体中的孩子,讨论他们的异同,每个孩子都独具魅力。

在与那些独来独往的孩子工作时,我所采取的方法类似于帮助孩子重新找回自我感和自我欣赏。除此之外,我还需要鼓励这些孩子尝试与他人接触。他们内心渴望接触、融入集体,却因恐惧而不知所措。因此,我必须处理他们的恐惧,并帮助他们探索新的相处方式。

以 11 岁的亚当为例。亚当是一个没有朋友的孩子。他聪明却傲慢,似乎并不在乎独自一人度过大部分时间。他的母亲来寻求帮助,因为她觉得他是一个有"纪律问题"的孩子。他从不按她的要求行事,对她态度阴沉且粗鲁,还总跟弟弟争吵打闹。我问母亲,亚当是否有朋友,她回答:"没有,他好像既没有朋友,也不想交朋友。"

亚当对接受治疗相当抵触。初次单独相处时,他抱怨头疼,并认为母亲花钱让他见我简直是愚蠢。我请他画出他的头痛。他以消遣的态度,用各种颜色画出了潦草的图案。我问他与母亲之间最大的问题是什么,他立刻回答:

"她从不相信我说的话。"我又问到他的父亲（他的父母已离婚），他答道："他还行，但总是只考虑自己的烦恼。"

亚当以一种消遣的态度参与了我提出的投射活动。他每次都透露出更多关于自己的信息。随着我们工作的深入，他的被拒绝感和没有价值感愈发明显。在一次治疗中，他向我坦言："我就像一只乌龟，有着坚硬的外壳。如果我吐露内心的想法，人们就会对我大喊大叫。所以我选择将一切深藏于壳内。"当亚当一点点从壳里出来，他便对自己有了更好的感受，也更有勇气与其他孩子接触。我们分别与他的父母进行了几次联合治疗。随着亚当与父母沟通的好转，亚当的性情及与家庭的互动情况都有了显著的改善。

塞斯的父亲是海军，因此他们经常搬家。每当他结交了新朋友，不久就得向他们告别。9岁时，塞斯已不再努力去认识新社区的孩子，对其他孩子的友好邀请也一概拒绝。由于他一直闷闷不乐，拒绝参与任何活动，学校建议他接受心理咨询。

塞斯对我们的咨询反应积极。他喜欢绘画、玩黏土、创作沙盘场景、讲故事，积极参与。借助于这些活动，他的孤独感得以流露。他的父亲常因航海任务离家数月，母亲也难以适应这种频繁的离别与搬家。我们多次探讨了结交朋友后又不得不离开的痛苦。塞斯通过我表达感受到了自我支持，他向我提出了这样的想法："我很幸运，能遇见这么多人，见识这么多不同的地方。"6个月后，他们一家搬到了日本，随后我收到了塞斯的一封信，他兴奋地向我讲述了他的新学校、他正在尝试的新事物以及结交的新朋友。

孤独感

我治疗的儿童常反复感受到孤独。我们回想自己的童年时期，谁没有感受过孤独呢？然而我发现，孩子在最初的防御之下，很少会承认自己感到孤独。

那些对环境适应不良的孩子尤其孤独。这类孩子的治疗过程似乎困难重重，直到孤独感以某种方式得到开放的表达，无论是借助于言语还是借助于表达性技术。克拉克·穆斯塔卡斯为其著作《孤独》（*Loneliness*）作序：

"……孤独是人类生活的一种状态，是人类维持、扩展并深化其人性的一种经验。无论是以孤立状态生活或生病，还是因所爱之人离世而感到缺失，抑或是在成功的创造中体验到扣人心弦的喜悦，人最终且永远是孤独的。我相信，每个人都必须认识到自己的孤独，深刻意识到，归根结底，生命存在的每一寸光阴，人都是孤独的——极其、彻底的孤独。试图克服或逃避存在的孤独体验，最终只会导致自我疏离。当人远离生命的根本真理，当他成功逃避并否认个体存在的可怕孤独时，他便切断了自我成长的重要途径。"

穆斯塔卡斯认为，我们的孤独是不可避免的，每个人都必须面对基本的存在性孤独。大多数人难以接受孤独，不遗余力地逃避孤独感带来的痛苦。作为成年人，我们擅长寻找各种方式来掩盖孤独，比如不停地忙碌。我赞同穆斯塔卡斯的观点，当我们这样做时，往往会使自己变得疏远或迷失。有些人对自己并不满意，宁愿不去了解、面对、审视或接受真实的自我，因此我们拼命地通过各种方式逃避与自我相处。

孩子在探索自我认同的过程中，显然还不懂得如何应对存在性孤独感。我相信孩子感到特别孤独，是因为他们内心深处觉得自己与众不同，对于自己的独特性既不自在、不接纳，也不欣赏。孩子有自己掩饰这种可怕孤独感的方式，而这些方式往往违背了社会对于良好、正常、顺从行为的期待。更糟糕的是，这些孩子的反社会行为通常会进一步疏远和孤立自己，从而促使他们加强防御性的保护外壳。这反过来又进一步加剧了孤独，导致恶性循环。

苏珊娜·戈登（Suzanne Gordon）在其著作《孤独的美国人》（*Lonely in America*）中，对儿童和青少年孤独感的研究做了以下总结：

"对于这些孩子而言，孤独是一种淹没性的觉察，觉察到无处可寻支持——那些他们赖以生存，为孩子提供温暖、情感和对孩子感兴趣的人，都只能给予孩子最微不足道的关注。在这种情境下，孩子也感到无助。他们无处可去，无人可求助，包括他们自己在内，无人能满足其需求。对于这种淹没性的孤独感，孩子的反应便是焦虑。对于幼童而言，焦虑和恐惧会导致他们黏着具有母亲形象的人。"（摘自《孤独的美国人》第48页）

我认为，孩子常因无法向他人表达内心的空虚与孤独而感到无助和焦虑。那些接受治疗的孩子可以说是幸运的。在治疗中，他们有机会让这些感受流露出来。孩子表达孤独感的方式多种多样，他们未必直接使用"孤独"这个词。即使是非常年幼的孩子，也曾向我吐露过想要结束生命或自我伤害的念头。我从中听到的，不仅是内心深处的绝望，还有那份难以言说的孤独。

孤独伴随着对幸福的徒劳追求。童话故事总是以"从此他们过上了幸福快乐的生活"作为结尾。许多人穷其一生，都在寻找某种模糊的幸福状态，仿佛一旦找到，就能跨越生命的边界，进入一个全新的境界，从此不再感受悲伤、痛苦或伤害。我们曾自欺欺人地认为，感到"不快乐"是一种病态。我们将有困扰的孩子描述为"不快乐"，将不快乐等同于疾病，视作需要治愈的问题。

我的生命中发生过一件事，给我留下了深远的影响。我的母亲在一次意外事故中离世，我和我的兄长从各自所在的地方飞往母亲的家。这是一场哀伤的会面。那时我深陷抑郁之中，因为在我的生命中，这是第三个我最亲密的人离世，而我的儿子此时也正面临绝症。我和哥哥处理着母亲的身后事，整理她的遗物，安排各项事宜。终于有一刻我忍不住泪眼婆婆地对他说："够了，我不能承受更多了。如果再有什么不幸降临，我宁愿放弃一切。"哥哥与我有着同样悲痛的经历，甚至比我经历得更多，他惊讶地看着我，回应道："维奥莉特！你说的这句话简直荒谬！活得越久，经历的事情就越多，包括那些痛苦的事。总会有事情发生的！"他说完这句话便结束了对话。尽管他可能早已忘记，但我却把这句话铭记于心。

如果在期待中体验幸福成了个体寻求幸福的主要形式，那么她无疑为自己设下了一个残酷的陷阱。我学会了将生活的体验聚焦于当下，而非沉溺于过往的回忆或对未来的美好幻想。由此，我便知道了，我能够承受这一切。

儿童越年幼，就越能保持活在此时此地的能力。因此，当我与表达出孤独感的孩子工作时，我要帮助他们重新获得全然体验自我的能力，而非固守无助感。我相信，通过自我接纳与自我强化，孩子能学会调动自身能量、生命力，以满足一些自我的需求。

压抑感受会导致孤独。一个人越无法表达内在发生了什么，就越会感到隔离和孤独。每当情绪未能宣泄，那层保护的壁垒或外壳便愈发厚重，孤独感则在屏障后膨胀开来。

如果孩子的情绪没有得到倾听和认可，他们便会感到孤独。情绪是他们存在的核心，也是他们存在的体现。如果孩子的情绪被拒绝，他们便感到被世界抛弃。因此，当一个孩子说"我生气时感到孤独，生气让我非常孤独"，这是因为他在表达愤怒时，这个世界上没有人愿意和他保持接触。他受到告诫、被排斥、受惩罚、遭回避，这一切将他推向孤独。

作为治疗师，我为孩子提供方法来表达他们的情绪，如果我们能够倾听并接纳这些情绪，孩子便不会感到那么孤独，于是他开始将世界视为一个更友善的地方。他能够重新与他人接触，并建立联系。

我认为，孩子们之所以如此互帮互助、彼此需要，很大程度上是因为他们觉得或许其他孩子能理解自己的经历和感受。在我的团体工作中，我有幸听到了孩子彼此间的一些交谈内容。通常，我们意识不到孩子思考和感受的广度与深度，因为他们在大人面前总是小心翼翼地筛选言辞。

现实感不稳定的孩子

我曾接触过一些孩子，他们时而清晰，能够与自己联结，时而看起来毫无意义，仿佛与自己的世界脱节。

一个11岁的男孩克里斯就是这样的孩子。在我们一起工作的很长一段时间里，我很难理解他讲的话。我努力尝试与他保持同频。我说的任何一句话都可能让他跳转到我难以跟随的领域。他喜欢玩黏土、绘画（尤其是手指画）和沙盘游戏。他也喜欢讲故事。他的故事、沙盘创作及艺术作品，描绘了一个我难以理解的世界。然而，克里斯的作品对他而言似乎有着明确的目的和意义。他所做的一切，似乎都蕴含着某种深意。

尽管我无法完全跟上他的思路，克里斯仍会与我交谈。每次来治疗时，他总是对我微笑，热情地打招呼。有时，他开始讲述生活中一些让我能够理解的事情，突然他又会跳跃到另一个完全不同的领域。比如他或许会这样说："昨天，我哥哥从大学回家了。"我注意到他眼中的光芒，我会回应："看来你很高兴。"他接着说："是的，我很开心。我走在街上时，看到了巨大的火光，大到仿佛能带你横渡海洋，而且它会发生巨大的爆炸。然后，一只狮子跳了出来，我不知道它是从哪儿来的。在学校，有三个孩子与我分享了午餐。你见过那种穿过月亮的盛大烟花吗？我的家比那还要壮观。我的哥哥'咻'的一下进来了……"

很长一段时间里，我没有将他拉回话题，只是跟随着他，或者不再那么努力，只是倾听着。直到有一天，我坚定地说："克里斯，你没有回答我的问题。你说的和我的问题毫不相关。"他看着我，然后回答了。

我知道克里斯对他所处的现实世界感到非常害怕。他必须离开现实才能感到安全。随着他对我愈发了解和信任，他越来越能够停留在我的现实层面。借助于许多练习，他对于自己能够做什么产生了一种强烈的体会。重要的是，我陪伴着他去他想去或需要去的地方。当他画着那些令人困惑的画作，同时说着令人难以理解的语言时，我倾听他的声音，观察他的身体与表情。基于这些观察，我能够回应他。我能够辨别他语调中的悲伤："你和我说的话听起来很悲伤。"我可以对那幅生动的画作说："你画的这个地方色彩丰富，充满快乐。"我也可以在他某天驼着背走进治疗室时说："今天一定发生了什么让你不愉快的事，你的背没有挺直。"克里斯会对这些话立刻做出反应，突然表现出惊讶，并点头表示同意。

在对克里斯进行治疗期间，我同时带领着一个儿童团体，团体成员的年龄与克里斯相仿。我认为，现在让他加入这个团体对他会有好处。他在家里没有朋友，与同龄孩子也难以相处。在学校，他所在的特殊班级里同样没有朋友。

克里斯带着害怕的心情加入了团体。他开始退行，表现出了越来越多脱离现实的举动。孩子们对此感到惊讶，但他们都跟随着我和我的合作治疗师的示范。每次轮到克里斯发言时，他说的东西无人能懂。但我们仍然会认真聆听并感谢他，有时需温和提醒他我们的活动还需要继续。进行绘画活动时，他的作品总是让人摸不着头脑。他会展示，偶尔也会分享，尽管我们难以理解。他尽力以自己的方式参与每项活动。

克里斯对团体中的一个女孩萨莉产生了好感，渴望坐在她旁边，触碰她，甚至牵她的手。这让她感到非常困扰，总是设法避开他，挪位置。我们意识到这个问题需要公开讨论。于是，我们让孩子们画出困扰他们的事情，以及他们喜欢团体中某人的哪些方面。萨莉画了一幅克里斯在她面前表现得傻里傻气的图画，她也是这么描述的。在我们鼓励她分享了这幅画后，克里斯的眼中泛起了泪光。我们有了一个很好的机会，去接纳他的烦恼，理解他的悲伤，并探讨正在发生的现实。此后，气氛变得轻松了许多。稍后，我们进行了一项类似这个图画活动的说话练习，萨莉对克里斯说："我喜欢你现在不再打扰我了。""我不喜欢你谈论那些我不懂的事情。"许多孩子都向他表示了同样的感受。他们温柔、友好、关切地告诉他。当他看着他们说话时，他很高兴他们也会看着他。

不久，我们注意到，在我们进行绘画活动时，克里斯会画两幅画，一幅是潦草的，我们难以理解；另一幅则是明显按照指示画的。

有一天，我们玩了一个游戏，每个孩子都要扮演一种动物。克里斯说自己是只患有哮喘的野猫，他在房间里爬行，发出咕噜声，渴望被抚摩。孩子们的回应让他很高兴。我们问他是否知道哮喘是什么，他答道："知道！我这儿有一个大块（指向胸口），他呼吸不太顺畅！"（他常在指代自己时误用"他"。）我们知道他并未患哮喘，但相信他胸口确有阻塞。我们知道，我们正在逐渐接近他表达这种阻塞的方式。

我们注意到克里斯能与我们进行越来越多的交流，我便开始坚持这种让他澄清的要求。我觉得我们曾任由他漫无目的地胡言乱语（从我们的视角看）很久了。因此，当他再次这样做时，我会坚定地说："克里斯，我不明白你在说什么。请再说一遍，让我知道你的意思。"或者，当他开始说话，却又退回自己的安全地带时，我会问："告诉我，你在生谁的气，或者你为什么生气。"（每当克里斯被愤怒情绪吓坏时，便会在原地打转。）我便明白是时候耐心且有目标地引导他重新融入团体了。我深知他现在已能"承受"这一切。

每次团体活动结束之际，我们都会鼓励成员们分享最后的感想、对活动的反应，或任何想说的话。一天，一个男孩说道："我很高兴克里斯现在是我们中的一员了！"当我们请他直接对克里斯表达这份喜悦时，他转向克里斯说："很高兴你现在成了我们团体中的一员。真高兴你现在不再像以前那样胡言乱语了。"克里斯脸上洋溢出喜悦的笑容，他们两个人勾肩搭背地走出了治疗室。

孤独症

我不打算在本书中对于与孤独症儿童的工作进行长篇大论，因为孤独症这个主题起码需要一整本书来探讨。我只与孤独症儿童做过短暂的治疗，但我想在这里分享我同事的一些有趣的观察，他们对严重孤独症儿童有着丰富的工作经验。

凯茜·萨利巴（Cathy Saliba）在与孤独症儿童工作了一段时间后发现，他们能够表达自己的需求，但这些需求很容易被忽视——他们的需求会以相当微妙的方式呈现出来，干扰计划中结构式活动的开展。萨利巴发现，如果她跟随孩子想做的事情，而不是强迫孩子遵守她的计划，就会产生一些欣喜的效果。例如：一个5岁的男孩站在全身镜前，无视和她一起玩拼图的邀请。萨利巴没有坚持要孩子到她这边，而是走到孩子身边，一言不发地坐在镜子旁，观察男孩。孩子看着镜子里的自己，摸着自己的脸。她意识到他实际上是在看自己。突然，孩子注意到她的倒影也在镜子里，他非常高兴，兴奋到直接坐在了她的腿上。20分钟过去了，萨利巴没有说任何话，也没有发出任何指令。孩子继续指着脸上的部位,看着镜子,萨利巴开始说出他脸上的部位名称。但当手指指到嘴边时,萨利巴没有回应。他透过镜子期待地看着她,喊道:"嘴!"因为这个过程取得了非常积极的效果,因此这种方式成为一个常规的活动流程。萨利巴描述了这个过程:

> "在肖恩表现出对镜子的兴趣前,我其实已经计划好在治疗过程中与孩子做什么活动。我很清楚哪个学生在什么时间会玩什么拼图,以及会用多长时间。我以为孤独症儿童需要很多结构,也就是我要求他们做什么、什么时候做、如何做、在哪里以及做到什么程度。我以为他们一整天都需要这样的结构。当我允许肖恩在镜子前时,我从他那里得到了一个提示,这是他在告诉我:'嘿,我想研究我在镜子里的投影,我喜欢这样做。'从那时起,我让自己足够开放,看见了肖恩可以表达其他需求和欲望。事实上,我只要看见这些提示,并给予回应,而不是总把自己的要求强加给他们。"

于是,萨利巴开始试验与孩子待在一起,她发现借助于这种方法,可以促进学习的发生。她还惊奇地发现,每个孩子知道的比任何成人意识到的要多得多。例如,有一个孩子可以在杂志上读很多广告。萨利巴便以此为基础,来教他阅读其他内容。不过,除非有足够多的成年人被分配到一个班级里,教师才能在孩子需要的时候充分地给予孩子这种关注。

另一个朋友告诉我,可以使用一种特殊的手指画方式来与孤独症孩子工作。孩子经常会把自己弄得满身都是颜料。有一天,她"顺从"孩子的这种特质,在镜子前为每个孩子画了脸绘,同时为她画的每个部位命名。孩子们很高兴,过了一会儿,当孩子们照镜子时,他们能自己给自己画脸绘。然后他们还为教师画了脸绘。他们不仅获得了一种新的自我感——这是他们非常需要的,而且他们做出了接触、陪伴的行为。

阿里尔·马雷克(Ariel Malek)尝试了一种与萨利巴使用的方法类似的方法。她还发现,与孩子的过程在一起,而非坚持进行规划好的活动,可以获得更好的效果。她说，"我可能会设置一堂课，教孩子认识红色，但随后会更专注于处理她对参与的抗拒。"必须小心地在遵循教师/治疗师的计划和遵循孩子的提示之间保持平衡。"……我通常愿意放弃计划的项目，以跟随孩子给我的重要提示。我还相信，为孩子创造机会来指引我们的互动，这种方式极具价值。"

我对一般孩子使用的指导似乎也适用于孤独症儿童。从孩子所在的地方开始。和孩子在一起。从他那里得到提示。关注他的过程和他的兴趣（而不是你自己的兴趣）。借助于许多感官活动，如玩水、手指画、玩沙和黏土来帮助他一次又一次地找回自我感。萨利巴描述说，她带孩子去海滩，在那里他们可以闻到大海的味道，可以看见、感觉水和沙子，并坐在里面，在上面打滚，还能感受到阳光和空气。身体活动非常重要——使用垫子，给孩子按摩，和孩子"摔跤"并鼓励他们互相摔跤，使用蹦床和其他游乐场设施。这些孩子需要很多机会来控制自己的身体。

虽然和孤独症孩子进行这些活动时，使用语言的机会要少很多，但他们的感受仍然得以流露。观察孩子的肢体语言和面部表情，教师/治疗师可以猜测孩子的感受，并向孩子口头反映她想象的这些感受是什么。（通常，孩子的声音和肢体动作是对感受的明确表达。）语言可以穿插在所有活动中，由此孩子可以了解言语交流与他所做的活动之间的关系。借助于语言，他会理解他可以对自己的生活有一定的控制权，清楚地表达自己的需求，等等。

其中最重要的方面是让孩子熟悉自己，这是与同龄人、父母、教师和环境增加接触之前的必要步骤。萨利巴和马利克都发现，孩子与自己接触的次数越多（包括他们的感官、身体）以及自我发现越多，就会变得越平静。疯狂的动作得以消退，无目的的自我刺激也会减少。（萨利巴提到，来观摩课程的教师称这些孩子并不是真正的孤独症患儿，因为"孤独症行为"已经明显减少。）这些孩子开始进行学习活动。相比于之前，他们彼此之间的接触以及与教师之间的接触都增加了许多。

愧疚感

愧疚感通常是反向的愤怒或怨恨，也就是愤怒转向自身而非指向愤怒的目标。例如，一个孩子因打翻牛奶而被大声斥责。被斥责让他感到愤怒，但由于无法表达愤怒，他便将愤怒推向自己，为自己打翻牛奶而感到愧疚。如果愤怒能够直接表达出来，愧疚感可能会消失，或者孩子可能又会因发怒而感到愧疚，这取决于父母的反应。

怨恨常伴随内疚而生。当孩子无法表达愤怒且感到愧疚时，他会因这种不愉快的感受而对成人（或可能是另一个孩子）心生怨恨。伴随怨恨的，往往是未表达的需求。孩子可能因父母对他大吼而怨恨，内心渴望父母能对他洒牛奶的行为更加宽容。

孩子对于洒牛奶这类突发事件的责任归属也会感到困惑，他容易承担责任，尽管明知自己并不是故意的，却因不断受到责骂而感到自责。他自责不已，认为自己是坏孩子。于是，愤怒、愧疚、怨恨与自我责备交织在一起，模糊了孩子的自我认知。有些孩子因洒牛奶这样的小事被羞辱，渐渐地，他们开始对活着本身感到羞耻。

为了减轻内心的愧疚感，那些深感愧疚的孩子可能会忙着迎合他人的期望，尽管内心充满怨气。他感到困惑，不确定他人对他的期望，但他清楚自己必须压抑内心的生气与恼怒。他努力取悦他人，与周围人融为一体。他无法感受到自己与其他人有什么区别，彻底失去了自我感和应有的权利。

了解愧疚感形成过程中的一些要素，有助于治疗师引导孩子厘清。一个孩子如果为了避免愧疚而形成了绝不犯错的模式，那么他需要一些帮助来将自己与其他人区分开；需要探索自我，了解自己的需求和愿望；需要学习如何表达自己的愿望、观点和想法；需要学会做出明确选择，并为自己的选择承担责任。

孩子还需要尝试表达他的愤怒、不满和要求。孩子越能直接表达自己的愤怒情绪，留下的愧疚感就越少，这种愧疚感往往会削弱并束缚孩子。

7岁的拉尔夫有纵火行为。他的母亲带他来治疗时告诉我，拉尔夫曾遭受过虐待。从他 2 岁开始，她就对拉尔夫实施了严重的殴打和伤害，直到拉尔夫 5 岁左右，她才得到必要的帮助。尽管她已不再虐待孩子，但她深感愧疚，将他现在的纵火行为及敌对好斗的态度归咎于自己。

在一次治疗中，我请拉尔夫画了一幅他纵火的图画（见图 10-6）。他画了一团巨大的红色火焰，一个孩子正用火柴在点火，旁边有一个气泡写着"你也来吧"，另一个孩子回应"好的"。（拉尔夫解释说，他之所以纵火，是因为另一个孩子总是怂恿他。）画面的一半被一个哭泣并皱眉的巨大太阳占据。我让拉尔夫扮演画中的男孩，描述点火时的感受。

图 10-6　拉尔夫的画

拉尔夫：这是一场大火。我喜欢这么做。

我：现在化身为火焰。想象你能作为火焰说话，描述一下你的样子。

拉尔夫：我是熊熊烈火，非常巨大的火焰。你能看到我到处都是。

我：作为火焰是什么感觉？

拉尔夫：强大无比！

我：接下来扮演太阳。太阳会说什么？

拉尔夫：（以太阳的语气）我很难过，我在哭泣。拉尔夫会惹上麻烦的。

我：把这句话告诉拉尔夫，太阳。

拉尔夫：（作为太阳对画中纵火的男孩说）你会惹上大麻烦的。你真是个坏孩子。

我：太阳，告诉拉尔夫他会惹上什么麻烦。

拉尔夫：（模仿太阳）哦，你妈妈会杀了你的，她会气疯的。（然后对我说）你知道我是被领养的吗？

我：不，我不知道。

拉尔夫：嗯。我亲生妈妈生我时才16岁，她没法照顾我，所以现在的妈妈收养了我。如果我对她说"亲生妈妈"，她会哭的。

我：你会不会担心你妈妈会像你小时候那样再次伤害你？

拉尔夫：会，但那时我也很淘气。现在我还是很淘气，但她不再伤害我了。

拉尔夫内心充满愧疚，他仍自责于过去被虐待的经历。他不断试探母亲，看她是否会伤害自己，或像亲生母亲那样抛弃他。纵火让他感到强大有力。随着他能够表达不满、愤怒和悲伤，感受到自己的权利、价值和力量，他的敌对行为逐渐减少。

9岁的詹姆斯，因把大便拉在裤子里而感到愧疚。一天，他用黏土塑造出自己和哥哥的形象，随后砸碎了自己的塑像，而哥哥的却完好无损，以此表达了他的愧疚感。詹姆斯的哥哥比他大2岁，总是拿他开玩笑。詹姆斯从不生气，反而告诉我，他认为自己活该被取笑，因为他总是像婴儿一样把大便拉在裤子里。"如果他那样做，我也会取笑他。"他无法将怒气对准哥哥，这反映了他一贯的行为模式。他私下向我坦白，自出生以来，他就觉得自己有问题。他甚至为自己的存在感到愧疚。随着詹姆斯开始通过各种表达性技术抒发情绪，他在家中也逐渐更直接地表达自己的情绪了。他的母亲某天中断了他的治疗，说："他变得更糟了。他以前很随和，现在却变得暴躁，打他的哥哥，甚至对我及他父亲顶嘴。"我未能说服她，与其让孩子憋大便和弄脏裤子来表达愤怒，不如让他直接表达这些情绪更为健康，他的反抗实际上体现了他刚刚觉醒的自我价值感。

与我工作的许多成年人都背负着童年遗留的愧疚感。久远的愧疚感悄然渗入他们生活的方方面面，带来了无尽的心痛。童年的感受与信息会长久伴随我们，甚至影响一生。

一名男士来找我治疗，他无法与妻子享受性生活。每当勃起时，罗伯特的腹股沟就会疼痛。他一直都在尝试忽视这个问题，但现在，他的婚姻因此岌岌可危。他曾求诊于多位医生，却无人能找出疼痛的缘由。

在一次治疗中，我请他闭上眼睛，幻想这份痛苦，与之共处，并告诉我他在这个过程中是否有任何想法、观点、感受或闪现的记忆。当他闭目静坐，突然回忆起了一段早已遗忘的往事："我记得 8 岁那年，我有天夜里醒来，急着去洗手间。我以为已是深夜，但显然时间并不算太晚，因为我母亲还在客厅招待客人。我睡眼惺忪地从卧室走到客厅，身上穿着睡衣。一进客厅，妈妈就直勾勾地盯着我的胯部，倒吸一口凉气。她尖叫起来：'罗伯特！你怎么了？你在干什么？'她一把抓住我，把我拽走。之后的事情我记不清了，只记得当时我应该是勃起了。天哪！那种困惑和糟糕的感觉我至今记忆犹新。"

罗伯特的记忆或许并未完全重现当时的场景（记忆总是难以精确），而且这可能也不是唯一让他现在感到痛苦的事件。关键在于，在治疗过程中，他触及了一些儿时深埋的情感。我们得以像解析梦境一样处理这段记忆，让他有机会面对那些早已遗忘却仍引发无力的感受与冲突。此类愧疚感往往极具破坏力。上述记忆或许交织着幻想，罗伯特可能臆想母亲因他的勃起而心烦，实际上她可能只是对他走出房间感到不悦。尽管他记得她曾看过他的下体，但实际上她可能并没有真的盯着看过。在那次事件之前及之后，发生了足够多的事情，加剧了他对勃起的愧疚感。羞耻、罪恶感，以及大量被埋藏、遗忘、未曾表达的愤怒与怨恨，这些情绪必须得到释放，才能让罗伯特在生活中找回自尊、自我支持与幸福感。

自尊、自我概念、自我形象

我始终对"自尊""自我概念""自我形象"这类词语感到些许困扰。尊重指的是我们对某事物的重视程度；概念则是一种想法、观念，即我们的思考；形象是对某物的呈现，而非实物本身。文献中关于儿童的定义模糊且难以捉摸，且因个人的诠释而异。许多作者避免定义自我概念，却乐于探讨负面自我概念的表现及提升儿童自我概念的必要性。

婴儿并非天生对自己抱有不良感受。所有婴儿都认为自己很出色。然而，孩子长大后对自己的看法，很大程度上取决于他们从父母那里接收到的早期自我认知的信息。归根结底，是孩子自己将这些信息内化了。他们会从环境中寻找任何能强化父母评价的事物。

海姆·吉诺特在《父母与儿童》(Between Parent and Child)及《父母与青少年》(Between Parent and Teenager)中提到，当一个孩子坚称自己愚蠢、丑陋或恶劣时，我们无法立即用言语或行动改变他的自我形象。"一个人的固有自我认知往往会抗拒想直接改变这种认知的企图。正如一个孩子对他父亲说：'爸爸，我知道你是好意，但我还没傻到会相信你说我聪明。'吉诺特提醒父母，要区分泛泛的赞扬和具体的描述性表扬。如果父母说：'谢谢你帮我洗车，我很喜欢它现在的样子。'孩子可能会这样理解：'我在洗车这件事上做得不错。'若父母赞扬：'你真是个出色的孩子！是世界上最好的洗车工！'孩子内心可能解读为：'我知道自己并非那么优秀，她一定是在哄我。'"

孩子自卑感的根源往往不易察觉。他们接收的信息有时含糊而微妙，有时又掺杂了个人幻想的成分。此外，一些父母无法掌控或未曾知晓的情境与事件，也可能成为孩子自卑感的源头，或自卑感的强化事件。即使没有其他原因，就凭我们的社会普遍缺乏对儿童作为有权利的人的尊重，就足以削弱每个孩子的自尊。

我治疗时接触的大多数儿童，以及我在情绪障碍班级中教过的多数孩子，都表现出低自尊。这并不意外，因为我们的自我认知和价值感在很大程度上决定了我们的行为方式、应对生活的策略以及自我管理的能力。孩子表现出低自尊的方式各种各样，他们可能并未意识到自己对自我感觉不佳，但能感觉到有些不对劲。常见迹象包括：抱怨，总想赢，游戏作弊，追求完美，过度吹嘘，赠送糖果、钱或玩具，采取各种引人注意的行为（如扮小丑），过分傻气，挑逗，反社会行为，自我批评，退缩或害羞，凡事归咎他人，为一切找借口，频繁道歉，害怕尝试新事物，不信任他人，想要很多东西，防御性行为，暴食，总是讨好他人，感到无法面对恐惧和做决定，以及从不拒绝。

以上列出的这些几乎涵盖所有可能导致儿童来接受心理治疗的各类行为。我们的社会推崇敏捷灵活，因此，那些笨拙、不灵活的孩子往往自我评价较低。社会整体可能成为削弱自我价值感的原因。我们文化中备受青睐的群体，比如苗条的人、有魅力的人、有钱人，或许并不比更肥胖、缺乏魅力、贫穷的人自我感觉更好，但后者却可能因社会价值观而受到负面影响。

当我与孩子工作时，便有机会将她归还给自己，因为在某种意义上，不良的自我概念意味着自我感的丧失。我有机会让她接触自己的潜能，帮助她在这个世界上感到自在。我能够帮助她摒弃负面信息，重塑积极信念。在重新获得自我感后，她便能全身心地投入探索和发现世界了。

以下是一些基本指南，供父母参考，以增强孩子的自我感受。

倾听、承认并接纳孩子的感受。尊重孩子，接受真实的孩子。

给予她具体而中肯的表扬。

诚实地对待她。

使用"我"来传达信息，而非用"你"来传达信息，例如："你的唱片机声音让我感到困扰"，而非"你太吵了"。

批评要具体明确，避免使用"你总是……"或"你从不……"。

尽管孩子需要一致的规则和监管，但更迫切的是，她需要生活的空间来学习如何管理自己的生活。赋予她责任、独立与选择的自由。

让孩子参与和自身生活相关的问题解决和决策过程。尊重她的感受、需求、愿望、建议及智慧。

允许她试验、追求个人兴趣，无论是否富有创造力。

铭记独特性原则：孩子有美妙精彩的独特性，即使这种独特性与你非常不同。

做个好榜样——自我肯定，为自己做事。

认识到自我欣赏是美好的。对自己的成就感到满足是正常的。为自己寻觅快乐是值得的。

避免评判，减少使用"应该"，别给多余的建议。

认真对待孩子。尊重她的判断，她清楚自己到底饿不饿。

当孩子表达负面自我感受时，父母或治疗师要小心对待，不要反驳孩子。例如，如果孩子说："我好丑！"我们可能会忍不住反驳："哦不！你很漂亮！"这样的赞美只会加剧她的负面自我感，而非改变，因为潜台词是"你不该觉得自己丑"。真正的转变需源自孩子内心，这只能通过允许和接纳她的不良情绪来实现。

一旦负面情绪得以开放地表达，便能进行深入探讨。若孩子自述是个糟糕的球员，我会鼓励她详细描述自己究竟有多差。通常情况下，孩子在某个时刻会停下来，说："其实我也没那么糟"，或者"我虽然不擅长打球，但我游泳还不错"。这正体现了阿诺德·贝塞尔（Arnold Beisser）的"变化悖论理论"。他在《现代格式塔治疗》（Gestalt Therapy Now）中写道：

"只有在你成为真正的自己，而不是试图成为非真实的自己时，变化才能发生。

"变化并不会因为个人或他人强加的努力而发生，变化发生于个体愿意花时间和精力去接纳自己当前的状态，即全心全意地投入自己当下的状态。拒绝成为变化的催促者，我们才能使得有意义且有序的变化得以发生。"（摘自《现代格式塔疗法》第77页）

我曾治疗过一个7岁的小女孩，她总是不停地谈论自己在其他孩子中多受欢迎，自己有多聪明，以及她能比任何人都做得更好，等等。一天，我给她讲了一个故事，开头是："从前有一个小女孩，她从未做对过任何事。"她打断我，问那个小女孩叫什么名字。我说我不确定，让她给小女孩起个名字。她沉思片刻，随即指了指自己，用力点头，嘴角紧抿。我问道："是你吗？"这次她更用力地点头，嘴角下垂。这标志着她开始直面真实的自我感受，这也是改变的起点。年幼的孩子常以"我从未做对过任何事"来表达自我否定的情绪。

对于自尊较低的孩子，他们需要参与大量涉及感官体验的活动，这些活动应聚焦于比较自己与其他物体、动物、人、水果和蔬菜之间的异同。觉察到差异，他们便能以新的方式欣赏自我，并以这样的态度去观察、接近和接触他人。

身体觉察是自我认同感的基础。放松与呼吸练习，以及身体运动体验，均有助于形成自我认同感。身体形象是自我接纳的重要方面。大多数自我概念较低的儿童不仅对自己的身体不熟悉，不了解身体的感受、身体的功能，而且往往不喜欢自己的外貌（或他们想象中的样子）。因此，我做了许多活动，包括绘制自画像、照镜子、与镜中影像对话、翻看儿时旧照、看新拍的照片、在大纸上勾勒身体轮廓、幻想进入身体内部等。有时，我会在大纸上画一个孩子的形象，边画边讨论每一处特征、每件衣物和身体的每一部分。年幼的孩子很喜欢这个活动。

为了帮助孩子提高自我感，我们需要引导她回归自我。这一过程首要且关键的步骤是接纳她当前的感受，比如那些糟糕、空洞、无望的情绪。随着她对这些感受的接纳，她能够重新认识自己的感官和身体，以及可以用它们来做什么；可以从内在了解自己和自己的独特性，而非通过他人的评判和意见了解自己；并且开始感受到一种幸福感——做自己是可以的。

第十一章

其他考虑

某些活动和技术更适合特定的年龄段的来访者，有些则适用于团体工作，而有些在个体治疗中效果最佳。多数技术可以根据不同的人和不同的环境加以改编。在本章中，我对适合不同年龄段来访者、团体及环境等的针对性方法做了概述。

团体

团体的特点在于，仿佛创造了一个隔离的小世界，为成员提供了体验当下行为和尝试新行为的空间。对于需要练习接触能力的儿童而言，团体是一个相当理想的环境。绝大多数孩子天生就会结交伙伴。团体为那些在同龄人交往中遇到困难的孩子提供了一个平台，有助于他们发现并解决阻碍这一自然过程的障碍。

我认为每位治疗师都应根据个人经验，确定团体的人数和性质，以获得最好的效果；不可能有那种通用的规则，能够适用于所有人。在我的实践中，我体验过多种团体治疗情境，也因此发现了自己的偏好。我喜欢与另一位治疗师合作，如果儿童的年龄在8岁以下，我比较喜欢人数较少的团体——3~6名儿童；如果孩子年龄稍长，我则偏好人数多一点的团体——6~10名儿童。通常我的团体时长约90分钟，尽管有时90分钟似乎稍显不足。

在团体环境中，某些过程和技巧尤为奏效。每次团体开始时，我喜欢请孩子们相互交流，每个孩子都有机会报告自己当前的感受和觉察，如果愿意，还可以谈谈自上次见面以来发生的事情。此技术非常有用，因为确保了每个孩子都有参与机会。有时，我会要求大家轮流发言，仅限于当前环境，这样每个孩子就只能报告他们此刻的觉察：此刻的感受、身体的感觉、看见了什么、现在在想什么。我向孩子们明确表示，如果一周内发生的事情仍然留在他们心中，无须刻意回忆便能感知，那么这无疑构成了他们当前觉察的一部分。孩子常带着对刚刚发生的事件的愤怒、受伤或兴奋的情绪进入团体，他们需表达这些情绪，以便全心投入团体活动。

通常，儿童的团体活动都是结构化的，即我对该次活动的内容有大致规划。然而，保持开放、灵活和创新也很重要。轮流分享结束后，我会询问团体中是否有人愿意分享一些想法，谈谈某个话题，或表达一些想法和感受。有时，一个孩子提出的问题需要小组其他成员大量参与。另一方面，这个问题可能需要个别化的处理，这种情况下我会和这个孩子共同探讨，其他孩子则在一旁观看。经过一段时间的工作，小组成员对于从团体中能获得什么会有更多了解。这些孩子已经完成了一些"工作"，向其他孩子请求分享经验，将梦境代入团体进行探讨，诸如此类。若在团体活动中，我打断了团体活动，并开始与某个孩子单独工作，这么做是因为我意识到，其他孩子同时也能从他人的工作中间接获益。鲁思·科恩（Ruth Cohn）在《现代格式塔治疗》的"团体治疗：精神分析、经验与格式塔疗法（Therapy in Groups: Psychoanalytic, Experiential and Gestalt）"一章中写道：

"我曾开设过'五种团体互动模式'工作坊，包含体验式、分析式、格式塔治疗模式，结合团队训练法（T-group）和我自创的主题中心互动技术（theme-centered interactional approach）。在这些工作坊的活动中，学生借由参与治疗，来体验每个示范模式。在格式塔治疗的工作坊中，各个小组都不约而同地踊跃投入，即使他们大多都是观察者而非参与者。因为对戏剧性治疗对话的观察，其影响力超越了个人的互动交流。来访者潜入先前回避的情绪，仿佛真正意义上对希腊悲剧的认同与洗涤，这触动了在场的每一个观察者。

他们仿佛希腊合唱团的成员，似乎真的能感同身受地体验到来访者内在回荡的悲喜。"（摘自《现代格式塔治疗》第 138 页）

同样，我发现这一点在任何年龄段的儿童团体中都有所体现：我与某个孩子的互动，对旁观的孩子也产生了影响和意义。

围绕主题进行工作的方式尤其适用于团体治疗。孩子有了想法后，常会提出自己的主题。以一个典型的主题为例："嘲笑"或"被取笑"。在一次讨论中，我们探讨了每个人对这个主题的理解；是否有过亲身经历；经历这种情况时采取了何种行动；有何感受；以及我们的感受与行为之间的差异。我们还讨论了如何对待他人。接着，我让孩子们都闭上眼睛，去回忆那些曾被取笑、讥讽、嘲弄的时刻。要是记不清了，或者根本没有经历过这样的事情，就编一个。我使用一些问题和建议来唤起他们的记忆："当时发生了什么——是什么情况？谁参与了这件事——周围有谁？其他人是否在旁观？你的感受如何？试着深入体会被嘲笑时的情绪。"随后，孩子画出了自己的感受或事件场景，然后我们分享并讨论了这些画作。孩子们平静地交谈，深入分享，专注倾听。

有时，我们的时间只够让每个孩子分享他们的表达性作品（绝不强迫不愿分享的孩子），或是分享特定活动带来的感受与体验。有时候，我们有足够多的时间深入与一个或几个孩子互动。如有需要，我们会在下次团体活动中继续这个工作。我可能会说："下次我们或许可以围绕你在介绍黏土作品时表达出的孤独感展开探讨。"不过，任何计划的活动都不应优先于此刻发生在团体或某个孩子身上的紧要之事。

团体的过程是儿童团体工作的最宝贵部分。儿童在治疗团体中对彼此的体验，以及他们的反应和互动，开放地展现了他们日常的人际关系。

团体提供了一个空间，让孩子觉察自我与他人的互动方式、学习承担行为责任、试验新的行为。此外，每个孩子都需要与其他孩子建立联系，了解他人也有相似的感受和问题。

给孩子创造与他人一起玩游戏的条件，可以为他们提供人际交往的基本经验。有时，整个团体可以一起参与这些游戏，有时则可将团体分成两人或三人小组来进行游戏。在一次团体活动中，我引入了几种简单游戏，包括抛接子游戏、立体井字棋、傻瓜游戏、挑竹签和多米诺骨牌。团体中 10—12 岁的孩子，分成两人一组，每组发一款游戏。我们用厨房计时器计时 10 分钟。当计时器响起时，便轮换游戏和搭档。游戏活动结束后，我们交流体验。以下是部分孩子的评论。

> 这是我第一次和男孩玩抛接子游戏，我还教了他怎么玩。太棒了！
> 我是第一个学会玩抛接子的男孩！
> 输了感觉不好，计时器响起时我松了一口气。
> 克里斯作弊了，但我告诉他我不喜欢这样，他就不作弊了。
> 他跟我玩的时候完全没作弊，非常配合。
> 我不太会玩抛接子游戏，幸好苏珊教了我。

孩子们说话一般都持温柔且宽容的态度。游戏进行时及结束后，治疗室往往弥漫着一种满足与平静的氛围。同时，也有许多人们在交谈时所发出的声音。

我们可以利用团体来处理孩子的投射。比如一个孩子说："我不喜欢他看我的样子！"我会请他描述在他的想象中，那个眼神在向他传达什么，然后让他对自己重复这些话，以此检验他是否将自己的自我批评投射到了另一个孩子的表情上。以下面这段对话为例。

> 菲利普：我不喜欢艾伦看我的眼神！
> 我：你认为他用那种眼神在向你传达什么？
> 菲利普：他在说，"你真蠢！菲利普"。
> 我：假装你正坐在那个枕头上，然后对自己说出那些话。对自己说："你很愚蠢。"
> 菲利普：（对着枕头）你很愚蠢！

我：你内心是否有个声音，有时会对自己说这样的话？
菲利普：是的。

儿童需要明白，看见对方不悦的表情并不等于了解对方的想法。对方可能只是感到胃痛。不过，有时候对方体验到的确实是孩子所想象的感觉，这也需要与对方确认。

我们可以探索儿童的内摄，协助他摒弃不恰当的部分。可以组织这样一场游戏：让团体中的每个成员扮演自己的母亲或父亲，并以父母的口吻，向我们介绍自己的"孩子"。带领者全然参与这个活动时，可以提升活动的效果。

约翰·恩赖特（John Enright）在其论文"格式塔技巧简介（An Introduction to Gestalt Techniques）"中，阐述了如何在团体治疗中运用特定技巧，以提升个体的意识、责任感和倾听能力，该文收录于《现代格式塔治疗》一书。这些技术均能有效应用于儿童团体工作。

1. 鼓励孩子直接和彼此沟通，而非对治疗师说其他孩子的情况。如："他戳我！"转变为"我不喜欢你戳我！"。后者明显蕴含着力量与坚定，而前者则带有抱怨，显得很软弱。
2. 帮助孩子练习直接表达的一个有效方法是，让每个孩子向治疗室的每个人说出自己的想法，例如：我喜欢你的一点是……；你让我感到困扰的是……；关于我，我想让你了解的是……；关于我，我不想让你知道的是……。
3. 引导孩子用陈述句代替疑问句。许多疑问句实际上是陈述句的伪装。例如，"你为什么戳我？"这句话实际上是在说"我不喜欢你戳我"。这不仅让被戳的孩子明确表达了自己的立场，也促使戳人的孩子寻找其他更直接的沟通方式，而非拐弯抹角的戳弄。治疗师可引导挑衅的孩子表达自己的观点，以代替原先隐晦的沟通方式。
4. 关注孩子如何相互倾听。在儿童团体中，这一点至关重要，因为孩子常常会打断他人、退缩到白日梦中，或以介入其他孩子的交谈、打闹、制造噪声、四处走动等方式搞破坏。关注打断者或许有所帮助。打断他人或不倾听的行为，实则是在表达拐弯抹角的隐晦信息，这些信息需转化为直白的表述，如"我感到无聊""我需要一些关注"等。有时我会要求打断者离开房间，直到他准备好再回来。打断行为不仅令我，也令孩子感到烦恼。

通常我们会制定团体规则，比如允许一个人讲完话而不被打断。通常团体自身会监督并执行这些规则，如果孩子总是打断他人说话，会被提醒。若整个团体都出现扰乱行为，显然治疗师需反省自身的做法。在团体工作中，治疗师的角色至关重要。正是治疗师为孩子们营造了一个安全和被接纳的环境。一定程度的榜样作用不可或缺，孩子是从治疗师那里获取行为线索的。

同样重要的是，治疗师要与孩子一同参与多项活动。无论是玩游戏、角色扮演还是讲故事，我都会轮流参与。如果我不愿意参加某些特定的活动，我会明确表达这一立场。我发现，当我积极参与活动、分享自我、分享当下的觉察和感受时，往往能产生更多效果。

治疗师需时刻留意并关注每个孩子。如果孩子明显感到不安或受伤，治疗师应及时察觉。确保团体成为孩子们信赖的港湾，这至关重要。在这里，任何伤害孩子的事情都不会被治疗师忽视。

团体治疗应是愉悦的体验。一节令人满意的团体治疗，应让每个孩子感受到有兴趣、被他人关注、环境安全及被接纳。当孩子们更自在地展现自我、情绪、想法和观点，并确信能从治疗师和其他孩子那里获得支持和联结，他们的内在便能更加强大。

我通常会为每次团体治疗设定一段"结束时间"。这段时间里，孩子可以对活动或治疗发表意见，向在场的任何人表达想说的话，报告自己此刻的感受，以及表达感谢、不满或需求。一般在开始的几次团体治疗中，孩子很少在"结束时间"发言。慢慢地，孩子开始对自己和彼此感到自在，"结束时间"便成为治疗性团体过程中不可或缺的组成部分。

青少年

许多治疗师认为，问题青少年是家庭环境的受害者，除非家庭经历治疗性变革，否则我们能为这个不幸的孩子做的并不多。我认为青少年阶段与其他年龄段并无太大差异。所有孩子都能从治疗师提供的自我支持体验中获益。孩子年龄越大，在治疗过程中展现的成熟度和知识量也越多。

如果情况允许，治疗师可以安排家庭会谈，但这些会谈不应妨碍与青少年的个体工作。家庭会谈能够公开呈现家庭内部的互动与沟通动力。不过，其实可以与这些问题青少年工作的内容很多。和他们即将成为的成年人一样，青少年已经内摄了许多错误信息，这些信息影响了他们对自我的感受。过往的诸多情绪、记忆与幻想，不时打断他们自然的流动。青少年有着深刻的感受，却难以与家人分享。他们需要帮助以表达自己的焦虑、孤独、挫败、自我贬低、对性的困惑及恐惧。他们需了解如何最大限度地对自己的生活负责，以及他们如何阻碍自身有机体的流动。

许多青少年对治疗性干预持抵触态度（不过也有主动求助的青少年）。父母带他们过来，是因为家庭状况已恶化到令他们感到走投无路。有时，则是法院强制要求父母带孩子来接受心理咨询。在初次会谈中，我常能观察到孩子的生活观与父母的观念截然不同，以至双方难以沟通。对于抗拒治疗的孩子来说，让他们知道，我能同时听见这两种截然不同的生活观点，这是尤为重要的。只有当每个家庭成员听见彼此的声音，至少能够相互交谈并和谐地分享情绪，家庭中才可能开始发生建设性的变化。

在这些情况下，我会非常直接：当家庭成员一心只想表达自己的观点，完全没听他人说的话，无论是对父母还是对孩子，我都会迅速指出这一点。我也希望确保那些潜在的信息和情绪能被大家察觉。比如，一名父亲对女儿说"我不喜欢你的穿着方式"，那么父亲和女儿都需要明白，他的意思可能是"我不喜欢你炫耀你刚发育的胸部"，或"我希望你永远是我的小女孩"。那条信息背后或许隐藏着："我担心你的安危，害怕外面的世界夺走你。"这名父亲同样需要了解，女儿是否将他的信息误解为了："我不喜欢你，也不信任你。"

我想，多数青少年父母都不愿看到孩子长大。深爱子女的父母害怕放手让孩子面对世界，然而他们必须这么做。我发现自己经常在这个问题上与父母的立场相左。父母无法为孩子的学业、交友或未来规划承担责任。他们无法时刻跟着孩子，以确保孩子不参与性行为、抽大麻、酗酒等。父母能做的，是明确表达自己对这些问题的立场。父母还能期待孩子参与家事，可以与孩子协商他们认为重要的界限，并随时提供爱与支持。父母也必须开始放手，将孩子视为独立且有自主权的人。

对于不愿意接受心理治疗的青少年，我有时会说："既然你打算来这里见我，我们就利用这段时间来了解你自己。"我常借助于心理投射测试，让他们有机会接受或拒绝测试结果对他们的解释。琳达·古德曼（Linda Goodman）的《太阳星座》（*Sun Signs*）是一本占星书，为我和青少年探索自我提供了有趣的入口。我朗读书中关于个人星座的一段描述，并与青少年探讨这一描述是否符合她的实际情况。

有一次，我受邀前往一所专门收容"犯罪青少年"的监护所开展工作。迎接我的是一群态度各异的青少年，他们或是表现出敌意，或是显得没精打采。我坚定地向前迈进，告诉他们我能感受到他们的排斥与不信任，但既然我受邀来此工作，我定会尽我所能，全力以赴。我向他们简要介绍了幻想与绘画技术，以及这些技术如何帮助他们更好地了解自己。随后引导他们做一个活动。我请他们闭上双眼，想象自己以色彩、线条、形状的形式呈现出极度脆弱状态。以下是我的指导语。

"你发现自己现在感觉非常脆弱。脆弱对不同的人有不同的含义。你只需遵循自己的意义即可。如果要在纸上画出自己的脆弱，你会选择哪种颜色，你会看见怎样的形状，怎样的线条？你会画满整张纸吗，还是只在纸的一个部分作画？你会用力画，还是轻轻地画？是否有一个象征你的脆弱的符号浮现在脑海里？若无任何思绪，就选择一个你认为象征脆弱的颜色，然后随手在纸上作画。当你开始画了，就会有想法。在作画的过程中可以随时增添内容。等你准备好了，就可以开始画了。"

一会儿之后，我会引导他们做一个类似的练习，请他们画一个非常坚强的自己。许多人漠然离开，而几个人留了下来，做了这个活动。活动结束后，我们分享了我们的照片，我与几个有意愿的青少年继续深入工作。在我们工作的过程中，那些原本不感兴趣的人开始陆续回来，或许是出于好奇。他们安静地、专注地倾听着我们的对话。当我们结束时，一个没有参与的男孩对我说："我希望你还能来……我真希望我完成了那幅画。"

在一次个体治疗中，一名17岁的少年完成了玫瑰幻想。他在画出了枯萎的玫瑰枝条后，才谈及自己的自杀念头。一名15岁的女孩向我倾诉了父亲对她的拒绝让她深感受伤。她是在轻描淡写地描述一张主题统觉测试图片后，才向我敞开心扉的。当时她对那张图片的描述是一个不倾听妻子说话的男人。此类运用投射/表达性技术来帮助孩子打开自我的经验并不罕见。

许多青少年自愿前来接受治疗，即使起初有所抵触，但许多人仍会继续参与。青少年心中藏着许多难以启齿的担忧。一个16岁的少女坦言：

"我可以和任何人交谈，比如介绍我自己、我是做什么的，以及许多事情。但谈到某些话题时，就没那么容易了。比如，当我感到不安全时，就好像我没有真正的朋友了，我无法对那些我本可以畅所欲言的人倾诉了，也无法告诉我的朋友或父母。我无法向人倾诉那些心事，无法表达我真实的感受、真正的自我，以及内心深处的真实想法。尤其是对我的父母，更难以启齿。我甚至无法和父母讲那些能与朋友分享的事情。"

这名女孩的心声，正如许多青少年向我倾诉的一样。我曾与团体中另一名女孩交谈，探讨她对团体价值的感受。她说：

"这个团体之所以很好，原因有很多。我可以在团体里讨论在其他场合难以启齿的话题；团体还促进了自我发现，我开始探索自我。我甚至觉得自己都不了解自己。我不知道怎么把内心的感受表达出来，这挺难的。比如我怎么看待自己，对自己有什么感受。比如我感到特别烦躁时，我知道如果能有良好的自我感觉，我就能成为一个更出色的人。但我好像并不觉得自己有多好。大家都以为我朋友很多，然而我对于朋友很没安全感。仿佛别人的朋友总是很多——他们总有事情可以做，总在相聚什么的。看着身边的朋友都这样，我感觉很嫉妒。我似乎不属于任何一类群体。一类人总是很虚假，对别人虚张声势；而另一类人则过于开放，不在乎他人看法，有时行为古怪。我处于中间地带。而这个团体很舒服，我感到非常自在，并对团体满怀期待。你知道的，在这里，大家真心在乎你的想法和感受。"

在与青少年工作时，我发现如果向他们说明心理治疗是做什么的，他们会很感激。他们想知道我帮助他们了解自己的方法，以及这样做的好处。以下是我与一名青少年来访者的对话。

瑞秋：当你探索自我，即你的内心世界时，你会做什么？你会采用哪些方法？

我：嗯，这需要明确你的想法、你喜欢什么、你的感受如何，以及你在世界上是什么样的，也就是你与朋友、父母、教师相处的方式。还要明确你发生了什么，你做事情的动机是什么。举个例子，记得吗，克里斯在团体里谈到她的男友，讲了他是怎么让她感觉很不好的，但她又不想分手。在与她工作的过程中，她意识到尽管不喜欢所发生的事，她仍不愿放弃这段关系，因为这段关系让她感到安心，仅仅拥有关系就足够了。

瑞秋：是的，她之前一直在抱怨，后来才发现这其实是她自己的选择。

我：没错。在我们深入探讨她的感受时，这一点逐渐明朗了。她仅通过表达自己的感受就打开了自己。没人知道她其实不喜欢和他在一起！我们是第一个知晓的。

瑞秋：对她来说，说出来似乎是一种巨大的解脱。我有时也有这种感受。

我：你能体会那种感受。当她那样打开自己时，仿佛就不再被阻塞。当我们在内心堆积过多的事情时，便会感到束缚，形成心结，于是难以成长，内心难以充分感受到力量。现在，我们就可以开始探索是什么让她为了安全感而维持这段痛苦的关系。于是我们可以进一步探索，或许她能找到更好的方式来获得安全感，或者她可能决定冒险一试，允许自己有不安全感。

瑞秋：也许她小时候没安全感，害怕那种感觉。

我：没错，你发现了，你现在之所以这么做，是因为你年幼时的感受或遭遇。每当你对自己有了新的认识，或清晰地理解了自己正在做的事情和自己的状态，你便为自己开启了新的成长和选择之门。我们永不止步，对自我了解越深，前路就越开阔。我们能感受到更有力量、更平静、更专注。

瑞秋：有时候我们做一些活动，比如绘画，我发现那些自以为了然于心的自我认知以这种方式呈现时，看起来却和我知道的不一样。比如我们画生气时的样子。我原以为我了解愤怒时的我。我以为我能画出来，是因为我了解。然而，画里却呈现出更多那些我在作画时未曾想到的细节。

我：你还记得那是什么吗？

瑞秋：嗯，我记得我画了一个大爆炸，因为那是我生气时的样子。我真的会爆发，尤其是跟我妈在一起的时候。我觉得自己变得很有破坏性……这一点好处都没有。我记得当我说这件事的时候，感觉自己就像一只小老鼠或仓鼠，而且每当父母对我发怒、批评我，或对我唠叨时，他们就像是在戳破我。他们并不是真的戳破我，但我感觉就像被戳中了。我仿佛无力保护自己。我清楚自己的感受，却无法清晰表达，结果完全失控了。感觉就像他们在步步紧逼，而我像一只老鼠，只能不断后退，直到无路可走，最终我只能爆发！我大声喊叫、哭泣、尖叫。我希望在这种情况下，我能具备掌控感，能保持冷静。我想对这个议题做更多探索。

我：当然，如果你愿意，我们可以去探索。

学业、朋友、父母、感到与众不同、愤怒、觉得自己愚笨、未能达到自己和父母的期望，这些只是青少年所面临的部分问题。身体与性也是重要的关注点。我发现，与我工作的青少年，除非我主动提及，否则他们很少会主动讨论关于性的话题或对身体形象的感受。

我与另一位治疗师合作，为18名年龄在14—17岁的青少年女孩开办了一场全天的以性为主题的工作坊。该活动由社区机构组织，对公众免费开放。女孩们或独自一人，或两三人一起来。她们来自不同的宗教、经济和文化背景。大多数人彼此间并不相识，也不认识我们，她们坐在那里等待我们开始。

自我介绍后，我们以一系列幻想活动开始，这些幻想互动涉及很多"第一次"，包括最早的记忆、第一次意识到女性身份的记忆、月经初潮的经历等。第一轮分享面向全体成员，随后则是四五人一组，在小组内交流。在开放地讨论了关于月经初潮的感受后，我们引入了下一个回忆的主题："再次闭上眼睛，回忆你第一次自慰时的感受。你还记得第一次触摸自己是什么时候吗？那时身体有什么感受？你对此有何感受？发生了什么？如果你已经记不起来了，可以回忆一下你第一次听闻这件事时自己的感受是什么。"

听到"自慰"一词，所有女孩都正襟危坐，瞪大双眼。她们的反应包括尴尬、窃笑、不适、恐惧、憎恶和否认。我告诉她们，每个人在婴儿时期都曾自慰过；所有婴儿都会发现自己身体的感官愉悦。如果他们不再自慰，或遗忘此事，或感到尴尬羞愧，那是因为他们接收到某种信息，暗示他们触摸、了解自己的身体和体验快感是不当之举。

接下来，我经历了最感人、最坦诚、最真实的关于性的讨论。这些女孩都在学校学习过性教育课程，但她们渴望了解的事情、那些疑问与困惑、内心最深处的冲突和感受，却未能在课堂上得到解答。

从那次工作坊之后，每当与青少年工作，我便主动与他们探讨关于性的话题。要等他们开口，恐怕遥遥无期。无论男孩还是女孩，无论个体咨询还是团体辅导，我都会这么做。我向他们分享我那次工作坊的经历，并通过各种活动来帮助他们自在地交流、分享和提问。以下是几个例子。

邀请团体成员写下或大声说出他们听到过的，用于称呼或描述女性生殖器、男性生殖器、乳房、性行为、自慰等的所有词语。仔细看看这些词语，逐一朗读出来，探讨这些词语如何影响人们对性与身体的感受。

邀请团体成员在纸上匿名写下与性相关的秘密：可以是曾做过的却未曾启齿的事；可以是自己的经历；亦可以是渴望了解却缺乏勇气提出的疑问等。在这些纸上不用写名字。写好后放在治疗室中央，让每人挑一张念出来。之后的分享和讨论总是富有价值且感人至深。根据这个"游戏"的规则，自己写的纸不可以再拿回去。

继续上述"第一次记忆"的活动。伴随着第一次感受到自己是女性或男性的记忆，月经初潮和第一次自慰的记忆，你可能还会记起第一次梦遗、第一次勃起，以及第一次性行为。

邀请大家用颜色、线条和形状画出对自己身体的感受。在进行这些活动之前，必须先让孩子闭上眼睛，做一些呼吸冥想之类的活动。

让孩子画出自己对性别的感受，或当前的性别认同状态——"身为女性，你有何感受？身为男性，你又有何感受？"

让他们画出与异性相处时的自己，以及与同性相处时的自己。

让他们画出自己想象中异性眼中的自己，以及同性眼中的自己。

让孩子闭上眼睛，然后为他们念一首和性有关的诗。随后让他们画出这首诗给他们带来的感受或联想。《18岁以下的男女》（*Male and Female Under 18*）一书收录了很多好诗，这些诗由青少年创作，倾诉了他们在当今世界的性别角色。

青少年对身体形象问题颇为关注，而这又是他们难以启齿的话题。我发现，无论男女，青少年都对自己的外貌感到担忧。我有时会请青少年画出他们自认为自己看起来的样子，以及他们理想中的形象。或者我会让他们画一幅自画像，并要特意夸大他们不喜欢的身体部位。有时，我会引导他们做一个幻想练习，想象自己身处暗室，向着光亮处走去，发现了一面巨大的全身镜。他们站在镜子前，与自己的映像展开关于身体的对话。这些练习有助于青少年表达那些难以启齿的情感。我们也会花时间探讨媒体对我们关于应该如何看待自己的感受的影响。

青少年深受现实世界的影响。然而，这些孩子似乎借助于玩乐来延迟面对现实，成年人认为这是青少年的正常行为；但青少年清楚，不久后，自己将被推向社会，独立谋生。他渴望成年的自由与独立，同时又对自身充满恐惧和焦虑。许多青少年尝试学习如何应对这个世界，他们努力找工作，为自己做决定，并尝试独立。然而，多数时候他们被忽视、被拒绝，未被认真对待。

我认为青少年聪慧过人，其智慧远超社会对他们的认可。他们教会我许多生活的真谛。然而，许多青少年因从父母和社会那里接收到关于自己的矛盾信息而感到困惑和迷茫，这些信息往往贬低了他们的能力和智慧。他们有时对自己和生活，尤其是对未来，感到焦虑、沮丧、担忧和恐惧。有的青少年采取随便的、"我不在乎"的态度来应对，有的则表现出叛逆。有些青少年会为了自己的立场而抗争。那些接受治疗的青少年有机会更清晰地认识自己，了解自己的需求和愿望。他们能获得力量，以应对那些必须面对的问题与冲突。

成年人

此处介绍的许多方法与技术，对成年人同样适用，或稍加调整与改编，便可轻松运用于成人治疗之中。

由于成年人通常带着既定的计划来做心理治疗，我通常无须介绍太多投射技术。但如果有人在治疗中表现出茫然而无法推进，我会借助于一种技术，帮助他把未完成的材料引出来，好加以处理。此方法同样适用于团体工作中大家都无动于衷、无人愿意率先开口的情况。

我们可以判断某个孩子，需要借助于更多有关身体经验或触觉经验类的活动和游戏，来帮助他对自我的选择做出具体陈述。对于成年人，我们也能做出类似的判断。例如，如果一个成年人总是喋喋不休且难以接触自己的身体感受，那么做一些黏土活动会很有帮助。

在治疗工作的过程中，我深知采用特定的技巧有助于加强和厘清治疗工作。一名女士难以描述胸中的感受，当她以颜色、线条和形状画出这种感受时，治疗过程就变得流畅了。许多治疗师发现，运用幻想图像很有帮助。一名男子难以与导致自己暴食的那部分自我对话，但他发现，想象和一头肥猪说话，对话就变得容易多了。某人在处理头痛问题时，将头痛想象成一把沉重的锤子，这一形象使得治疗工作清晰了不少。

我们在治疗中处理的大部分内容与童年的记忆、经历及内摄有关。我们许多人仍在做着孩提时代的事情，那些为了生存、为了渡过难关而不得不做的事情。那时，这种做法是我们唯一知晓的应对策略。尽管它们如今可能已不合时宜，且严重干扰了我们的生活，但我们可能仍在做这些行为。我的一个来访者在自我的某个部分的阻碍下，无法做想做的运动，于是她努力和自己的这个部分工作。她想要滑雪，但又非常害怕。在治疗过程中，她发现自己内心深处藏着一个充满恐惧的小女孩。她与这个小女孩对话，随后我也与这个小女孩进行了交流。这个小女孩的部分在表达自己时遇到了困难，于是我请她画出感到害怕时是什么样的。借助于这幅画，我们获得了许多与她需要自我保护直接相关的材料。当我们开放地讨论这一议题时，我的来访者开始明白她的"过去"与"现在"自我经验的差异。

老年人

我并不喜欢将老年人归入一个特殊的类别。然而，我明白我们需要以不同的方式和老年人工作。这并不是将老年人加以隔离，而是开始了解老年人及关于老年人的种种误解。一直以来，治疗师会因为是否与老年人工作而犹豫不决，仿佛和老年人工作已为时过晚。如今我们认识到，这一想法是错误的，亦是一种微妙的压迫。我们正以全新的视角来看待衰老的过程。

确实，许多老年人为了避免受到这个严酷世界的伤害，而将自己的真实感受封闭起来。近年来，社会对老年人的重要性有了新的认识：老年人不仅在社会中扮演着关键角色，而且老年人的数量很快将超过年轻人的数量。于是，社会对老年人的关注也日益增多。针对老年人的福利项目正逐步开展，其中也包括心理咨询项目。我们所有人，包括老年人，都已不自觉地接受了关于衰老的种种迷思。老年人同我们其他人一样，需要帮助来摆脱错误的内摄材料，重获本应属于他们的力量和自主权。

大学里关于老年学的研究日益增多，以帮助人们深入了解衰老的过程。参与这些项目的学生也直接投身于与老年人相关的各类工作中。几个曾参加我的培训课程的学员反馈，他们已将这些治疗技术应用于协助老年人表达关于自己及生活的深切感受。

兄弟姐妹

我偶尔有机会与那些关系紧张的兄弟姐妹工作。我发现，这些兄弟姐妹往往是在他们父母听得见或看得见的范围内，相互推搡、挑对方毛病、咬对方、踢打对方或尖叫。显而易见，这种行为更多是为了向父母传递信息，而非彼此间的交流。

然而，我发现，在没有父母陪伴时，与这些孩子的工作极具价值且能带来深刻启示。我与他们的工作方式类似我与团体的工作，我会介绍那些既有趣又能促进更深层自我表达的活动。我发现，随着孩子开始相互了解、倾听、交谈，并向彼此表达不满、愤怒、嫉妒和欣赏，他们便开始相互合作，这有助于他们应对整个家庭环境。令人惊叹的是，这些孩子同住一个屋檐下，却对彼此知之甚少。有时父母会说"他们真的很亲近"，却未察觉到他们之间存在的隔阂。

我不认为兄弟姐妹必须因为血缘关系而彼此喜欢。但我确实觉得，他们应该欣赏彼此间的差异，正如父母需要欣赏每个孩子的独特之处一样。有时，在治疗过程中，他们学会了喜欢彼此。

非常年幼的孩子

通常,有人请我和四五岁的孩子工作时,我相当肯定,孩子的某些令人担忧的行为是对某种特殊家庭动力的反应。尽管如此,我在初次会谈后会单独和这些孩子工作。根据孩子在游戏中的表现,我能了解其家庭情境如何。年幼的孩子会自在地参与游戏,有的甚至会邀请我一同参与。

尽管许多年幼的孩子能够通过游戏把他们的担忧和内心冲突"玩"出来,但仅靠游戏治疗并不足以处理亲子关系的问题。当我通过游戏或孩子的倾诉,了解他们的生活后,我才能着手让父母参与进来。

在家庭工作中,年幼的孩子往往很快就会感到无聊和不安。然而,我必须确保孩子能积极参与。一种方法是让家长画一幅特定问题的画。我会尽量将泛泛而谈的问题聚焦到具体的问题上;因此,当一名家长说"他从不按我说的去做",我可能会请这名家长画一件孩子从来不做的事。我也会邀请孩子画出他妈妈不做的某件事。

一名5岁男孩的母亲抱怨男孩与其他兄弟姐妹的关系不好。她说话时,男孩双手捂耳坐着。我请她画出一件令她困扰的事。孩子好奇地看着母亲画画。她画了一幅家人围坐在餐桌旁用餐的场景。母亲讲述了用餐时间特别有压力。我请她对着画里的5岁孩子说几句话。

妈妈:保罗,我希望你吃饭时别再捉弄弟弟、打妹妹了。这是我们近期唯一一次能相聚的时光。(这名母亲是单亲妈妈,既要工作又要上学。)每次你那样做,他们也开始大喊大叫,甚至动手,我实在忍受不了,所以吼了你。

保罗:(在旁边)都是凯茜先打我的!

我指导母亲继续与画中的男孩交谈。

母亲:保罗,我很难判断是谁先开始的。我了解到你经常这么做,或许如果你不这样做,她也不会这样做。

我接着请这名母亲告诉画里的保罗,她希望如何度过用餐时间。

母亲：我想了解大家的情况，想和大家在一起。这些日子我很少有机会和你们相聚。（她开始啜泣。）

我：向画中的孩子们诉说你流泪的原因吧。

妈妈：我真难过，没有更多时间陪你们。我担心这样对你不好，保罗。我明白你有时候打人是因为你更需要我，可我现在真的好累。

保罗的母亲泪流满面。保罗走向母亲，她紧紧抱住他。

保罗：妈妈，你说过学校的事忙完后，会有更多时间陪我们。

母亲：是的！

他们坐下拥抱。我们又聊了一会儿，直到会谈结束。后来，保罗的母亲告诉我，餐桌上的紧张气氛明显减少了。保罗开始引导他的弟弟妹妹，让他们对辛勤工作的母亲抱有更体贴的态度。

孩子借助于图画对话的效果非常好。一名4岁男孩画了一个张着大嘴的人，并标注为"大喊的妈妈"。我让他扮演这幅画里的人，大声喊叫。他开始对着想象中的男孩，也就是他自己，大声喊叫。还有一次，我让他画一幅画，内容是他的房子和一个站在旁边的人，可能是他自己。他画出了他的房子，旁边是一个大头，大头的嘴角下垂。作为这个头，男孩对那所房子里发生的事情表达了许多不满。

年幼的孩子和我说话时，我经常在纸上、黑板上或魔术画板上作画。或许会根据儿童对自己的表述（有时是照镜子）画一大幅儿童肖像画。或者，我会创作一些画，挂在飞镖靶上。一个小男孩毫不掩饰对我以及对被送来治疗的愤怒。于是我画了自己的肖像，钉在飞镖靶上，说道："来吧，既然你那么生我的气，为何不朝我投几镖呢？"男孩乐此不疲地用橡皮头飞镖投我肖像上的嘴巴。然后他成了我的朋友。

在与非常年幼的孩子单独工作时，我有时会邀请孩子的母亲（通常是母亲带孩子来）在治疗开始时加入，讨论家庭的近况。我发现，很多时候母亲会说到关于孩子的某个议题，孩子便会在之后的游戏中对这个议题进行处理。

我曾与一个名叫肯尼的5岁男孩工作过，他的问题行为包括发脾气、与其他孩子打架以及见人就打。经过3个月每周一次的治疗，期间有时父母一方或双方参与，有时则有兄弟姐妹加入，肯尼显然不再像以前那样需要通过打人来寻求帮助了。我请他的母亲在一节治疗开始时加入，共同探讨可能的结束治疗事宜。母亲说她对儿子以及整个家庭发生的转变感到高兴。肯尼聆听着。母亲觉得肯尼尚未准备好结束这段关系，因为她察觉到一些之前未曾留意的事情。我请她举个具体例子说明。她担心肯尼对一些事物的恐惧程度似乎超出了她以为的，而她之前竟未察觉这些恐惧，原来他一直用攻击性行为掩盖这一切。肯尼一边听着，一边用毡头笔在纸上涂鸦。尽管他一言未发，我们仍将他视为参与对话的一分子，而非只是被谈论的对象。

母亲离开治疗室后，肯尼便立刻坐在湿沙盘前。他在他做的湖畔边堆起一座大沙丘，将恐龙放在沙丘上和水里。他在干沙盘里摆放了坦克、吉普车和士兵，随后展开了一场士兵与恐龙的对决，通过各种声响生动地模拟了战斗场景。最终，士兵捕获了一头巨大的恐龙，并将其围困在干沙之中。随后，他从篮子里拿出一名印第安人，让他靠近那头恐龙。他告诉我，那个印第安人是唯一不感到害怕的。我请他扮演这个印第安人，谈谈他不害怕恐龙的感觉。他有一句话是这样说的："就算你那么大，我也不怕你。"我说："肯尼，这个世界对你来说有时候是不是看起来非常大？"他点点头，眼睛睁得大大的。我们聊起了在浩瀚世界中感到渺小的感觉。先前，他总想向大家展示自己有多么强大。此次治疗为肯尼处理他的恐惧奠定了基础。1个月后，他准备好慢慢结束我们的工作了。

家庭

常有人问我，如果我无法让家庭参与进来并做一些改变，那我怎么能对孩子做心理治疗呢。有时，孩子被视作父母的附属品。确实，孩子常成为不健康家庭的替罪羊，但这并不会削弱他作为独立个体的价值。有时，父母会指责某个孩子是问题的根源，因为这个孩子以某种方式让他们感到生活不适。即使这个孩子的父母或许更需要心理帮助却拒绝接受心理治疗，我也不会将这个孩子拒之门外。孩子借由引发父母寻求帮助的行为，表达自己的叛逆。这个孩子需要明白，他能在尊重他个人成长权利的人那里得到支持和联系。

我与家庭的第一次接触是在首次访谈的时候，在这之前我已与父亲或母亲通过电话进行了初步交谈。家庭成员很少坦言说："我们全家都出了问题，都需要接受治疗。"多数心理治疗从业者都认同，家庭中的成年人往往将所有问题归咎于某一个人。

由于我只能从呈现给我的情况着手工作，我便从那个被认定有问题的孩子入手。首次访谈时，兄弟姐妹一般不参与（除非手足关系被特别认定为存在问题），我会与孩子及其父母会面。我和许多单亲家庭工作过，通常只有母亲在场。初次会面至关重要，因为它为我提供了与孩子接触的最初经验，使我得以观察忧虑的根源——呈现的问题。孩子能借此发现（有的甚至是第一次发现），父母因何事而为其感到不安。孩子有机会观察我，评价我的行为。最重要的是，我能初步了解亲子关系的动力。通常在首次会谈中，我便能确定治疗的初始步骤。也能够判断以下工作方式的效果：单独和孩子工作；只和父母工作；同时和孩子及其父母工作；或涉及其他孩子和家庭成员（如重要的祖父母）时，全家人共同参与。

如果我最初的判断有误，这种错误很快就会显现。因此，我遵循观察与直觉的指引，随时准备调整方向。

即使孩子显然只是混乱或功能失调家庭的替罪羊，我通常还是会先与孩子单独工作。孩子被作为问题拎出来，孩子用自己的行为引发关注，这一事实已经表明，这个孩子需要一个机会，为自己争取一些支持。

和孩子工作几次之后，情况逐渐明朗起来。此时，我可能会认为，到了家庭成员参与进来的时候了。现在或许已经明了，除非我们改变家庭当前的互动模式，否则很难有效缓解令人痛苦的症状和行为。我或许会觉得，在进一步与孩子工作之前，有必要更清晰地了解家庭成员间的互动方式。

当我感觉家庭成员应参与会谈时，我会与孩子讨论此事。有的孩子会强烈反对，并告诉我更多关于家庭动力的情况。如果孩子有这样的反应，我们便会就他的反对来开展工作，因为表达和处理"反对"也是重要的成长机会。

有时，孩子极度恐惧与家人共同治疗，这时我们需要继续和孩子单独工作，直到他准备好面对这些恐惧。不过，大多数孩子能够接受和家人一起治疗的提议，有时还会为此高兴。

我与9岁的唐工作了1个月左右，而后安排了一次家庭会谈。他们一家（还有母亲、父亲、哥哥、妹妹）抵达时，唐请求先独自进入治疗室。他竟然一进去就开始整理！他忙着整理货架，摆放椅子，拍松垫子。随后，他宣布自己已准备好迎接其他人。当他的家人步入治疗室时，他把每个人引到特定的座位，并向我介绍了他的兄妹。我在初次会面时已见过他的父母。这家人对这个孩子表现出的如此明确、有条理的行为感到陌生，于是温柔地遵从了他的指示。我们一坐定（他的座位在我旁边），他便朝我露出灿烂的笑容，仿佛在说："现在可以开始了"。

我并不将家庭会议当作评估孩子进步和行为的场所。我想借此了解一个家庭如何协同运作。沃尔特·肯普勒（Walter Kempler）在其著作《格式塔家庭治疗原则》（*Principles of Gestalt Family Therapy*）中，阐述了治疗师执行这一任务的六个干预步骤：（1）启动家庭对话，（2）探寻个人需求，（3）精练信息，（4）及时而深刻的表达，（5）给予回应时间，（6）追踪家庭对话。

家庭对话让治疗师得以洞察成员间的互动模式。我可以提出一个话题，或静待他人引领会话。通常，一名家长会发表类似言论，比如，"我们想知道，你为什么让我们来这里"或"唐引导我们就座的方式真让我们惊喜"或"唐在家似乎表现得更好了"。我则会马上请他们将这些评论直接告诉当事人，而不是对我说。

母亲：唐，你引导我们就座的方式让我挺惊喜的。
唐：为什么？

我明白他这句"为什么？"背后的含义更深，或许他想表达的是："我能做许多你不知道的事，因为你从未留意。"不过，在这个初期阶段，我不会特别将此指出。

如果唐没有回应，我可能会请他做出回应。或者，我也许会请他母亲说说对唐的能力的惊讶，从而澄清她的反应。

母亲：嗯，你以前从没做过类似的事。我很欣赏你这么做。

我会让至少两名家庭成员开始对话。我可能还会介入，询问父亲和其他孩子是否感到惊喜。或者，接着母亲对唐引导大家就座所产生的惊喜感，我可以请母亲告诉唐，她希望他在家能做些什么。肯普勒建议治疗师这样提问："什么是你希望从家人那里得到，却没有得到的？"（或者）"今天你们最希望解决的一个问题是什么？"在许多家庭中，个人深层的渴望、需求、愿望和希望往往很少被倾听。

我发现，家庭成员之间的交流往往是空泛的。因此，我会不断追问更具体的信息。比如，家里的大人说"我不喜欢你对我的态度"，我可能会回应："请举例说明她的哪种态度让你感到困扰，或者在这里，那种态度是如何影响你的。"孩子也会提出许多泛泛的不满，比如"你从不带我去任何地方玩"，这时我或许会说："告诉她你想让她带你去的一个具体地方。"

在家庭治疗中，信息需直接传达给对方。必须明确，要么谈论自己，要么与他人对话。"我现在感到很难过"，这是自我表达。而"唐的行为让我感到难过"，这不仅是引人曲解的信息，更是对唐的一种泛泛的指责，导致他只能被迫做出防御性回应。请母亲直接对唐表达，有助于阐明真实的含义，并促进沟通。

母亲：唐，看到你在学校遇到麻烦，我感到很难过。
我：请你详细说明你在难过什么。
母亲：嗯，这让我觉得作为母亲我没有做好。

当信息被直接地表达，隐藏的感受便开始浮现。家庭成员开始以新的方式看见彼此。有时，我会提议做一个活动来促进直接沟通。例如，我可能会要求每个家庭成员轮流对每个人说出一件自己欣赏对方的事，和一件对方令自己困扰的事。

肯普勒在论文"体验式家庭治疗（Experiential Family Therapy）"中，提出了三个原则，作为有效进行家庭访谈的必要条件：不打断、不提问（直接陈述隐藏在问题背后的意思）、不间接评论（直接与当事人交谈，而非和别人谈论他）。凯普勒强调家庭成员迅速、直接回应的重要性。家庭成员间的打断现象也很常见，治疗师需在打断模式出现时加以处理。

我必须判断何时介入，何时静观其变。我需要仔细聆听对话内容及其蕴含的情绪。我需留意孩子可能听不懂的泛泛而谈和复杂词语，同时要观察每个人的身体姿态、手势、表情及呼吸，这些是引导我觉察每个人当下状态的重要线索。我需要在发生于我眼前的过程中，辨识出他们的互动模式。我需提醒他们关注此时此刻的情景，也要了解来自过去的未完成事件需要得到处理。我需要确保沟通是聚焦的，而非散漫、扩散及碎片化的，确保每个人的信息清晰明了，且每条信息都得到倾听。我可能需要请某个成员复述其收到的信息，以确保理解无误。比如，我或许会问："妈妈，你刚刚听到唐对你说了什么？"

在治疗性家庭会谈中，我成了观察和倾听整个家庭的眼睛和耳朵。当他们热烈地互动，或躲在"隔离墙"之后，家庭成员往往无法察觉我的所见所闻。我必须引导他们关注我认为的和感受到的重要事物。

在这样的会谈中，我还需要留意自己的情绪。若因失控的混乱而感到头痛，我会大声表达我的感受。如果我被孩子的回应触动，我会直接告诉他我的感受。在这样的治疗中，我也是这个团体的一部分，有着自己的情绪、信息与反应。

我曾为一群孩子和他们的父母举办过一个一整天的工作坊。在工作坊期间，我们绘画、玩黏土、还进行了一些幻想创作。许多父母对孩子的反应感到惊讶，孩子也感兴趣地听着父母分享自己做这些活动的经验。在黏土活动中，每个人都要闭上眼睛，将黏土塑造成各种形状，一名父亲这样描述自己的作品："我是一个长方形，我的上面压着一个大硬块。那团东西压在我的矩形身体上，我很难支撑住它。它又沉重，又不安全。我有时就有这种感受（声音低沉），仿佛肩上背负了太多压力。"这个父亲 11 岁的儿子伸手摸了摸他，眼含泪水说："爸爸，我之前不知道。"父亲看着儿子，两人紧紧相拥。其他团体成员看着，倾听着，很多人都热泪盈眶。

"沟通"这个词被过度使用了。常有父母说："我们不知道怎么沟通。希望你能教会我们如何沟通"，或者"她从不和我们沟通"。尽管我知道沟通的重要性，且有助于提升沟通技巧的有效练习也相当多，但真正的问题往往藏得更深。当沟通被视为问题时，我可以肯定的是，感受没有得到倾听、认可和接纳。若将沟通不畅归咎于所有问题的源头，我几乎可以肯定，有人会感到被操纵、无力或陷入权力斗争的僵局。我同样确信，在那些未被倾听的感受之下，还隐藏着从未得到表达的部分。沟通，并不仅仅是礼貌而文明的交谈。首先，相互交谈并非易事。要维持良好的沟通和健康的互动，我们必须预料且愿意经历冲突、痛苦、愤怒、悲伤、嫉妒和怨恨等情绪，伴随着和谐、有力、亲密交流所带来的愉悦感受。

有孩子抱怨："我父母从不听我说话，他们甚至不了解真正的我！"这是一个感受被忽视的孩子。父亲描述道："我了解他！他喜欢打球，宁愿和朋友在一起也不愿和我们在一起或做作业，他热爱音乐，容易生气……"这名父亲对于儿子对任何事情的真实感受都一无所知。有的父母会承认："我已经不认识她了。"女儿早已不再向父母表达自己的感受、关心和好奇了。她已屡遭忽视、拒绝、压制。每当她试图表达自己的观点和感受时，即使父母表面上礼貌倾听，她仍能感受到他们的不赞同与反对。不知何时起，她已不再迎合他们的期望——那个他们认为自己正在培养的女儿的形象。所以，他们已经不认识她了。

家庭会谈提供了一个良好的平台，让治疗师能够确定每个家庭成员的差异性与独特性。真心希望与孩子建立联系的父母，常会惊讶地发现，自己对于孩子的独特性（包括孩子的喜好、厌恶、愿望、当前生活方式、朋友、观点、未来规划，甚至外貌）是如此抱有偏见，且不愿接纳。他们甚至难以理解，更难以承认孩子是一个独立、独特的个体，拥有自己的品位。他们可能仍将孩子视作曾经了解的那个 5 岁孩童，或猜想孩子会和自己一样。

在《联合家庭治疗》（*Conjoint Family Therapy*）一书中，弗吉尼亚·萨提亚（Virginia Satir）指出：

"功能失调的家庭难以承认差异性或个性。在这样的家庭里，与众不同即被视为不良，且易招致不被爱的后果。"

她接着指出，这类家庭往往"忽视"或"模糊"彼此间的差异，无论是感知的差异，还是观点上的差异。

"……功能失调的家庭，传达快乐的困难程度和传达痛苦的困难程度是一样的。"

父母需开始学习向孩子传达清晰信息，同时认可并尊重孩子作为独立、独特、有权利且有价值的个体。这有助于提高孩子的自我价值感和自我支持感，同时增强其接触的技能和能力。当父母能够全面认识孩子的独特性和独立性时，孩子也能更好地锻炼自己体验环境、应对挑战的能力。

我与父母的部分工作，成了简单的教学和引导。许多父母恳切寻求具体的建议和指导，协助他们处理和孩子的关系。我乐于提供建议，以缓和家庭的紧张氛围。然而，我认为长久之计，在于给予父母机会，觉察并处理他们此刻的态度、反应和与孩子互动的方式。

在本书谈及自尊的部分，我列举了许多建议，以增强孩子的自我感受。我常向父母推荐一些我认为有助于育儿的书。以下是两个能快速带来积极效果的建议。

为年幼的孩子每天设定一个固定的"生气时间"。在这段时间里，孩子可以尽情表达当天让他感到生气的事情，而父母在这段时间不能争辩、反驳、解释、辩解或评论。睡觉前是进行这项活动的理想时刻。这样做并不像某些人认为的那样，让孩子带着不良情绪入睡。

每天或隔天固定一段时间，与孩子共度专属于他的特别时光。这段时间可以很短，20~30分钟都行，可用厨房计时器来计时。孩子自行决定活动的内容。母亲常说："我花了很多时间陪他。"然而，多数时候，这些父母并没有针对孩子想做的事给予全然关注。注意，睡前常规陪伴不能被计入特别时光。

我有时会对那些束手无策的父母指出，他们一直以来的做法并没有效果。他们需要清晰认识到发生了什么，并努力打破恶性循环。对任何新行为的尝试一般都有效果。即使这些行为本身并不是特别有用，但它有助于明晰现有的模式。借助于引入新的内容，可缓和当前僵化的情形。

我一再提醒父母，他们不是自己的孩子。许多父母过度认同自己的孩子，以至意识不到孩子是独立的个体。例如，一名母亲因为儿子磨蹭而勃然大怒。这名母亲小时候，因磨蹭而被自己的母亲怒斥过。如今，面对儿子的磨蹭，她也大声斥责，尽管儿时她对母亲的咆哮深恶痛绝。而在她大声呵斥儿子的时刻，她仿佛同时变成了自己的孩子与自己的母亲。觉察到这一点后，她开始以新的视角审视这些情景，并采取更为恰当的反应方式。

父母常将自己的感受投射到孩子身上，然而孩子不仅是独立的个体，而且有自己独特的情感体验。一名母亲曾对我说："我知道杰基压抑了对于自己残疾的感受（他走路一瘸一拐）。我试图与他谈论此事，但他似乎并不像我想象的那样在意。"当然，杰基对自己的跛行有些感受，但远不及他母亲所认为的那般强烈。然而，她对儿子的跛行却怀有许多难以克服的强烈情绪。

学校、教师和培训

既然孩子大部分时间都在学校度过，我认为所有在校外的儿童工作者，都应花时间了解当今儿童对学校的感受。我们自身的校园经历，即使未曾遗忘，也和现在孩子的经验相去甚远。

令我忧心的是，在我治疗的孩子里，有太多孩子都不喜欢学校。他们或许有一位喜爱的教师，也喜欢学校的朋友，但总体而言，学校在他们眼中更像一座监狱。西尔伯曼（Silberman）在《教室中的危机》（Crisis in the Classroom）一书中，基于对美国公立教育系统长达4年的研究，提出了深刻的分析。他主张学校进行彻底的变革，借助于一个又一个例子，说明学校在智力和情绪上均未能满足孩子的需求。

孩子对学校的消极态度理应引起我们的警觉。然而，除了零星几处创新项目外，我并未见到实质性的改变。由于我接触的是那些问题严重到需要接受治疗的孩子，我对学校里发生的事情尤为关切。孩子要长时间待在学校里，那么学校理应充满欢乐，成为孩子广泛体验与学习的场所。我们似乎觉得有必要磨炼孩子的阅读、写作和算术技能，却忽视了一个事实：如果不满足儿童的心理和情感需求，我们就是在帮助创造和维持一个不珍视人的社会。

我始终认为，教师不仅要受训成为教育者，还应接受心理治疗师的培训。在教学环境中，儿童的情感需求应置于优先地位。如今，许多教师感受到了对心理治疗类培训的迫切需求，若高校或学校系统不提供相关培训，他们便会自行寻求帮助。

我曾为教师开设过很多关于我的儿童工作的课程。我并不自诩能为教师提供什么高深的培训，但我必定会介绍基本原理，并分享多种教学理念和技术。这有助于教师与孩子建立更紧密的联结；让孩子感受到教室是一个安全舒适的场所；并促使师生双方作为有人类问题的正常人，彼此敞开心扉。我希望帮助教师以不同的视角看待孩子。我想让他们明白，如果孩子感到焦虑、遭受困扰，或没有价值感，他们就难以投入学习。如果孩子认为教师对他们冷酷无情，没把他们当作有尊严、有价值的人对待，那么孩子自然学不进去。因此，我向教师介绍一些新的态度和方法，旨在帮助教师：提升孩子的自我概念；表达对孩子情感与生活的关注；促进孩子的自我表达。

许多教师自己也因学校的规章制度及学校对他们的要求而感到沮丧、挫败，并受到负面影响。他们承受着孩子对学校持排斥态度的冲击，有时出于自身的挫败感，他们也会将自己的消极情绪转移到孩子身上。

我深知，即使是最敬业、最具人文关怀的教师，也面临着一场艰难的斗争。在权力结构调整到能够更好地满足儿童的需求之前，我们能做的并不多。在学校之外，我们必须做出相当多的改进。然而，在教室之中，我们还是可以做点事的。教师可以加入学生的行列，增进彼此的了解，以现实视角看待彼此在学校里的任务，并帮助彼此感受到更强大、更好的自己。

尽管教师并没有接受专业心理治疗训练，他们也可以在自在的情况下，运用心理治疗方法。我工作中接触的教师，对孩子怀有浓厚的兴趣，并以负责任的方式运用这些心理治疗理念。我尚未遇到过哪位教师会利用这些技术来羞辱孩子，或肆意探究其内心世界，抑或因向父母或校方泄露孩子的隐私而破坏其信任。

很多教师想要营造更优的校园环境，他们亟须实用的工具与技术作为开始。有的教师得到校方的鼓励，竭尽所能地推动这一进程。还有些教师害怕承担后果。而有些人则虽惧犹进。一位教师来信道："今年暑假我将执教数学补习班，我可以肯定地告诉你，即使冒着被开除的风险，我也要每天都运用一些你教的技术。难以置信，在我开始使用这些技术后，这些方法为我的常规课堂带来了巨大的变化。我更快乐了，孩子们也更快乐了，整个教室都洋溢着积极的氛围。这就像是我和孩子共同保守的一个秘密，蕴含着关怀与'我们同舟共济'的情感，这种氛围影响了我们所做的每一件事。"

这样的反馈令我深受触动，除此之外，我在我的课程和咨询工作中认识的那些教师不断提出的新建议也让我十分欣喜。

这些反馈一致反映了师生对彼此态度的变化；学生之间关系的改善；以及孩子变得更为放松平静、专注、快乐，期待并享受这些经历。我提供的这些技术确实能带来改变，已经被许多教师采用，包括从幼儿园到高中的教师。以下是一些教师在实践这些技术后的反馈。

> 六年级教师：我感觉与学生更亲近了，与他们相处也更快乐，他们对我的态度更积极和温暖了。我想，他们开始互相关心了。
>
> 三年级教师：我着实惊讶于他们变得如此有礼貌，并且变得对彼此

感兴趣。（40个孩子，要做到不插嘴、不无礼地倾听，实属不易，而这一切竟是在我未给任何提示下自然发生的！）

七年级英语教师：我想明年能更早开始运用这些技术，以便更深入地了解学生，让他们在与同学相处，以及和我相处时，感到更自在。有趣的是，学生们既不想惹麻烦，又希望获得安全感、得到照顾。这或许正是青少年时期典型的矛盾心理。举个例子，有个女孩希望独自待在山丘上，同时又想变成一只猫，因为她渴望得到很多关注。（她所做的练习是"画出你最喜爱的动物，以及你想去的地方"。）

幼儿园教师：我班上有一个男孩，他学习慢，还经常破坏纪律。这个活动让我深入了解了他的想法。（教师在地上摆放了若干物品，邀请每个孩子任选一件，并描述作为该物品的感受。）这个男孩选择了一颗用红色卡纸做的大星星。他之所以选择这个物品，是因为他希望自己给大家带来快乐，因为当他们作业写得好时，他（作为红星）就会出现在他们的作业上。

七年级英语教师：在整个玫瑰幻想活动中，孩子们都很安静。所有孩子对这个活动都非常投入。发彩色铅笔时，没有人打闹或争抢材料。在几个同学口头分享后，我让他们在纸上写下关于自己的玫瑰的介绍。他们向我袒露的真诚与个人情感令我既惊喜又应接不暇。这是本学年的最后一周，然而通过这次练习，我意识到自己对一些学生并不那么了解。真希望早点意识到这一点。明年一开学我就要运用这些技术，对此我很兴奋。

九年级代数教师：我花了5分钟时间带孩子做了一个幻想活动，让孩子闭上眼睛，先处理好上课前他们未完成的思绪和感受，然后引导他们幻想他们要去的地方。相比于平时拉孩子进入上课状态，这项活动花的时间并没有那么长，然而效果却更显著。这个练习具有极好的镇定效果，学生们体验后似乎更能专注于学业。他们与彼此的关系似乎更加融洽了。

高中医务室护士：虽然我还没空画图或做些小玩意，但自从我对自己和学生有了新的认识后，我发现我和学生及其他教师的关系都有所改善。那些找我做怀孕咨询的女孩，眼中闪现出新的光芒，这种目光告诉我，她们知道了我是真的关心她们，而不仅仅是在传递信息。

四年级教师：当每个孩子谈论自己的画作时，似乎都展现出了不同于学校自我的个性。

七、八年级英语教师：每个人都认真倾听他人发言，我想我们都因此更加了解彼此了。我们发现我们与他人有许多共同点和相同的兴趣。

一年级教师：我从未想过一幅画能让人更深入地认识自己或他人。当我让孩子们以动物形象描绘家人时，他们的作品都令我惊叹不已。最吸引我的部分是听他们对画中的含义的解释。若我自行解读，肯定会大错特错。我的班级非常喜欢这些活动。

十年级英语教师：运用所学技术并见证成效后，我对教学重燃热情，倍感振奋。两个男孩过去常扰乱课堂秩序，从不做作业。自从我借助于活动开始关注他们的感受，并将他们作为人来关怀，他们便能完成所有作业了，重要的是，我们之间还建立了友谊。

对我而言，教授治疗师、教师及其他人运用这些技巧的最佳方式，便是让他们亲身体验。读书的一个局限在于，除了阅读本身，并无其他实际体验。只有当你把自己（你的经验、想法和观点）带入阅读，你才能吸收我在本书中提出的观点。

在我的课堂上，我发现当人们实践我讲述的某些方法，并与我一同体验这些过程时，技术的整合程度要深远得多。借助于这些体验，他们获得了对自己的新理解，与儿童的工作也达到新的深度。

角色扮演是几种投射技术中特别适用于培训的。当我们扮演特定角色时，我们会将自己的经历融入该角色的表演中。

例如，有一次，我在一个咨询团体中探讨了如何与父母和孩子进行首次会谈，我感受到学员对我提出的概念相当困惑。于是，我们设计了一个角色扮演场景，模拟初次咨询会话：一位咨询师扮演6岁小女孩，另一位则自愿扮演母亲。我担任了治疗师的角色，尽管这项治疗师任务本可由他人承担。我们并未预设情境，而是让"6岁孩子"自行决定行为方式，我们也让"母亲"提出问题并决定其在会谈中的行为。在角色扮演的过程中，每个人都得以自由表达，这种随性的流露极大地丰富了角色扮演的情境。

只要我们尝试，都能接触内在那个6岁的自我，亦能接触母亲的角色（无论是内摄的母亲，还是我们现实生活中的母亲角色）。这些扮演者允许自己全然"成为"这些角色。借由这种真实的练习，我们在训练时提到的概念得到了生动的澄清。

在培训中，我感到较为困难的是对理论材料的讲解。学员的专业训练背景各异，有时我很难为他们找到共同的理论起点。我个人的理论知识大多是在实践中习得的。

当然，讲授理论，以及推荐相关理论的书，都是培训流程的一部分。然而，呈现理论最好的方式，就是将其与实践相结合。在我让学员体验我所教授的技术时，我想将这些实践与理论理解相联系。但我在工作中不会这么做，因为这会打断工作的连贯性。不过我会在随后的讨论和互动中马上进行探讨。当人们能够将理论概念与自身工作、观察到的他人的工作以及我们讨论的儿童工作相联系时，他们便开始将理论理解与实践相结合。

性别歧视

性别偏见和歧视根深蒂固地存在于美国的文化中，以至我们往往对其视而不见。因此，我们必须从它那微妙、隐藏的形式中将其识别出来，并着手铲除。

性别歧视影响儿童的成长，压制了他们的许多天性，阻碍了儿童全面自由的有机发展。女孩常常只被鼓励发展所谓的"女性特质"，而男孩则只被鼓励做被视为"男性化"的事情，这限制了每个人天性的范围。这些天性却始终都在不断突破重围，最终对孩子的情绪健康产生深远的影响。

我们所谓的男性特质与女性特质，均应被视为每个人整体构成的一部分。

我们过去曾深切担忧孩子需要对同性父母形成认同。男孩需要一个男性榜样，而女孩则需要一个女性榜样。我想我们目前已逐渐认识到，无论男女，都需要具备作为人的所有品质：感受与行动、依赖与果断、愤怒与悲伤，等等。我们曾视为男性特质与女性特质的那些品质，应在每个人身上得到体现，无论男女。孩子们需要明白，我们对生活的处理方式，源自人类经验的综合，而非受限于有偏见的文化期待，并且能够根据个人的独特性、兴趣、才能和能力进行调整。

尽管情况已有改善，当今美国社会仍深受性别歧视观念的困扰，我们有时不得不强调并夸大孩子可获得的所有可能性。我儿子2岁时，我们送他娃娃车和一个娃娃作为生日礼物。其他人对此感到震惊。现在，当这些人看着我儿子温柔地照顾自己的儿子时，他们微笑地接受了这种行为。我想，当我的女儿目睹了我当时为了成为自己所做的挣扎（这件事在我那个时代比现在更艰难），必然会深受影响。我认为我女儿拥有旺盛的生命力和惊人的独立性，同时又不失温柔与爱的特质。我认为，我自己对自我及生活的深刻探索，为她提供了许可与动力，使她的内在力量得到培养。

我们许多人仍在为性别偏见做斗争。我们的性别偏见态度经常悄然侵入我们的内心，因此也阻碍着我们充分自我实现的过程。在与青少年工作时，我目睹了性别偏见如何渗透进他们的感受与行为，而当我意识到自身也存在相同的问题时，同样惊讶不已。同时，我也看见孩子困惑地挣扎着，对抗着他们自然的需要和欲望。

父母的态度、媒体及学校在性别歧视态度的形成上，都产生着重要影响。即使是我们这些渴望改变这些态度的人，也常常在无意中持这种态度。我强烈推荐《随之而来的是吉尔：美国教育中的性别歧视》（*And Jill Came Tumbling After: Sexism in American Education*）一书。这本书汇集了多篇论述，简要指出了我们从童年起，是如何延续人们对性别主义的态度的。这不仅发生在学校，还发生在家庭和整个世界中，这其中包含了心理治疗师的治疗室。

第十二章

采访奥克兰德

克里斯蒂安·埃尔斯布里（Christiane Elsbree）：维奥莉特，我和你初次见面是在 1979 年，那会儿《开启孩子心灵的窗户》刚出版不久。30 年来，我看见了你对这部作品所做的扩写，你也参与了诸多书的写作，发表了丰富的文章；我看见你应邀周游世界，开展课程与教学；我也听了、看了你与儿童和青少年工作的几部磁带和录像带；我还了解了你的两周培训课程，从最初的培训到最新的培训，不断优化着。彼得·莫托拉（Peter Mortola）对你的课程进行了研究，并以此为基础出版了书。我注意到《开启孩子心灵的窗户》这本书已被翻译成 13 种不同的语言，此刻或许还有新的译本正在筹备出版。

（笑）我们总是会谈到翻译的数量，但真正让我感受到《开启孩子心灵的窗户》的影响力的是其译本的语言。在此，我花一点时间介绍一下这些译本的语言：德语、葡萄牙语、西班牙语、希伯来语、俄语、克罗地亚语及塞尔维亚–克罗地亚语、意大利语、汉语、韩语、捷克语、立陶宛语。并且，英语版在南非、澳大利亚、新西兰、不列颠群岛，当然还有北美地区发行。现在，我们在"玛莎建造的家园"。继第二部作品《隐藏的宝藏》问世后，你便在此安享退休生活。这本书虽面世不久，西班牙语和立陶宛语的译本就已经出版，且该书正在被翻译为德语。我们的周围摆放着你旅行时带回来的纪念品。那么，这一切是如何开始的呢？

维奥莉特：（笑）如何开始的？嗯，这并不是计划好的。请听我娓娓道来。我的工作是逐渐发展起来的，就像自然演变。早在青少年时期，我就开始与孩子打交道，那时我在夏令营做了几年指导教师。甚至在我结婚后，我和丈夫还一起在夏令营工作。因此，我在与孩子相处方面积累了丰富的经验。我做过艺术和手工指导教师。我教歌唱课，那时我经常领唱。我还是游泳指导教师。我做了各种类似的工作。在丹佛，我短暂地做过 1 年左右的幼儿园教师，为犹太社区中心工作。当然，我自己也有 3 个孩子。

搬到加利福尼亚州后，我一边养育我的 3 个孩子，一边继续上学。因为在这里上学非常方便。结婚的时候，我只完成了大学一年级的学业，之后便开始工作，以便丈夫能继续深造。我原本想做教师，这样孩子在家时我就能陪伴他们了。毕业后，我在加利福尼亚州长滩市找到了一份教师的工作。这对我来说并不容易。我觉得我不是做教师的料，因为我大概是个另类的教师，而我那时还不知道另类意味着什么。我那时经常和孩子一起尝试各种新鲜事物。校长还问我："你为何不选择从事娱乐行业，要来当教师呢？"（笑）他真的这么问过。

那段日子，我做的事情足以写成一本书，确实挺有意思的。当时，我所在学校的咨询师说："你为何不去试试教那些有情绪困扰的孩子呢？你在这方面会很出色，而且学校才刚开启困难儿童项目。"那是在 1967 年，我记得我是 1965 年开始教书的，那时是 1967 年年中。于是，我便去参观了那些新开设的班级。他们正缺愿意执教的教师。我发现那份工作太棒了，因为你可以随心所欲地教学，而且班上只有 12 个孩子，还有一名助教。于是，我转到这些班级执教，那种经历令人惊叹。

这份工作我大概做了……哦，总共做了 6 年，和有情绪困扰的孩子工作。我获得了美国教育部奖学金，攻读特殊教育硕士学位，专攻情绪障碍儿童教育。我在长滩市加利福尼亚州立大学完成学业，那里特殊教育系规模庞大，而针对情绪障碍儿童的工作尚属新兴领域。也就是在那时，我开始在洛杉矶格式塔治疗学会受训。我曾考虑过某天离开学校系统，转向私人执业。为此，我接受了大约 3 年的培训，并取得了认证。在受训期间，我意识到培训从未提及与儿童工作的内容。我们研读了许多书，其中一本是乔治·布朗的《人类教学与学习》，主要探讨了教育中的格式塔意识。还有一本珍妮特·莱德曼（Janet Lederman）的《愤怒与摇椅》（*Anger and the Rocking Chair*），这本书简直像一本抒情诗，描述了她与困难儿童的工作经历。

但当时关于儿童心理治疗的资料确实不多。于是，我开始深入思考如何将格式塔治疗应用于儿童工作中，包括该疗法的理论和原则。这种方法好像真的很适合我。我将格式塔治疗应用到我的情绪困扰儿童班级中。基于我学习的理论基础，我尝试了许多活动和技术，效果非常好。

比如，我曾组织过不同的团体。有一段时间，我带领了一个11—13岁男孩组成的团体，他们的情绪非常不稳定。我让他们做手指画活动，因为我觉得他们需要这种感官体验。由于情绪问题，他们很少有机会体验各种事物，生活被安排得井井有条。实际上，在开设这类班级之前，他们并没有上学。而这类班级也不多。

我们把桌子拼在一起，他们就围站在四周。我拿了食堂的托盘，在上面涂上颜色，孩子们便开始试验。他们发现，红、黄、蓝三色混合会变成棕色。（笑）所以，他们是通过试验来学习画手指画的。而且，他们画手指画，相互交流，以从未有过的方式接触。（在那之前）他们大多只是互相打闹。那真是一次奇妙的经历。

此外，他们对自己的作品非常满意，因为我们经常把手指画印在纸上。等他们最后完成了设计，我就把纸张铺在手指画上，盖在托盘之上，这样一幅美丽的版画便跃然纸上。他们对此总是惊叹不已。

我们常做的另一项非常棒的活动是"木工制作"——这也是一样的。这些孩子从来都不被允许接触锯子和锤子，而这些工具我们这里全都有。我看见其他班级订购了一套工具车，满载各类工具。我心想："我们为什么不可以呢？"于是，我提出了申请，然后我们便有了木材、装满各种锯具的推车以及锯台。孩子们以前共用一个锯台，所以我们有严格的界限和规则。若其他班的孩子在用锯台工作，那么这天我们班的孩子就不能用。因此，我们的孩子从来没用过。但他们多喜欢这个活动呀。

那时我的大学特殊教育系主任派给我一名实习教师，来观察他的这些学生。他看着这些孩子正在做木工，看起来就和普通孩子一样，于是实习教师说道："你现在不该做这个活动，你应该把这个活动作为一天课程结束的奖励。显然，你现在让他们做这些是在浪费时间。"我觉得这种说法荒谬至极，因为孩子们通过这个活动学习了数学，做了测量，制作了盒子，还雕刻了小鸟。他们创造出各式各样的木工作品，除了枪械。我不允许他们制作枪械。孩子们相互交流、分享。在这项活动的过程中，孩子掌握了丰富的技能、体验了良好的情绪和接触。我们每天早晨都做这项活动。（笑）我从未将其作为奖励，因为如果作为奖励，孩子就得不到做这个活动的机会了。

不管在什么情况下，我们的教室里总会放两把空椅子，这是我们的设置之一。孩子在操场上与教师或同学发生争执后，会跑来说："我需要使用空椅子。"他们会想象发生冲突的孩子坐在另一把椅子上，运用很老的那种"空椅子技术"。我则在一旁引导，孩子处理完毕后，便会感到无比平静与放松。于是，椅子成了他们可以随时使用的东西。

于是我开始尝试各种孩子可以使用的事物，并着手记录。所以你可以说，我的想法就是这样开始的，探索如何引导儿童借助于事物来表达自我。

克里斯：这里我想强调一下。我认为，对于许多教师而言，要像你那样成功管理一个由12名情绪障碍儿童组成的班级并不容易。这些孩子通常会互相攻击，但在你的班级里却没有这种情况。仅配备一名助教，还让孩子们使用锯子等工具，我猜想，我甚至想都不用想，你努力临在和接触，以及为确立界限所做的额外工作，明确地活动和在场，正是这些成就了你的成功，而这往往是其他教师不会做的。

维奥莉特：嗯，这让我想起这段时间里发生的一件事。那时我请了6个月左右的假，因为我的一个孩子病得很重。他住院很长一段时间，后来去世了。他去世的时候将满15岁。学校给我打电话，恳求我回去，因为有一位教师离职了。她管理不了那个班级，于是我回去了。那些孩子正处于青春期早期。我回去那会儿，他们非常难以管教。我能够理解那位教师为何会离开。

瞧瞧他们，四处乱窜，椅子被撞翻，书本被扔来扔去，简直无法无天。

我坐在那儿，看着他们，难以相信我看见的一切。助教不停地问："要不要叫校长来？"我摇头说："不用，不用。"我只是看着，直到有一个男孩走过来问我："你怎么不生气？"（笑）我回答："听着，我刚失去了儿子，这些事又怎能让我心烦呢？""你什么意思？"他们想听。渐渐地，所有人都围了过来，我向他们讲述了发生的事情。他们提出了许多问题，我一一回答，这触发了他们自己关于丧失与哀伤的议题，这很神奇。自那以后，我与他们相处就没有任何问题了，一次也没有。

同时，我有一些想法——我真不清楚这些想法是怎么产生的。当时的传统观念认为，与这类孩子相处，必须营造一个无刺激的环境。确实，有些教室设有隔间，以消除孩子接收的刺激。而我的教室刚好相反，里面摆满了各种有趣的东西，琳琅满目，就像这里。（指向她的艺术作品和纪念品。）

克里斯： 就像你的家一样，五颜六色的？（笑）

维奥莉特： 是的。我感觉，如果你不提供这些东西，他们会尝试自己创造。如果你把一个孩子放在隔间里，那里没有任何刺激，他会自己创造出刺激和分心的事物。所以我们要做的是，当我带来什么东西，要把这个东西挂起来或进行其他处理，我们会一起看。如果窗外有飞机飞过，一个孩子跑向窗户，那么我会邀请所有人跑到窗边，一起看飞机。我们会关注当下最显眼的事物。无论这个事物是什么，它出现一会儿之后，既不会打扰孩子，也不会让他们分心。我们总是这样处理。我们让干扰成为焦点。

我做了不少事。比如，我们偶尔会被邀请参加学校的集会，这种机会并不多。我会对孩子们说："看到那棵树了吗？"这棵树在集会的礼堂附近。"请你们以最快的速度跑到那棵树那里。"于是，当其他班的孩子都排着队走向礼堂时，我们班的孩子却朝着那棵树飞奔。当然，其他教师会讨厌我，还有我的班级。但我觉得，既然孩子们得坐在礼堂里，他们就需要先跑一跑。（笑）在教室里上课之前他们可没这机会。于是他们都跑到树下等我。然后我们才

进礼堂。(笑)

还有,我允许孩子们在我的课上嚼口香糖。当然,按规定他们是不该嚼的。我们讨论过,万一惹麻烦了怎么办。比如课间休息时,他们总是跑来跑去,可能会招致其他教师的斥责或惩罚。但他们可以在教室里嚼口香糖,因为我的理论是(笑)他们需要这么做。这么做让他们感觉更好。我现在读到的研究说,嚼口香糖对大脑非常有好处。(笑)

克里斯:我没听说过这个观点。

维奥莉特:是的,我读过。说起来,我还把提到该研究的刊物剪下来过。(笑)我做了很多这样打破常规的事情。那所学校的校长很欣赏这一点,欣赏我对那些难以管教的孩子所做的工作。那时他以为我是奇迹创造者。其实我只是真诚,只是与孩子接触。

但我也会设定界限,而且孩子们很信任我,因为我言出必行。多年来,我常收到那些孩子的消息,有的孩子还会给我打电话。这个班级的目标是让他们进入常规的班级,有些孩子最终做到了。

但这只是开始。我还带领了一个团体。记不清是在我做教师的那段时间,还是在那之后。一位格式塔治疗师与一位男性海军军人工作。我居住的长滩市有一个大型海军基地,设有药物和酒精康复中心。这位治疗师主要与男性工作。这些海军军人有孩子,他们通常全家一起搬迁,住在海军提供的住房中。她说:"这些海军军人的孩子有很多,我想为他们开设一个团体,但我对儿童一点都不了解。"我当时在洛杉矶格式塔治疗学会受训,她和我参加同一门课程,我猜她知道我正在从事这方面的工作。

她问我:"你愿意带领这个团体吗?"我回答:"当然可以。"(笑)于是,我有了一个由12个孩子组成的团体,团体成员的年龄跨度很大。我打破了所有的团体常规。我想我是个规则破坏者。他们的年龄从8岁到16岁不等,团体内还有几对兄弟姐妹。因为搬家,有些人加入后又退出了,(笑)也会有新人加入。他们在我家的客厅会面,就在我的客厅里工作。这个团体持续了2

年。想象一下，如果你在我们活动几轮后加入那个团体，你会感觉自己仿佛进入了一个成人格式塔治疗团体。我们探讨梦境，（笑）还在我的客厅里玩黏土，画画，做了我后来在书里写到的所有事情。

这里发生了一个故事。我们讨论梦境时，有一个13岁左右的女孩说："哦，我昨晚做了一个梦。"这是我们常做的事，她便开始讲述梦境：她躺在棺材里，所有人都以为她死了。他们哭泣，为她哀悼。她说："可我没死啊。我一直喊'我没死！我没死！'，可他们就是听不见。（笑）这就是我的梦。太让人抓狂了，他们既听不到我，也看不见我！"

于是我说："好吧，那我们就把这场梦演出来。你躺在地毯上，假装自己在棺材里，我们来当哀悼者。"然后，所有孩子都站起来围着她。（笑）我带头演了起来，他们也跟着我一起。我们很哀伤，我们在哭泣，而她却在喊："我没死！我没死！"（笑）

我接着说："我们听不见她，我们会忽视她。"我们确实这么做了。然后我问这说明了什么。她说："有时候，真的没人听见我。他们对我说的毫不在意，根本不听我说。"当然，所有孩子都能对此感同身受。我们展开了一场极为精彩的讨论，探讨他们不被倾听的困境，以及我们能为此做些什么。我们怎样才能让自己的声音被听见呢？

我完全没跟这些孩子的家人工作过。我甚至没见过他们的父母。（笑）好吧，也不全是。我后来确实见过几名家长，他们是作为家属加入治疗的。不过那是在我独立执业之后的事了。

我们会做这类活动。或者让孩子闭着眼睛用黏土做东西，然后扮演他们所做的东西。

我记得有一个女孩说："嗯，我是太阳。"她画了一个快乐的太阳。我们简单聊了几句，我问她："你是做什么的呢？""我给人们带来温暖，让大家感觉良好。人们喜欢我。"我说："你看起来很快乐。"孩子可以自由表达。整个过程进行得非常和谐。接着我问："这和你现实的生活相符吗？"她其实并不快乐，她回答："我不会让自己像那个太阳一样。我不像那个太阳。"我问："为什么呢？"她说："如果我那样，大家会以为一切都好，但其实并非如此。

我不想让他们觉得一切都好，所以我不会笑得像太阳一样。"这是她的过程。这就是我们从这些活动中收获的，而且就发生在我的客厅里。（笑）

克里斯：这是你在洛杉矶格式塔治疗学会受训期间的事吗？

维奥莱尔：是的，我想就是那段时期。因为当时我还没获得执照，算是在那位女士的指导下工作。

最后，我离开了学校系统。我的婚姻破裂了，我决定不再继续留在学校工作；那样我会永远被困在那里。虽然薪水不错，福利也挺好（笑），但我感觉自己会被束缚。我厌恶学校的那套官僚作风，他们主张问责，总有堆积如山的文件。

我选择离开，回学校学习，因为行为科学委员会认可了我的特殊教育硕士学位，但我需要更多。我还需要学习三门课程，以及 500 小时的实践。其实我曾以类似联合治疗师的身份，与身为格式塔培训师的丈夫，共同开展过几次工作坊。他师从弗里茨·皮尔斯本人。然而，学会没有给我相关的学分，只因他是我的丈夫。当时他们就是不肯承认。我想后来他们可以承认了，但那会儿就是那样。我也没有抗议，而是回学校继续深造，拿到了婚姻、家庭与儿童咨询的硕士学位，还在美国家庭关系学会实习，积累了不少学时。

在那段实习期，我们和很多孩子工作，不只是我，其他同学也一样。但除了我，大家都不知道怎么应对这些孩子（笑），毕竟我之前已经积累了大量经验。于是，他们请我开设一门关于与儿童工作的课程。这门课名为"儿童咨询"，我教授了 2 年。该课程是借助于查普曼大学的一个项目开展的。为此，我撰写了一篇长论文，阐述我的理念，并发给了所有学员。结果，这篇论文几乎成了《开启孩子心灵的窗户》这本书的提纲，但当时我并未意识到这一点。

由于我太天真了，论文上甚至没有留下我的地址。后来，一位格式塔学派的学者听说了这篇论文。他在加利福尼亚州立大学洛杉矶分校教授心理学，将那篇论文分发给了所有学生。随后，论文逐渐流传开来。有人告诉我："你知道，我是一名社工，在洛杉矶社会服务机构工作，你的论文是我们入职培训的材料。"我甚至没在上面留下电话号码。（笑）什么都没有。这太有趣了。那时我也意识到，对于如何与孩子工作，存在着巨大的需求。似乎没有人知道如何与孩子工作。

克里斯：当时流行的理论和可得的材料有弗吉尼娅·阿克斯莱的《阿德找阿德》，还有安娜·弗洛伊德（Anna Freud）——所有精神分析取向的儿童心理治疗内容。

维奥莉特：当然，那些我都读过。在我攻读特殊教育硕士期间，有四人获得了美国教育部奖学金，其中三个是来自洛杉矶的学生，还有一个就是我，来自长滩市。当时我们在加利福尼亚州立大学长滩分校就读。我们对那门课程不满意，于是努力争取更好的课程。我们已经在该领域工作过，清楚自己需要什么。学校最初不支持我们，因为这是美国教育部奖学金，是他们资助我们在攻读学位期间接受继续教育，最终他们妥协了。

我非常渴望的两件事最终得以实现。一件事是参加洛杉矶各地的儿童心理健康课程。他们允许我这么做，我便与一位教授会面讨论或撰写相关内容。另一件事是阅读所有关于儿童治疗的书——这并非学校的课程要求。我会与教授见面交流。这些书我都读过。

后来我意识到，这些书并没有真正讲解如何与孩子工作。它们引人入胜，尤其是像《阿德找阿德》或克拉克·穆斯塔卡斯的作品，令人着迷，我很喜欢。古典的游戏治疗，即克拉克·穆斯塔卡斯和弗吉尼娅·阿克斯莱所实践的是让孩子游戏，不久孩子便会把自己的需求玩出来。这需要很长时间。我意识到，在我和孩子的工作中，我并没有那么多时间。我必须更加直接，正如我常说的："一个孩子不会走进来说，'我得处理我那性侵我的继父。'"孩子永远不会这么做。因此，在以有趣的方式工作时，你必须更具备指导性。

我最初是通过洛杉矶格式塔治疗学会开展工作坊的。有一段时间，他们在洛杉矶为大众提供了大量工作坊。我也开展了一些，后来我成为洛杉矶学校系统的顾问，与心理学家和学校咨询师合作，并举办工作坊。人们找到我，说："我拥有儿童心理学博士学位，是临床心理学家、儿童心理学家，你对孩子做了什么？"我曾想把这句话"你对孩子做了什么？"作为《开启孩子心灵的窗户》的书名，但出版社担心人们会对这个标题产生误解。我总是听到这样的疑问："你对孩子做了什么？"

所以，我开始就我的理念开展研讨会，探讨具体对孩子做什么，并慢慢发展出了一套治疗性过程，这是我起初未曾仔细考虑的。事实上，这套治疗过程在《开启孩子心灵的窗户》一书中甚至没有提及，我花了很长时间才逐渐明晰。稍后我会详细谈谈这一点。某种程度上，我已经在实践了，只是还未从理论层面明确阐述。人们对于实践总是充满热情。

这里有一个故事：我曾在卡马里奥州立医院短暂做过咨询，那家医院现在已经不在了。他们设有儿童部和青少年部，专门收治顽劣的青少年和精神或情绪存在严重障碍的儿童。我会去那里，为这两个部门开展一系列活动。青少年部的一位治疗师对我说："我希望你能来参加我的一个团体，因为我实在不知道该如何对付这些孩子。"还是那句话，"我不知道该怎么对付这些孩子"。于是我加入了这个团体，这里有一群青少年，他们进进出出，心不在焉，什么也不做。我记得我带了一些沙具，还有画纸、沙盘，总之能带的都带了。

我把这些玩具摆在房间中央，立刻激发了他们的兴趣，他们全都围过来看有什么好玩的。这个特殊的团体中大多数是男孩，而且是青少年。我告诉他们："每人拿一个玩具。你们不能据为己有，但现在先拿一个。"他们每人都拿了一个玩具。

我做了示范，现在我记不清我拿的是哪个玩具了，打个比方："我希望你们轮流说，'我是这辆垃圾车，我装满了垃圾，却不知道该怎么处理。'"非常神奇。他们都听得很认真。我记得有一个孩子选了一条蛇，他说："我是一条蛇，大家都怕我。"他完全投入其中。

我提议："那么，现在你得说一件与自己相关且符合你刚才的描述的事情。"他答道："我想不出来。"其他孩子纷纷表示："你是什么意思？大家都怕你。"面对这个高大的孩子,他们直言:"你让所有人害怕。"于是,他们展开了讨论……每个孩子都会发言,大家都参与进来,针对他说的话表达自己的看法。连治疗师都对此情景感到惊讶不已。他说:"我从没见过他们讨论。他们之前从来不会就任何事进行讨论;他们都不怎么来这间治疗室。"

我们做了很多活动。我开始引入各种活动:我们画画,孩子们画画,画出你的强项和弱项,我们做了这个活动。治疗师没想到要和团体做这类事情。但在我看来,这很合理。

克里斯:维奥莉特,我注意到了你的神情。当你讲述那个男孩和蛇的故事时,即使那是过去很久的事情了,你的脸上依旧洋溢着光彩,表情柔和,眼神清澈,我能想象你直视他的样子——那温柔的微笑。我认为,当人们了解你的工作,了解各种方法时,他们或许体验过,或许目睹过,这正是你工作中非常关键的一部分。我认为这体现了你工作中融入的"我–你"关系,这是格式塔治疗的核心要素之一。

维奥莉特:(笑)谢谢。我前面说到,我写了这篇论文,并为此教授了2年课程,那时我已获得硕士学位,已经毕业。可以说,那是我真正写作的起点。

后来,我取得了婚姻家庭治疗师执照,开始执业,并与一位心理学家合作。他在长滩市。我与他合作,因为在那时,如果你是 Medi-Cal[①] 的帮助对象(Medi-Cal 是为贫困儿童和家庭设立的),你就可以接受婚姻家庭治疗师的咨询,并且这些咨询工作要得到有执照的心理学家的督导。我知道现在已经没有这种情况了。心理学家必须亲自接诊孩子。

因此,我与一位有工作室的心理学家合作,我租用了他的一间工作室,而他并不喜欢与儿童工作。他会收到许多来自 Medi-Cal 的转介,然后全都转

---

① Medi-Cal 是加利福尼亚州的医疗补助卫生保健项目,旨在为收入和资源有限的儿童及成人提供各种医疗服务。——译者注

给我处理。当然，那时我穷得几乎愿意为了 1 美元和任何人工作（开玩笑）。我非常开心。他其实不太喜欢做这份工作……再说他也不懂怎么和孩子打交道，而且报酬又那么低。

我接触过很多来自 Medi-Cal 的孩子。这很棒，因为我能接触到各种不同的孩子。我很强迫，必须要做很多笔记，因为得有书面记录。我有一大堆文件，而且我会长时间保存所有资料。我那时仍在举办工作坊。我与成年人工作，我的来访者中成年人占了一半，另一半则是 3—18 岁的儿童和青少年。我热爱这份工作，并且投入了大量精力。

实际上，正是那时艾莉尔（Ariel）走进了我的生活。那时她叫玛丽莲·梅尔克（Marilyn Malek），正在攻读学位。她是通过哈罗德了解我的。她来询问能否与我共事并向我学习。那时我开始招收弟子，他们会直接与我一起工作；她是其中最早的一员。很久之后我才以更有组织的方式做这项工作。我至今还记得一个案例，这是另一个精彩的故事。

克里斯：好的，请说说。

维奥莉特：这个孩子来自海军家庭，很行动化，非常行动化。学校想把他安排到特殊班级，但其父母坚决反对。他们来接受治疗，希望能有所帮助。孩子的父亲是海军军人，已经离家出海。于是，这名母亲带着两个孩子，刚搬到这个小镇，现在丈夫又不在身边。她非常抑郁，她极度虔诚，宗教成了她唯一的慰藉，同时她又深陷抑郁。

同时，她的这个孩子非常行动化。我问他是否想画画，因为他一直盯着架子上的颜料，眼睛炯炯有神。我们在桌上铺开纸张和报纸，摆出颜料。艾莉尔在一旁静静观察，她不介入，只是观察。孩子全神贯注地投入绘画。他完成后，我说："给我介绍一下你的画吧。"他回答："这是火山。"这个孩子从没好好上过课。别人告诉我，他大多数时候都坐在校长办公室里，因为他总是捣乱了，但他很了解火山。（笑）

他说"我们正在学习火山"，然后他描述了一番。我说："好，我想请你扮演火山。""怎么演？"我告诉他："就站在那儿，闭上眼睛，想象自己是一座火山，我会站在你面前。"我站在他面前，他闭上了眼睛。那时他9岁。我说："好的，火山，跟我说说你自己。你的热熔岩在哪里？"他像这样指着自己说："在我身体里——在这里——滚烫的熔岩。"之后，他产生了蒸气，他说："那是蒸气。"蒸气正从他身上冒出来，他还没爆发，他说他是夏威夷的火山。最后我问："对一个男孩来说，热熔岩会是什么？"他闭着眼睛，他就是那座火山。然后他睁开眼睛，说："愤怒！"令人震惊。

（笑）我保持冷静，对他说："好的，我想让你画出你的愤怒。"于是，他坐下来，用各种颜色画了一个圆形。我接着说："和我说说你的愤怒，我会在这里列出令你愤怒的事物。"他开始口述。他没有说"我生气是因为我父亲离开了"。他说的是："我生气是因为我从自行车上摔下来，因为我的妹妹乱动我的东西。"他也没有说"我生气是因为我母亲抑郁了"。他很生气。我们得先处理他表层的愤怒，才能深入探讨更深层的问题。况且这其中还夹杂着哀伤。他因为从自行车上摔下来和与妹妹的矛盾而生气，同时也为父亲的离开而哀伤。他还为母亲对他的忽视和母亲的抑郁状态感到哀伤。

艾莉尔说："你把他种下了。"（笑）于是，我们一点一点地开始探讨他更深层的愤怒，以及相关的事物。我们得从让他感到安全的事物开始。那是我第一次单独与他工作，非常震撼。这次的工作充满力量。当然，这个过程还涉及接触与关系……我明白，没有建立起某种关系，你几乎无法开展任何工作。哪怕只有一丝关系，必须要有点什么，我们之间必须存在某种接触……这一理念引领着我经历过无数类似的体验。

克里斯： 那时你正拿着婚姻家庭治疗师的执照执业，但还没拿到博士学位。

维奥莉特： 对，还没呢。

克里斯： 那是怎么回事？

维奥莉特：我那时也在洛杉矶、长滩、橙县地区办工作坊，人们总问我："你还有更多资料吗？""这太棒了！还有别的吗？"（笑）"有写下来的东西吗？"（笑）"有没有什么我可以带走的资料？"

于是我想，或许我该写本书。当然，我手头有一篇已完成的论文。我的表姐鲁斯（Ruth）有丰富的写作经验，她看了我的论文后说："维奥莉特，这其实是一本书的框架。"我仔细看了一番，心想："嗯，确实有可能。"我从来不觉得自己是作家。我决定将这些内容写下来，但并不打算告诉任何人，因为我并非真正的作家。（笑）

我默默投入了1年的时间。积累了大量的文件和资料。我开始写作时，对如何写书一无所知。不知道从何开始，也不知道如何收尾。现在我知道市面上有很多关于写作的书，但当时，或许因为我不愿让别人知道，我独自一人默默耕耘。大约花了1年时间。

后来，我为戈达德学院（Goddard College）的学生提供督导，那个学校在洛杉矶曾有一个分部，我不知道现在是否还在。我会去学院的办公室签一些文件，习惯性地写上"维奥莉特·奥克兰德，理学硕士，文学硕士"，因为我拥有特殊教育的理学硕士学位和咨询的文学硕士学位，所以我会写上"理学硕士，文学硕士"。他们常对我开玩笑，调侃说："你应该用这两个硕士学位兑换一个博士学位。"我会说："我不想再去上学了，我真心不能再回学校了。"

当时我正在写这本书，突然产生了一个想法，如果能找到一所学校允许我以这本书作为论文，那就太好了。于是我开始四处打听，重点咨询了戈达德学院。很多人向我提起了一所学校——国际学院（International College）。

国际学院是由加利福尼亚州立大学洛杉矶分校的人创办的，他们想开办一个类似欧洲导师制的研究生项目。在欧洲，攻读博士学位要与导师合作。他们创办了这所国际学院，以开展研究生课程。这里提供心理学学位，学生还能在这里攻读胡迪·梅纽因（Yehudi Menuhin）学校授予的音乐学位。安娜伊斯·宁（Anais Nin）①也是授课教师之一，所以你还可以攻读英语语言学位。入学不仅需要学校批准，还需得到导师的认可。

我前往国际学院与他们交谈。他们有一本册子，列出了所有的导师及其要求。我发现有两个导师成立了一个跨学科小组。该小组成员每周六全天会面一次，对于最终的毕业论文，他们的要求是：论文必须与你正在从事的工作相关，而非其他内容；必须是前人未曾涉足的领域，且能对该领域有所贡献；研究内容不应是实验性的，而应是定性的。

这些要求恰好与我所努力的目标全部契合。我写的内容以前从未有人写过。我深知这一点，因为我一直在寻找这样一本书来帮助自己，却始终未能找到，于是我想："我得自己写一本。"这既是我的工作职责，也让我觉得能做出点贡献。并且，这必须是一部富有创造性的作品，创造性是第四个要点。

我与这两位导师进行了交谈，并决定报名参加，也这么做了。整个研究生课程耗时3年。由于我已有了两个传统的硕士学位，已经修过了统计学及所有必修课程，因此无须再修大量课程。他们的课程完全符合行为科学委员会对临床心理学家的要求。只要你修完所有课程，就可以参加考试，而我正是这么做的。那时，我已在心理学领域工作多年。正是借助于参加这个课程的契机，我撰写了《开启孩子心灵的窗户》。尽管我的毕业论文篇幅更长，包含了文献综述和其他许多内容，成稿足有两本厚厚的卷册。

在我撰写论文期间，我们课程小组共有10人，但最终只有2人完成。这是一所特别的学校，导师也很特别。导师对我们的要求极为严格，他们对每个人的要求都很高。我们这组学生组成了一个很棒的团体，大家学习着不同的学科，有人类学、社会学、心理学等各种学科领域。我本以为1年即可完成学业，具体时间表已记不清，但实际花了整整3年。我的两位导师是约翰·西利（John Sealy）和彼得·马林（Peter Marin），他们虽不是那么出名，但也有一定知名度。尤其是彼得·马林，写过不少书，在写作方面对我帮助

---

① 安娜伊斯·宁（Anais Nin，1903年2月21日—1977年1月14日），出生于法国的美国日记作家、散文家、小说家。晚年于洛杉矶的国际学院任教。——译者注

很大。约翰·西利则会审阅我的文字，然后问："这句话是什么意思？""你用这个词是想表达什么？""那又是什么意思？""我看这简直是胡扯。"（笑）他让我真正开始关注自己的写作，避免为了引人注目而写作。

克里斯：我注意到你刚才戴上眼镜，来模仿他审阅你论文的样子。你手中紧握着那张纸，正仔细地审阅着。

维奥莉特：他教会我，写作不是为了取悦他人，而是要发自内心。彼得·马林一直给予我很多支持。曾有一刻，我向彼得·马林坦言："我不知道怎么做才好，我可能怎么都写不完，因为约翰·西利总是有话要说。"他告诉我："当你觉得完成了，就告诉他。"事情正是如此发展的。我最终对约翰说："我想我已经写完了。"然后他说："好的。"

克里斯：是什么让你觉得自己已经完成了？

维奥莉特：嗯，我当时感觉已经写出了自己想表达的全部内容。觉得这就足够了。他们给了我很多建议，特别是彼得，他告诉我书中应该包含哪些内容，等等。回想起来，他们真的很棒。当时我压力很大。

事情是这样的，在我的论文定稿之前，我接到了真人出版社（Real People Press）的电话。约翰·史蒂文斯（John Stevens）给我打来了电话。原来，我曾答应在伯克利举办格式塔治疗工作坊。那是在我意识到自己要写论文很久之前答应下来的事，而当时我已无暇前往伯克利。那是一个专题研讨会，我没有报酬。但既然承诺在先，我还是去了那里。在我的工作坊中，有一名参与者是约翰·史蒂文斯的女友，她叫康妮·安德烈亚斯（Connie Andreas）。后来史蒂夫娶了她并随女方姓。大家还是叫他史蒂夫。因为大家都习惯叫他史蒂夫……史蒂夫·安德烈亚斯（Steve Andreas），他随了妻子的姓。

他以前是真人出版社的编辑，现在也是。该出版社曾出版过弗里茨·皮尔斯的一些书及其他作品。巴里·史蒂文斯（Barry Stevens）是史蒂夫的母亲，他也为她出版了几本书。总之，他对我说："听说你在写一本关于儿童格式塔治疗的书，我有兴趣出版它。"我回答："我只是在撰写我的毕业论文。"他接着说："那么，完成初稿后，你能否寄给我看看？"我们完成了初稿，接着是二稿。我给他发了初稿，他寄回给我，并说："如果你愿意，我想出版这本书……"随稿附上了好几页黄色法律格式便笺纸，上面写着："第63页，增加更多例子；第82页，去掉那个博士学位的头衔，我不需要任何博士学位的装饰。"

这工作量可真不小，满满的好几页纸的要求。怎么能不做呢？我对博士学位并不在意，我真正感兴趣的是这本书。人们总说："哦，你不可能出版一本书的；出版书太难了。"所以当这位出版商联系我时，我就同意了。我前往圣迭戈与他见面，他计划在那里开展一个工作坊，并在那里签订了合同。我记得那两天我头疼得厉害。我和出版商在一家酒店碰面，然后签了合同。

克里斯：那是哪一年？

维奥莉特：你知道，实际上，那本书是在1978年10月出版的，接近1979年。我想那是在几个月前，因为整个过程大约花了4个月。他当时说："我希望能在……之前完成。"他给我设了截止日期，我不得不暂时搁置论文，去忙他交代的事。那项工作极其繁重。我完成了，要知道，之前我还得工作以维持生计，并资助还在读大学的女儿莎拉（Sara），还要帮衬儿子马哈·阿特马（Mha Atma），他在上脊椎推拿学校，他们都有了孩子。

我四处借钱，不得不放下工作。我之所以停止工作，是因为无法边工作边应付这些。不知怎么的，我心存信念，尽管当时并不知道会如此艰难。但那对我来说极为重要，堪称生命中最重要的事，我可以诚实地这么说。

那时，我住在赫莫萨海滩，生活几乎只有写作和海滩漫步。

克里斯：你停止工作了多久？这段间隔有多长？

维奥莉特： 大概 9 个月吧，相当长一段时间。有三名成人来访者会来找我咨询。那么，我用一台小巧的爱马仕便携式打字机完成了这本书。那个打字机应该还在这里，《隐藏的宝藏》我是用电脑打的。《开启孩子心灵的窗户》花了我很长时间，因为写这本书是我最重要的事。

当时，约翰·史蒂文斯，那时他叫史蒂夫，删掉了两三章讲理论的部分，因为他希望这本书能被人们应用。他说："我们有够多的书让人被理论所困了，令人们感到疲惫。他们工作就已经够辛苦了。"我那时并不知道他是对的。他完全正确，因为这正是该书广受欢迎的原因之一。可以说，这本书几乎就像一本手册。说实话，人们将其视为类似食谱或手册这件事，曾让我感到困扰。

克里斯： 有时他们称这本书为"圣经"。

维奥莉特： 嗯，那是另一回事了。在当时，他们可没有这么说。

克里斯： 再详细说说他们是如何将其比作食谱的。

维奥莉特： 我偶尔听说的，不清楚这是不是普遍现象。但我知道这本书在地下非常受欢迎。因为这不是什么畅销巨著，但我却收到了成百上千封信件。我用剪贴簿保存着这些信件，寄信人大多是治疗师或学生，偶尔也有家长。这本书并未进入公众领域，你可以说它成了一本地下的热门书。它是秘密传播的。我甚至不知道，因为这本书并没有获得多少宣传。

这是在我开始旅行之前的情况。也就是说，我的旅行，有助于书的推广，因为旅行让我有机会举办很多很多的研讨会。我的生活发生了翻天覆地的变化。要知道，这一切转变都源于我开始旅行。我几乎每个月都要飞往美国、加拿大或墨西哥的某个地方。此外，每年至少一次，有时两次，我会前往澳大利亚或欧洲。我开始每年都去德国，还有欧洲的其他国家和以色列。

我那时经常旅行，同时还要维持我的实践工作。此外，我开始开办为期两周的培训课程。晚上我还要带一个成人团体……要知道，我仍然作为一名格式塔治疗师与成人工作，我非常喜欢这项工作。我做了大量的工作。后来（在书出版后），我创立了儿童与青少年治疗中心（Center for Child and Adolescent Therapy）。我回到了曼哈顿比奇执业……那时我接收了很多转介。我也不清楚怎么回事，新地址的商务名片都还没印呢。真不知道这是怎么发生的。当我意识到我需要找一些可以转介的治疗师时，就在那时，我遇到了你。我一直在找这样一群人。

克里斯：我想，你当时在和朱迪丝·维格尔（Judith Wygal）、朱迪丝·科曼（Judith Coreman）联系。她好像还让你邀请了珍妮特·格雷厄姆·罗斯（Janet Graham Ross）。你也邀请了我加入。

维奥莉特：是的，还有艾莉尔和伊万（Ivan）。

克里斯：伊万·戴蒙德（Ivan Diamond）和海伦·谢里（Helen Sherry）。

维奥莉特：没错，我们还一起租了这间工作室，那真是太美妙了。那段经历也非常美妙。

克里斯：这一切始于 1980 年。

维奥莉特：是的，大概就是那时候。

克里斯：所以，那本书是在 1978 年 10 月出版的。

克里斯：我们中心应该是 1980 年 6 月开业的。

维奥莉特：是的。所以，我回去工作了，因为我负债累累。我不得不努力工作……我收到了很多转介，我也接受这些转介。我工作非常努力。但是，这一切都是值得的。那么，这本书出版了，有了这本书！自 1979 年出版以来，1989 年，1999 年，到现在 2009 年，这本书已经出版了 30 年，而且它还在那里，被翻译成了 13 种语言。

他们称这本书为"圣经"，对此我想说几句。我最初听到这个说法是在巴西，我在圣保罗工作时，人们告诉我他们把这本书称作"圣经"。他们会问："你带了'圣经'吗？"因为这本书并不是像食谱那样介绍该怎么做，而是一本他们随身携带的书，一本随时需要的书。他们表示没有这本书，他们会不知所措。

我开始意识到我想在书中加入更多理论的内容。因此，当我开始在各地开展这些工作坊时，我便在工作坊中大量融入了关于这本书所涉及的理论内容。如果你是一名格式塔治疗师，你会认出书中涉及的理论部分。当你翻阅这本书时，你能察觉到书中隐含的格式塔治疗理念，尽管在书里并没有明确探讨。就是那个时候，我着手制作了关于这本书的录音录像。

我的哥哥西德尼·所罗门（Sidney Solomon）来到加利福尼亚州，他在 Radio Shack[①] 工作。他原本在芝加哥的 Radio Shack 总部任职，但因向往加利福尼亚州的生活，便转任为地方门店经理。而且，我的侄子马克斯·所罗门（Max Solomon）有一间录音工作室。我的哥哥西德尼，一直鼎力支持我的事业，提议我可以利用马克斯的录音室制作磁带。

首盘磁带的内容聚焦于儿童格式塔治疗，我们采用问答形式进行录制。我的嫂子菲莉丝（Phyllis），是再婚嫁给我哥哥的，她的女儿艾伦（Ellen）作为提问者录音。艾伦的声音非常好听。就这样，我们录制了那盘磁带。那第一盘磁带，我反复地写稿，不断地修改，再写再改。最后我终于完成了。

然而，我发现自己并未考虑过写另一本书，因为我工作太忙了。我甚至无法想象还能抽出时间。尽管如此，我似乎还能抽空制作磁带，虽然第一盘

[①] Radio Shack 是一家创立于 1921 年的美国电子产品零售商，最初以业余无线电邮购业务起家。——译者注

磁带花费了我不少工夫。之后我放松了很多，对后面磁带的制作也没那么拼命了。但开磁带公司是我哥哥的主意，其他人也加入帮他制作磁带。大部分内容都是关于儿童教育的。我们还出了一整套目录。你，克里斯，也录了一盘磁带。

克里斯： 西德尼让我录一盘，我就录了。后来我问他："我能再录一盘吗？"总共录了三盘。你也录了一些录像带吧？

维奥莉特： 录像是后面一点的事。我录制了许多录音带……录制过一盘关于治疗过程（therapeutic process）的磁带。我在这个治疗过程的开发上投入了大量工作。那对我来说是一项重要的工作；对于解释我的工作产生着巨大影响。对我而言，治疗过程是我工作的核心，从建立关系和接触开始，逐步展开。

之后，西德尼想到让我制作录像带。于是，我们不得不租用了一间工作室。麦克斯的是音频工作室，而非视频工作室。起初，我们并未租用视频工作室，而是到我的办公室进行拍摄。那里有很多交通噪声。不过，我们还是与当时12岁的亚伯拉罕一起完成了那盘录像带。

亚伯拉罕本人并未直接接受我的治疗，但他之前在与我合作过的某位治疗师那里接受过治疗。我现在已经忘记了那位治疗师的名字，她也曾是我的学生。亚伯拉罕在她那里进行过治疗，因此对过程很熟悉。那时他面临诸多问题，而他参与录制的是第一盘关于愤怒的录像带。

随后我们录制了第二盘录像带。那时……让我想想……当我们录制第二盘时，我已经搬家到圣塔芭芭拉。但他们租用了长滩市的视频工作室，于是我们决定以沙盘为主题录制视频。

我记得我得自己打包所有物品。我买了那些用于壁橱收纳的透明亚克力盒子。我打包好所有的沙具和物品，甚至带上了两个沙盘，开车前往长滩市。亚伯拉罕在他的治疗中曾使用过沙盘，不过他并不想用沙盘。但我们租的这间录像工作室本来是想用作录制关于沙盘的内容的。于是，我将这次治疗称为"非典型的沙盘工作"。我认为这是一段有趣的视频。最后，在结束时，亚伯拉罕还是完成了一个沙盘。视频开头展示了一个精美的沙盘，那是摄制组摆的。他们对沙盘非常着迷。（笑）总之那次录制效果不错。

后来，我受邀前往圣迭戈的一家儿童虐待机构，与一名儿童工作。他们通过双向镜观察。说实话，我不太相信双向镜这种东西。经常有人观察我的工作，但孩子知道有人在看。我觉得躲在双向镜后面观察有点鬼鬼祟祟的。所以我一与那个男孩工作就告诉他有人在看我们。那次录制的就是卡洛斯的录像带。

我非常喜欢那盘录像带。我们获得了录像带的使用权，而且每售出一盘录像带，卡洛斯都能获得版税。亚伯拉罕也是如此，直到今天，他的录像带每售出一盘，他便能从中获得相应的版税。

克里斯：你后来还录了一盘录像带。

维奥莉特：是的，另一盘录像带并非通过麦克斯录音公司发行。那盘录像带属于"专家的儿童治疗工作（Child Therapy with the Experts）"系列。发行公司是阿林和培根出版商（Allyn and Bacon Publishers），位于波士顿。他们还推出了"专家的心理治疗工作（Therapy with the Experts）"系列的磁带。他们邀请我参与"专家的儿童治疗工作"系列的录制。有7位专家，我负责的是格式塔治疗的部分。这次经历颇为有趣，录制地点设在芝加哥。然而，我因确诊乳腺癌并需接受为期7周的放射治疗，不得不推迟录制。然而组织方无法将活动延期太久，要么在我完成治疗后不久就开始，否则就要取消录制。

于是，我同意了。治疗结束后不久，大概几天后，我便飞往了芝加哥。我彻底筋疲力尽了，完全耗尽了精力。然而，他们让我与4个孩子工作。原本他们希望我与5个孩子工作，但最后我与4个孩子工作。然后，我们观看了与所有孩子工作的录像，来选出适合录入"专家的儿童治疗工作"系列的录像。虽然其他孩子也很出色，但我感觉我选择的那个孩子更契合格式塔治疗。因为那个孩子的录像更清晰地呈现了治疗过程和格式塔的过程。

我们选择了那盘录像带，并将其制作成一档脱口秀节目，节目中有主持人向我提出许多问题，随后播放和儿童工作的录像，而且现场还有观众。最近，这些录像可以在网上购买，不再是 VHS① 格式，而是 DVD② 格式。这是我最喜欢的一盘录像带，非常优质，但我与录像带公司并没有什么关系。

克里斯：我本来想问问你的治疗过程，但我不打算问了，因为你已经在书中有所阐述。

维奥莉特：我新书里写了。一整个章节都在讲治疗过程。

克里斯：是的，读者会在书里找到的。不过我更想聊聊你的家庭。关于所有的录音带，你的家庭对你的这项工作很支持。

维奥莉特：是的。

克里斯：那请进一步和我讲讲你的家庭是怎么影响你的工作的。

维奥莉特：嗯，我想，我不确定家庭是否影响了我的工作。在我的成长过程中，我并不知道自己会从事这项工作（笑），但我有一个很棒的家庭。我有一对非常棒的父母。他们无比滋养，充满爱。他们是俄罗斯犹太移民，我认为他们非常不寻常。

比如我的母亲，当我长大，从事这份工作后，我至今都回想不起她在养

---

① VHS，最初代表 Vertical Helical Scan（垂直螺旋扫描），是一种采用磁头/磁带垂直扫描的技术格式，是由日本胜利公司在 1976 年开发的一种家用录像机录制和播放标准，所以也被称为 Video Home System（家用录像系统）。直到 21 世纪初，当 DVD 出现时，VHS 便不再那么常用了。——译者注

② DVD，Digital Video Disc 的缩写，高密度数字视频光盘。——译者注

育我的过程中有什么过失。我曾以为每个人的父母都如此完美，直到与朋友交谈后才意识到，我的丈夫、朋友们，他们的父母并非都像我父母那样。我想，这确实相当不寻常。

我的父亲是一名裁缝，他在听说"女权主义者"一词之前，就已经是个女权主义者了。他总是告诉我，我可以做任何自己想做的事。我想，当我大学辍学，年纪轻轻就结婚，并参加工作以支持我丈夫继续深造时，我让他失望了。但他见证了我重返校园完成学业，并成为一名教师。他为此感到非常高兴。

他并不知道我后来还走得更远，还写了书，但我会想起他。我时常在脑海中听到他的声音，鼓励我说我可以做任何自己想做的事情。我的父母，他们俩都非常支持我，充满爱，令人赞叹。他们还积极参与社会活动。

他们信仰和平、正义与平等，我就是在这样的价值观中长大的，他们也非常喜欢参与这类工作。他们虽不是宗教意义上的犹太人，却是非常注重文化传承的犹太人。因此，我自幼便对犹太文化有了深入了解。你还想了解些什么呢？

哦，对了，我还有两个哥哥。我是家里最小的。之前提到的哥哥西德尼比我大九岁半，而另一个哥哥亚瑟·所罗门（Arthur Solomon）比我大7岁。小时候，亚瑟经常陪伴我，和我一起做事，带我到处玩。我非常崇拜他。可惜，在第二次世界大战末期，他作为一名士兵在德国牺牲了。那段经历令我们整个家庭都心碎不已，直到现在都对我产生着很大的影响。

关于我的家庭，还有一点值得一提。我的童年是那样美好，尽管也遭遇了创伤。我刚满5岁那年，我们去拜访了一个亲戚，我不幸被开水严重烫伤。那次经历非常可怕。我住了很久的院，接受植皮手术，而这段经历或许对我的工作产生了深远影响。

我常想，如果小时候有心理治疗师来与我交谈会是怎样的情景。我至今仍记得医生和护士对我说："要做个乖女孩，别哭了。"那声音至今回响在我耳畔。那时还没有青霉素，他们每天得给我清洗伤口，灼伤的部位真的太疼了。这是一段非常糟糕的经历。

在儿童工作中，我们常将问题归咎于家庭和父母。事实上，影响儿童的系统很多，医疗系统便是其一。学校系统、法院系统、宗教系统等诸多系统均对儿童产生着影响。

我还经历了其他创伤。7岁那年，我的耳朵严重感染，那时也还没有青霉素。我的两只耳朵都得手术。这实际上是由麻疹引起的。我的耳朵感染后，医生移除了我耳后的骨头，导致耳道塌陷，因此我听力受损。我的听力变得越来越差，现在不得不佩戴非常强力的助听器。虽然经历这一切很艰难，但我感觉还好。（笑）

克里斯：我有点卡顿，感觉我无法完全回应你刚才说的话。我想接着你提到的，你的父母是社会活动家，非常投入和关注社会的正义活动。我在思考，你的书已经在全球推广，影响着全球孩子的生活。我很好奇你在世界各地观察到的儿童需求都有什么？有哪些是全球儿童共同面临的问题？其他国家的治疗师向你反映了他们国家儿童的哪些需求？

维奥莉特：世界各地的问题似乎都大同小异。我到哪听到的都是差不多的情况。但也确实有些文化现象需要我们理解和关注。

比如，在南非，我们了解到孩子被教导绝不能直视成年人。而在我的培训课程中，我会让学员谈谈他们的想法：在和孩子交流的过程中，孩子看着你，和你建立接触，这是多么重要。我甚至让他们谈谈如何引导孩子把脸转过来，他们说："看着我，看着我。"

然而，南非人并不这样做，他们被教导不要这样做。因此，如果把这作为一个问题，就显得有些荒谬了。不过，我发现即使在美国也有不适合对视的情况。我遇到过美国的父母，在家庭会谈时，他们希望孩子在交谈时看着他们或看着我。我常说"我知道孩子在听"，因为我深知让有的孩子做到这一点有多难。即使是成人，如果我看着你，我们目光交汇，也可能感觉有点吓人。（笑）在格式塔治疗中，我们常探讨这一现象，即在建立接触的过程中，适当的撤离是非常重要的。持续僵硬地接触，并非真正的接触。因此，撤离也是建立接触的关键一环。对孩子而言，他们往往需要很多撤离，从而感到自在舒适。

在某些文化中，孩子很难表达自己的感受，因为他们被教导喜怒哀乐不形于色。这种情况在美国也存在。我想说，实际上，这里的问题在于孩子如何处理愤怒，以及他们是否觉察到自己的愤怒情绪。世界各地都是如此，都存在同样的问题，同样的处境。我一直认为，儿童的成长过程在世界各地都是一样的。区别在于你如何引导这一过程。这就是我的发现，也是为什么我认为这本书及这些工作能得到世界的关注。

补充一点，我在南非的三个城市工作过，有500名治疗师参加了我的工作坊，每个工作坊为期2天。他们向我详细讲述了这项工作的影响及其重要性。有一点与南非儿童面临的众多问题有关。由于艾滋病肆虐，许多孩子成了孤儿。即使他们没有患病，也因其父母生病离世而成为孤儿。没有足够的心理治疗师应对所有这些孩子，不过他们发现，应用书里的方法效果显著，成效远超以往尝试过的任何疗法。

我认为，运用大量的创造性表达技术是非常有效的。要记得，在世界各地的文化中，人们一直都借助于表达性技术来表达自己，无论是绘画、舞蹈、歌唱还是黏土。黏土一直都非常重要，还有讲故事。世界各地的文化都会采用所有这些表达性技术，因而它们以其独特的方式吸引了许多不同的文化。每种文化都会选择最适合自己的表达形式。

克里斯：谈到这些创造性表达技术，我想请你谈谈音乐，以及你如何将音乐融入与孩子的工作中。说说你是如何发展这一方法的。我知道你收藏了许多美妙的乐器。

维奥莉特：我所采用的特定过程有其独特的形成方法。我从小就与音乐结缘，我的父母曾在合唱团唱歌，而我弹了很多年吉他。多年以来，我对民谣音乐的兴趣一直都尤为深厚。我曾与保罗·温特（Paul Winter）一同前往伊莎兰研究所参加一个工作坊。

保罗·温特是一位新时代音乐家，擅长吹奏萨克斯风。他的才华令人惊叹，他创作的音乐融合了自然、动物及不同文化，极具感染力。我被其艺术所打动，在某个夏天特意前往他在康涅狄格州的音乐村，探寻他的创作之道。他的哲学理念是："不存在所谓的错误音符。"我一直认为音乐至关重要，因为它不仅仅是头脑的产物，而是源于整个身体。在格式塔治疗中，我们常探讨整体性治疗，整个身体参与治疗。温特演奏各种乐器，主要是打击乐器，尽管他也使用其他乐器。你无须懂得如何演奏，只需发出声音，因为他认为这就是鸟类、动物和狼所做的，它们发出声音。

因此，我开发了一种儿童工作中使用这种方法的技术。保罗·温特在伊莎兰举办了另一个工作坊，他中途不得不离开，便询问我是否愿意接手，考虑到我曾去过音乐村，我便答应了。总之，我与孩子一起开发了一种音乐创作过程，既可以运用在团体中，也可运用于一对一的个体治疗。每个孩子都拥有自己的乐器。我备有大量打击乐器，孩子可选择一个，其中还有旋律乐器，如木琴。这一切都是我逐步摸索出来的，与我工作的一些孩子还帮我发现了新用法、新技巧。

这真是太美妙了，令人赞叹不已。每当我在我为期两周的培训课程中开展音乐活动时，效果总是令人惊叹。参与的成年人大多非常喜爱这个活动，多数人都表现出极大的热情。当然，总有那么几个人可能不太感兴趣，但总体上反响热烈。我不知道他们是否会将此运用到儿童工作中。无论如何，那确实是一次美妙的体验。

克里斯： 从你所述来看，格式塔治疗与你自身的特质、成长背景、理念及价值观都高度契合。那么，你是如何接触到格式塔治疗，而非其他疗法的呢？

维奥莉特： 我在学校工作的那段时间，在接受格式塔学会的培训之前，我还没有真正尝试那些方法，但我觉得我本身就有那种特质。之前提到，我教的是情绪障碍儿童，并且在常规班级工作了两年半。我做了一些相当惊人的事，真该为此写本书。或许，成为一名格式塔治疗师，本就是我天性的一部分。

我的前夫已经去世了，如今想来他已去世20年了。他因脑瘤在62岁时突然离世。即使在我们分开后，多年来我们仍保持着密切联系。

我前面讲到，我们的一个孩子病得很重。迈克尔患上了全身性红斑狼疮，疾病侵袭了他的肾脏。医生说他可能只剩下1年到一年半的时间，这对任何父母来说都是难以承受的噩耗。我处理这个问题的方式是尽力挽救他的生命，而哈罗德（丈夫）则陷入了哀伤，这对我们的婚姻确实产生了影响。事情是这样的，在迈克尔生命的最后6个月，他的健康状况急剧恶化。他住进了医院，我开始意识到他的身体每况愈下。正如哈罗德对我说的，"他快死了"。我当然很难接受这一点，也因此变得非常抑郁。

大约迈克尔去世前2个月，在朋友和哈罗德的催促下，我决定寻求专业帮助。我尝试了几位不同的治疗师，但毫无效果，他们自己都哭了，根本无法为我提供任何帮助。

后来，我的一个朋友打算去伊莎兰参加吉姆·西姆金（Jim Simkin）的工作坊，并鼓励我也去。于是，我便去了。我的婆婆来照看孩子，我则前往伊莎兰与吉姆·西姆金工作。那个周末，弗里茨·皮尔斯也在那里，但我未能与他工作，不过我观察过他。而我在吉姆·西姆金这个团体中度过的这一周，彻底改变了我的人生。听见别人这么说，你可能会想："这是什么意思？什么叫改变了你的人生？"但我可以诚实地告诉你，与吉姆·西姆金共度的那一周，我的人生确实发生了改变。

他引导我面对哀伤、愤怒、回避，以及我所否认的一切，让我直面所发生的一切，同时，他始终与我同在。这正是"我–你"关系的体现。他那时与我同在。

在团体之外，他和他的妻子安妮非常慈悲，我真的很享受与他们相伴的时光。在团体中，我做了很多工作。他确实激发了我的工作热情。我说这改变了我的人生，我的意思是它以某种方式重塑了我。

当我离开伊莎兰，回到长滩市时，我的儿子正在医院里，生命垂危。有一回，我去杂货店买东西，遇到了一个很久未见的邻居，她对我说："你看起来状态真好。最近发生了什么？"我不得不向她说起迈克尔，她却退缩了，甚至无法与我交谈。

这真是件怪事。我去医院时，迈克尔开始好转。他能回应我。我们关系很亲密，非常亲密，他能回应我，医生甚至允许他出院。医生对此感到困惑，因为他的病情从未有过缓解。这种狼疮会攻击所有的器官，当时的情况正是如此。

在那之前，他连坐都坐不起来了，吃不了东西。后来他能吃能走，回家住了6周。我们去看了电影，去了日本的鹿园，那里有各种动物，他特别喜欢。我们去了好多不同的地方，还去我表亲家吃了感恩节大餐。难以置信，那段时光就像一份真正的礼物。他甚至开始上学了，刚上高中，再过几周就满15岁了。我们用出租车接送他，因为他的身体还很虚弱。

他似乎在逐渐恢复体力，但有天晚上他突然开始咳嗽。我们带他去看医生，一路上他都在哭。他不停地说："我不想去。"医生建议他住院，因为他得了肺炎。医生说："哦，这不算严重，只是小问题，但为了安全起见，还是让他住院吧。"迈克尔在去医院的路上一直在哭，他说："我觉得我再也出不来了。"当然，我那时听不进他说的话，而他在第二天就去世了。那真是糟透了。

他去世后，我陷入了极度的悲痛中。就在那时，学校打电话给我，说你必须来，有个教师离职了，留下这个班级。那次，我走进教室，告诉孩子们我刚失去了儿子。他于12月12日离世，生日是12月20日，而我是在1月4日或5日回学校的。

克里斯：天哪，那他去世还没几天。

维奥莉特：是的，那一切都让我记忆犹新。我们有了迈克尔回家6周的礼物，我拥有那些美好的回忆。它们太美妙了。格式塔治疗和吉姆·西姆金对我产生了深刻的影响。他们正好在洛杉矶启动了这个培训课程。在丈夫哈罗德的鼓励下，我决定参加这个课程。就这样，我开始了格式塔治疗的学习。尽管哈罗德之前参与过，那是他的事，和我无关。现在这成了我的事。

克里斯：那时你还继续和吉姆·西姆金一起训练吗？

维奥莉特：我确实参加了他的一些工作坊，其实，我们整个培训团体还去他家待了1周。

克里斯：他当时在伊莎兰吗？

维奥莉特：不，他在伊莎兰旁边。他在伊莎兰旁边建了房子。所以我参加了他的培训。

克里斯：你观察过弗里茨·皮尔斯？

维奥莉特：是的，虽说哈罗德接受过他的培训，但我从未和他工作过。

克里斯：那劳拉（Laura）呢？

维奥莉特：嗯，我参加过几次研讨会，其中一次是在新奥尔良和你一起参加的。我对劳拉印象深刻，尤其是因为她非常人性化。我至今记得，有一次小组讨论，角落里有个人一直沉默着，过了一会儿，劳拉就问他："你怎么样？还好吗？你还没说过话。"

弗里茨·皮尔斯绝不会这么做。在他看来，每个人都得对自己负责，仅此而已。因此我非常欣赏劳拉。

我在另一位培训师艾伦·达邦（Allen Darbonne）那里也有过类似的体验。他也是如此，非常慈爱。我发现，原来一个人可以既充满爱心，又是一位格式塔治疗师。（笑）

克里斯：你正是如此！

维奥莉特：谢谢你。我还从另一位培训师鲍勃·马丁（Bob Martin）那里学到，你可以发挥创造力，因为鲍勃在团体中极具创造性。我从他那里学会了你可以具有创造性，这是件好事。可以说，吉姆·西姆金、艾伦·达邦和鲍勃·马丁对我影响深远。这就是我的经历。当然，我也遇到过其他优秀的培训师，但这几位才是真正塑造我的人。

当时，我们那个机构被称为洛杉矶格式塔治疗学会。我们共有 12 位培训师。每 2 个月，我们会更换一位培训师。1 年后，我被分到了高级组。那时，我们可以自主选择培训师，从艾伦·达邦、鲍勃·马丁，到鲍勃·雷斯尼克（Bob Resnick）、艾伦·达邦，我们整个小组还一起去了吉姆·西姆金那里培训了 1 周。那是一次非常棒的培训体验，我感到非常充实。虽然现在我不知道是怎样的，但当时我确实感觉那是一次美妙无比的培训经历。

我在洛杉矶格式塔治疗学会接受了 3 年的培训，并通过了许多人望而却步的认证过程，因为这颇具挑战性。但我想要完成，最终也确实做到了。我在学会的那段时间，现在的一些培训师还没有加入学会，因此我不了解他们。但我遇到的培训师都非常出色。

克里斯：我们还没聊你是如何来到圣巴巴拉的。

维奥莉特：嗯，正如我之前提到的，我当时工作非常繁忙。要知道，我是满负荷工作，原本是成人工作和儿童工作各占一半，但那个时候，已经变成了儿童和青少年工作占四分之三，成人工作占四分之一。

克里斯：你说的"满负荷工作"是什么意思？

维奥莉特：哦，对我来说，满负荷工作就是一周和 20 个来访者工作。我们做过一项研究（笑），我常跟人讲这项研究。我们研究了工作时间的问题，发现如果你有 25 个来访者，那你一周就得工作 50 小时。尤其是当你和孩子工作时。有大量的文书工作，与家长沟通，去学校，与校长谈话，撰写报告，与法院系统沟通，出庭。我是说，这真的很耗时，所以 25 个来访者已经非常满了。我听说现在有些治疗师每周要见 30~35 个来访者，对我来说，真难以想象他们如何能做好工作。（笑）

我曾组织过一个成人团体，一周一次，在晚上进行。那时我常出差，每个月都得飞到各地，然后匆忙赶回来见我的来访者。我每年至少出国一次，有时两次。我还负责一个为期 2 周的培训项目，从 1981 年持续到 2007 年，其中有 6 年每年七月和八月各举办一次。为此的筹备工作繁多，大多是行政事务，即使有人协助，我依然忙得不可开交。我总觉得遗漏了什么没讲。

克里斯：好吧，你遗漏的是，你曾是儿童与青少年治疗中心的主任。

维奥莉特：是的。

克里斯：我们定期开会。

维奥莉特：我们有会议，还有督导，我四处奔波，忙忙碌碌。我曾在帕特里克工作的那家防止虐待儿童的机构做公益督导。我差点忘了那回事。当时我正忙着写作。说实话，我的工作超出了常人应有的负荷。

结果我病倒了，患上了慢性疲劳症。一位医生给出的诊断是慢性单核细胞增多症。后来我们发现，爱泼斯坦－巴尔病毒与单核细胞增多症有关。但我们现在终究是清楚了，那是慢性疲劳综合征。

我当时病得很重，没有减肥体重就下降了约 9 千克，真希望这种事现在能发生在我身上。但那时我吃不下东西。我会强迫自己吃东西，因为我知道必须得吃。在那种情况下我还在工作。终于，我无法工作了，停了 2 周。不过大部分时间我都在工作、飞行，至今还记得我在阿拉斯加参加了一个关于儿童虐待的大型会议。我做了很多事，每天做完必须完成的工作后，通常已经到了下午六点。我便回酒店房间睡觉，连晚饭都不吃。

那有点奇怪，但当我生病时，我意识到我必须改变我的生活。病痛使我很恐惧。不像你那时候没那么多来访者，多少能喘口气。于是，我想是在八月，我去了夏威夷参加了一个为期3周的太极静修。我知道我得决定自己要做什么。因为我要么住在赫莫萨海滩改变现在的生活，要么搬到一个更滋养身心的地方。赫莫萨是一个住宅区，我得开车前往洛杉矶，交通越来越拥堵，赫莫萨也越发拥挤。我感到自己需要生活轻松点或搬家。

我产生了搬家的想法，虽不确定搬到哪里去，但我在圣巴巴拉有一个熟人——费莉西亚·卡罗尔（Felicia Carroll）。我曾去过那里，举办过几次工作坊，而且，我的女儿在那里读本科，我偶尔会去看望她。但我那时从没考虑过住到圣巴巴拉去。我以为那是个旅游小镇，尽管我参加了那些工作坊，费莉西亚也住在那里。

在夏威夷，我下定决心要搬家，这并非易事。我在赫莫萨有一座小房子，还有一间租了5年的工作室。我必须买房，否则将面临高额税款。我在赫莫萨有执业资格，而在圣巴巴拉却没有。我决定踏上旅程，接受培训，尽管转变不易。但我下定决心，准备面对一切，细节就不一一赘述了。

结果一切都顺利，我深深爱上了圣巴巴拉，那是一个多么美好的社区。生活在那里，我感觉被温暖和美好所包围。我在那里度过了二十一年半，我珍惜在那里的每一刻。这就是我如何去到圣巴巴拉的。（笑）

克里斯：或许我该再问问，你是怎么来到这里的？

维奥莉特：我来洛杉矶已经快1年了。2年前我过了80岁，我儿子觉得我应该搬到他附近住。他拆了车库，开始建一间小屋。我曾坚决表示："绝不，我绝不会搬到洛杉矶。"（笑）但随着时间的推移，我逐渐意识到自己年纪渐长，而且我和儿子及儿媳的关系非常亲密，能住在他们附近确实很美好。"或许我该这么做。"于是，就像我一生中做过的每个决定一样，我会思考一两周，然后说："好吧，我要行动了。"接着便去应对任何随之而来的后果。

这一直是我的行事方式。

于是，他们建了这座可爱的小屋。去年四月我过了 81 岁，到了八月我决定："我要行动。"然后我做到了。我立刻卖掉了我的公寓。那种感觉不可思议，仿佛命中注定，而我现在就在这里。这是一个巨大的调整。

克里斯：这些年你逐渐从实践中退休，退休生活是怎样的呢？我知道你刚从西班牙回来。

维奥莉特：大约 10 年前，我 72 岁的时候，在我女儿萨拉的支持下，她在波士顿，还有我儿子马哈·阿特马，他在洛杉矶，他们一直鼓励我，不要那么拼命工作。即使我搬到了圣巴巴拉，我仍然很努力。尽管那是一个很具有滋养性的社区，我仍全力以赴。

于是，我同意了他们的看法，但我已在那个家里建了一间工作室，一间极好的工作室。我深知，如果我继续住在那里，我就无法停止见来访者。所以我决定搬家。我就是这样的。我出售了房子，购入一套无办公室的公寓。既然没有办公室，我便停止了见来访者。但我仍继续进行督导工作，因为那些我督导或提供咨询的治疗师会来我的公寓，同时我也在社区的咨询中心继续督导工作。

我继续进行我的培训工作，也继续旅行，但不再接见来访者，因此工作量有所减少。接着，我决定该写下一本书了，于是就开始动笔了。我想，可能对我来说，不工作挺难的。

克里斯：我之前没提到的是，你在圣巴巴拉真的建立了一个完整的实践体系。

维奥莉特：哦，是的。那是一个挺有趣的故事，我确实做到了。不知道你是否想听这个故事。

克里斯：我很愿意。

维奥莉特：你想听这个故事吗？你们可以把这段剪掉。嗯，我搬到圣巴巴拉不久，就接到了一个电话。我有些担心，因为执业是我的收入来源。我是六月搬去的，到了秋天，我接到了家庭服务机构的电话，那里设有儿童指导诊所。

他们说："我们听说你搬到了圣巴巴拉，我们想做一些宣传，让人们更了解我们的机构和我们所做的工作，特别是儿童指导诊所，不知你是否愿意举办一个工作坊？"我回答说："当然可以。"那次工作坊是关于愤怒主题的，叫作"愤怒的多面性"，即愤怒以多种不同形式呈现。

他们给每个孩子都发了传单。从卡宾特里亚到戈利塔，所有学校的孩子都把关于这个工作坊的传单带回了家。这个工作坊面向的人群是父母和教师，而且在整个圣巴巴拉市，到处都张贴了海报。圣巴巴拉市虽然有9万人，却像个小镇，大家彼此相识。就是这样。非常棒。他们在全城贴满了海报。我还上了当地的广播电台。当地电视台甚至派了摄制组来工作坊进行拍摄。我是说，这宣传效果简直不能再好了！之后，我的电话响个不停，业务也就此起步。

克里斯：那算是你执业的起点了。

维奥莉特：对。

克里斯：后来你不再接来访者，搬进了公寓。接下来呢？下一步是什么？

维奥莉特：大约2年后，我患上了乳腺癌，但我依旧坚持做前面说的那些工作，并且一直持续下去。我写作，一直在写，不停地写。撰写《隐藏的宝藏》花费了更长时间，因为它不像《开启孩子心灵的窗户》那样是我生命中的首要之事。所以，《隐藏的宝藏》这本书的创作历经数年。我利用了录音带。我决定将那 6 盘录音带的内容融入书中。我重写,梳理,我之前已经写好了录音的文字稿,这使得整个过程轻松了许多。还有理论章节的部分。然后发生了什么?我一直在做这些事,直到大约 2 年前,我意识到我得减少工作量了。

克里斯: 你提到萨拉和马哈·阿特马在鼓励你,催促你减负。

维奥莉特: 终于,我完成了最后一届的两周培训。这非常艰难,因为我真的很喜欢那些工作,但确实到了该结束的时候了。

克里斯: 那是 2 年前的事了。

维奥莉特: 对,2 年前。上上个夏天是我最后开展培训。我决定搬到这里,因为我知道如果我在这里,我的工作肯定会减少很多。第二本书已经完成了,所以我来到了这间小屋。我在这里还会做一些督导工作。还有几个人会来这里督导,我也在电话中与俄亥俄州和西雅图的咨询师交流。虽然我接了更多督导工作,但这些工作也逐渐减少了。我受邀参加了西班牙的一个大型国际格式塔治疗会议,我从未去过西班牙,所以我的女儿萨拉陪着我一起去了西班牙。去年,我去了墨西哥的普埃布拉。三月我在蒂华纳举办了一个工作坊,我的儿子马哈·阿特马陪同我前往。

克里斯: 请介绍一下维奥莉特·所罗门·奥克兰德基金会(Violet Solomon Oaklander Foundation)。

维奥莉特: 哦,天哪……我想我们成立这个基金会已经有 5 年了。我督导的一个治疗师,休·塔利(Sue Talley),她很久以前就有创办基金会的想法。她时不时地跟我提起这件事。终于我答应了:"好吧,如果你想做,那就去做吧。"于是我给了她一些联系人名单,她联系了多方人士,并召开了第一次会议。我不太清楚，当时你在场吗？当时在塔菲屋开的会。

克里斯：不在，我当时在西雅图。

维奥莉特：你在西雅图啊。那次会议挺让人触动的，大家讨论了基金会的工作，及其对他们的重要性。那就是起点。于是就这么定下来了。然后大约三年半前，将近4年前，我们举办了首次派对，为基金会揭幕。那真是一个美妙的时刻。

所以，基金会维持着我的工作。我们这个基金会规模虽小，但已获得非营利组织资格，这个过程费了不少劲。我的儿媳玛莎做了很多工作，她拼尽全力才最终拿到非营利资格的批准。许多人都很努力。琳恩·斯塔德勒（Lynn Stadler）负责发布通讯。她现在正找人接手她的工作，但她已经发布了这些精彩的通讯。

很多人付出了很多努力，我们每三四个月开一次会。我们在圣巴巴拉开过会，也在洛杉矶开过会。我们在阿戈拉希尔斯见面，休·塔利住在那里。加利福尼亚州的大多数人都住在这一带，因为其他地方过去不太方便。住在圣路易斯·奥比斯波市的人也会来。还有很多不住在这里但对我们的活动感兴趣的人。我们一直在开会，这些会议非常棒，因为参与者都非常投入，兴致勃勃。

现在我们有了一个商铺，一个线上商铺，销售我的书，有英文版和西班牙文版，还有我所有的录音，以及彼得·莫托拉（Peter Mortola）的书。如果基金会里还有其他人写了书，我们也会出售。我们会将其发布在网站上（笑）。总之，这真的很不错。

克里斯：人们有时会把你的工作称为"奥克兰德模式"。这是你自己使用的术语吗？

维奥莉特：要知道，我认为每个人都有自己的工作方式。我发展了这一治疗过程，它虽然基于格式塔治疗的理论、哲学及实践，但这是我的模式。它与格式塔治疗以及儿童发展理论紧密相连。所以这是奥克兰德模式。

克里斯：还有一个问题，我知道你曾提到去克利夫兰参加他们的定期格式塔治疗会议。那是克利夫兰的那个吗……？

维奥莉特：不完全是，我记得第一次是由克利夫兰学会赞助的。第二次在伊莎兰学会，或者第三次，也可能两次都是。我记不太清楚了，但最近的那次是由伊莎兰赞助的。参与者来自各个地方，他们也展示了各自与儿童工作的方法和技术。我深感荣幸，这真的很棒。我想，戈登·惠勒（Gordon Wheeler）做了很多组织工作。

那是一次美妙的经历。我非常感激这份认可。你知道，多年来我一直投身于自己的工作。我并不完全清楚格式塔的社会团体如何接纳我的工作。除了俄亥俄州，因为诺曼·舒布（Norman Shub）和俄亥俄州中部格式塔学会一直对我的工作给予了极大的支持。该学会曾派人参加我的培训和督导，并为此支付了费用，因此我了解他们对我的工作的看法。多年来，我在俄亥俄州的哥伦布市举办了无数次工作坊。在费城格式塔治疗学会也办过一次工作坊。我虽获得了一些认识，却从未真正感受到我的工作是如何被接受的。

在克利夫兰和后来的伊莎兰，我才感到非常满意，因为许多来自我熟悉的欧洲各地的人汇聚于此。我曾在德国的一个格式塔学会工作多年，也在伦敦的一个学会工作过，但我的足迹遍布更多地方。我曾为非格式塔治疗领域的人上过课，有大学、多家医院、邀请我的机构，以及各种各样的人，我还参与过游戏治疗协会的会议。很多参加我工作坊的人其实与格式塔治疗毫无关联。但不少人后来接受了格式塔治疗培训，因为我始终自称为格式塔治疗师。我的工作基于格式塔治疗的理论、实践与哲学。

克里斯：还有补充吗？

维奥莉特：我有一个疑问，感觉格式塔治疗师对儿童工作的认可和尊重并不高。多年来我一直有这种感觉……或许不只是格式塔治疗师。在格式塔的社会团体中，我深感他们从未真正给予儿童工作足够的认可。仿佛那并不算什么重要的事。你只是和孩子们一起玩游戏或做些类似的活动。（笑）但我希望这种情况正在改变。我希望它正在改变。

克里斯：我曾听说过，有人认为不能对儿童进行格式塔治疗，因为他们的自我尚未发展成熟。

维奥莉特：（笑）是啊。

克里斯：我了解到，当今，在心理治疗的整个领域中，婴幼儿心理健康的这一整个领域，已经得到了开拓。

维奥莉特：是的。同时，脑科学的研究也取得了重大进展。当然，这一切都始于婴儿期的大脑发育。我坚信，格式塔治疗是如此自然，这使得该疗法本身就非常适合儿童的发展。

我们说到，当你观察婴儿时，会发现他们非常依赖感官，而格式塔治疗强调的正是回归你的感官。正如弗里茨·皮尔斯常说的那样："抛开头脑，回归感官。"在婴儿时期，感官体验尤为重要。随着婴儿的成长，身体运动成为成长发育的关键部分，接着是情感的表达，以及儿童的智力及发育的运用。这一切都是逐渐发展的，构成了格式塔治疗的基础。所以在我看来，怎么能不是这样呢？这正是与儿童工作、评估他们是否在情感表达上遇到困难的重要考量。这全都是儿童的成长的部分。甚至也关乎成年人的成长，因为这种成长始于童年。作为成年人，你并非突然间就丧失了表达情感的能力，这一切早在很久以前就埋下了种子。因此，在我看来，儿童的成长过程与格式塔治疗理论非常相似，这一点是如此重要、自然且显而易见。

克里斯：我想请你谈谈，与儿童进行个体治疗与开展家庭治疗的区别。我知道有些治疗师坚信家庭治疗才是最佳选择。

维奥莉特：嗯，我曾与许多无家可归的孩子工作过，也接触过很多寄养儿童。还有一些孩子，他们虽有人照顾，却并无真正意义上的家庭。他们实际上在四处漂泊。在我的实践中，如果我能让父母参与，那么我一定会这么做。当然，这么做是有道理的。在我与儿童个体的工作中，会每月与家长见一次面，类似做汇报。有些时候，我一周与父母和孩子一起工作，另一周与孩子单独工作。对我来说，并没有硬性规定。

我不认为孩子必须与家庭黏在一起。毕竟，孩子也是独立的个体。如果家庭不想来，我能单独与孩子合作——我说的家庭指的是父母，有时也包括全部家庭成员，即包括兄弟姐妹。有时我定期与他们会面。有时，我只让他们偶尔来访，或者干脆不来。这里指的是那些兄弟姐妹。（停顿）我的思路有点散乱了。

克里斯：（笑）我尽量让自己集中一下。听起来，你似乎希望守护并满足孩子的需求，无论父母是否愿意前来。

维奥莉特：我只是觉得，如果父母愿意带孩子来，我会与孩子工作。父母不愿意来的情况我也遇到过很多次。有趣的是，有时在与孩子单独工作时，孩子会变得有点像父母的治疗师，或者他们开始以某种方式改变，吸引父母参与。这与你常听到的说法不同，即孩子开始好转和变得更健康时，父母会不喜欢，我认为这种说法是不真实的。我从未见过这种情况。我从未遇到过哪个家长不希望孩子更快乐、表现更好、更能发挥功能。

可能有那样的父母，但说实话，我还没遇到过。我想或许存在，但他们肯定是功能失调，甚至是虐待孩子的父母。我见过不少功能失调的父母，甚至虐待孩子的父母。我有一个个案，那名母亲参加了为虐待性父母开设的项目，而她的孩子则被转介给项目外部的治疗师。由于孩子与我建立了很好的依恋关系，我们的关系和沟通都很好，但那名母亲却终止了治疗，并告诉我："我受不了他那么喜欢来你这里。"这种情况在我的职业生涯中只发生过一次。

你看，各种情况都会遇到。我还有一个个案，孩子的父母拒绝参与治疗。父亲是海军军人，被派往外地，母亲则坚决不进入治疗室，从来没进来过！即使是首次会谈，她也只是把孩子送到门口。学校因为这个孩子频繁的行为问题而把他转介过来。然后他开始回家……举个例子：不知怎么的，我们谈到了他的孤独感。这是一个海军家庭的孩子，他们经常搬家。现在他上四年级，正在交朋友。他们有自己的小派系。这些材料来自他摆的一个沙盘，除非你想听，否则我不想深入讲述这个故事。（笑）但如果你想听，我可以讲！（笑）

克里斯：（笑）哎呀，我可不想拒绝！

维奥莉特：那么，他用沙盘摆出了两支军队。他小心翼翼地将小士兵排列成行。他告诉我"我完成了"，我说："给我讲讲吧。"他说："有两支军队，正在打仗。"我问道："他们为了什么而战？"他回答："不清楚，可能是争夺土地吧。"我接着说："那让他们打起来啊。"他疑惑地问："什么意思？"我解释道："你看，他们就那么站着。既然是战争，就该打起来！"他说："真的吗？"我说："当然！"于是他开始模仿枪声，假装士兵们正在交火。

不久，其中一方所有的士兵依旧混乱地站着。而在另一边，除了一个士兵外，其他人都被埋在了沙子里。孩子说："这边赢了。"我问："那个人是谁？"他答："他是那边的领袖，但他们输了。"他们全被埋在沙中（笑）。我接着说："我想邀请你扮演他，你愿意吗？"他回应："不，我要扮演那个人。""他是谁？""赢的那队的队长。"然后我们进行了对话。我问："那么，队长，发生了什么？""我们进行了这场战斗，并且赢了。""那感觉如何？""棒极了！我们非常开心！正在开派对呢！"

然后，我对他说："我很想邀请你扮演输了的那队的队长。"于是我开始与这名队长对话。我问："队长，你们那边发生了什么？"他感受到了之前作为胜利那一方的支持,便回答:"我们尽力了,但还是输了。"我问他:"你们输掉了什么?"他回答:"我不知道。"(笑)所以,输掉什么其实并不重要。重要的是关于赢与输的体验。我便问:"输对你来说意味着什么?"他回答:"我所有的战友……"他用了"战友"这个词,挺有意思的。他说:"我所有的战友都阵亡了。"我又问:"那对你意味着什么?"他答道:"非常孤独。"

随后他便沉默了,似乎在说"够了",你可以看出他正在切断接触。但在他完全中断接触前,我问道:"关于那种孤独感,你是否在你的生活中体验过?"他说:"一直都有。"然后他就沉默了。所以,在后面一节工作中,我想就孤独这个议题工作时,我觉得他得画出那种感觉。他不愿多谈,但愿意通过绘画来表达那种感受。接着我说:"我在想,你妈妈会不会也感到孤独,毕竟你们搬家这么频繁。"他回答:"我不清楚。"我说:"或许你应该问问她。"他答应道:"好,我会去问她的。"

他回家后真的问了母亲。以前还从未有人向她提出过类似的问题。这让她深受触动。后面一次来咨询时,她感慨道:"你知道,上周,你们在这里画了一些有趣的东西。上周,他让我画了一个安全的地方。"(笑)我们确实做了那个活动。孩子仿佛成了母亲的治疗师。然后,母亲逐渐变得柔和,开始更多地与我交谈,愿意向我敞开心扉。这种情况,我在其他家庭中也遇见过。

克里斯: 听起来你为他创造了表达情感的空间。随后,他得以将这些感受带入家庭,也让他的母亲有机会体验这些情感。这样,他们就能相互理解了。

维奥莉特: 是的,没错。因为在此之前,他们之间几乎没有真正的联结。母亲总是对孩子怒气冲冲,因为学校经常因为他的行为而叫她去。我得补充一下,我和这个男孩工作了4个月,每周一次,持续了4个月。他的行为完全变了。我给学校打电话询问情况,学校的咨询师说:"哦,他有一阵子没被送到办公室了。"后来她又给我回电话,说:"我跟教师谈过了,她说他表现得挺好的。"接着她还说:"或许他熬过了一个阶段。"(笑)

维奥莉特：这种说法你常听到吧。

克里斯：对。

维奥莉特：当然，这种说法在这儿站不住脚。后来，他们又搬家了。他们搬去了日本的冲绳，我记得这件事。这个孩子还给我写了一封信。因为我总会在孩子离开时给他们我的名片。他在信中说："我想告诉你，我们现在搬到了冲绳。但我很好。我记得我们一起做的所有事，谈过的所有话题，我想我会在世界各地都有朋友。"他说："我真的很好。"那封信我永远忘不了。

克里斯：是的。

维奥莉特：是的，这就是这份工作常有的情况。孩子就是这样……他们向你吐露内心深处的感受，然后又回到自我。

克里斯：现在我感觉有些矛盾，因为昨天我们交谈时，你提到这项工作非常有力量。

维奥莉特：是的。

克里斯：你还说到其他儿童心理治疗，其他游戏治疗技术，往往耗时太长。而这种结合创造性和表达性的技术，作为格式塔治疗的核心，效果非常显著。我在想你是否愿意就此多谈一些？

维奥莉特：当然。嗯，这就像……在游戏治疗中，会说到游戏如何成为孩子的语言。同样，格式塔技术也是如此。我们当然也使用了一些游戏元素，以及我们对绘画技术的运用……这些都是投射技术。孩子通过这些技术将内在的东西投射到外部，这个过程是安全的。这是一种非常安全的方式，让孩子能够谈论事物，然后逐渐将其引回自身，让他们能够拥有这些感受。我们运用所有这些技术，旨在帮助儿童重新体验那些已经失去或体验不到的自我部分。

例如，众所周知，遭受性侵犯的儿童会自我麻痹，以避免过多感受。因此，我们可能会进行大量感官活动，甚至和青少年也是如此工作的，从而帮助他们重新与触觉、视觉、听觉、味觉和嗅觉建立联系。感受那些感官，因为这些感官是有机整体不可分割的部分。

所以，我们借助于这些感官让孩子体验自我的部分，同时也将其作为投射工具。这些活动充满乐趣，做这些活动也让人很愉快。我昨天也讲到，数千年来，人们一直运用这些技术来表达自我。

因此，我们运用各种你能想到的投射技术，这些技术能引发孩子的兴趣。我们进行音乐、黏土、绘画、沙盘、讲故事、隐喻、动作和感官体验活动，所有这些活动。并且孩子会想出一些活动，创造一些活动。我们开展的这些活动，都是孩子能够联结的，是他们感兴趣的。借助于这些，他们能够表达出内在的自我，那些他们无法用言语讲述的部分。

我记得，我曾与许多离异家庭的孩子工作过——这在当今的心理治疗工作中颇为常见。我会对他们说："在沙盘里摆出关于你父母离婚的场景。"他们能创造出那些难以言表的事物，也就是说，他们从未想过要说出来。但不知怎的，他们能在沙盘中呈现出来。由此，我们便能展开讨论。然后，他们能逐渐接纳自己的这些感受。这一步，并非总能轻易实现。

如果我问："你在生活中是否体验过这种情况？或者，这会不会让你想起自己的生活？或联想到其他事情？"他们无法否认。如果他们回答"不"，我可能会接着说："那么，你知道，在你创造的这个场景中……"举个例子，有一个12岁的男孩，我告诉他："在这个你创造的场景里，那个冲浪者溺水了。而你，作为另一个冲浪者，你说那就是你，本可以救他一命，但你没有。我在想，你生活中是否有什么事情，让你觉得应负责任，却未能负责……"他泪如泉涌，因为他的父母正激烈地争夺着他的监护权。他不断自责："都是我的错，都是我的错。"这个男孩曾说："我不在乎他们怎么做，那是他们的问题。"他完全与影响自己的一切事物隔绝开来，除了成绩下滑、头痛和胃痛——这些都反映出他内心的压抑。

一旦他能够在这一切中找到自己的位置，我们才能真正着手处理问题。我尝试邀请父母谈谈他们的行为，但他们正在法院的要求下接受治疗，不愿来见我。不过，我帮助了这个孩子应对他的父母，这也体现了与儿童单独工作的另一个问题。有时，你得帮助孩子应对家庭状况，找到在那种家庭中安然自处的方法。我们在这方面也做了很多工作。

克里斯：治疗文献中有很多关于儿童双相情感障碍、青少年成瘾、孤独症、冲动控制障碍、注意力缺陷障碍的讨论。那么，格式塔的儿童心理治疗师对这类儿童的治疗方法有什么想法呢？或者说，有这类症状表现的儿童，你如何看待针对他们的治疗方法？

维奥莉特：嗯，其实与谁工作不是重点。关键是要建立关系，与他们接触，并从他们的位置出发。无论是3岁小孩、33岁的成年人，还是青少年，原则都一样：你要在他们的位置与他们相遇。如果你难以与他们建立关系，比如我曾与一些孤独症儿童工作过，他们并非严重的孤独症患者，但大部分时间并不在场。然而，治疗的重点是让他们保持接触，而对于我来说，是让我保持和他们的接触。通过这种方式，我们开始与他们建立关系，无论我与谁工作，原则都是一样的。关键在于建立接触，在于我的临在，在他们的位置与他们相遇。

克里斯：谢谢。还有一个问题。你多次提到的治疗过程中的一个要素是自我滋养。这是什么意思？你是如何想到将这一概念纳入你的治疗模型的？

维奥莉特：自我，这个话题非常贴近我的内心。我之所以将其纳入治疗过程，作为一个极其重要的步骤，是因为在我的格式塔治疗培训中，我从未真正处理过这一步骤，也未曾听到或读到多少相关内容。你读过关于"内在小孩"的书，讲到接纳内在小孩。但自我滋养与那种做法略有不同，因为自我滋养并非站在镜子前说些肯定的话语就能奏效。肯定不是。我是说，自我滋养是一个完全不同的过程，而且我觉察到它的方式颇为有趣。

我曾跟随杰克·罗森伯格（Jack Rosenberg）学习了几年身体治疗（body therapy），他在培训中做的一件事让我印象深刻，那就是他谈到了"好妈妈"的概念。在你经历了大量深入的情感工作之后——他会引入"好妈妈"这一概念。在进行了大量的身体呼吸、工作、哭泣之后，你躺在垫子上。他将格式塔治疗与身体工作结合了起来……我不想深谈这个，总之，他会引入这个"好妈妈"的角色。他有一套特定的表达，这个"好妈妈"会对你说"你很棒""我在这里支持你""我永远不会离开你"，诸如此类的话。在你表达了许多情绪，并处理了正在处理的议题后，这些话显得格外有力。

我意外地发现这一方法非常有意义，于是深入思考："如何将此应用在与孩子的工作中？"当然，最初我是与成人来访者实践这一方法的。我让他们躺在垫子上，做深呼吸，然后我以格式塔治疗师的身份与他们对话，这种对话非常有趣。因此，我想或许可以尝试将其应用于儿童工作。这项技术张力太大了，我认为并不适合儿童。我觉得他们还没成熟到能处理那种极其深沉的情绪。我曾尝试与一些年纪稍大的青少年进行这一活动，对有的人来说效果不错，但我不想用在年幼的孩子身上。

因此，我仔细思考后逐渐意识到，这和我的经验相符，当你面对这些深层次的情绪时，你会感到破碎。就像有一部分你只是承认对某事糟糕透顶的感受。你内心还有另一部分完全不管这些，发挥着功能。我想，"孩子就是这样的"。我的意思是，孩子内摄了很多信息，大多数孩子在早期就接受了这些负面信息。我常说，我们所有人，都是基于3—5岁时的信念在发挥功能。在那个年龄段，孩子尚无认知能力去辨别，哪些评论和自己相符，哪些不符。"你真蠢""你真笨"，或许他们听到了这些，却不明白这可能根本就和他们不符。说这些话的人可能生气了，或者他们的兄弟在发火、在嫉妒，谁知道呢，可这些孩子就全盘接受了。

这还没完。孩子从父母和教师那里接收到这些信息。有时大人并非有意传递负面信息，那往往是他们对孩子的某些言行做出的反应。"我笨手笨脚，我蠢，我傻，我一无是处，我无所谓，我不完美。"孩子们也在大人的文化中学会了这一点，开始与他人比较。于是，我看到孩子变得破碎，因为孩子的任务是成长，无论如何他们都会成长。他们追求成长，身体随之发育，他们试图步入成熟。而另一部分则被压抑。在自我滋养的工作中，我领悟到，要让儿童学会滋养自己，必须挖掘出那些负面信息。就好比不能在腐朽的地基上建房，我们必须清除旧底，铺设坚实干净的地基。

那么我们要怎么做呢？我们运用许多表达性技巧，这是自然的方法。我们有各种方法，根据情况使用。一种方式是思考自己不喜欢的部分，并画出来。我曾遇到一本名为《恶魔》(*Demons*)的涂色书，由法国艺术家兰迪·拉·夏佩尔（Randy La Chapelle）创作，他画了很多页"恶魔"，并给它们命名："我的愤怒自我""我的拖延自我"等。有时我也会这么做，探讨那些我不喜欢的、令我担忧的自我部分。我们和孩子会玩类似的游戏，琢磨那些我们不喜欢的部分，然后让一个孩子画出来。或者，还有其他许多方式，比如用黏土塑造出自己不喜欢的那部分自我。你知道的，我们可以从中获得一个信息，那就是我们都有这样的感受，都有自己不喜欢的部分。所以，我会分享一些我愿意与孩子分享的内容。我们是这样进行活动的。我得举个例子说明这个过程，因为方法太多了。

我和一个男孩工作，那时他11岁。他总是摔倒，撞到东西。这个孩子协调能力不太好。在我们的文化里，男孩理应运动能力强，动作优雅——可他做不到。他父母离异，尽管父亲花了不少时间教他打棒球，教他如何握棒、击球等，但这些努力反而让他感觉更糟，因为他总是做不好。

和我们所有人一样，这个男孩有很多自己认为不好的自我部分。他画了一张人物图，这个人物非常笨拙。男孩在这个人物上画了好几个创可贴，他说因为他把自己摔伤了，摔倒了，他做了一切努力，但他的身体动作怎么都做不对。我们叫他"克鲁兹[①] 先生"。

[①] 克鲁兹（Klutz）指笨手笨脚的人。——译者注

这是一个完整的过程。他会先讨论各个自我的部分，然后选一个部分画出来。他画了出来，并将之命名为"克鲁兹先生"。接着我说："我想请你扮演'克鲁兹先生'。"到这个时候，孩子已经学会了怎么做。于是他开始扮演，然后我与"克鲁兹先生"进行对话。他说道："是的，我什么都做不好，我总是从自行车上摔下来，总是撞到东西。我什么都做不对。"我会表示同情："哦！那一定很……"

然后我会问孩子："你觉得'克鲁兹先生'怎么样？"他常常回答："我讨厌他，我恨他。"我们大多数人对于自己不喜欢的自我部分都有这样的想法，我们想要摆脱这些部分。我们觉得它们不应该存在于我们的生活中，它们让我们的生活变得痛苦。"摆脱这些部分"，起初我是鼓励这种想法的。但其实我追求的是整合。于是，我鼓励他分离，将他不喜欢的那部分人格化。我鼓励他表达愤怒。大部分孩子会说"我不喜欢他"，或者说"我恨他"。但有的孩子也会说"他还可以"，这时候我就知道，我们还有更多工作要做，因为他的愤怒还没完全发泄出来。

这种压抑会导致我们把那种感觉反射到自己身上，于是就会感觉很糟糕，感觉自己很差劲。但如果我们能说出"我恨你！"，就会有很多能量得到释放。所以我鼓励这么做。我说"告诉他！"，我就像啦啦队长一样，"告诉他你有多恨他！好，告诉他！"，他们会咆哮着告诉他。他对这个部分说："滚出我的生活。我恨你。你到底是怎么回事？你让我恶心。"

这时，就会发生一些事情。你会听到一个声音。你听到的是孩子的声音，但你知道那不是孩子在说话。我会问："这话听起来像谁说的？"他们会说"听起来就像我的父亲"，或者"我的母亲"，通常是其中一个。（笑）或者"我的老师"。通常，这些谩骂是他们年幼时听见的。当时，那个男孩大声吼叫。他获得了这种能量，在他完成了对"克鲁兹先生"的吼叫时，他深吸了一口气。

那么，这时我会引入"滋养者"。这是孩子自我的一部分，是孩子自身能够发挥养育作用的部分。有时候，滋养者必须作为外部的成分，而不是"对'克鲁兹先生'说点好听的"，他还没准备好接受这个。

虽然这个男孩 11 岁了，但我还是用了手偶来工作。我说："我们需要教母。你知道教母是什么样的，她们会觉得你很了不起。无论你做什么，她们都不在乎。"我有个仙女教母的手偶。于是他拿起手偶，套在自己手上。我说："仙女教母会对'克鲁兹先生'说什么呢？你知道仙女教母是怎样的，她们总是认为你很棒，无论你做了什么。"他说："是的，她说……"然后我看到他的能量在消失。他在中断接触。这就是你怎么知道一个孩子在中断接触的——他的能量在减弱。我能看见。我已经重复两次了。所以这回我说："试试看，用你的仙女教母，试着说：'我喜欢你。'"他终于找到话说了，于是他说："是的，我喜欢你。"有时候我会使用另一个布偶与仙女教母对话，但这一次我没有，我说："仙女教母，你能告诉'克鲁兹先生'你喜欢他什么吗？"男孩说："是的，你是个好孩子。你总是在尝试。是的，你总是在尝试！"

　　孩子转向我，说："是的，我总是在尝试！"这就是发生在眼前的整合。这并不总是会发生，但对他来说确实发生了。他像这样（呼气）。你能从他的脸上看出来。有时候我不得不对他说："把仙女教母收起来，看看你是否能对自己说'你总是在尝试'，或者'你是个好孩子'。"我是这么说的："仙女教母，对'克鲁兹先生'说：'即使你跌倒了，撞到自己，我也喜欢你。这对我来说没关系。而且你确实会尝试新事物，有时候会跌倒，即使那样我也喜欢你。'"他很喜欢这样，并借助于仙女教母的手偶说了这些。

　　然后我说："你能对自己这么说吗？"他很难对自己说出口。于是我给他留了作业：在这周任何时候，如果你撞到东西，或者你骑自行车摔倒了，或者你……无论发生了什么，我希望你想象仙女教母在你肩上，她在说："没事的。我喜欢你，即使你撞到自己，或者弄伤自己，因为你在尝试新事物。"

　　一周后他回到治疗室。他说："我没有太多问题。没有那么糟糕。我不会经常摔倒。我可以做很多事情。"有时会以这种方式见效，有时会以其他方式……因为我确实和他的父亲谈过，我告诉他父亲不要去打棒球或者教他打棒球。父亲说："那是我的工作，不是吗？""不，你现在的工作是跟他一起玩。带他去公园玩。玩得开心点。去玩飞盘，或者其他什么的，而不是教他怎么拿球棒。"

这个孩子非常聪明。他可能不会成为一名运动员。他的父亲非常擅长运动。但这没有关系。他的父亲很努力，真的听了我的建议。不过这也没什么关系。孩子仍然有那个内化的消极部分。因为孩子很高兴能和父亲一起玩，所以这个部分被压抑了。但这部分信息仍然存在。这是孩子的工作，不能由父母来完成。父母可以说"你很聪明""你不笨拙""我不是那个意思""我不知道你怎么会有这种想法"，但这都没有关系。这是孩子的工作。这就是为什么与孩子进行个体工作如此重要。

我确实会在父母在场的情况下进行这项工作，来让父母观察我们在做什么。我不打算再赘述故事了，虽说我已经讲了这个故事。不过这是我所知道的最有力量的工作。我一直觉得我们有了很多工作经验之后才能进行这项工作，因为你需要一定的力量以及自我支持才能做到，才能接触到那个滋养的部分。但早点尝试也无妨。如果你没有给孩子足够的自我感，这是行不通的，我们做了很多自我的工作，来帮助孩子感受自我感，并表达他们的情绪，然后才进入自我滋养的工作。不过，我可以告诉你，在一些情况下，自我滋养会更早地发生，并且对一些孩子来说非常有效。

以上是一种方法。我们有其他方法来进行这项工作，但这可能是最典型的方法，即使用投射技术，或者绘画，或者用黏土，来呈现他们不喜欢的自我部分。

好的，接下来谈谈自我。我讲过我们如何进行大量的自我工作；这实际上是治疗过程的步骤之一，始于我－你关系和接触。这是两个先决条件，因为如果没有关系，你还不如回家去。就是说，如果对孩子来说很难建立关系，那么关系本身就会成为治疗的重点。如果他们受到了几乎致命的伤害，你就会专注于以任何创造性的方式来承认伤害。我可以给你讲一个建立关系的故事。可能只是一种关系的线索，不一定是全面发展的关系。建立好关系后，下一步就是接触。

接触时有时无，但在你正在进行的具体工作中，必须要有某种接触。当工作对孩子来说变得过度时，他们会关闭并断开接触。你必须接受这一点，尊重孩子。有时，甚至在他们意识到之前，我就已经从他们的身体语言中看出来了，我会说："我们停下来吧，玩个游戏。我们还有几分钟，我们来玩个游戏吧。"这样能量就恢复了。

我接下来要讲的步骤是关于自我的。建立自我，帮助孩子感受到自我感、自我支持，增强内在的自我力量，这有助于他们表达自己的情绪，并做一些自我滋养的工作。有时这些过程会反反复复，并不是说你需要关系和接触是线性呈现的，这个过程是来来回回的，接触也是时有时无的。有时接触存在，有时接触不存在。如果孩子在维持接触方面有困难，治疗的重点可能会变成帮助孩子维持某种接触。方式有很多，任何创造性的方式都可以做到这一点。

在任何情况下，通向自我的步骤都有很多，并且这些步骤不是线性的。对于儿童来说，从婴儿期开始，有很多事物能帮助他们感觉到力量或自我感，我现在想到的一个就是掌控能力。我们观察婴儿的成长，他们在成长为幼儿的过程中不断发展掌控感。随着他们的成长，孩子会参与一些特定的发展任务来收获掌控感。这是成长过程中非常重要的一部分。与我们工作的很多孩子由于家庭功能障碍、创伤或其他各种原因，没有经历过这种获得掌控感的过程。因此，这也是我们工作的一个重点，帮助他们建立掌控感，塑造自我。还有其他几个部分，有助于孩子建立自我，我们可以为孩子提供相关的经验。

选择就是其中之一，帮助孩子做选择，帮助父母指导孩子做选择。仅仅是做选择而已。我遇到过孩子站在一堆彩纸前，我可能会说"选两种颜色"，但他无法选出两种颜色，因为担心犯错，担心选错颜色。他无法做出选择。这是一件如此简单、平淡的事情，然而，就是这些事情建立了自我。你必须非常认真。如果孩子说"我要黄色和绿色"，你不能说"不，你不能拿走黄色，因为我留着它有别的用"。当你给孩子选择时，你必须非常认真，我也会把这一点告诉父母。

这些是在孩子的成长过程中有助于他们发展力量感的活动。还有许多这种类型的活动……我不知道你们是怎么称呼这些活动的。

克里斯：发展性任务吗？

维奥莉特：嗯，是的。还有其他与自我有关的事情。在我们的心理治疗工作中，有时我们会和经历了许多困难、许多创伤的孩子工作。我想，我见过这么多孩子，这样的案例数不胜数，但有一个个案，一个女孩，她的父母在她2岁时离婚了。她从不认识她的父亲，母亲在她4岁时再婚，继父侵犯她，一直到她快满9岁。母亲是夜班服务员。继父和女孩在一起。他虐待她，猥亵她，在她9岁的时候，一位教师注意到她身上有瘀伤，终于，她报了警。他们不知道她曾遭受过性虐待。他们认为母亲应该看到瘀伤，或者母亲可能视而不见；于是在调查期间，他们把她从家里带走，送到一个集体寄养家庭。他们对她进行了身体检查。他们发现她遭受了严重的性虐待。

那个继父逃走了，警察一直没找到他。母亲会去集体寄养家庭看望这个女孩，母亲留下了一封信，说她要走了，她知道继父的下落，她同意女孩被领养。这个女孩当时已经9岁了。

后来，女孩在寄养家庭待了一年半，然后去了另一个寄养家庭。那是位一辈子都没有孩子，甚至没结婚的老妇人，她收养了这个女孩。那是一段不可思议的关系，也是这位老妇人带女孩来接受治疗的，并且是她自己掏的钱，因为女孩已经被领养了。而在那之前女孩没有接受任何治疗，因为他们没有钱为这些孩子提供治疗，社会服务部门也没有。所有资金都被削减了，他们甚至没有时间去调查这些案例。就是在那个时候我见到了她。

她的过程或行动方式可能就像一个5岁的小孩。她走路时总是佝偻着背。她个子很高。我见到她时，她十岁半，走路总是佝偻着背。她说话的声音很小，是个会讨好人的小姑娘，总是笑嘻嘻的。

她没有自我感，从她的身体语言和行为举止就能看出来。她什么都做不了。我们每隔一周就会与她和养母会面，因为她很想让养母在场，我也和她单独工作。

她与我建立了很强的依恋，依恋到不能更加依恋，但她需要找回自我感。起初，她的自我感更多是从养母那里获得的，而不是我。于是，我们逐渐建立起了关系，还做了很多事来帮她保持接触。

她喜欢涂色，于是我带了涂色本。我们坐在地板上一起涂色，慢慢地，我会说:"我决定不了这个应该涂什么颜色,你觉得呢?"然后她就开始观察,不久她就能说:"绿色?"(笑)或者我会说:"哦,看看你画里的那只鸟。我想知道如果那只鸟能说话,它会说什么。"你知道的,然后我们就开始做一些投射的工作。

突然间,她主导了治疗,这就是我要说的部分。她说:"我想到一个游戏。"当她养母在的时候,她建议我们应该扔这个垒球。我们会把巴塔卡当作球棒,如果球落在这里就是 3 分,如果落在那里就是 10 分。

她掌控了整个过程,我立刻问:"我该站在哪里?"她的养母也模仿我这么问。如果她没看到我把决定权交给孩子,可能就不会这么做。然后女孩主导了全过程。

在单独与我工作时,她想到了其他方法,她构建了一些情景,比如她是医生、我是病人之类的。而当我跟她聊她继父的事情时,她就不再与我接触了。

有几次,她坐着,旁边有纸。我们之前可能在画画,然后我会说:"你能画你的继父吗?"然后她会画彩虹。(笑)或者她完全装作没听见我说话。于是我就随她去,然后我们继续做别的事。她能构建各种场景。

终于有一天,她可以继续继父的议题了。她用黏土做了一个继父,然后用木槌砸碎了它。我们一点一点地处理这个议题,她为她的母亲哭泣。她画了一幅她离开的妈妈的画。我们以这种方式对此做了处理。

看着她如何成长,如何发展出自己的独立和自我感,真是令人惊奇。就这样,她开始表达出愤怒和哀伤的情绪,然后是自我滋养。我们之前甚至无法做这个活动,因为她不太理解我在说什么。

克里斯:但你帮她找到了自己。

维奥莉特:对我来说,自我当然是指完整的人。整个个体由感官、身体、情绪表达、理智的运用、想法和观念组成。所有这些都以整合的方式运作,这就是自我。

与我们工作的儿童,或者其实所有人,都有未完全整合的受损之处。我们都有，我现在想不出这个词，但可以说是自我缺失，自我中的空洞。而我们的工作，实际上是在填补这些空洞，替换这些破损的部分。

如果孩子们都像刚才那个男孩一样走路（你知道，他走路像木偶一样，无法自由地使用自己的身体。他可以出去踢足球，但在日常生活中，他无法自由地使用自己的身体），那么，我们可能会花时间做一些以不同方式使用身体的游戏，比如玩扭扭乐（Twister），或者其他一些需要充分使用身体的创意戏剧。

孩子慢慢知道，必须使用身体的不同部位来传达信息。如果你发现孩子无法表达情绪，也许你需要直接谈论情绪，玩关于情绪的游戏，直到他们习得这些情绪的概念，并接受这些情绪。那么，这就是我们在填补空缺，创造完整的人。

并且，我们还会进行评估。当我们与孩子工作时，我们会评估这些空缺在哪里。但是，评估本身没有任何作用。做出评估并写下笔记对孩子没有任何帮助。当然，我们使用所有这些投射和表达性技术，是因为孩子会回应。成年人也一样，他们也会对这类技术有所回应。

这就是自我。我们需要加强自我，获得掌控感。我们会做大量关于攻击性能量的工作。人们不喜欢"攻击性"这个词。但攻击性能量与攻击性不同。

我经常说，攻击性能量是指：比如，你有一个苹果，如果你只是去舔它，那么你什么都吃不到。你得去啃它，或者你得拿把刀去切它。这是攻击性能量。这种能量，这种动作，这种伴随动作的力量感，是很多孩子都缺乏的，即使那些有攻击性的孩子都缺乏。这与孩子退缩、胆小、有攻击性和行动化都没关系。

孩子缺乏那种核心的力量感，也缺少了解自我并采取行动的力量感。因此，我们会夸大这个部分，做很多工作来帮助他们接触这种攻击性能量。我想这就是皮尔斯说的："咀嚼和品味，如果感觉不好，你就吐出来。如果感觉好，你就细嚼后吞下它。"

你必须学会分辨，必须感受到那种力量去判断"这是好的，这对我来说是合适的"。这相当复杂，并非那么简单。自我是一个由很多事物构成的复杂实体。

克里斯：在你所说内容里，并未提及特定的课程或每个孩子必须遵循的特定模式。我听到的是你在谈论每个孩子对自身的个性化探索。

维奥莉特：是的。因为在生活经历的影响下，尤其是早年经历，当人们慢慢长大，往往会摒弃自我的某些部分。不是拥有，而是抛弃，割舍。然后用自我的其他部分来弥补这些空缺。这让我想起了一本书，我有时会和孩子们一起读。不知道你是否愿意了解。

克里斯：我很想知道是哪本书。

维奥莉特：书名是《小树》(*Little Tree*)，作者是乔伊斯·米尔斯（Joyce Mills），她是一位非常出色的治疗师，经常使用隐喻。她还写过一本关于如何为儿童和成人创造治疗性隐喻的书。她为孩子写的这本故事书叫作《小树》。书里讲的是一棵树在暴风雨中失去了部分树枝，这对树来说是多么悲伤的故事。这本书最初是为那些患病、失去肢体或身体某部分功能的孩子准备的。不过，其实它对所有人来说都很有帮助，对孩子和成年人都适用。

要知道，一本儿童读物如果能让成年人产生联结，那它就是本好书。这是我领悟到的。如果我喜欢，那它就是本不错的儿童读物。所以，整个故事是关于小树学会如何利用它所剩的一切，利用它自己。它可能已经没有那些树枝了，树枝可能已经被折断了。这个故事讲的是利用自己所拥有的。但其实，这个故事对所有人都很有益，因为，虽然我们可能不会失去手脚，除非我们经历了意外，但我们会割舍自己的一部分。我们会封锁自我的一部分，而不是充分利用它们。

那么，这就是我们的孩子在经历了很多功能失调或创伤时所发生的事情。在生活中，我们所有人都会这样做。因此，我们提供这些体验，来帮助孩子找回他们失去的东西，找回他们作为健康的婴儿出生时所拥有的，并充分利用的东西。这就像需要把他们在功能失调、创伤或其他情况下失去的东西还给他们一样。

克里斯：谢谢。你的描述和举的例子是那么美妙，阐述了自我发展和自我滋养的复杂性，以及内射、处理内射等。非常感谢。

本期《国际格式塔期刊》(*International Gestalt Journal*) 将献给你，这一期即将在秋天出版。但在此之前，你的作品、你的书已经刊登在格式塔期刊上了。你并非为本刊撰稿，但你为访谈非常慷慨地付出了大量时间。

维奥莉特：是的。我想说——你知道，我们昨天讨论过格式塔社区，以及他们如何与儿童工作，这些工作进展缓慢。我知道俄亥俄州中心格式塔研究所的诺曼·舒布（Norman Shub）一直以来都非常支持我的工作，还有戈登·韦勒（Gordon Wheeler），我们在克利夫兰和埃塞伦举行儿童工作研讨会，我倍感荣幸，这真是太棒了。我感觉在欧洲，他们真的很欣赏这项工作。

但是，我之前没说，格式塔期刊出版社（Gestalt Journal Press）的乔·威松（Joe Wysong）一直以来都很支持这项工作。我记得当他们在曼哈顿海滩举办格式塔会议时，他邀请我做主题演讲。那并不寻常。我谈到了我和孩子的工作，以及孩子身上发生了什么。他对此非常支持。他过去举办过很多会议，总是邀请我参加。我的一些文章曾发表在《格式塔期刊》(*Gestalt Journal*) 上，那是在该期刊改名为《国际格式塔期刊》之前。

我写过一整篇关于治疗过程的文章，最初发表在《格式塔评论》(*Gestalt Review*)。之后，《发展的核心》(*The Heart of Development*) 也发表了我的文章……他们邀请我撰稿……我的《治疗过程》(*The Therapeutic Process*) 也在那里发表过，那部分内容源自克利夫兰会议的内容。还有一本期刊，《英国格式塔期刊》(*British Gestalt Journal*)，也邀请我撰写关于我工作的文章，并在该期刊发表。所以，还是有很多支持的。并不是说这项工作没有任何支持，在很多地方都得到了不少支持。

克里斯： 谢谢……

维奥莉特： 我还得提一下格式塔期刊出版社出版了我的书《开启孩子心灵的窗户》。

克里斯： 对，我们谈到了真人出版社和史蒂夫·安德烈亚斯。但我们没提到现在这本书是由格式塔期刊出版社出版的。

维奥莉特： 从 1988 年开始。这本书最初是在 1978 年出版的。10 年后，真人出版社将出版重心放在了神经语言规划上，然后乔·威松和格式塔杂志出版社接手了《开启孩子心灵的窗户》。

克里斯： 所以从 1978 年到 2008 年，这本书已经出版了差不多 31 年……

维奥莉特： 而且还在……

克里斯： ……还在发行中。

维奥莉特： ……还在传播。是的。

克里斯： 你现在有特别的项目吗？

维奥莉特： 我想说，我的儿媳玛莎·奥克兰德想要帮我写一本关于我的故事的书。你知道，我讲了很多关于孩子的故事。对我来说，这些孩子的故事更好地表达了我想说的话，胜过了直接言表。

我有无数个这样的故事，她非常热切地想帮我写这样一本书，把这些故事录下来，然后转成文本。这是我们一直在筹划的事情。我们常常讨论此事。她帮了我很多。她参加了我的几个两周的培训课程来帮助记录这些故事，她一直为我提供宝贵的帮助。

我的儿子和女儿希望我写一本自传。

其实我办公桌里有一个信封，一个厚厚的信封，装满了人们的问题。过去我举办工作坊时，会让人们把问题写下来寄给我，因为我的听力有问题，阅读对我来说更方便。所以我想把这些问题整理成一本书，书名就叫《人们问我的问题》(The Questions People Ask Me)。我真的有这么一个信封。不过我也不清楚自己会不会真的写这本书。

克里斯：希望你完成所有目标，过得开心。

维奥莉特：谢谢。我真正想要的是过得开心。

我还想补充一点，自我滋养的过程最初是以音频磁带的形式录制的，由麦克斯录音公司（Maxsound Tapes）发行，后来我稍做修改，将其写在了我的第二本书《隐藏的宝藏》中。如果你对自我滋养这个部分有更多的兴趣，可以在这本书里找到。

克里斯：谢谢。

维奥莉特：在我的第二本书《隐藏的宝藏》中，收录了一些章节，表达了《开启孩子心灵的窗户》出版以来我所有的想法和工作。

克里斯：那么，我想问一下，这本书出版了1年还是2年？

维奥莉特：有1年，也可能2年了。是的。

克里斯：这本书的反馈如何？

维奥莉特：啊，这我真的不知道。我不知道。（笑）

这本书在英国出版了，也有西班牙语版。我去西班牙的时候，这本书已经全部售罄了。西班牙语版是由出版《开启孩子心灵的窗户》的同一家出版社在智利出版的。

克里斯：非常感谢你，维奥莉特。感谢你抽出时间来访谈。

维奥莉特：这是我的荣幸。

第十三章

个人备忘录

在我撰写此书的过程中，本书经历了巨大的变化与成长。我发现，写作时，我不断接纳着新观念。对于书中提出的某些议题，我渴望进一步拓展与阐释，但我深感要做到这些，需倾听读者的反馈再加以完善。我渴望了解哪些内容触动了你，哪些内容让你感到乏味，哪些让你觉得困惑，以及你认同和不认同的部分。为我听不见也看不见的读者写作，是一件很困难的事情。因此，我期盼能与你有所接触。

我知道，对于某些议题我着墨甚多，而对另一些则略显不足。若我所叙述的内容让你感到困惑，我衷心希望你能来信告知。每当我授课时，总能从我的工作和自我认知中获得新的领悟。撰写此书亦是如此，如果可以，我希望借助于你的反馈和评论，让这些学习经验得以继续发展。

我写作的初衷是撰写一本通俗易懂且实用的书，并无意为图书馆的书架增添一本深奥的学术著作。尽管我偶尔会希望自己的作品能够打动那些重视学术的人（我也是其中之一），但我不断提醒自己，我希望自己的书能够传达我所做的工作、我的工作方式以及我对与儿童工作的思考，而非用来炫耀。我希望分享自己的经验，来帮助那些需要了解如何与孩子相处的人。我知道，许多儿童工作者面对困境与迷茫时，需要对于自己工作的确定感。还有一些人只是需要一些有效的策略，从而更好地帮助孩子。我希望这本书能对你有所帮助。

在此，我想分享一下我对于儿童及儿童工作的理念是如何发展的。我阅读了大量关于儿童发展的书，了解了儿童的种种特性。然而，在与孩子的实际工作和关系中，我所运用的远不止书本和课程里所学的知识。我努力探寻这个部分究竟是什么，因为深信"这个部分"意义重大，源自我的内在，因此我都不必刻意去"思考"。与孩子相处时，无论是 4 岁还是 14 岁的孩子，我发现我都能以一种与孩子高度契合的状态去理解他们，同时又不失自我。我不会将孩子视为陌生人。这并不意味着我已洞悉孩子的一切，不过，我很容易和孩子融洽相处，而孩子也能感知到这一点。

我清晰地记得童年时的感受。与其说是记得具体的事件和发生的事情，不如说是记得那种存在感。我清楚地记得，内心深处有着许多未曾向人吐露的感受和认知。我知晓许多事，对生活充满好奇，进行哲学思考。然而，这一面鲜为人知。我曾深思死亡，对生命在我出生前就已存在这一事实感到敬畏。我惊叹于父母可以活那么久，并质疑自己是否也能活得长久。我将祖父母视作来自另一时空的智者。我的父母常向我讲述祖父母的童年故事，于是，我知道了世界上还存在着与马萨诸塞州剑桥地区截然不同的地方，对此我既惊奇又好奇。记得 7 岁左右时，每当坐车从剑桥前往洛厄尔，我总会注视那些房屋，思索着在那些城镇和农场里，在闪亮的窗玻璃里面，住着怎样的家庭。如今，我作为一名 45 岁的社会学家，仍然对那些人很好奇：他们是什么样的人？他们如何生活？他们从事何种工作？

我记得儿时内心深处涌动的惊奇与感受是如此深邃，以至我深知，即使有意表达，也难以言传。这些感受，我甚至未曾向深爱我、对我关怀备至的父母表露。我还记得，那时生活中每一刻的体验对我而言都极为重大，当我从身边的大人那里获得该如何表现的线索时，这种重大的感受伴随着我。大人担忧金钱、食物与安全，我隐约感到，对我而言至关重要，却可能被他们视为幼稚且无所谓的那些事物，最好深藏心底。

或许正是我能接触这些童年记忆的能力，赋予了我一种能够得到孩子回应的视角。此刻，我脑海中浮现的是孩子的欢乐、喜悦、游戏与欢笑。值得一提的是，当我们说到"与自己内心的小孩接触"时，往往指的是重拾童年的欢乐。我也回忆起童年时，曾任由自己那无忧无虑的天性自由展现（这种天性得到了许多赞许），但我确实流过痛苦与悲伤的泪水，也表达过一点愤怒。不过，我很快就察觉到表达后面这种情绪会让我深爱的大人感到痛苦，于是我迅速学会了谨慎地表达这些情绪。我想，大多数孩子都会接收到这样的信息，并从某个时刻开始，至少会减少他们的情绪表达。

我十几岁时就开始与孩子打交道，那时我是一名夏令营辅导员。理论上我对孩子一无所知。但我深知自己非常喜欢孩子，能与他们交谈，能激发他们对事物的兴趣和热情，能教他们唱歌、游泳，甚至如何排演戏剧。我喜欢听他们的声音，喜欢与他们在一起。那时我就想，或许我会喜欢社工的工作，专门与孩子打交道。即使在那时，我就对那些并非典型成功的美国儿童，以及那些在生活中似乎遇到问题的孩子，有一种特别的亲近感。我知道这些孩子喜欢和我说话，而我也乐在其中。或许，这种感觉源于我对"典型美国儿童"形成的印象和概念——他们大多皮肤白皙、有着盎格鲁-撒克逊血统、身材苗条、运动健将、举止优雅、金发碧眼，总是那么从容不迫、泰然自若。而我的父母是俄罗斯犹太移民，他们情感丰富、充满温情、学识渊博、心直口快，且具有革命精神。童年在马萨诸塞州长大的我，有时无比羡慕我身边的那些孩子，他们冷静、沉默、说话没有口音、符合常规的美国家庭。我感觉自己很与众不同。

我结婚很早，育有三个孩子。与我对生活所投入的承诺、信念和兴趣一样，我也全身心地投入为人父母的角色。在孩子经历的各个阶段，我成了相关的专家。我从育儿中学到了很多，尤其是关于幼儿的发展（因为我似乎总和这一阶段的孩子打交道），我甚至还做了几年幼儿园教师。我发现各个年龄段的孩子都让我感到非常奇妙和有趣。当我的小儿子快满3岁时，我重返校园，做了一名教师，主要是因为这对于一名母亲来说是一件有益的事情。我确实热爱孩子，如今我的孩子都已经上学了，于是我对儿童教育开始感兴趣。

在"灵活"教师这一说法尚未出现时，我便已扮演起了这样的角色，并在学校体系中遭遇了不少困难。我的校长曾告诉我，我过于"注重娱乐活动"。她知晓我曾在全国各地的犹太社区中心有和大量儿童工作的经验，并力劝我重返那种重视乐趣的工作环境。与此同时，那些有问题的孩子不知怎的都汇聚到了我的班级。经过3年的"常规"教学，我转任学区特殊教育项目中的教职，专门负责为那些被归类为有情绪障碍的儿童上课。在与这些孩子工作的6年中（期间我获得了特殊教育硕士学位），我对儿童有了最为深入的了解。

攻读特殊教育学位时，我渴望能进行独立研究，于是深入阅读有关儿童治疗工作的文献和现有研究。由于我是当时获得美国教育基金会特殊教育奖学金的四名学生之一，最终我获得特许，将部分学分拿来研修我认为需要的知识。我已在公立学校里与有情绪困难的儿童工作了4年，知道在我所接受的教育中，我还需要什么、欠缺什么。根据我的经验，当孩子自我感觉糟糕时，他们无法进行阅读、写作和数学学习。根据我和孩子的工作经验，我已经发现当自己花时间帮助他们释放压抑的情绪后，他们的学业表现显著提升。我原计划撰写硕士论文探讨这一领域，渴望深入了解并学习儿童心理治疗的方法。然而，我发现高级儿童发展、变态心理学、残疾人士指导与咨询等课程，以及特殊教育和学习障碍矫正的研讨课程，均未传授给我儿童心理治疗的实操方法。因此，我向校方申请，自主学习并旁听正在进行的治疗课程。历经重重困难，这些申请最终得以批准。

于是，我广泛阅读图书、期刊和研究论文；旁听各类课程，走访班级、诊所、学校及机构；与众多从事儿童工作的人士交流，了解他们的工作内容、方法及孩子们的状况。这些访谈、观察和阅读经历被认定为相当于2学年的大学课程。因此，我有充足的时间和自由去追求自己的兴趣，并定期向两位教授汇报我的经历。

这次独特的经历让我学到了很多，但并没有达到我的预想和期望。因为我意识到，我对与孩子工作的了解可能与任何人一样多。我认识到，我的培训中最有价值的部分大多来自我工作过的孩子们，而非课程或书籍。我发现，即使两种学术方法都源自同一位著名"专家"的教导，这两种方法之间也常常相互矛盾。我明白了，每个人都和我一样在进行摸索。许多人都做了不错的研究，但似乎很难找到连贯一致的理论。

在行为矫正和行为目标的方法流行之前，我有很长一段时间完全自由地按照自己的想法来安排"情绪障碍"班级的教学。我试验了多种方法与孩子们互动，从而帮助他们提升自我感，学会应对混乱的生活，鼓励他们直接表达情绪，而非通过攻击性行为或彻底退缩来表达。在此期间，我加入了洛杉矶格式塔治疗学会的培训项目，随着对格式塔治疗理论与实践的掌握，我在儿童工作中逐渐以格式塔取向为主。在这一人生阶段，我还进行了大量个人治疗，以应对我 14 岁的儿子在经历 18 个月病痛折磨后的病故，以及不久之后婚姻的终结。我再次回到校园，攻读了婚姻、家庭与儿童咨询的硕士学位，取得了执业资格，成为格式塔治疗学会的认证会员，并开启了私人执业生涯。1978 年春，我从国际学院获得了心理学博士学位，本书便是我博士论文的延伸。

回望这一生与孩子的种种交集——回忆童年的感受，在娱乐中心与孩子工作，作为实习教师而后独立执教，与有情绪困扰的孩子工作（这些孩子被公开标示且被公认为有问题），以及在私人执业的生涯中为孩子做心理治疗——我脑海中浮现出无数片段，那些让我笑中带泪的故事。我回想起与生活中所有孩子共度的时光，包括童年的自己，心中涌动着复杂的情感。

我意识到，关于如何与孩子相处，我竟是从孩子身上，包括童年的自己那里学到的！这个道理现在看来如此显而易见，简单到几乎不值一提。孩子是我们最出色的教师。他们天生懂得如何成长、发展、学习、探索和发现；他们知道如何感受、欢笑、哭泣和愤怒；他们清楚什么对自己有益，什么对自己没有帮助；他们明白自己的需求；他们早已懂得如何去爱、如何享受快乐、如何充实生活、如何工作、如何坚强且充满活力。他们（以及我们内在的小孩）所需要的，只是一个身体力行的空间。

参考文献

Actions, Styles and Symbols in Kinetic Family Drawings. Burns, R., and Kaufman, S. H. New York: Brunner/ Mazel, 1972.

A Frog and Toad are Friends. Lobel, A. New York: Harper and Row, 1970.

American Folk Songs for Children. Seeger, R. C. Garden City, NY: Doubleday, 1948.

Analyzing Children's Art. Kellog, R. Palo Alto, CA: National Press Books, 1969.

And Jill Came Tumbling After: Sexism in American Education. Stacey, J., Bereaud, S., and Daniels, J. New York: Dell, 1974.

Anger and the Rocking Chair. Lederman, J. New York: McGraw Hill, 1969.

"An Introduction to Gestalt Techniques." Enright, J. B. Chapter 8 in *Gestalt Therapy Now.* Fagan, J., and Shepherd, I. L. (Eds.) Gouldsboro ME: The Gestalt Journal Press, 2006. (Original publication: New York: Harper and Row, 1971)

Are You Listening to Your Child? Kraft, A. New York: Walker, 1973.

Art: Another Language for Learning. Cohen, E., and Gainer, R. New York: Citation Press, 1976.

Art as Therapy with Children. Kramer, E. New York: Schocken Books, 1975.

Art for the Family. D'Amico, V., Wilson, F., and Maser, M. New York: The Museum of Modern Art, 1954.

Awareness: Exploring, experimenting, experiencing. Stevens, J. Gouldsboro ME: The Gestalt Journal Press, 2007. (Original publication: Moab, Utah: Real People Press, 1971)

Be a Frog, a Bird, or a Tree. Carr, R. Garden City, NJ: Doubleday, 1973.

Begin Sweet World: Poetry by Children. Pearson, J. Garden City, NY: Doubleday, 1976.

Between Parent and Child. Ginott, H. New York: Macmillan, 1965.

Between Parent and Teenager. Ginott, H. New York: Macmillan, 1969.

The Boys' and Girls' Book about Divorce. Gardner, R. A. New York: Jason Aronson, 1970.

Career Awareness: Discussions and Activities to Promote Self Awareness. Williams, S., and Mitchell, R. Monterey Park, CA: Creative Teaching Press, 1976.

The Centering Book. Henricks, G., and Wills, R. Englewood Cliffs, NJ: Prentice-Hall, 1975.

Childhood and Society. Erikson, E. H. New York: Norton, 1963.

Children in Play Therapy. Moustakas, C. E. New York: Jason Aronson, 1973.

Children's Apperception Test (CAT). Bellak, L., and Bellak, S. S. Larchmont, NY: C.P.S., Inc., 1949.

Children's Drawings as Diagnostic Aids. Di Leo, J. H. New York: Brunner/Mazel, 1973.

The Children's Rights Movement: Overcoming the Oppression of Young People. Gross, B., and Gross, R. (Eds.) Garden City, NY: Anchor, 1977.

The Child's World of Make-Believe. Singer, J. New York: Academic Press, 1973.

Conjoint Family Therapy. Satir V. Palo Alto, CA: Science and Behavior Books, 1967.

"Costume Play Therapy." Marcus, I. in Therapeutic *Use of Child's Play.* Schaefer, C. (Ed.) New York: Jason Aronson, 1976.

Creative Dramatics in the Classroom. McCaslin, N. New York: David McKay, 1968.

Crisis in the Classroom. Silberman, C. New York: Random House, 1970.

Dance Therapy in the Classroom. Balazs, E. Waldwick, NJ: Hoctor Products for Education, 1977.

"The Despert Fable Test." Despert, J. L. in *Emotional Disorders of Children: A Case Book of Child Psychiatry.* Pearson, G. New York: Norton, 1949.

Dramakinetics in the Classroom. Complo, Sister J. M. Boston, MA: Plays Inc., 1974.

Draw A Person Test. (See Personality Projection in the Drawing of the Human Figure.)

Dr. Gardner's Fairy Tales for Today's Children. Gardner, R. A. Englewood Cliffs, NJ: Prentice-Hall, 1974.

Dr. Gardner's Modern Fairy Tales. Gardner, R. A. Philadelphia, PA: George F. Stickley, 1977.

Dr. Gardner's Stories About the Real World. Gardner, R. A. Englewood Cliffs, NJ: Prentice-Hall, 1972.

"The Emperor's New Clothes." Andersen, H. C. *Anderson's Fairy Tales.* New York: Grossett and Dunlap, 1945.

Escape from Childhood: The Needs and Rights of Children. Holt, J. New York: Ballantine, 1975.

"Experiential Family Therapy." Kempler, W. *International Journal of Group Psychotherapy,* Vol. XV, No. 1, Jan. 1965.

The Family of Man. Steichen, E. New York: The Museum of Modern Art, 1955.

Famous Folk Tales to Read Aloud. Watts, M. New York: Wonder Books, 1961.

Fantasy and Feeling in Education. Jones, R. M. New York: Harper and Row, 1968.

Fantasy Encounter Games. Otto, H. A. New York: Harper and Row, 1974.

Feelings: Inside You and Our Loud Too. Polland, B. K., and DeRoy, C. Millbrae, CA: Celestial Arts, 1975.

Fish is Fish. Lionni, L. New York: Pantheon Books, 1970.

"Four Lectures." Perls, F. Chapter 2 in in *Gestalt Therapy Now.* Fagan, J., and Shepherd, I. L. (Eds.) Gouldsboro ME: The Gestalt Journal Press, 2006. (Original publication: New York: Harper and Row, 1971)

Freedom to Learn. Rogers, C. Columbus, OH: Charles E. Merrill, 1969.

Free to Be . . . You and Me. Thomas, M. New York: McGraw-Hill, 1974. *The Gestalt Art Experience.* Rhyne, J. Monterey, CA: Brooks/ Cole, 1973. *Gestalt Therapy Integrated.* Polster, E., and Polster, M. New York: Brunner/ Mazel, 1973.

Go Away, Dog. Nodset, J. L. New York: Harper and Row, 1963.

Go See the Movie in Your Head. Short, J. E. New York: Popular Library, 1977.

Grownups Cry Too. Hazen, N. Chapel Hill, NC: Lollipop Power, Inc., 1973.

The Hand Test. Wagner, E. E. Los Angeles, CA: Western Psychological Services, 1969.

Have You Seen a Comet? Children's Art and Writing from Around the World. U.S. Committee for UNICEF. New York: The John Day Co., 1971.

"The House-Tree-Person Test." Buck, J. *Journal of Clinical Psychology,* 1948, 4, 151-159.

How Children Fail. Holt, J. New York: Pitman, 1964.

How Children Learn. Holt, J. New York: Pitman, 1967.

How it Feels to Be a Child. Klein, C. New York: Harper and Row, 1977.

How to Live with Your Special Child. Von Hilsheimer, G. Washington, DC: Acropolis Books, 1970.

How to Meditate. LeShan, L. New York: Bantam, 1975.

Human Figure Drawings in Adolescence. Schildkrout, M. S., Shenker, I. R., and Sonnenblick, M. New York: Brunner/ Mazel, 1972.

Human Teaching for Human Learning: An Introduction to Confluent Education. Brown, G. New York: Viking Press, 1971.

If I Ran the Zoo. Geisel, T. (Dr. Seuss) New York: Random House, 1950.

I'll Build my Friend a Mountain. Katz, B. New York: Scholastic Book Services, 1972.

Improvisation for the Theater. Spolin, V. Evanston, IL: Northwestern University Press, 1963.

I Never Saw Another Butterfly. (Children's Drawings and Poems from Terezin Concentration Camp.) New York: McGraw-Hill, 1964.

I See a Child. Herbert, C. Garden City, NY: Anchor, 1974.

Is This You? Krauss, R., and Johnson, C. New York: William R. Scott, 1955.

"Just Imagine . . ." (Mini-Poster-Cards Book) Trend Enterprises, 1972.

Learning Time with Language Experiences for Young Children. Scott, L. B. St. Louis: McGraw-Hill, 1968.

Learning to Feel — Feeling to Learn. Lyon, H. Columbus, OH: Charles E. Merrill, 1971.

Le Centre Du Silence: Work Book. Avital, S. Boulder, CO: AlephBeith, 1975.

Left Handed Teaching: Lessons in Affective Education. Castillo, G. New York: Praeger, 1974.

Leo the Late Bloomer. Kraus, R. New York: Young Readers Press, 1971.

Let's Do Yoga. Richards, R., and Abrams, J. New York: Holt, Rhinehart and Winston, 1975.

Linda Goodman's Sun Signs. Goodman, L. New York: Bantam Books, 1971.

The Live Classroom. Brown, G., Yeomans, T., and Grizzard, G. (Eds.) New York: Viking, 1975.

The Lives of Children. Dennison, G. New York: Vintage, 1966.

Loneliness. Moustakas, C. E. Englewood Cliffs, NJ: Prentice-Hall, 1961.

Lonely in America. Gordon, S. New York: Simon and Schuster, 1976.

The Luscher Color Test. Luscher, M. New York: Pocket Books, 1971.

The Magic Hat. Chapman, K. W. Chapel Hill, NC: Lollipop Power, Inc., 1973.

Make-A-Picture Story (MAPS) Test. Schneidman, E. S. New York: The Psychological

Corporation, 1949.

Making it Strange. Synectics, Inc. (Ed.) (a series of 4 books). New York: Harper and Row, 1968.

Male and Female Under 18. Larrick, N., and Merriam, E. (Eds.) New York: Avon, 1973.

Man and His Symbols. Jung, C. G. New York: Dell, 1968.

Math, Writing, and Games in the Open Classroom. Kohl, H. New York: Vintage, 1974.

Meditating with Children. Rozman, D. Boulder Creek, CA: University of the Trees Press, 1975.

Memories, Dreams, Reflections. Jung, C. G. New York: Vintage Books, 1961.

The Me Nobody Knows: Children's voices from the Ghetto. Joseph, S., (Ed.) New York: Avon, 1969.

Me the Flunkie: Yearbook of a School for Failures. Summers, A., (Ed.) New York: Fawcett, 1970.

Miracles. Collected by Richard Lewis. New York: Bantam Books, 1977.

"Moods and Emotions." Tester, S. (packet of teaching pictures and resource booklet). Elgin, IL: David C. Cook, 1970.

Mooney Problem Check List. Mooney, R. L. New York: The Psychological Corp., 1960.

Movement Games for Children of All Ages. Nelson, E. New York: Sterling, 1975.

"Music Therapy." Dreikurs, R. in *Conflict in the Classroom: The Education of Emotionally Disturbed Children.* Long, N.J., Morse, W. C., and Newman, R. G. (Eds.) Belmont, CA: Wadsworth, 1965.

My Body Feels Good. Singer, S., Olderman, S., and Maceiras, R. New York: The Feminist Press, 1974.

My Sister Looks Like a Pear: Awakening the Poetry in Young People. Anderson, D. New York: Hart Publishing Co., 1974.

The New Games Book. Fluegelman, A., (Ed.) Garden City, NY: Doubleday, 1976.

Nobody Listens to Andrew. Guilfoile, E. New York: Follet, 1957.

The Non-Coloring Book. Cazet, C. San Francisco, CA: Chandler and Sharp, 1973.

Not THIS Bear! Myers, B. New York: Scholastic Book Services, 1967.

100 Ways to Enhance Self-Concept in the Classroom. Canfield, J., and Wells, H. Englewood Cliffs, NJ: Prentice-Hall, 1976.

One Little Boy. Baruch, D. New York: Dell, 1952.

"The Paradoxical Theory of Change." Beisser, A. R. Chapter 6 in *Gestalt Therapy Now.* Fagan, J., and Shepherd, I. L. (Eds.) Gouldsboro ME: The Gestalt Journal Press, 2006. (Original publication: New York: Harper and Row, 1971)

Personality Projection in the Drawing of the Human Figure: A Method of Personality Investigation. Machover, K. Springfield, IL: Charles C. Thomas, 1949.

P. E. T.: Parent Effectiveness Training. Gordon, T. New York: New American Library, 1975.

Play, Dreams and Imitation in Childhood. Piaget, J. New York: Norton, 1962.

Play in Childhood. Lowenfeld, M. New York: John Wiley, 1967.

Play Therapy. Axline, V. M. New York: Ballantine, 1947.

Principles of Gestalt Family Therapy. Kempler, W. The Kempler Institute (P.O. Box 1692, Costa Mesa, CA 92626), 1973.

The Psychology of Play. Millar, S. New York: Jason Aronson, 1974.

The Psychology of the Child. Piaget, J., and Inhelder, B. New York: Basic Books, 1969.

Psychosynthesis. Assagioli, R. New York: Viking, 1965.

Psychotherapeutic Approaches to the Resistant Child. Gardner, R. A. New York: Jason Aronson, 1975.

Psychotherapy with Children. Moustakas, C. E. New York: Ballantine, 1959.

Psychotherapy with Children of Divorce. Gardner, R. A. New York: Jason Aronson, 1976.

Put Your Mother on the Ceiling. De Mille, R. Gouldsboro ME: The Gestalt Journal Press, 1997. (Original publication: New York: Walker and Co., 1967).

Rainbow Activities. Seattle Public School District No. 1. South El Monte, CA: Creative Teaching Press, 1977.

Rose, Where Did You Get That Red? Teaching Great Poetry to Children. Koch, K. New York: Vintage, 1974.

The Second Centering Book. Hendricks, G. and Roberts, T. Englewood Cliffs, NJ: Prentice-Hall, 1977.

The Sensible Book: A Celebration of Your Five Senses. Polland, B. K., and Hammid, H. Millbrae, CA: Celestial Arts, 1974.

Somebody Turned on a Tap in These Kids: Poetry and Young People Today. Larrick, N., (Ed.) Delta, 1971.

Some Things Are Scary. Heide, F. P. New York: Scholastic Book Services, 1969.

Some Things You Just Can't Do by Yourself. Schiff, N., and Schiff, B. S. Stanford, CA: New Seed Press, 1973.

"The Sorcerer's Apprentice, or the Use of Magic in Child Psychotherapy." Moskowitz, J. A. *International Journal of Child Psychotherapy.* Vol. 2, No. 2, April, 1973, pp. 138-162

Spectacles. Raskin, E. New York: Atheneum, 1968.

The Story of Ferdinand. Leaf, M. New York: Viking, 1936.

"Subpersonalities." Vargiu, J. G. *Synthesis.* Vol. 1, No. 1, 1974, pp. WB 9-WB 47.

Sybil. Schreiber, F. R. Chicago: Henry Regnery, 1973.

Sylvester and the Magic Pebble. Steig, W. New York: Dutton, 1969.

The Talking, Feeling, and Doing Game; A Psychotherapeutic Game for Children. Creative Therapeutics (155 Country Road, Cresskill, NJ 07626), 1973.

Talking Time. Scott, L. B., and Thompson, J. J. St. Louis, MO: Webster, 1951.

Taylor-Johnson Temperament Analysis. Taylor, R. M. Los Angeles, CA: Psychological Publications, Inc., 1967.

Teaching Human Beings: 101 Subversive Activities for the Classroom. Schrank, J. Boston, MA, Beacon Press, 1972.

The Temper Tantrum Book. Preston, E. M. New York: Viking, 1969.

Theater in My Head. Cheifetz, Dan. Boston, MA: Little, Brown, 1971.

Thematic Apperception Test (TAT). Murray, H. A. Cambridge, MA: Harvard University Press, 1943.

Therapeutic Communication with Children: The Mutual Storytelling Technique. Gardner, R. A. New York: Science House, 1971.

Therapeutic Consultation in Child Psychiatry. Winnicott, D. W. New York: Basic Books, 1971.

Therapeutic Use of Child's Play. Schaefer, C. (Ed.) New York: Jason Aronson, 1976.

"Therapy in Groups: Psychoanalytic, Experiential, and Gestalt." Cohn, R. C. Chapter 10 in *Gestalt Therapy Now.* Fagan, J., and Shepherd, I. L. New York: Harper and Row, 1971.

There's a Nightmare in My Closet. Mayer, M. New York: Dial, 1968.

Toward Humanistic Education: A Curriculum of Affect. Weinstein, G., and Fantini, M. D. (Eds.) New York: Praeger, 1970.

Transpersonal Education. Hendricks, G., and Fadiman, J. (Eds.) Englewood Cliffs, NJ: Prentice-Hall, 1976.

Treasure Book of Fairy Tales. McGovern, A. New York: Crest, 1969.

The Ultimate Athlete. Leonard, G. New York: Viking, 1974.

The Un-Coloring Book: Doodles to Finish. Book II. Schumann, K. Media for Education (13208 Washington Blvd., Los Angeles, CA 90066), 1976.

The Ungame. Au-Vid, Inc. (P.O. Box 964, Garden Grove, CA 92642), 1972.

"The Use of Puppetry in Therapy." Woltmann, A. G. In *Conflict in the Classroom: The Education of Emotionally Disturbed Children.* Long, N. J., Morse, W. C., and Newman, R. G. (Eds.) Belmont, CA: Wadsworth, 1967.

The Uses of Enchantment: The Meaning and Importance of Fairy Tales. Bettelheim, B. New York: Knopf, 1976.

What Is a Boy? What is a Girl? Waxman, S. Culver City, CA: Peace Press, 1976.

What Is Your Favorite Thing to Hear? Gibson, M. T. New York: Grosset and Dunlap, 1966.

What Is Your Favorite Thing to Touch? Gibson, M. T. New York: Grosset and Dunlap, 1966.

Where the Sidewalk Ends. Silverstein, S. New York: Harper and Row, 1974.

Where the Wild Things Are. Sendak, M. New York: Harper and Row, 1963.

The Whole Word Catalogue 1. Brown, R., Hoffman, M., Kushner, K., Lopate, P., and Murphy, S., (Eds.) New York: Virgil Books, 1972.

The Whole Word Catalogue 2. Zavatsky, B., and Padgett, R. (Eds.) New York: McGraw-Hill, 1977.

Wishes, Lies and Dreams: Teaching Children to Write Poetry. Koch, K. New York: Vintage Books, 1970.

Yoga for Children. Diskin, E. New York: Warner Books, 1976.

Your Child's Sensory World. Liepmann, L. Baltimore, MD: Penguin, 1974.

The Zen of Seeing: Seeing/ Drawing as Meditation. Franck, F., New York: Vintage Books, 1973.